"十二五"普通高等教育本科国家级规划教材

牵引供电系统分析

（第4版）

李群湛◎著

西南交通大学出版社
·成 都·

内容提要

本书较系统地介绍了我国电气化铁路牵引供电系统的基本理论和最新科研及应用成果。

首先介绍我国电气化铁路取电的公用电网概况及其对铁路的供电方式、电气化铁路牵引供电方式，引出电分相的取舍问题以及同相供电概念；再介绍交-直型电力机车、交-直-交型电力机车和动车牵引、制动特性及牵引负荷计算；进行异相供电牵引变电所电气分析；给出牵引网边际等效模型和阻抗计算方法；讨论网压计算以及网压对列车功率发挥的影响关系和保证网压水平及改善措施；讨论负序与治理，提出和分析异相和单相综合补偿模型；研究牵引变电所同相供电，提出满足负序限值的最小补偿容量方案和采用标准联结组的组合式补偿方案、基于有功型补偿的同相供电方法；重点研究单相组合式和单三相组合式同相供电方案及其设计步骤和容量选取；讨论无功型和有功型同相供电各自的特点；进一步提出和研究双边供电、贯通供电和智能供电。最后对谐波、谐振与抑制进行讨论。

本书为铁路高校一直普遍采用的教材，主要用于电气工程及其自动化专业铁道牵引电气化与自动化方向本科教学，后面章节亦可用于研究生教学，或作为同类专业的成人培训提高班的用书。

图书在版编目（CIP）数据

牵引供电系统分析 / 李群湛著. -- 4版. -- 成都 ：
西南交通大学出版社，2024. 9. -- ISBN 978-7-5774
-0087-7

Ⅰ. TM922.3

中国国家版本馆 CIP 数据核字第 202488FK53 号

Qianyin Gongdian Xitong Fenxi

牵引供电系统分析

（第 4 版）

李群湛　著

策划编辑	李芳芳
责任编辑	李芳芳
责任校对	谢玮倩
封面设计	GT 工作室
出版发行	西南交通大学出版社 （四川省成都市金牛区二环路北一段 111 号 西南交通大学创新大厦 21 楼）
营销部电话	028-87600564　028-87600533
邮政编码	610031
网　　址	http://www.xnjdcbs.com
印　　刷	四川煤田地质制图印务有限责任公司
成品尺寸	185 mm × 260 mm
印　　张	18.25
字　　数	397 千
版　　次	2007 年 9 月第 1 版　2010 年 5 月第 2 版 2012 年 9 月第 3 版　2024 年 9 月第 4 版
印　　次	2024 年 9 月第 9 次
书　　号	ISBN 978-7-5774-0087-7
定　　价	59.00 元

前 言

本教材是在“十二五”普通高等教育本科国家级规划教材《牵引供电系统分析（第 3 版）》部分基础内容修订的基础上，结合十余年的学术和科研成果重新撰写而成。

本教材主要用于电气工程及其自动化专业铁道牵引电气化与自动化方向本科教学，后面章节亦可用于研究生教学，或作为同类专业的成人培训提高班用书。

全书共分 10 章。

第 1 章为绪论，首先介绍我国电气化铁路取电的公用电网的概况，特别是它对铁路的供电方式；然后介绍电气化铁路牵引供电方式，引出电分相的取舍问题以及同相供电概念。第 2 章属全书的基础部分，重点介绍交-直型电力机车、交-直-交型电力机车和动车电传动系统主电路及其牵引和制动特性，并介绍基于此的牵引计算相关内容。第 3 章介绍现行的异相供电牵引变电所，首先是牵引变压器接线形式，并进行电气量分析，再介绍牵引变压器容量选择和变压器负荷能力及利用情况。第 4 章主要介绍牵引网参数及电气计算，以 Carson 导线—地回路模型为理论基础，讨论轨、地电流分布及分析方法，给出牵引网边际等效模型和阻抗计算方法。

电压是用户最关心的电能质量指标之一。第 5 章依据牵引供电系统电压标准规定，介绍交-直型电力机车网压影响、交-直-交型电力机车和动车的网压-轮周功率关系，给出牵引供电系统电压损失计算方法，进而讨论网压水平及改善措施，使网压水平保持在规定范围内，保证列车功率的正常发挥。

负序，是电网对电气化铁路关注的一个主要电能质量指标，并且电气化铁路的单相负荷属性，是电网中产生负序电流、造成三相电压不平衡的主要根源，这也就成为了一个需要持续关注的课题。负序对电网及其元件会产生许多不良影响，根据国家标准规定，必须对其加以限制。第 6 章重点研究负序与治理，通过提出和分析异相和单相综合补偿模型，实现一个最关键的提升：将异相供电的通过换相减轻负序阶段提升到同相（不换相）治理负序的新阶段，为同相供电打下理论基础。

第 7 章研究牵引变电所同相供电。借助第 6 章单相（同相）综合补偿模型，首先研究无功型同相补偿方式的变电所同相供电，提出了满足负序（不平衡）限值的最小补偿容量方案和采用标准联结组的组合式补偿方案；进一步借助全负序相量图及其原理，提出基于有功型补偿的同相供电方法，重点研究了单相组合式和单三相组合式同相供电方案及其设计步骤和容量选取；还讨论了无功型和有功型同相供电各自的特点。应该指出的是，与以往铁道电气化专业多涉及无源元件不同，这里无功型同相补偿涉及交-直变流器，有功型同相补偿涉及交-直-交变流器，都是由电力电子器件构成的有源型装置，因此需要补充新知识。同相供电可以用最小的代价（补偿容量）来满足电网对负序的限制要求，同时消除铁路电分相、无电区，实现铁路和电网双赢。

第 8 章研究双边供电、贯通供电和智能供电。这是牵引变电所同相供电的技术延伸，以期消除分区所处的电分相和无电区，并进一步在全线消除电分相和无电区，同时解决对电网的影响。与单边供电相比，双边供电和贯通供电对电网产生的负序及其影响的性质没有改变，但双边供电的合环需要满足电网规定。合环后由于牵引网作为支路并入电网节点，将改变电网拓扑结构，可能会在牵引网中增生穿越功率。穿越功率的发电分量与牵引变电所剩余再生功率的性质相同，可以在牵引变电所统一加以利用和解决；考虑到还可以增加新能源发电和储能接入等其他功能配置，因此提出按需配置的、具有多功能的供电方案，带有智能性，称为智能供电。

考虑到 AT 供电方式的优越性和应用的广泛性以及重要性，第 9 章给予专门讨论。这里改用两相对称分量法推导 AT 供电等效电路并进行供电能力、容量利用等方面的电气分析，为配合同相供电，在此提出同相 AT 供电方案，导出了其等效模型并进行电气分析，最后还讨论了 AT 短回路的钢轨电位问题。

谐波，一直是电网对电气化铁路关注的另一个主要的电能质量指标。随着交-直型电力机车的停产和逐步淘汰，交-直-交型电力机车和动车的普及，谐波的直接影响大大降低，但是与谐波相关的谐振问题依然存在且不可忽视，因为谐振会引起系统元件故障。因此，本书最后专门列写一章来讨论谐波、谐振及其抑制问题，其中，虽然谐振的建模、分析显得非常复杂，但使用阻波高通滤波器来保持高功率因数并进行滤波和抑制谐振是非常简单、有效的。用书学校可以根据课时安排来对本章内容进行取舍。

还需要说明的是，虽然借助轨和地为回流网的单相电气化铁路会造成空间不平衡电磁场并对邻近弱电系统（通信线路）形成电磁干扰，尤其是通信干扰，不过随着有线通信光纤化的迅猛发展和普及，通信干扰问题已经不再突出，但有些场景还需要进行电磁干扰，特别是危险电压方面的计算、校核，因此，为了内容的完整性，将通信干扰及其防护列于附录 A，供有兴趣的读者参考。

成书过程中，石中年、陆阳、郭育华、佟来生提供了电力机车、动车方面的资料，于国旺、李喆、胡亮等提供电气化现场运行资料和数据，蒋先国、李晋、黄足平、李鲲鹏、吴凤娟、魏宏伟、刘孟恺、董志杰、黄文勋、智慧等提供了有关设计资料，杨宏伟提供了牵引变压器有关资料，牵引供电团队贺建闽提供了 3.3.2 节、4.5 节、4.6 节、4.7 节、第 5 章牵引网电压损失部分和附录 A 的初稿，吴积钦提供了电分相、电分段方面的资料，郭锴、马庆安提供了部分异相 AT 供电方面的资料，刘炜、王辉（博士后）、范红静（博士生）、宋梦容、彭友（博士生）等提供了部分系统仿真方面的资料，吴波提供了同相供电变流器方面的资料，李子晗、周福林、李书谦、杨振坤提供了阻波高通滤波器设计和应用方面的资料，解绍锋、陈民武、黄小红、张丽、张丽艳、张戬（博士后）、易东、张雪、曹保江、杨乃琪、王帅（博士生）、李卫兰（博士生）等提出了一些修改意见和建议，张戬（博士后）还负责改图画图并校对书稿，对此，作者一并表示感谢！

因水平所限，书中难免存在不足，望同仁与读者不吝指正。

出版本书，也是为了纪念我的导师、我国铁道电气化事业创始人曹建猷院士诞辰 107 周年！虽然他已离开我们 27 年了，但他敢于创新、善于创新的精神永远激励我们奋勇前进！

我们坚信，中国电气化铁路会不断进取，迎难而上，取得更加辉煌的业绩，对世界有所贡献，迎接更加美好的明天！

李群湛

2024 年 8 月

符 号 表

一、变　量

A —— 列车运行能耗

t —— 列车运行时分，时域信号的时间

T —— 全天时分数，使用年限，周期信号的周期

N —— 列车对数

p —— （带电）概率（Probability），导线周长（Perimeter），牵引侧端口编号

k —— 变压器变比（Transformation Ratio），各种系数（一般为实数）

E —— 电势（Electromotive Force）

U_{1N} —— 变压器原边额定电压

U_{2N} —— 变压器次边额定电压

i —— 电流即时值

I —— 电流，电流统计值（如平均值，有效值等）

ω —— 绕组匝数，交流电压、电流的角频率

S —— 容量

Γ —— 年运量

ρ —— 导体电阻率（Resistivity）

μ_0、μ —— 真空磁导率、材料相对磁导系数（Magnetic Conductivity）

d_{ij} —— 导线间距离（Distance）

D_g —— 导线—地回路等值深度

C —— 电容（Capacitance）

L —— 电感（Inductance）或单位长电感，供电臂长度（Length）

M_{ij} —— 互感（Mutual Inductance）或单位长互感

R —— 半径（Radius），电阻（Resistance）

r —— 单位长电阻

X —— 电抗（Reactance）

x —— 单位长电抗，列车在短回路中的位置

Z、z —— 阻抗（Impedance）、单位长阻抗

Z_{ij}、z_{ij} —— 互阻抗（Mutual Impedance）、单位长互阻抗

σ —— 大地电导率

G、g —— 电导（Conductance）、单位长电导

B、b —— 电纳（Susceptance）、单位长电纳

Y、y —— 导纳（Admittance）、单位长导纳

Z_0 —— 导线特性阻抗

γ —— 导线传播常数

Z_E —— 牵引变电所接地电阻

l —— 列车距变电所的距离

$\Delta\dot{U}$ 、$\Delta\dot{u}$ —— 电压降（Voltage Drop）、单位长电压降

ΔU、Δu —— 电压损失（Voltage Loss）、单位长电压损失

z' 、z'_{ij} —— 等效单位阻抗、互阻抗

φ —— 负荷功率因数角

ψ —— 端口接线角

a —— 旋转算子

s —— 即时容量

f —— 信号频率（Frequency）

h —— 谐波次数

P —— 有功功率（Active Power）

Q —— 无功功率（Reactive Power）

ΔP —— 功率损失（Power Loss）

ε —— 介电系数（Dielectric Coefficient）

λ —— 屏蔽系数（Shielding Coefficient）

D —— 短回路长度

二、缩写及常用术语

A、B、C —— 三相系统电气量，作下标，表示原边（一次侧）对应相的电压、电流、阻抗等

a、b、c —— 三相系统电气量，作下标，表示次边（二次侧）对应相的电压、电流、阻抗等

0、α、β —— 两相系统电气量，作下标，多表示次边对应相的电压、电流、阻抗等

+、(+) —— 作上标，表示正序分量（Positive Sequence Component）

-、(-) —— 作上标，表示负序分量（Negative Sequence Component）

AT —— 自耦变压器（Autotransformer）

BT —— 吸流变压器（Booster Transformer）

CC —— 同轴电缆（Coaxial Cable）

E —— 接地（Earthing）

F —— 负馈线（Negative Feeder）

G —— 大地（Ground）

PRC —— 并联无功补偿（Parallel Reactive Compensation）

R —— 轨道（Rail）

R′ —— 回流网，回流线（Return Conductor）

SP —— 分区所（Sectioning Post）

SS —— 牵引变电所（Substation）

T —— 接触网（Catenary），变压器（Transformer）

t —— 通信线（Telecommunication Line）

目 录

CONTENTS

第1章 绪 论 ··· 001
1.1 电力系统概述 ··· 001
1.1.1 电力系统简介 ··· 001
1.1.2 电力系统元件参数和短路容量 ··· 003
1.2 电力牵引及其供电系统的构成 ··· 005
1.3 外部电源的供电方式 ··· 009
1.3.1 环形（双侧）单回路供电方式 ··· 009
1.3.2 环形（双侧）双回路供电方式 ··· 009
1.3.3 单电源（单侧）双回路供电方式 ··· 010
1.3.4 树形（辐射式）供电方式 ··· 010
1.4 牵引网的供电方式 ··· 011
1.4.1 按分区所运行状态的分类 ··· 012
1.4.2 按牵引网设备类型的分类 ··· 014
1.4.3 按牵引变电所的变换关系的分类 ··· 017
1.5 电分相的取舍 ··· 021
1.6 牵引供电系统电压 ··· 022
1.7 牵引供电系统设计概述 ··· 023
1.7.1 供电系统设计的任务 ··· 023
1.7.2 设计步骤 ··· 024
1.7.3 设计原则 ··· 025
习题与思考题 ··· 026
第2章 牵引负荷 ··· 027
2.1 概 述 ··· 027
2.2 交-直型电力机车及运行特性 ··· 029
2.3 交-直-交型电力机车、动车及运行特性 ··· 034
2.4 牵引计算 ··· 040
2.5 馈线电流 ··· 042
2.5.1 负荷过程法 ··· 043
2.5.2 同型列车法 ··· 046
2.5.3 概率分布法 ··· 048
习题与思考题 ··· 053

第 3 章　牵引变电所 …… 054
3.1　概　述 …… 054
3.2　三相 YNd11 接线牵引变电所 …… 054
3.2.1　原理电路图及展开图 …… 055
3.2.2　电压、电流相量的规格化定向 …… 056
3.2.3　绕组电流与负荷端口电流的关系 …… 058
3.2.4　YNd11 接线牵引变压器的容量利用率 …… 060
3.2.5　YNd11 接线归算到负荷端口的等值电路模型 …… 061
3.2.6　YNd11 接线牵引变电所次边短路计算 …… 062
3.3　三相-两相平衡接线牵引变电所 …… 062
3.3.1　基本概念与平衡接线综述 …… 062
3.3.2　Scott 接线牵引变压器电气分析 …… 064
3.3.3　Scott 接线牵引变压器技术经济性能 …… 069
3.4　Ii 接线和 Vv 接线牵引变电所 …… 071
3.5　牵引变压器容量选择[4,5] …… 072
3.5.1　概　述 …… 072
3.5.2　正常运行时的容量计算 …… 073
3.5.3　紧密运行时的容量计算 …… 074
3.5.4　校核容量与安装容量的确定 …… 074
3.6　变压器的过负荷能力 …… 075
习题与思考题 …… 078
第 4 章　牵引网 …… 079
4.1　概　述 …… 079
4.2　牵引网的导线参数 …… 082
4.2.1　单位长有效电阻 …… 082
4.2.2　等效半径 …… 085
4.2.3　常用的导线参数 …… 085
4.3　Carson 模型 …… 086
4.4　单边直供牵引网的等效模型与阻抗 …… 091
4.5　单线直供牵引网阻抗计算的一般方法 …… 093
4.5.1　并联导线网的当量导线及其等效半径 …… 093
4.5.2　两组导线网的当量间距 …… 095
4.5.3　单线直供牵引网阻抗计算方法 …… 096
4.6　复线牵引网阻抗计算 …… 102
4.7　钢轨和地中电流及等效阻抗的进一步讨论 …… 107
习题与思考题 …… 114

第 5 章　供电电压质量 ······ 115
5.1　交-直型电力机车网压影响 ······ 115
5.2　交-直-交型动车网压水平-轮周功率关系 ······ 117
5.3　网压水平与电压损失及计算方法 ······ 118
5.4　牵引变压器电压损失 ······ 120
5.4.1　单相及 Vv 接线变压器电压损失 ······ 120
5.4.2　YNd11 接线变压器电压损失 ······ 121
5.4.3　Scott 接线变压器电压损失 ······ 124
5.5　单线牵引网电压损失 ······ 125
5.5.1　计算条件 ······ 125
5.5.2　计算方法 ······ 126
5.6　复线牵引网电压损失 ······ 127
5.6.1　电流分配规律 ······ 127
5.6.2　计算条件 ······ 128
5.6.3　计算方法 ······ 128
5.7　网压水平及改善 ······ 132
5.7.1　总体考虑 ······ 132
5.7.2　网压水平 ······ 132
5.7.3　网压水平的改善 ······ 132
习题与思考题 ······ 134
第 6 章　负序与治理 ······ 136
6.1　牵引变电所的负序 ······ 136
6.1.1　负序电流的一般表达式 ······ 136
6.1.2　全负序相量图 ······ 139
6.1.3　典型负序电流的计算 ······ 143
6.2　负序对电力系统及其元件的不良影响 ······ 148
6.3　负序的限值及在电力系统中的分布计算 ······ 152
6.3.1　对负序的限制值 ······ 152
6.3.2　电力系统负序网络模型 ······ 152
6.3.3　负序网络的负序分配系数 ······ 154
6.3.4　负序电流与负序电压的分布计算 ······ 157
6.4　负序治理 ······ 159
6.4.1　特殊接线牵引变压器 ······ 160
6.4.2　牵引变电所换相连接 ······ 160
6.4.3　并联无功补偿 ······ 162
习题与思考题 ······ 176

第 7 章　牵引变电所同相供电 ······ 178
7.1　变电所同相供电与并联无功补偿 ······ 179
7.1.1　并联无功补偿的实现：静止无功发生器 ······ 179
7.1.2　组合式补偿方案 ······ 180
7.2　同相供电与有功型补偿装置 ······ 184
7.2.1　有功型补偿原理 ······ 184
7.2.2　有功型补偿方案 ······ 186
7.2.3　交-直-交变流器 ······ 190
7.2.4　设计方法与步骤 ······ 192
7.2.5　组合式同相供电运行方式 ······ 193
7.2.6　变电所同相供电的特殊情形 ······ 194
7.3　有功型与无功型同相供电的特点 ······ 197
习题与思考题 ······ 198
第 8 章　双边贯通与智能供电 ······ 199
8.1　双边供电 ······ 199
8.1.1　双边供电的合环 ······ 199
8.1.2　均衡电流和穿越功率 ······ 202
8.1.3　双边供电电压损失 ······ 207
8.2　贯通供电 ······ 211
8.3　智能供电 ······ 216
习题与思考题 ······ 217
第 9 章　AT 供电 ······ 218
9.1　异相 AT 供电等效电路 ······ 218
9.2　电气分析 ······ 226
9.2.1　T 线、F 线供电容量利用率 ······ 226
9.2.2　牵引变压器容量利用率 ······ 228
9.2.3　AT 牵引网阻抗 ······ 228
9.2.4　电压降与电压损失 ······ 230
9.3　同相 AT 供电 ······ 231
9.4　AT 短回路钢轨电流与电位计算 ······ 236
习题与思考题 ······ 238
第 10 章　谐波、谐振及抑制 ······ 239
10.1　谐波描述 ······ 239
10.1.1　基本概念 ······ 239
10.1.2　谐波的产生 ······ 240
10.1.3　畸变波形的数字特征 ······ 241

10.2 限制谐波的标准 …… 242
10.3 电气化铁路的谐波、谐振与抑制措施 …… 244
10.3.1 谐波与对策 …… 244
10.3.2 谐振与抑制 …… 248
习题与思考题 …… 256
附录 A：通信干扰及其防护 …… 257
A.1 概 述 …… 257
A.2 静电感应电压 …… 258
A.3 电磁感应电势 …… 261
A.4 电磁感应电压 …… 267
A.5 危险电压的校验 …… 269
A.6 杂音干扰影响计算 …… 270
A.7 减少对通信线路影响的措施 …… 271
习题与思考题 …… 272
参考文献 …… 273

第1章 绪 论

1.1 电力系统概述

1.1.1 电力系统简介

电力系统是电力工业的基本形态，它是发、输、变、配、用电的发电机、变压器、变流器、电力线路及各种用电设备等联系在一起组成的整体[1-3]。发电机把机械能转化为电能，电能经过变压器、变流器和电力线路输送并分配到用户，经电动机、电炉和电灯等设备又将电能转化为机械能、热能和光能等。如果把发电厂的动力部分，如火电厂的锅炉、汽轮机、热力网和用热设备，水电厂的水轮机和水库，核电厂的核反应堆和汽轮机等，包括进来就称之为“动力系统”。电力系统中除发电机和用电设备外的部分称之为“电力网”，简称电网或公用电网。所以说电网是电力系统的一个组成部分，而电力系统又是动力系统的一个组成部分。

现代电力系统都是三相的，但通常为了简单、清晰，将其接线图画成单线图。动力系统、电力系统和电网如图 1.1 所示。

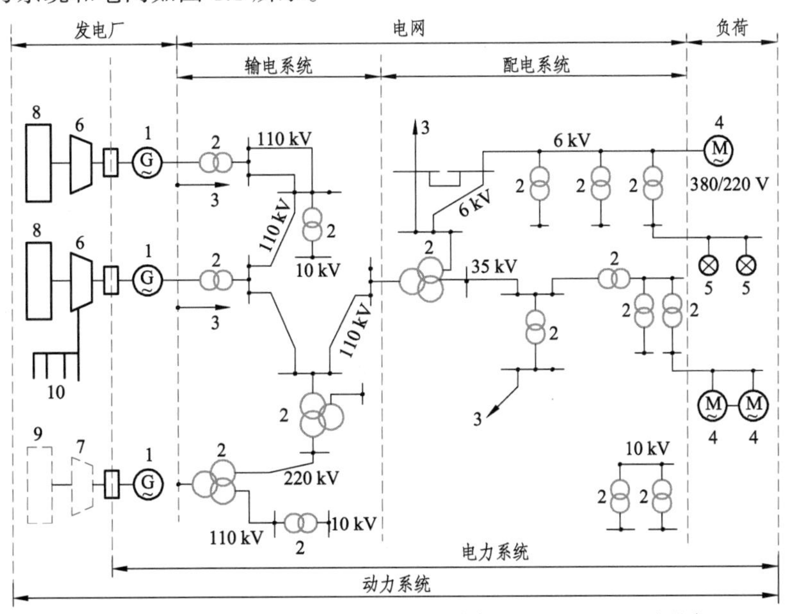

1—发电机；2—变压器；3—负荷；4—电动机；5—电灯；6—汽轮机；7—水轮机；8—锅炉；9—水库；10—热力网。

图 1.1 动力系统、电力系统和电网

由于电能与国民经济各部门及人民日常生活关系密切，所以对电力系统运行有以下基本要求。

1. 保证供电可靠性

按电力负荷的种类及要求供电的连续性，一般将负荷分成三级。

一级负荷——对此类负荷中断供电，将导致人身生命危险，损坏设备，产生大量废品，给国民经济带来重大损失，使公共生活发生混乱。电力牵引属于一级负荷。

二级负荷——对此类负荷中断供电，会造成大量减产，工业企业内部交通运输停顿，严重影响人民正常生活。

三级负荷——不属于一、二级负荷，停电影响不大的其他负荷。

一级负荷应由两个独立电源供电，其中任一电源容量都应在另一电源发生故障时，保证一级负荷的全部电力供应。二级负荷一般用电源加备用电源供电，备用电源比电源低一个电压等级。三级负荷一般由单回路供电。

2. 保证良好电能质量

主要的电能质量指标是频率、电压及波形。

（1）频率。我国额定频率为 50 Hz。《电能质量 电力系统频率偏差》（GB/T 15945—2008）规定：电力系统正常运行条件下频率偏差限值为±0.2 Hz。当系统容量较小时，偏差限值可以放宽到±0.5 Hz。

（2）电压。《电能质量 供电电压偏差》（GBT 12325—2008）要求 35 kV 及以上供电电压正、负偏差绝对值之和不超过标称电压的 10%。《电能质量 三相电压不平衡》（GB/T 15543—2008）对不平衡度限值做出了规定：① 电力系统公共连接点电压不平衡度限值为：电网正常运行时负序电压平衡度不超过 2%，短时不得超过 4%；② 接于公共连接点的每个用户引起该点负序电压不平衡度的允许值一般为 1.3%，短时不超过 2.6%。根据连接点的负荷状况以及邻近发电机、继电保护和自动装置安全运行要求，该允许值可做适当变动，但必须满足①的规定。

（3）波形。电力系统负荷中大量整流设备及非线性用电设备会产生高次谐波，使电力系统正弦波形发生波形畸变，对电力系统本身及用户造成很多不良影响。《电能质量 公用电网谐波》（GB/T 14549—1993）给出了各电压等级下电网公共连接点（PCC）电压波形畸变率限值，2000 年颁布的中华人民共和国国家标准化指导性技术文件《电磁兼容 限值 中、高压电力系统中畸变负荷发射限值的评估》（GB/Z 17625.4—2000）等同采用 IEC 61000-3-6:1996。

电网影响电气化铁路的主要电能质量指标是供电电压偏差。电气化铁路[4, 5]对电网产生影响的电能质量问题主要是负序（电压不平衡）和谐波（波形）[6, 7]。

针对电气化铁路这样的典型单相负荷，负序问题不可回避[4-6]，而且随着列车速度提高、运量加大和单列功率增加，负序也随之增加，并且还有剩余再生制动功率产生的负序问题。通过负序分析和负序治理技术研究产生新的解决方案，这就是同相供电，将在第 6 章、第 7 章详细讨论。

随着谐波含量比较丰富的交-直型电力机车的停产、逐步退役和交-直-交型电力机车、动车的普及，电气化铁路的谐波问题已经得到极大改善，但是谐振问题时有发生，还应引起重视，这在第 10 章讨论。

1.1.2　电力系统元件参数和短路容量

发电机、变压器和输电线是构成电力系统的主要元件。各元件的等值电路及其参数计算是分析电力系统[1-3]及牵引供电系统[4]的基础。

1. 发电机

厂家提供的发电机参数通常有：额定（线）电压 U_N（kV）、三相额定容量 S_N（MV·A）及次暂态电抗的标幺值 $X_G''\%$。则发电机电抗的有名值为

$$X_G'' = \frac{X_G''\%}{100} \cdot \frac{U_N^2}{S_N} \quad (\Omega) \tag{1.1}$$

2. 变压器

双绕组变压器等值电路如图 1.2 所示。

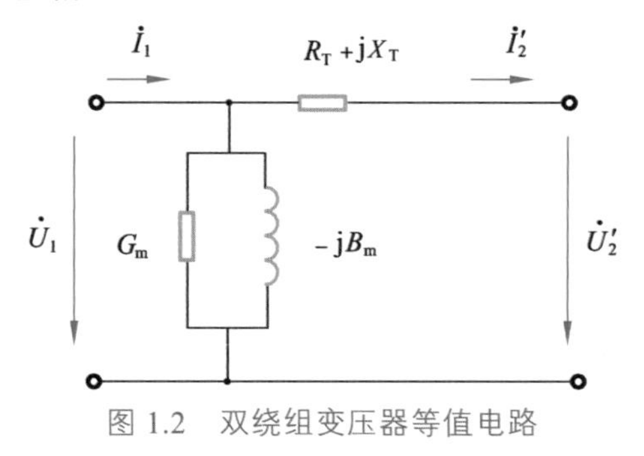

图 1.2　双绕组变压器等值电路

已知变压器参数一般为额定容量 S_N（MV·A）、额定线电压 U_N（kV）以及短路电压百分比 $U_d\%$、空载电流百分值 $I_0\%$和三相有功空载损耗 P_0(kW)、短路损耗功率 P_k(kW)，则变压器短路电抗和电阻分别为

$$\left.\begin{aligned} X_T &= \frac{U_d\%}{100} \cdot \frac{U_N^2}{S_N} \quad (\Omega) \\ R_T &= \frac{P_k}{1\,000} \cdot \frac{U_N^2}{S_N^2} \quad (\Omega) \end{aligned}\right\} \tag{1.2}$$

并联电导和电纳分别为

$$\left.\begin{aligned} G_m &= \frac{P_0}{U_N^2} \times 10^{-3} \quad (S) \\ B_m &= \frac{I_0\%}{100} \cdot \frac{S_N}{U_N^2} \quad (S) \end{aligned}\right\} \tag{1.3}$$

由于 R_T、G_m、B_m 的值均相对很小，故变压器表现出的主要是短路电抗 X_T，即电抗部分。在不影响计算精确度的情况下可仅计 X_T 的值。

对三绕组变压器，通常给出的短路电压百分值是指一个绕组开路、另外两个绕组按双绕组变压器的关系得到的，双绕组短路电压百分值分别记为 $U_{d1\text{-}2}\%$、$U_{d2\text{-}3}\%$、$U_{d1\text{-}3}\%$，则有

$$\left.\begin{aligned} U_{d1}\% &= \frac{1}{2}\left(U_{d1\text{-}2}\% + U_{d1\text{-}3}\% - U_{d2\text{-}3}\%\right) \\ U_{d2}\% &= \frac{1}{2}\left(U_{d1\text{-}2}\% + U_{d2\text{-}3}\% - U_{d1\text{-}3}\%\right) \\ U_{d3}\% &= \frac{1}{2}\left(U_{d2\text{-}3}\% + U_{d1\text{-}3}\% - U_{d1\text{-}2}\%\right) \end{aligned}\right\} \tag{1.4}$$

3. 输电线

通常给出的参数为每千米电抗 z（Ω/km）、电网线电压 U_N（kV）、线路长度 L（km），则输电线阻抗参数为

$$Z = zL \quad (\Omega) \tag{1.5}$$

在需要涉及对地导纳时，要将大地影响考虑进去，这将在第 4 章讨论。更严格的还要考虑分布参数。

4. 电力系统短路容量

电力系统短路容量是选择牵引变电所一次侧电气设备所必需的，它也是估计电力系统供电能力的重要依据。

在将电力系统元件的电抗归算到同一基准电压 U_B 和基准容量 S_B 后，便可以应用等效发电机原理将网络化简，得出电力系统到牵引变电所进线点的总电抗标幺值 $X_{*\Sigma}$。电力系统在牵引变电所进线点的三相短路容量为

$$S_d = \frac{S_B}{X_{*\Sigma}} \quad (\text{MV}\cdot\text{A}) \tag{1.6}$$

反过来，在已知电力系统短路容量的情况下，也可得出从牵引变电所看进电力系统的总电抗标幺值为

$$X_{*\Sigma} = \frac{S_B}{S_d} \tag{1.7}$$

有名值为

$$X_{\Sigma} = \frac{U_B^2}{S_d} \quad (\Omega) \tag{1.8}$$

电力系统的短路容量同电力系统的发电容量有关，还同负荷中心所在地点有关。一

般电力系统的发电容量越大，短路容量越大；负荷中心距离电力系统电源越远，短路容量越小。

短路容量是计算电气化铁路负序（不平衡）和电压损失的重要数据。

5. 电力系统数学模型

在已知电力系统各元件的参数和等值电路的基础上，按照它们的电气连接关系互连起来，便构成了电力系统的等值电路，又叫网络模型。但这时存在一个电压等级的归算问题，因为每一个元件在不同电压等级下所显现的电气参数值是不同的，所以不同电压等级的等值电路不能直接连接，必须归算到同一电压等级下进行分析。

可按下列公式进行归算：

$$Z = Z'(k_1 \cdot k_2 \cdot \cdots \cdot k_n)^2 \tag{1.9}$$

$$U = U'(k_1 \cdot k_2 \cdot \cdots \cdot k_n) \tag{1.10}$$

$$I = I'/(k_1 \cdot k_2 \cdot \cdots \cdot k_n) \tag{1.11}$$

式中 Z'，U'，I' ——归算前的值；

Z，U，I ——归算后的值；

k_1，k_2，…，k_n——基准级与待归算级之间所有变压器变比。

第 6 章研究负序在电力系统中的分布时会用到这些知识。

1.2 电力牵引及其供电系统的构成

电力牵引按其牵引网供电的电流制可分为工频单相交流制、低频单相交流制和直流制。我国干线电气化铁路均采用工频单相交流制[5]，市域铁路和城市快轨也选择工频单相交流制，而地铁、轻轨、电车等城市轨道交通和矿山运输均采用直流制，没有低频单相交流制。

直流制发展最早，至今各国铁路仍在应用。牵引网电压有 750 V、1 200 V、1 500 V、3 000 V 不等。由于直流牵引电动机额定电压受到整流条件的限制，牵引网电压很难进一步提高，这就要求沿牵引网输送大量电流来供应电力机车，直流制通常由三相电网供电，在牵引变电所中降压并整流为直流输入牵引网。牵引电流大，因此接触网一般得使用两根铜接触导线和铜承力索，甚至增加加强线。牵引网电压低，所以送电距离也短。由于这些缘故，许多国家在 20 世纪 60 年代之后逐渐将干线铁路改用工频单相交流制[4, 5]。

继直流制之后出现的是低频（$16\frac{2}{3}$ Hz）单相交流制。这种电流制在电力机车上采用交流整流子式牵引电动机，在德国及其周边个别国家中使用至今。交流容易变压，因此有可能在牵引网中使用更高的电压供电，一般是 11 kV 或 15 kV，而在电力机车上降压供给低电压的交流整流子式牵引电动机。

低频单相交流制的出现，同力图提高牵引网电压以降低接触网中的有色金属用量有关。应用低频，一方面是由于西欧电力工业发展的初期就存在低于 50 Hz 的频率；另一方面，交流整流子式牵引电动机因为存在感应电势而对整流过程造成困难，不适宜在较高的频率下运行。因此，1950 年之前，$16\frac{2}{3}$ Hz 频率的铁路在以德国为首的一些国家中得到发展。而工业国的电网很快就采用了 50 Hz 频率，成为电力工业标准频率，简称工频，所以低频制电气化铁道或者须自建专用的低频率发电厂，或者从国家电网取电，经牵引变电所降压、变频然后再输入牵引网，使得投资巨大[4]。

工频单相交流制是在 1953 年法国铁路应用整流式交流电力机车获得成功之后许多国家都相继采用的最广泛的电流制。在机车上，经降压后用整流器整流来供给直流牵引电动机，是为交-直型机车，由于频率提高，牵引网阻抗加大，牵引网电压也相应地提高，目前牵引网较普遍应用的标称电压是 25 kV。采用工频制消除了低频制的两个主要缺点：与电力工业并行的非标准频率和构造复杂的交流整流子式牵引电动机。这就使供电系统的结构和设备大为简化，并且直流牵引电动机也远比交流整流子式牵引电动机运行可靠。后来又发展了采用交流牵引电动机的交-直-交型电力机车和动车，这是划时代的进步。

工频单相交流制的一个主要问题是，由于单相牵引负荷接入三相电网，在三相电网中引起负序电流；另外，就是交流牵引网电流产生电磁干扰，特别是对邻近通信线的干扰，称为通信干扰，在电气化铁路的设计中都应根据实际需要加以考虑。

西南交通大学（原唐山交通大学）曹建猷院士曾于 1956 年 11 月 25 日在《人民日报》发表《我国铁路电气化的途径》一文，率先主张我国干线铁路采用工频单相 25 kV 交流制，得到国家认可，终止了已经开始的、苏联援建的干线铁路直流 3 kV 制式电气化设计，使我国一开始就站到了世界铁路电气化的最前沿。1961 年 8 月 15 日，我国第一条电气化铁路宝（鸡）成（都）线宝凤（州）段通车，正式标志着中国电气化铁路开启了新的纪元。

现代电力牵引都由公用电网供电，实质上是取用经变换的单相电。我国电气化铁路都采用工频（50 Hz）单相交流制，《轨道交通 牵引供电系统电压》（GB/T 1402—2010）规定：标称电压为 25 kV（最高持续电压 27.5 kV）。

电力牵引的供电系统称为牵引供电系统。

牵引供电系统由牵引变电所和牵引网组成，其构成简化图如图 1.3 所示。相对牵引变电所而言，通常把为其供电的公用电网称为外部电源或电源，也称高压系统，因此牵引变电所的主要作用就是降压。

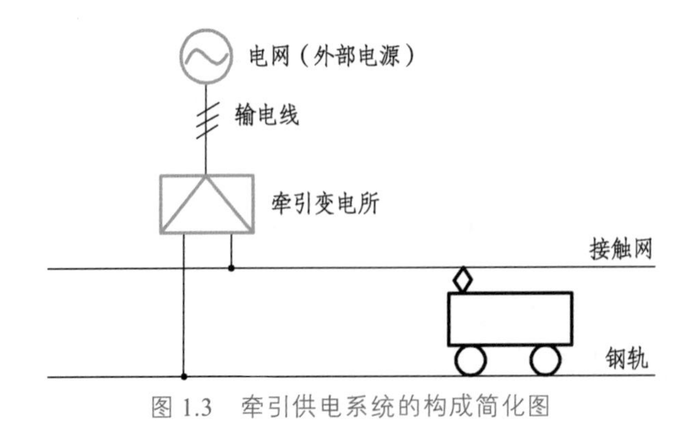

图 1.3　牵引供电系统的构成简化图

电网与输电线：它们为电气化铁路提供电源，其电压一般为 110 kV、220 kV，也有 330 kV。电气化铁路是一级负荷，故要求外部电源有足够的容量和较高的可靠度，规定由两路独立电源供电。公用电网通常能满足这些要求，并具有经济性。

牵引变电所：将电网供应的电能转变为适于电力牵引及其供电方式的电能，起到降压、变换作用，其中的核心元件是牵引变压器，亦称主变压器，简称主变，并设有备用。与地方变电站相比，电气化铁路变电站绝大多数情况下是用于提供牵引用电，作为区别和习惯，而称为牵引变电所。其主变次边设置牵引母线，在牵引母线和接触网之间设置馈线，将电能引向电气化铁路。

牵引网：由接触网、回流网组成的供电网的总称，完成对电力机车的送电任务。接触网是一种特殊的输电线，架设在铁路上方，机车受电弓与其滑触受电。回流网包括钢轨（地）、回流线以及横向回流连线，其中：钢轨既支持列车运行，又是导线，由于轨与地通常都是非绝缘的，故通常轨、地以及与之并联的回流线一起接受机车的牵引电流的回流。回流连线是指轨、地以及与之并联的回流线之间的和牵引变电所处的横向连线。在牵引变电所，回流连线将轨、地以及回流线与牵引变压器指定端子相连，有时分为地回流连线、轨回流连线和回流线回流连线，这些连线与馈线一起组成牵引端口的端子线。回流线是指牵引网的直接供电+回流线方式的导线，是纵向的，与钢轨并联，悬挂于接触网的田野侧，起到减小阻抗、增强回流的作用，AT 供电方式的负馈线 F 也是一种回流线，详见本书 1.4 节。

供电分区/供电臂：牵引变电所向上行或下行接触网正常供电的范围。单边供电时，是指由牵引变电所馈线到接触网末端的供电线路，因此也称为供电臂；双边供电时，是指由牵引变电所馈线到分区所的供电线路。

电分段：将每个供电臂细分成若干个电气上互相绝缘的分段，称为电分段。相邻两个分段的接触网之间要串入分段器并旁接隔离开关或负荷开关。电分段提高了供电的可靠性和灵活性，能够缩小停电范围，不仅方便局部接触网的维修，也方便电气化专用线路的货物装卸。电分段不会中断向列车供电。分段器有器件式（分段绝缘器）和绝缘锚段关节式两种，前者称为器件式电分段，后者称为关节式电分段。器件式电分段具备自主熄灭弓网燃弧的能力，长度较短，串接于接触网，属于集中质量块，列车通过速度超过一定限度时，弓网动态接触力会出现超过允许范围的峰值，对弓网系统的运行寿命具有不利影响。绝缘锚段关节式电分段较长，质量分散且均匀，但不具备自主熄灭弓网燃弧的能力。工程实践中，接触网电分段的具体形式视列车通过速度、弓网接触力限制、路段长度等因素综合选定。通常情况下，速度目标值较低（如 < 160 km/h）的路段选用器件式电分段；速度目标值较高（如≥160 km/h）的路段，选用绝缘锚段关节电分段。本书中用—||—表示电分段。

常用的器件式分段绝缘器的结构如图 1.4 所示[8]。分段绝缘器的电气性能应满足接触网的绝缘要求。

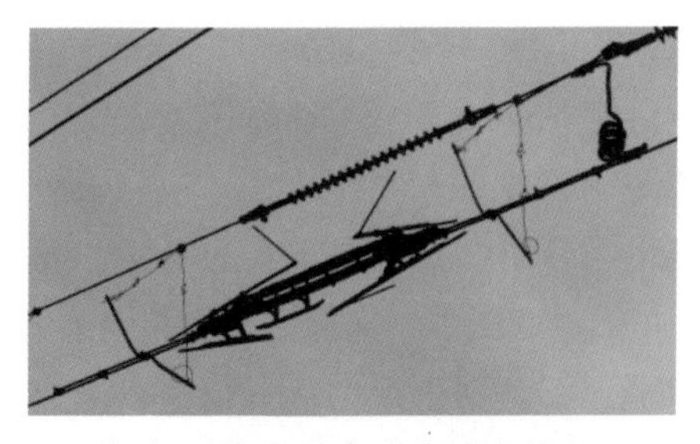
（a）绝缘滑道式绝缘分段器 A

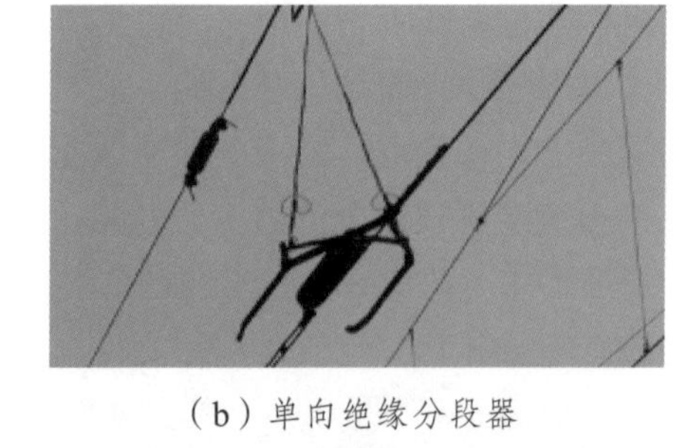
（b）单向绝缘分段器

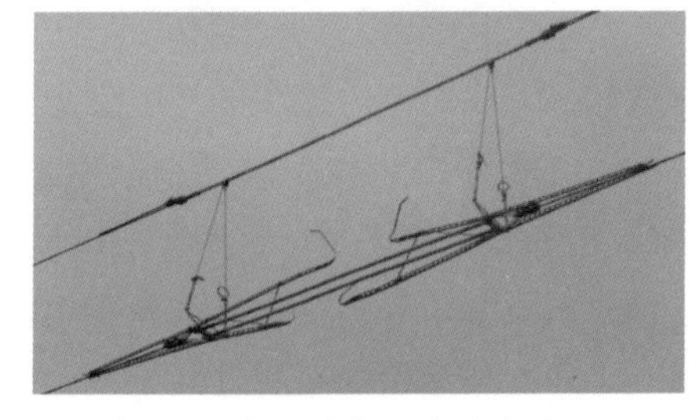
（c）绝缘滑道式绝缘分段器 B

（d）菱形绝缘分段器

图 1.4　常用的器件式分段绝缘器

电分相/中性段：两个不同标称电压或相位的供电分区接触网之间插入的绝缘隔离设施。通常为减轻牵引变电所对电力系统的负序及其影响，将各供电分区轮换对应接入三相中的某一相（线），这个过程称为换相。换相的供电分区接触网之间必须设置电分相/中性段，形成无电区，列车不降弓但需断电通过。电分相亦有器件式和关节式之分。器件式电分相使用分相绝缘器，中性段较短，串接在接触网中，并使列车受电弓光滑过渡，由于分相绝缘器较重，属于集中质量块，会引起弓网磨耗加大，只适于普速铁路，并且须设置“断”“合”字标志，列车通过时主断路器必须断开，即断电通过电分相。我国运行速度 200 km/h 以上的高速铁路的电分相均采用关节式电分相，全称是带中性段的绝缘锚段关节式电分相，中性段（无电区）较长，在不借助地面控制的自动过分相装置时，机车仍然须断电通过电分相。电分相一般设在牵引变电所出口和分区所处的接触网上，其中牵引变电所出口的两个供电分区是异相供电，因此必须在接触网上进行绝缘隔离[8]，详见 1.4.3 节。本书中用符号——‖——表示电分相。

分区所：将接触网分割成不同供电分区的设施。通常设在两相邻牵引变电所的供电分界处，或供电分区末端，可通过开关设备实现相邻供电分区的不同运行方式。

越区供电：一个供电分区向相邻供电分区供电。一般是在一座牵引变电所故障退出或检修退出时，左右相邻的两座牵引变电所分别向其左右两个供电分区供电。《铁路电力牵引供电设计规范》（TB 10009—2016）规定：“越区供电属于非正常运行状态，牵引变压器容量、接触网电压水平等不能满足正常行车需要，对这种运行状态必须对行车量或列车运行速度加以限制，仅保证客车或军用列车等重要列车通过，而不再保证线路的最大通过能力。”

电力机车（动车）：安装牵引电机并通过牵引电机及其变换和控制系统牵引列车（拖车）运行的动力车辆，牵引时将电能转化为可用机械能，制动时将机械能转化为电能[9]。

1.3 外部电源的供电方式

外部电源的供电方式是指电网与牵引变电所的连接方式，它取决于用电负荷等级和电网的分布情况。《铁路电力牵引供电设计规范》(TB 10009—2016）规定：“电力牵引应为一级负荷，牵引变电所应有两路电源供电，当任一路故障时，另一路仍应正常供电。”其中两路电源可来自不同的地区变电站或同一地区变电站的不同母线或同一母线的不同分段。

外部电源的供电方式以保证供电可靠性为原则，同时注意电源容量及经济性。外部电源对牵引变电所的供电方式主要有以下几种。

1.3.1 环形（双侧）单回路供电方式

环形（双侧）单回路供电是牵引变电所在一次侧与电网联成环形网，如图 1.5 所示。这种方式比较经济，也可较好地满足供电可靠性要求，当任一路输电线或一侧电源故障时都不影响牵引变电所的正常供电。

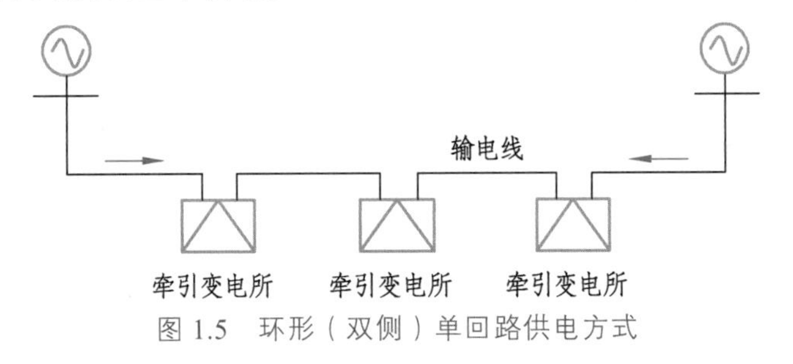

图 1.5 环形（双侧）单回路供电方式

1.3.2 环形（双侧）双回路供电方式

这种供电方式中，电源来自电网的两个地区变电站，给铁路供电的输电线是联络这两个地区变电站的通路。根据可靠性的要求，采用双路输电线，各路输电线的容量应不少于相关牵引变电所容量之和。如图 1.6 所示，牵引变电所 1 和牵引变电所 3 采用了环形（双侧）双回路供电方式，牵引变电所 2 采用了环形（双侧）单回路供电方式。

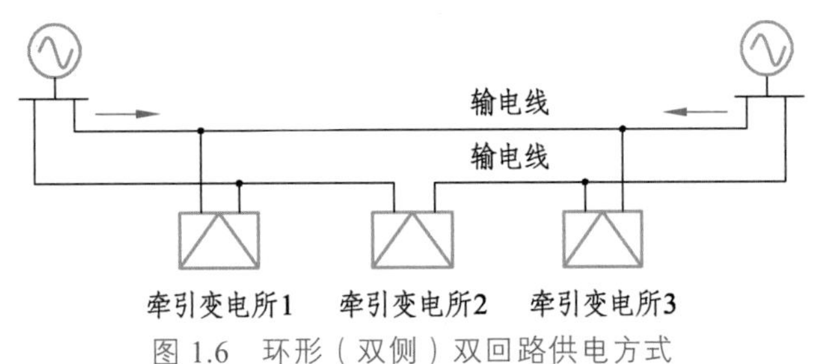

图 1.6 环形（双侧）双回路供电方式

很明显，牵引变电所 1 和 3 的供电可靠性更好。尽管如此，当一路输电线或一侧电源分别故障仍不会导致牵引变电所 2 失电。

1.3.3 单电源（单侧）双回路供电方式

单电源（单侧）双回路供电方式是由一个地区变电站给多个牵引变电所供电，为保证供电可靠性，应采用双回路或双回输电线，如图 1.7 所示。

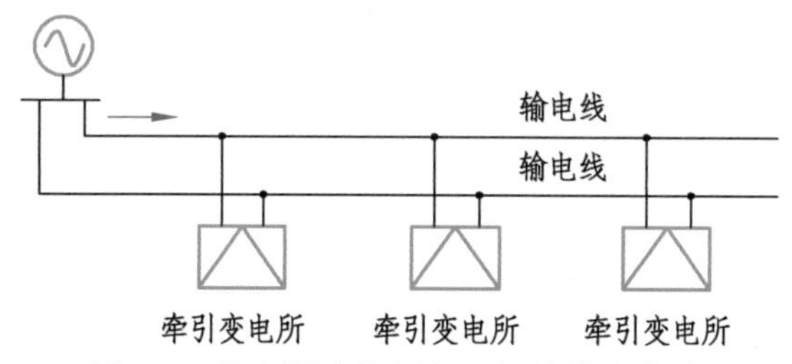

图 1.7 单电源（单侧）双回路供电方式

当给铁路供电的输电线路不负担其他用户时，常称为铁路专用线。当铁路专用线较长时，为缩小一次侧输电线的故障范围，可在适当位置选择一个牵引变电所，在此对输电线进行分段，此时此处称为支柱牵引变电所。

1.3.4 树形（辐射式）供电方式

当几个牵引变电所距离电源较近并且比单侧或双侧供电更经济时，或者其他电源选择困难时，可采用树形供电方式，也称辐射式供电方式，如图 1.8 所示。我国西北地区，地广人稀，电网对铁路变电所多进行树形供电。

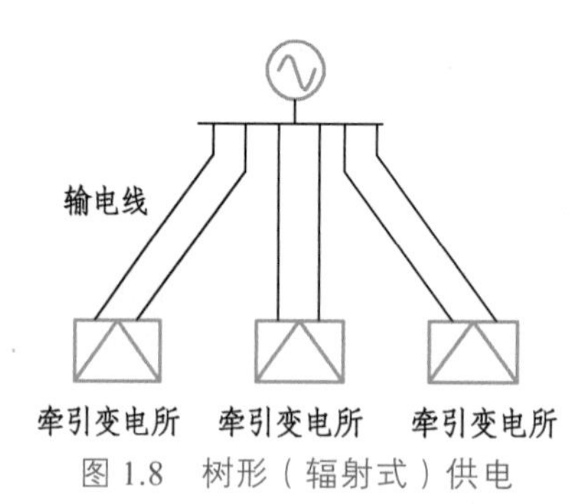

图 1.8 树形（辐射式）供电

应当指出，国内现行电网模式中，有更高一级电网时，往往不再使低一级电网合环运行。因此，在目前 500 kV（西北地区 750 kV）电压等级广泛形成的情况下，当采用 110 kV 或 220 kV 电源给铁路供电时，就较少采用环形（双侧）供电方式，而多用单侧供电方式或带有备用开关的双侧供电方式及树形供电方式等。另外，实际电网的电源点与牵引变电所的布局是各式各样的，相对一条电气化铁路来说，外部电源的供电方式也往往是多样的。图 1.9、图 1.10 示出的就是两个实例。

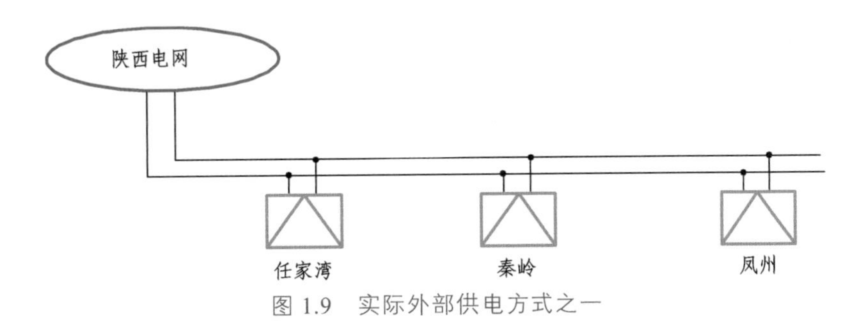

图 1.9　实际外部供电方式之一

图 1.9 是陕西电网对三个牵引变电所进行单侧供电的情况，形成铁路专用线；图 1.10 是四川电网与宝成线上两个牵引变电所的供电图，当备用开关合上时便是环形供电，否则就是单路输电线的单侧供电方式。

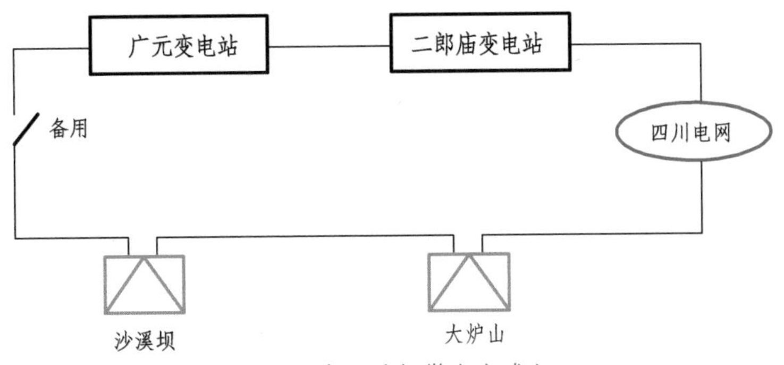

图 1.10　实际外部供电方式之二

综上可见，电网输电线常用的接入牵引变电所的方式有双 T 形和桥形两种，示意于图 1.11。双 T 形接入方式的特点是电网的（非牵引）负荷潮流不进入牵引变电所，如图 1.7 和图 1.9 所示实例，而桥形接入方式则允许电网负荷潮流穿过牵引变电所高压母线，如图 1.5 所示的环形（双侧）单回路供电（也称手拉手方式）和图 1.10 所示的实例。也有 T 形和桥形结合的接入方式[10]。

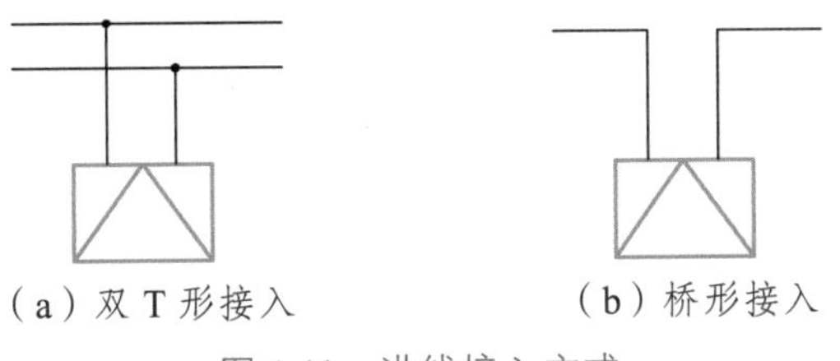

（a）双 T 形接入　　（b）桥形接入

图 1.11　进线接入方式

1.4　牵引网的供电方式

牵引网的供电方式是由其所完成的特殊供电功能的技术要求和经济性能所决定的，

基本上可以按分区所运行状态、牵引网设备类型以及牵引变电所的变换关系等进行分类。按分区所的运行状态，通常分为单边供电、双边供电两种方式。按牵引网设备类型，可分为直接供电方式、BT（Booster-Transformer，吸流变压器）供电方式、AT（Auto-Transformer，自耦变压器）供电方式和 CC（Coaxial Cable，同轴电缆）供电方式等。按牵引变电所的变换关系，可分为换相（异相）供电方式和同相供电方式。

1.4.1　按分区所运行状态的分类

1. 单边供电方式

单线区段的单边供电如图 1.12 所示。这时各牵引变电所相互独立，机车只从相关的单个牵引变电所取电。对于有两个异相牵引端口的牵引变电所，通常在牵引变电所出口两馈线相连的接触网上和分区所处的接触网上设电分相，分区所的纵向断路器 K_1 打开。当某一牵引变电所因故障退出或检修退出时，可将两端分区所的纵向断路器 K_1 闭合进行越区供电。当不进行越区供电时，可以大大简化分区所设备，甚至取消分区所。

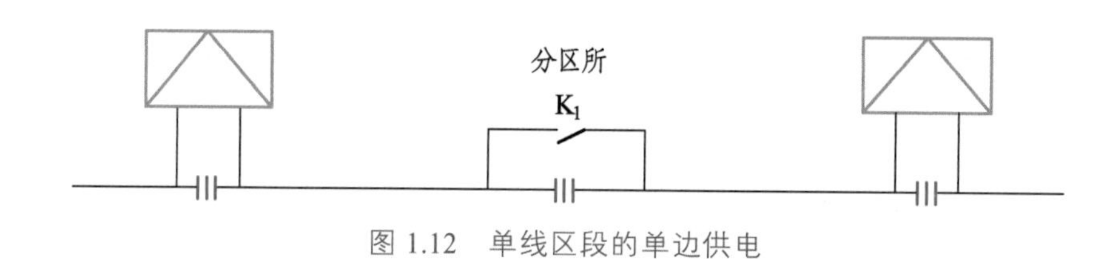

图 1.12　单线区段的单边供电

复线区段的单边供电如图 1.13 所示，可有多种方式。图中虚线表示上下行并联线。当不考虑上下行并联线且横向断路器 K_2、K_3 断开时为上、下行独立供电方式，供电臂可采用两相不同的电压，也可采用同相电压（通常如此），其故障方式与单线单边供电相同，继电保护也简单。其缺点是牵引网电压损失、电能损失较大，牵引网电压水平波动也大，运行过程中，上、下行接触网之间易出现较大的电压差。当考虑上下行并联线及 K_2、K_3 闭合时为全并联供电方式，牵引网电压损失和电能损失最小，电压水平也好，但并联线处使上、下行供电臂相互关联，任一处故障都会招致上、下行供电臂停电，故障区域大。为缩小故障区域，则须采取特别的分段及保护措施，但需增加相应的保护、控制设备，应权衡利弊，决定是否采用。当不考虑上下行并联线且 K_2、K_3 闭合时，成为末端并联供电方式，其介于上、下行独立供电和全并联供电之间，克服了上、下行分开供电的某些缺点，利用了全并联供电的某些优点，是一种相对最优的方式，在我国广泛采用。为尽可能缩小故障区域，或为接触网检修之方便，就需要故障时自动地（如通过远动装置）使上、下行分开，末端的并联须通过横向断路器 K_2、K_3 完成，而这就要设置分区所，并设置与并联断路器有关的设备和仪器。

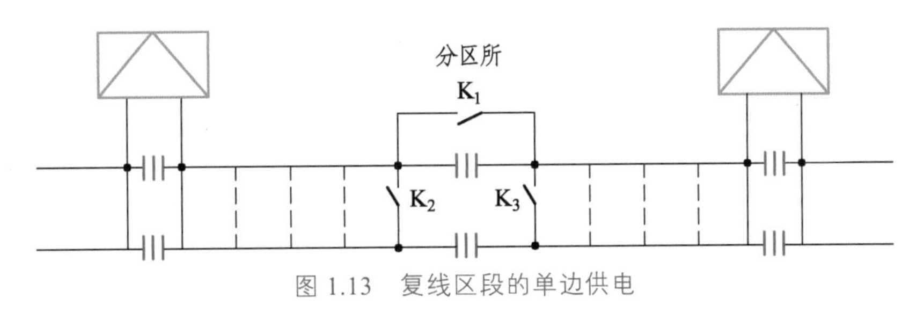

图 1.13　复线区段的单边供电

2. 双边供电方式

双边供电，顾名思义，机车不像单边供电那样仅从相关的单个牵引变电所取电，而是从相邻的两个变电所取电，这是由分区所的纵向断路器 K_1 闭合而实现的。单线区段的双边供电如图 1.14 所示[5]。

当任一供电臂故障时，为缩小故障及影响范围，保证另一臂正常供电，则需要通过继电保护自动使断路器 K_1 分闸；当接触网分区进行停电维修时，也需要（通过远动）进行断路器 K_1 分合操作。双边供电时，两相邻牵引变电所之间要设置分区所。

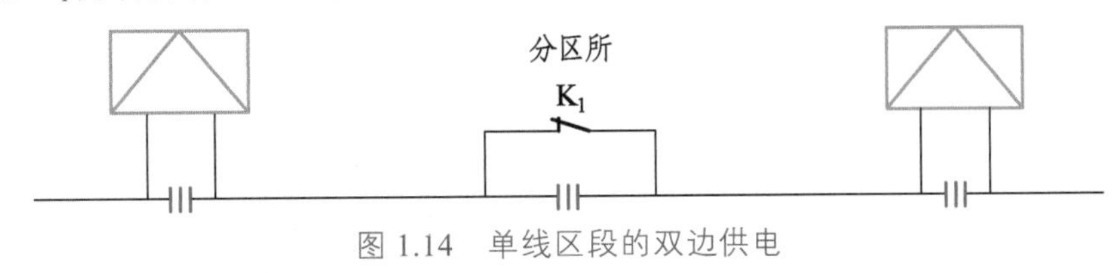

图 1.14　单线区段的双边供电

复线区段的双边供电也是通过分区所的纵向断路器 K_1 连接而完成的。闭合图 1.13 中分区所的纵向断路器 K_1 就能进行双边供电，如图 1.15 所示。

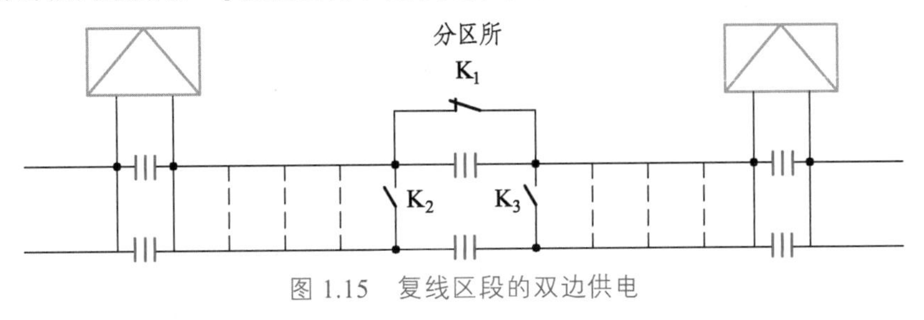

图 1.15　复线区段的双边供电

双边供电的优点是机车的电流来自两个不同的供电点，因此减轻了牵引网输送电能的负担，网上电压损失和电能损失都能减少，网压水平也相应改善。双边供电还能减轻对沿线通信线路或设备的电磁感应干扰。实现双边供电起码应满足两个条件：

① 两相邻牵引变电所需由同一电网供电，以确保有相同的频率；

② 分区所两侧的供电臂应同相，否则将造成异相短路。

另外，无牵引负荷（空载）时，双边供电的两边牵引端口电压幅值和相位的差异会在牵引网中造成一个电流分量，称为均衡电流，对应的功率称为穿越功率。两边牵引端口的电压的波动会使均衡电流波动。均衡电流会在牵引网中造成额外功率损失，但份额很小。牵引负荷增加到大于均衡电流时，均衡电流（穿越功率）会被“淹没”。

双边供电使牵引网的复杂程度增加，相应地也对继电保护提出了许多特殊要求，一种新的低电压起动的纵差保护能很好地解决这一问题[14]。

俄罗斯、乌克兰、韩国等一直采用双边供电方式[5]。而由于 1.3.4 节提到的我国电网的管理现状，我国电气化铁路设计时没有采用双边供电，但应该看到，随着研究的深入和技术的发展，只要很好地解决电网安全运行的关切，双边供电会有新的突破，本书后面详细讨论。

1.4.2 按牵引网设备类型的分类

1. 直接供电方式

直接供电方式是一种最简单的供电方式，分两种形式：一种称为基本型（DF，Direct Feeding），如图 1.16 所示，其牵引网仅由接触网 T 和钢轨 R 组成，回流网由轨地组成，该方式结构最简单，投资最小，但钢轨电位较高，对通信线的感应干扰最大。基本型直接供电方式在法国、英国、俄罗斯都广泛应用。

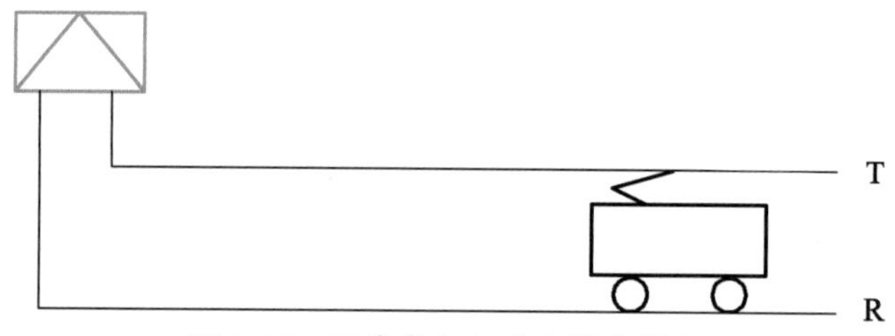

图 1.16 直接供电方式（基本型）

另一种是改进型，即在钢轨 R 上并联回流线 R′，架空悬挂于接触网的田野侧，其并联点一般相距 5 ~ 6 km，又称为直供+回流线方式（DN，Direct Feeding with Negative Feeder），如图 1.17 所示。此时回流网由轨地和回流线组成。回流线能使钢轨电位大为降低，因屏蔽作用，使通信线的干扰得到较好抑制，能降低感应干扰 30%左右。该方式还能降低牵引网阻抗，使供电臂延长约 30%，我国广泛采用。

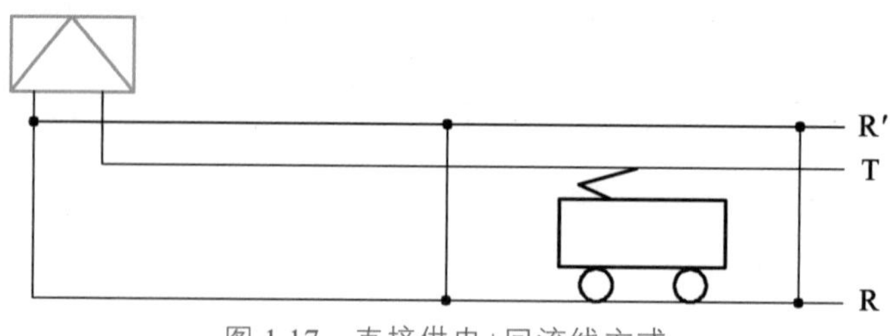

图 1.17 直接供电+回流线方式

2. BT 供电方式

BT 供电方式也分为有回流线形式和无回流线形式两种，分别如图 1.18 和图 1.19 所示。前一种称为 BT—回流线方式，后者称为 BT—钢轨方式，其中 BT 一侧都是串入接触网的，间隔为 1.5 ~ 4 km，用以吸回地中电流，减少通信干扰。BT 方式增加了牵引网结构的复杂性，提高了造价，因牵引网阻抗变大，供电臂长度将减小，约为直接供电（基本型）方式的3/4。另外，因存在BT分段（火花间隙G），所以不利于高速、重载等大电流运行，但BT方式的钢轨电位低，抑制通信干扰的效果很好，其中BT—回流线方式比BT—钢轨方式效果好。

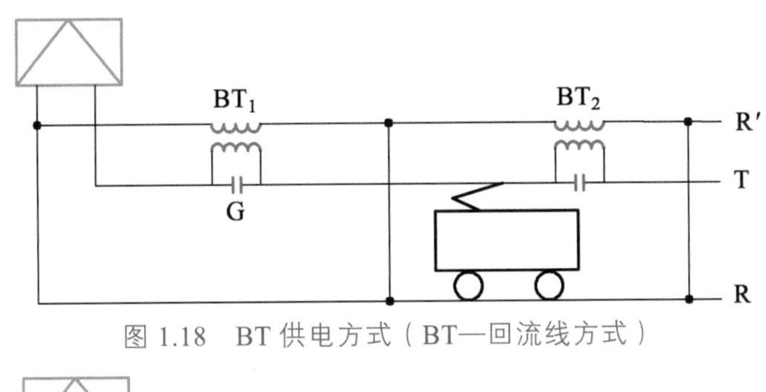

图 1.18 BT供电方式（BT—回流线方式）

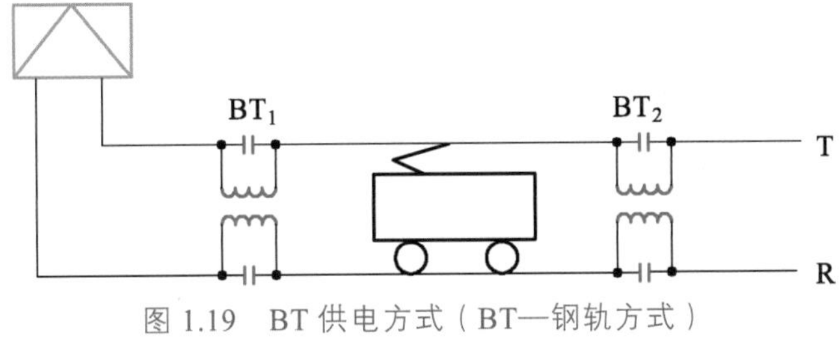

图 1.19 BT供电方式（BT—钢轨方式）

日本东海道新干线采用BT—回流线方式，而英国、法国、瑞典两种方式都有应用，挪威只用BT—钢轨方式。我国曾经采用的BT方式均为BT—回流线方式，但由于BT故障率高，已不再使用BT供电方式。BT退出后，BT—回流线方式就成为直供—回流线方式（改进型），BT—钢轨方式便成为直供方式（基本型）。

3. AT供电方式

AT供电方式如图1.20、图1.21所示，这里的回流线为负馈线F。AT并联于牵引网中，不仅克服了BT串入网中产生BT分段的缺陷，还使供电电压成倍提高，牵引网阻抗大大减小，供电距离增长到直接供电方式的170%～200%，网上电压损失和电能损失减小，因此，AT供电方式是一种适于高速、重载等大电流运行的优秀供电方式。一般AT间隔为10～12 km。AT供电方式的钢轨电位较低，抑制通信干扰的效率与BT—回流线方式相近。虽然AT供电方式的投资要高一些，但可以显著减少牵引变电所和外电接口数量，节约外部电源投资。AT供电方式最早在日本山阳新干线上应用，后来法国、美国（25 Hz）、俄罗斯、中国等相继采用。

现行AT供电方式有55 kV模式和2×27.5 kV模式之分。55 kV模式是日本率先使用，亦可称为日本模式，如图1.20所示，AT_1设置在牵引变电所内，其他AT设置在线路的AT所中，对接触网T和负馈线F实施（最高持续）55 kV（标称50 kV）供电。2×27.5 kV模式在法国、俄罗斯、乌克兰等使用，如图1.21所示，省却了牵引变电所内的AT，对接触网T、轨（地）R和负馈线F实施（最高持续）2×27.5 kV（标称2×25 kV）供电，

AT 设置在 AT 所中。我国 20 世纪 80 年代修建的京秦铁路引进了日本的 55 kV 模式 AT 供电，而高铁都采用了 2 × 27.5 kV 模式。注意两种模式中，接触网 T 和负馈线 F 之间的（最高持续）电压都是 55 kV。

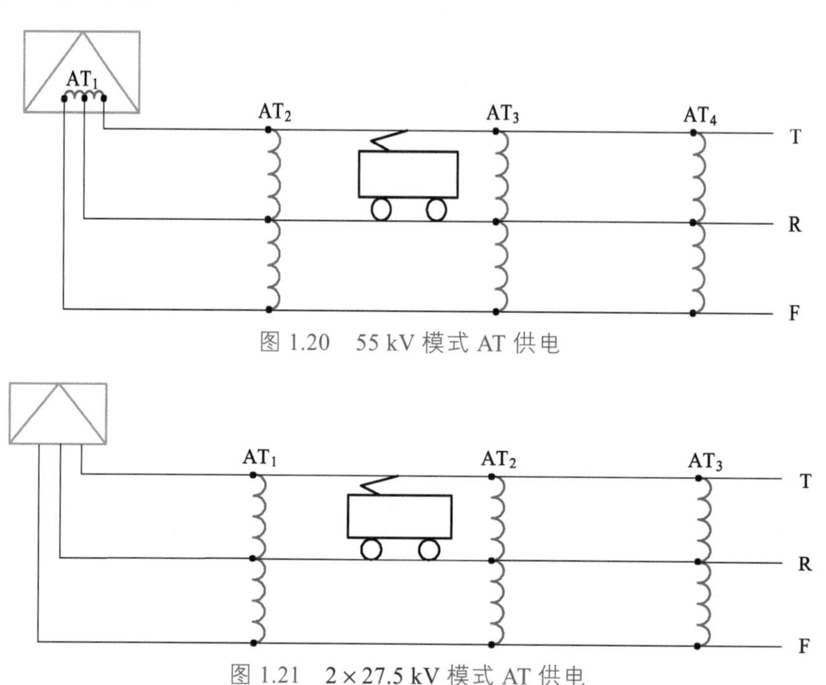

图 1.20　55 kV 模式 AT 供电

图 1.21　2 × 27.5 kV 模式 AT 供电

55 kV 模式的优点是牵引变电所出口供电容量大，供电能力强，缺点是牵引变电所内的设备复杂；2 × 27.5 kV 模式的优点是牵引变电所内的设备简单，缺点是牵引变电所出口供电容量小，供电能力受到直接供电成分的影响而降低。为了克服 2 × 27.5 kV 模式对首端供电能力的制约，同时避免 55 kV 模式在牵引变电所设置 AT 的限制，可以取长补短，提出一种新的 AT 供电方式，特别适于同相供电，如图 1.22 所示，形成同相供电系统[11~14]。同相 AT 供电系统中，牵引变电所分别从牵引 T 母线 TB、F 母线 FB 引出正供线 TL 和负供线 FL 向最近的 AT 所供电；AT 所中设置 AT、母线、开关等，详见第 9 章。

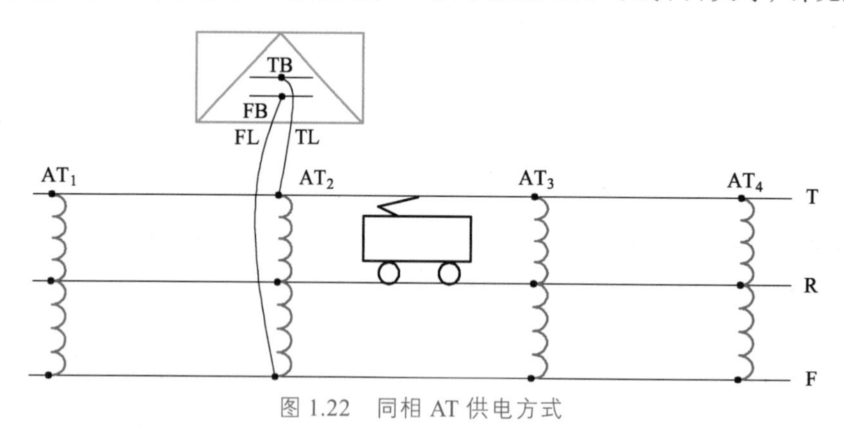

图 1.22　同相 AT 供电方式

同相 AT 供电方式的牵引变电所和 AT 所可以相对独立选择各自的位置。

4. CC 供电方式

CC 供电方式将同轴电力电缆（CC）沿铁路线路埋设，内部芯线作为供电线与接触网 T 连接，外部导体作为回流线与钢轨 R 相接，每隔 5 ~ 10 km 做一个分段，如图 1.23 所示。CC 供电方式的优点：供电线与回流线在同一电缆中，间隔很小，而且同轴布置，使得互感增大，甚至接近自感，因此 CC 的阻抗非常小，并且比接触网和钢轨的阻抗小得多，于是牵引电流和回流几乎全部从 CC 中渡过；电缆芯线与外层导体电流相等、方向相反，二者形成的磁场相互抵消，对邻近的通信线路几乎无干扰，吸流效果和抑制通信干扰的效果均优于 BT 和 AT 供电方式。CC 供电的牵引网阻抗和供电距离与 AT 方式相近，钢轨电位较低，接触网结构较简单，对净空要求低，宜于重载、高速等大电流运行。CC 原来的造价太高，限制了它的广泛应用，一般只在重要城市、桥隧的低净空地段等特殊场合采用。日本已在局部电气化区段使用，我国进行过研究和试验。现在，随着电缆绝缘材料造价的大幅下降，CC 供电的经济性得到改善，其实用性会得到提升。

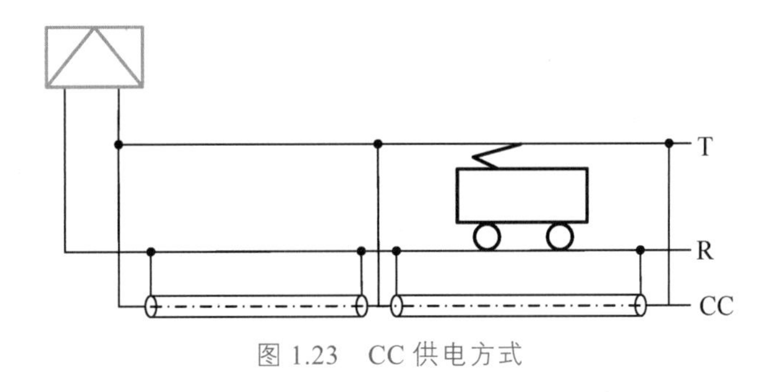

图 1.23　CC 供电方式

1.4.3　按牵引变电所的变换关系的分类

1. 换相供电方式

电气化铁路是最典型的单相负荷，对电力系统影响最严重的就是负序问题。为了减轻负序影响，或者使负序达标，一个简单的办法就是将各个供电分区（供电臂）经牵引变电所 SS 的牵引变压器、采用一定的规则轮换接入电网三相中的一相。如图 1.24 所示，自左至右，牵引变电所所供的各个供电臂分别对应电网的 AB、BC、BC、CA、CA、AB 相……。为防止相邻异相供电臂短路，例如变电所 SS 出口处就必须设置电分相/中性段，而单边供电时，分区所 SP 处也设置电分相。这里假设牵引变电所的两台单相牵引变压器连成 Vv 接线（详见第 3 章），分区所 SP 两侧的电压相位相同。

这里，牵引变电所将电网三相供电变换为两个牵引端口的牵引供电，且使用不同的相别，实现三相-两相变换，故又称为异相供电方式[4, 5]。

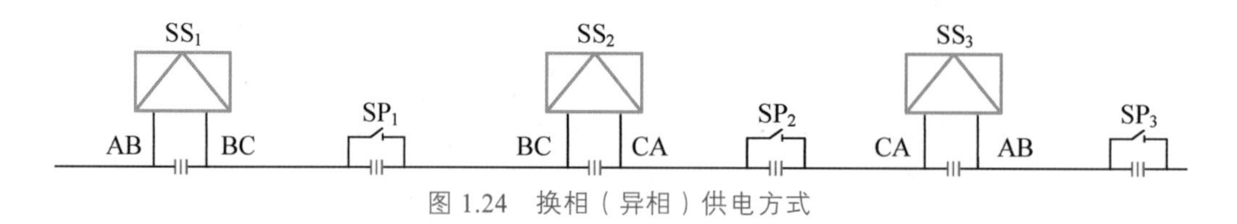

图 1.24　换相（异相）供电方式

电分相是换相（异相）供电方式中不可或缺的。如前所述，电分相有器件式和关节式之分。普速铁路多采用器件式电分相，高速铁路均采用关节式电分相[8, 15]。

我国电气化铁路的电分相/中性段按列车不降弓通过进行设计，相邻供电臂均不允许被经过的受电弓滑板短接。

器件式电分相一般采用分相绝缘器来实现，中性段比较短，但应≥30 m，以避免电力机车过分相时引起相间短路。图 1.25 为由三组分段绝缘器串联组成的器件式电分相及其预告信号标识的平面布置，图 1.26 是现场图片。

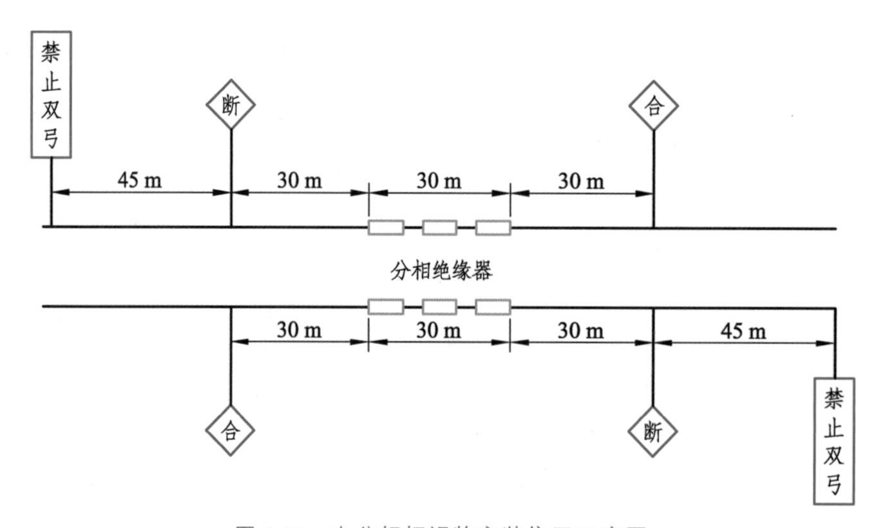

图 1.25　电分相标识牌安装位置示意图

为了使电力机车顺利通过中性段，需要在来车方向设置预告信号标识，提醒司机按照信号要求进行相应的操作。预告信号标识有：

“禁止双弓”——设置于距分相绝缘器 75 m 处，不允许具有电气连接的前后两架受电弓同时升起通过；

“断”——设置于距分相绝缘器 30 m 处，操作规程规定，接近电分相时，列车需要退级、关闭辅助机组、断开主断路器，即列车在不受流情况下利用惯性通过电分相；

“合”——设置于距分相绝缘器 30 m 处，通过电分相后，进行与“断”相反的一系列操作，使列车恢复受流。

由于分相绝缘器较重，易引起较大弓网磨耗，只适用于低速线路的接触网。在我国列车运行速度 200 km/h 以上接触网均采用的带中性段的绝缘锚段关节式电分相。

图 1.26 器件式电分相及其预告信号标识

绝缘锚段关节式电分相又分为长中性段和短中性段两种。图 1.27 为京津城际铁路接触网使用的长中性段电分相。

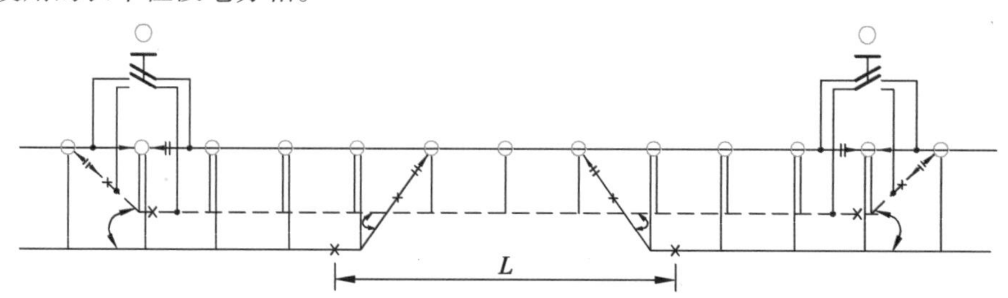

图 1.27 京津城际铁路接触网使用的长中性段电分相

在图 1.27 中，依靠两个五跨绝缘锚段关节与两侧的接触网实现电气隔离。电分相的中性段长度 L 约为 220 m，当两架受电弓的间距不超过中性段长度时，不管受电弓之间有无电气连接，均能满足列车双弓取流的运行需要。

与上述长中性段不同，图 1.28 所示的电分相是利用两个四跨绝缘锚段关节实现两侧接触网的电气隔离，属于短中性段的，其长度约为 50 m。受电弓间距小于 50 m（有或无电气连接）或大于 150 m（无电气连接）时，电气列车均可正常通过。

电分相中性段的设计需要考虑取流受电弓的数量以及受电弓在车辆上的布置。

与隔离开关（常开）配合使用，电分相可以与两侧接触网实现电气连接。正常运行时，中性段不带电，是无电区，列车依靠惯性通过无电区。当列车因故停在中性段时，可以将前进方向的接触网隔离开关闭合，使中性段与前方的接触网相连接，列车可以受流并重新起动，驶离中性段后，闭合的隔离开关需要恢复到常开状态。

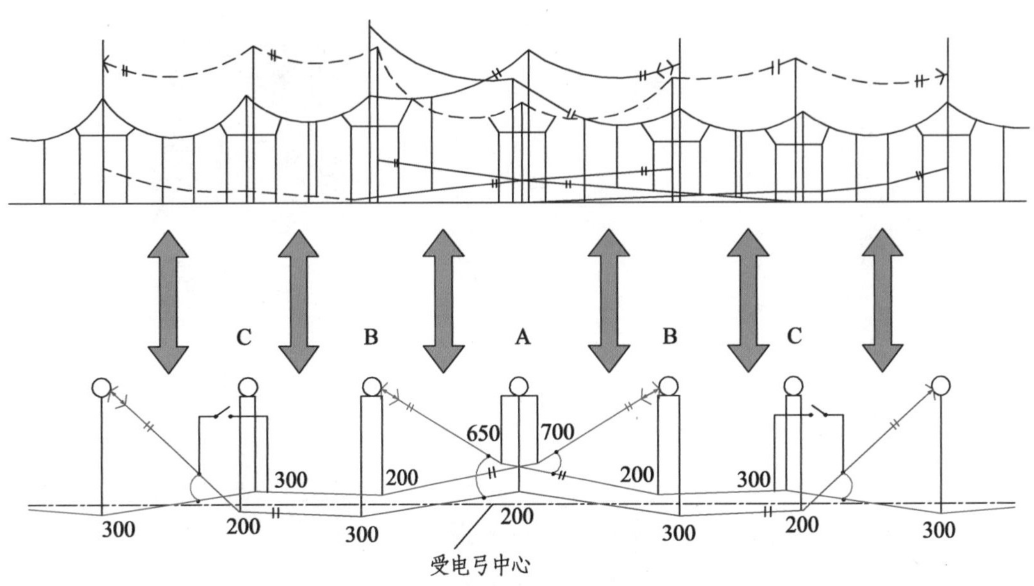

图 1.28 郑西高速铁路接触网使用的短中性段电分相

在某些运营模式下，如牵引变电所需要越区供电时，可以将两个隔离开关闭合，于是，中性段接触网与两侧的接触网电气连接在一起，中性段（无电区）消失。

不宜把电分相设置在线路的长大坡道上，也不宜设置在列车通常停车的位置或起动处，如靠近车站的区段或信号机的前面。电分相的设置还应尽量避免架设过长的供电线。

2. 同相供电方式

同相供电方式就是各牵引变电所的牵引网各个供电分区均采用电网三相中的同一相来供电，再加上分区所实施双边供电，就构成贯通供电方式[11, 12, 13, 14]，如图 1.29 所示。牵引网的各个供电分区均对应电网的 AB 相（或者 BC 相，或者 CA 相），假设牵引变电所 SS 采用单相牵引变压器，分区所 SP 的开关可以闭合，进行双边供电。

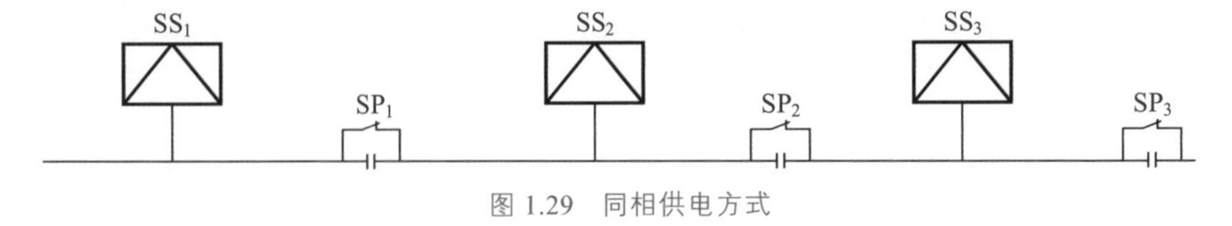

图 1.29 同相供电方式

这里，牵引变电所将电网三相供电变换为一个牵引端口的牵引供电，实现三相—单相变换[12, 13]。

显然，对铁路而言，这是结构最简单、投资最经济的供电方式，也是技术性能最佳的供电方式，可以全线不设电分相（原来的牵引所出口处电分相改为电分段或中性段带电的双分段构造，后者可用于避免前方短路故障后后方列车驶来误入故障段而造成二次短路跳闸、扩大故障范围的问题，图 1.29 中省略），没有无电区，保证列车安全、顺畅运行，因此也是最理想的。但面对的将是负序问题、穿越功率问题以及故障判别与继电保护等新的问题，这也正是铁路需要研究解决的课题，涉及电气化铁路发展的关键技术[16]，本书后面逐项讨论。

1.5 电分相的取舍

由 1.4 节可知，换相（异相）供电是减轻电气化铁路牵引负荷在三相电力系统产生负序及其影响的一种简单而惯用的手段，而电分相是换相供电的产物。电分相形成无电区，列车通过时无电区存在失电而增加列车运行时间，产生暂态过电压、影响弓网状态、降低供电可靠性等一系列问题[17]；由于相邻供电臂被隔断，同一供电臂的列车减少，不利于列车制动的再生电能被牵引列车吸收，尤其在复杂艰险山区、大坡道、重负荷铁路，电分相问题日益严重，实施同相供电，减少或取消电分相受到业内广泛关注。取消电分相可以取得如下益处：

（1）避免线路为电分相设置缓坡，有利于优化线路纵断面、节省工程投资、降低工程风险。

（2）信号机布点、列控数据设置不再受电分相的影响，更有利于按运输需要设置信号机，消除对线路能力的限制。

（3）避免列车过电分相产生的惰行工况，解决了列车过电分相产生的失去动力的“掉速”问题，节省列车运行时间。

（4）司机不再需要关注过分相时列车的分合闸状态，降低劳动强度，有利于安全行车。

（5）可实现以临近两座牵引变电所为主的、多座牵引变电所同时为列车供电，有利于提高网压和供电能力、延长供电臂、降低牵引变压器安装容量、节省运营成本。

（6）供电臂的延长有利于列车再生能量更好地被牵引列车吸收，绿色环保，可降低铁路用电量、节省电费，增强经济性。

（7）牵引变电所选址也不再受到电分相位置的限制，选址更加灵活，还有利于优化选址，降低建设成本。

后面会看到，在变电所同相供电、分区所双边供电基础上实现贯通供电可以最大程度上取消电分相，消除无电区，但贯通供电需要在同一电网内完成，而在不同电网之间、不同铁路局之间的接触网上仍然需要设置“电分相”进行分割。

显然，取消电分相给铁路带来益处的同时，涉及电网的负序、穿越功率等问题必须得到关注和解决，以取得铁路、电网的双赢。

1.6 牵引供电系统电压

从经济运行和技术条件出发，电力系统划分为多种电压等级，以标称电压表示，如 220 kV、110 kV、35 kV 等。电气化铁路牵引负荷的剧烈变化使牵引母线和牵引网上的电压产生波动较大，考虑牵引供电系统自身运行和电力机车、动车的生产与运行[9]，都需要根据铁路行业特点对电压作出规定。

我国发布的行业标准《铁路电力牵引供电设计规范》（TB 10009—2016）中，在牵引供电工程设计方面，对干线铁路交流工频牵引供电系统牵引母线电压、接触网电压及电力机车、电动车组受电弓电压有如下规定：电力牵引变电所牵引侧母线的额定电压为 27.5 kV，自耦变压器供电方式为 2×27.5 kV；电力机车、电动车组受电弓和接触网的标称电压为 25 kV，短时（5 min）最高电压为 29 kV；高速铁路、城际铁路接触网最低工作电压为 20 kV，其他铁路接触网最低工作电压为 19 kV。

《轨道交通 牵引供电系统电压》（GB/T 1402—2010）规定的电压见表 1.1。

表 1.1 标称电压及其容许的极限值

牵引供电系统	最低非持续电压 U_{min2} /V	最低持续电压 U_{min1} /V	标称电压 U_n /V	最高持续电压 U_{max1} /V	最高非持续电压 U_{max2} /V
交流方均根值	17 500	19 000	25 000	27 500	29 000*
*考虑到现场实际，推荐设备可以承受的最高非持续电压为 30 500 V。					

电压应满足以下要求：

（1）U_{min1} 和 U_{min2} 之间的持续时间不超过 2 min。

（2）U_{max1} 和 U_{max2} 之间的持续时间不超过 5 min。

（3）变电所在空载条件下的母线电压应小于或等于 U_{max1}。只要有列车，其受电弓应符合表 1.1 的要求。

（4）在正常运行情况下，电压应处于 $U_{min1} \leqslant U \leqslant U_{max2}$ 范围内变化。

（5）在非正常运行情况下，电压如果处于区间 $U_{min2} \leqslant U \leqslant U_{min1}$，将不会造成任何损失和破坏。

（6）如果电压处在 U_{max1} 和 U_{max2} 之间，在紧接着的一个非特定时间内，电压应不高于 U_{max1}。

（7）只有在非持续情况下，电压才会处于 U_{max1} 和 U_{max2} 之间，例如以下情况：

——再生制动；

——电压调节，如机械抽头调整。

（8）最低运行电压：在非正常运行情况下，U_{min2} 是能维持列车运行的极限最低接触网电压。

国产电力机车和动车均遵循表 1.1 的规定。

1.7 牵引供电系统设计概述

在铁路大中型建设项目的决策阶段应进行预可行性研究和可行性研究，设计阶段分两步，即初步设计和施工图。预可行性研究文件是项目立项的依据，按铁路建设的长远规划，经现场踏勘后编制；可行性研究文件是项目决策的依据，根据批准的项目建议书，采用初测资料编制，可行性研究的工程数量和投资估算要有较高精度；初步设计文件是项目建设的主要依据，根据批准的可行性研究文件，采用定测资料编制，初步设计文件经审查、修改、批准后，作为控制建设总规模和总概算的依据，满足工程招标、设备采购、征用土地和进行施工准备的需要；施工图是工程实施的依据，根据已审批的初步设计和补充定测资料编制。牵引供电系统在各阶段都有设计内容，但主要集中在可行性研究和初步设计阶段[18]。

1.7.1 供电系统设计的任务

预可行性研究阶段，牵引供电系统设计应提出主要设计原则和主要工程内容，并说明外部电源条件以及需由有关部门协作配合的意见，然后进入可行性研究、初步设计和施工图三个阶段。

1. 可行性研究阶段的任务

可行性研究阶段，牵引供电系统设计主要解决以下几个问题：

（1）牵引网供电方式；

（2）牵引变电所、分区所、电力调度所分布方案；

（3）牵引变压器类型和容量；

（4）接触网悬挂类型及接触线、供电线等各种导线的选择；

（5）无功补偿及滤波装置；

（6）供电方案比选及主要技术经济指标；

（7）有关外部电源情况；

（8）外部电源对牵引变电所的供电方案；

（9）分省区的需要功率及用电量；

（10）负序电流、高次谐波对电力系统影响的估计；

（11）绘制牵引供电设施及供电方案示意图和牵引网供电方式示意图。

2. 初步设计阶段的任务

初步设计阶段，根据可行性研究鉴定意见，修改、补充供电方案，补充各项计算，主要内容如下：

（1）牵引网供电方式；

（2）牵引变电所、开闭所、分区所、AT 所、电力调度所分布方案；

（3）牵引变压器类型和容量；

（4）接触网悬挂类型及接触线、供电线等各种导线的选择；
（5）牵引网电压水平及补偿措施；
（6）牵引能耗及电能损失计算；
（7）接触网的供电及运行方式；
（8）无功补偿及滤波装置；
（9）设计方案主要技术指标；
（10）外部电源对牵引变电所的供电方案；
（11）分省区的需要功率及用电量；
（12）绘制牵引供电设施及供电方案示意图、牵引网供电方式示意图和吸—回装置或自耦变压器分布图。

3. 施工图阶段的任务

施工图阶段，牵引供电系统设计主要解决如下两个问题：
（1）根据初步设计审批意见校核供电方案，进行各项技术指标计算；
（2）配合建设、运营单位与电力部门协调、落实外部电源供电方案。

1.7.2 设计步骤

具体设计程序要根据具体情况来决定，不能一概而论。一般可按以下几个步骤进行：

1. 接受任务

根据设计任务书（用户需求书），深入了解设计任务的政治、经济意义，了解建设单位要求的铁路运输能力、建设时间等。同时，根据项目的总体安排和相关专业的要求，明确电气化范围、牵引定数、机车类型、列车追踪间隔、信号闭塞方式等。

2. 收集资料

（1）经济行车资料，包括（初）近、远期客货列车对数及客货列车流图，货物列车质量，区段货流密度，机车类型及技术参数，支线是否电气化，邻线技术条件和牵引计算结果等。

牵引计算结果是重要的原始资料，主要有：
① 列车区间运行时分 t，带电运行时分 t_g；
② 列车区间牵引能耗 A；
③ 电气化区段列车上、下行单位（每千米）能耗，上、下行平均技术速度；
④ 牵引电机温升检查结果（必要时）；
⑤ 列车运行曲线图，包括 v-l 曲线、t-l 曲线和列车电流曲线（i-l 曲线）。

（2）线路平、纵断面图和车站平面图，（初）近、远期开站顺序及技术作业站，机车交路及机务设备分布，通信防干扰要求等。

（3）电力系统资料，包括现状及近、远期电力系统规划地理接线图，输电线路图，牵引变电所高压侧的系统最大和最小运行方式下的短路容量及系统网络的正、负和零序阻抗图。

3. 现场调查研究

主要指既有电气设备状况及运行情况调查，新设牵引变电设施所址踏勘等。

为了使调查较有针对性，事前应根据已收集的资料，提出几个可能的供电方案，以便深入了解情况和征求现场有关部门的意见。

4. 方案比选

根据收集的资料和调查研究的结果，经过初步分析，提出 2 ~ 3 个可供比较的供电方案。对每一个方案，进行各项技术经济指标的计算。经过技术、经济等方面的综合比较，提出一个推荐方案。

5. 提供资料

按推荐方案，提供计算通信线路的危险影响、干扰影响及选择有关信号设备的牵引网干扰电流阶梯曲线；提供牵引变电和接触网专业设计所需的牵引变压器类型和容量、设备选择所需的电流、牵引网主要线材配置建议、牵引网补偿措施、无功补偿装置容量（必要时）、牵引网供电方式示意图等资料；提供继电保护需要的供电臂瞬时最大电流及短路电流。

6. 编制完成设计文件

编制完成各阶段的设计文件。

7. 外电配合

向电力部门提供近、远期牵引负荷总容量；与电力部门共同商定牵引变电所一次侧接线方式；配合电力部门计算牵引负荷引起的负序电流及谐波影响，必要时研究和提出相应的解决办法；落实电力系统向牵引变电所的供电方案。

上述步骤，不是截然分开、按步进行的，往往是一个逐步收集资料，多次现场调查和反复计算、分析比较、认识深化的过程。只有这样，才能最后做出一个好的设计来。

1.7.3 设计原则

根据我国电气化铁道设计、运行经验，主要设计原则有以下几点：

（1）牵引供电能力必须满足铁路运输的需要，并具备适应远期发展的条件。

牵引变电所的分布应由供电计算并综合考虑下列因素确定：

① 布点应按远期需要考虑；

② 靠近负荷中心；

③ 满足接触网最低电压水平的要求；

④ 牵引变电所的供电范围应考虑运营管理机构的管辖范围，供电范围不应跨铁路局；

⑤ 向邻线及支线供电方便；

⑥ 外部电源工程量小。

对于高速铁路与重载电气化铁路，牵引变电所的布点还应充分考虑牵引网线材配置的可行性，牵引变电所越区供电能力，以及牵引变电所接入公共电网的可能性。

（2）每一牵引变电所采用两路独立电源供电，两路电源互为热备用。牵引负荷较小的一般铁路，在电力系统短路容量满足要求时，可采用 110 kV 电源供电，在电力系统薄弱地区，应加强电网能力或采用更高电压等级供电；高速铁路和重载铁路，原则上采用 220 kV 电源供电，极个别不具备 220 kV 电源条件的，应要求 110 kV 电源具有较大的系统短路容量。

（3）牵引变压器采用固定备用方式，正常工作时一台运行、另一台备用。变压器的安装容量按交付运营后第五年运量确定，并按远期运量预留条件。在满足系统负序要求的前提下优先采用单相牵引变压器。

（4）牵引供电系统牵引母线电压、接触网电压及电力机车、电动车组受电弓电压应符合 TB 10009—2016 规定。

（5）牵引网供电方式的选用应综合铁路、电力系统、铁路内外通信线路防护要求等技术经济因素比较确定。

（6）牵引变电所一次侧平均功率因数按不低于 0.9 设计。

（7）为减轻对电力系统的负序影响，应采取换相或其他负序治理措施。

其他设计问题，如牵引变压器的类型，牵引网供电、分段方式，是否设置分区所、开闭所，是否考虑邻线实现电气化等问题，需根据电气化区段具体条件和科学技术发展情况或根据方案比选方能决定。

习题与思考题

1.1　说明动力系统、电力系统及电网的概念和区别。

1.2　说明牵引供电系统的构成及各组成部分及其作用。

1.3　简述电网对铁路牵引变电所的供电方式并比较其优缺点。

1.4　简述牵引网单边供电、双边供电方式以及直供+回流线、AT 供电和 CC 供电方式的要点及其特点。

1.5　简述换相（异相）供电和同相供电的要点及其特点。

1.6　取消电分相能带来哪些益处？

第 2 章

牵引负荷

2.1　概　述

电力机车或动车都使用电传动系统来进行电能（电功率）和机械能（机械功率）的相互转化[9]。牵引工况时，电传动系统将牵引网的电能转化成列车机械能，即通过牵引力拉动列车移动来做功；制动工况时，又将列车制动力做功的机械能转化为电能反馈到牵引网，称为再生，故制动工况也称为再生制动工况。在这个过程中，我们将牵引网上电力机车或动车的功率 s 或电流 i 称为牵引负荷，或负载。牵引时的牵引负荷视为正，再生的视为负。

电传动系统的核心可控元件是牵引变流器，它决定列车的牵引与（再生）制动工况。早期生产的电力机车采用交流-直流型牵引变流器和直流电机，称为交-直型电力机车，现在生产的电力机车或动车都采用交流-直流-交流型牵引变流器和交流电机，称为交-直-交型电力机车或动车[9，19，20]。

几十年的实践表明，根据我国具体情况和走自己的发展道路而设计制造的电力机车，质量和性能不断提高。首先，韶山系列的交-直型国产电力机车型号非常丰富，如 SS_1、SS_3、SS_4、SS_7、SS_8、SS_9 以及应用 8 K 机车技术改造 SS_3 机车试制成功的 SS_6 机车等，运行可靠，操纵方便，能满足运输需要，电力机车功率大，速度快，检修率低，这是蒸汽机车和内燃机车都无法做到的。这类电力机车使用的电机为直流电机，这种方式在电机控制上具有独特的优势。直流电机的磁场电流和电枢电流能够独立调节，这使得其启动特性和转矩特性更为理想。此外，直流电机在启动瞬间能够提供强大的扭矩，有助于机车迅速加速。然而，直流电机也有其固有的缺点：一是功率因数低，效率低，二是其结构中包含电刷和换向器这种机械构造，在运行过程中容易产生火花现象，这不仅会影响电机的使用寿命，还会对周围环境造成不良影响，火花现象还可能引发火灾等安全隐患，故不适于高速运行，因此，随着列车运行速度的不断提升，直流电机越发不能适应。

与此同时，随着微电子技术的迅速发展，交流传动技术成为当今世界机车技术的代表。我国铁路在交流传动技术方面的研究开始于 20 世纪 70 年代末，其间进行过 300 kW 和 1 000 kW 交-直-交电传动地面试验系统的研究。在此基础上，吸收国外类似交-直-交传动电力机车的先进技术，结合中国传统交-直传动电力机车的特点，1991 年株洲电力机车厂和株洲电力机车研究所开始研究设计 AC4000 型交-直-交型电力传动电力机车，1996 年试制成功第一台机车，功率 4 000 kW，最高速度 120 km/h。2000 年，又研制出 DJ 型交流传动高速客运电力机车，机车持续功率 4 800 kW，最高速度 220 km/h。2004 年，由大连机车车辆厂设计生产的 SSJ_3 型交流传动电力机车，机车额定功率可达 7 200 kW。

随着交-直型电力机车的停产，取而代之并开始广泛应用的是国产和谐 HX 系列交-直-交型电力机车。但是考虑到交-直型电力机车还在运用，完全退出还有一个过程，因此本章仍加以介绍。

现代电力机车和动车均为交-直-交型的。我国重载铁路和普速铁路的列车采用电力机车来牵引，并且所用电力机车一般不超过两节，属于动力集中型，高速铁路则采用动车+拖车的动车组方式，其中动车一般大于 2 节，属于动力分散型。

自日本新干线 1964 年正式开通后，法国、德国等西欧发达国家争相发展高速铁路，其中高速动车组的动力配置方式逐步走向统一，最终形成了以动力分散型交流异步电机驱动的传动模式。日本一开始就采用了动力分散的配置方式，而法国的 TGV 和德国的 ICE1 和 ICE2 起初采用动力集中配置方式。随着速度提高到 300 km/h 以上，黏着问题尤为突出，分散动车组的优越性更为明显，于是法国和德国也开始转向开发动力分散型动车组，并研制出新一代高速动车组 AGV 和 ICE3。动车组牵引电机也有直流电机、同步电机和异步（感应）电机之分。日本新干线 400 系以前主要采用相控调压的直流串励电机牵引，从 400 系开始采用逆变器驱动的异步电机。法国 TGV 一直用逆变器驱动的同步电机，最新的 AGV 则采用了先进的永磁同步电机。德国 ICE 一开始就采用了四象限整流器加逆变器驱动的异步电机牵引方案。随着电力电子技术、电机控制技术及微电子技术的发展，四象限脉冲整流器加电压型逆变器驱动三相异步电机技术方案被认为是一种性能优良的传动方案，为现代高速动车组和大功率机车普遍采用。

三相异步电动机具有轻量化、小型化的特点，还拥有较大的电机功率，同时，交-直-交型牵引传动技术具有良好的牵引和制动性能，功率因数接近 1，运行效率更高，谐波干扰也较小。这些特性大大提高了系统的稳定性和可靠性。此外，交-直-交传动系统操作简便，维护工作量小，具有良好的模块化设计，能够更好地适应不同的运行环境和需求。这些优点使得交-直-交传动技术在现代机车和动车组中得到了广泛应用。

我国高速铁路及动车组发展晚，但起点高、成就大。从 2004 年起，我国开始引进世界最先进、速度 200 km/h 以上的高速动车组技术：青岛 BSP 公司受让加拿大庞巴迪公司技术制造生产 CRH1 型动车组，四方机车车辆股份有限公司受让日本川崎重工技术制造生产 CRH2 型动车组，唐山机车车辆厂受让德国西门子公司技术制造生产 CRH3 型动车组，长春轨道客车股份有限公司受让法国阿尔斯通公司技术制造生产 CRH5 型动车组，并通过技术创新，列车运行速度不断提升，达到 350 km/h[9]，还研制出新一代复兴号动车组，冲击 400 km/h 新纪录，引领世界。

现代交-直-交型电力机车和动车的一个突出优点是不再采用原来交-直型电力机车的电阻制动，而是采用再生制动进行发电，把列车制动的机械能转化为电能返送到牵引网上并加以利用，更加绿色环保。

电力机车和动车由于受运行图、牵引质量、线路状况、司机操作情况等因素的影响，列车运行过程又包括起动、加速、减速、惰行、制动等多种工况，牵引负荷会在正负之间较大范围内变化，加上线路上列车密度及种类的变化，又使馈线上总牵引负荷的变化产生随机性。因此，进行牵引负荷的精确计算是复杂而困难的，只能把握牵引负荷的主要规律。

本章主要介绍电力机车/动车电传动系统、运行特性（牵引特性、制动特性）、馈线电流计算等内容。

2.2　交–直型电力机车及运行特性

交-直型电力机车从单相交流 25 kV 接触网上取得工频 50 Hz 交流电，经机车主变压器的降压和全波整流电路，将交流电变为直流电，再驱动直流牵引电机。实现这一转变过程的是机车电传动系统，其中主变压器和全波整流装置构成机车主电路。

SS_1 型电力机车是典型的交-直型机车，其他类型电力机车均由此发展而来。SS_1 型电力机车的直流牵引电机是串激式，每轴 1 台，共 6 台。每台小时功率（允许持续 1 h 的功率）为 700 kW，故机车功率为 4 200 kW，直流额定电压为 1 500 V。SS_1 型电力机车主电路采用中抽式（全波）整流电路，如图 2.1 所示。图中，D_M 为 6 个牵引电机，L_1、L_2 为平波电抗器，D_1、D_2 为整流机组，B 为机车主变压器。

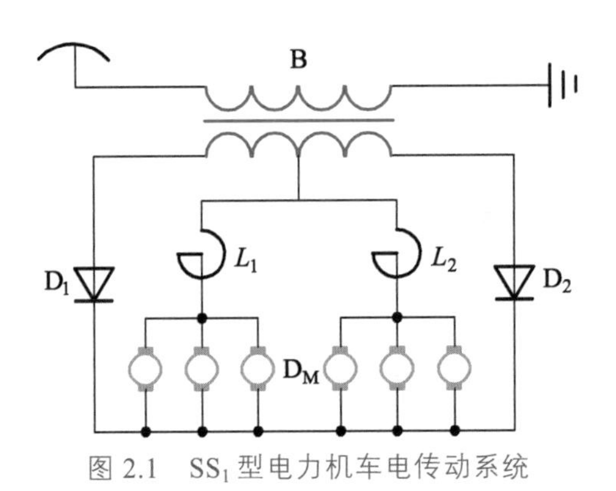

图 2.1　SS_1 型电力机车电传动系统

电力机车的起动和调速主要靠改变牵引电机的端电压实现。机车主变压器低压侧设有调压分接头和转换机构 K，为了能大范围调压从而产生好的牵引特性，次边绕组分为 2 个基本绕组（a_1x_1，a_2x_2）和 2 个调压绕组，调压绕组可正接或反接于基本绕组，如图 2.2 所示。加上机车自身的分接头，共形成 33 个调压级，级位越高，输出电压就越高。

另外还在激磁绕组上并联电阻来削弱磁场，也用于调速，如图 2.3 所示。

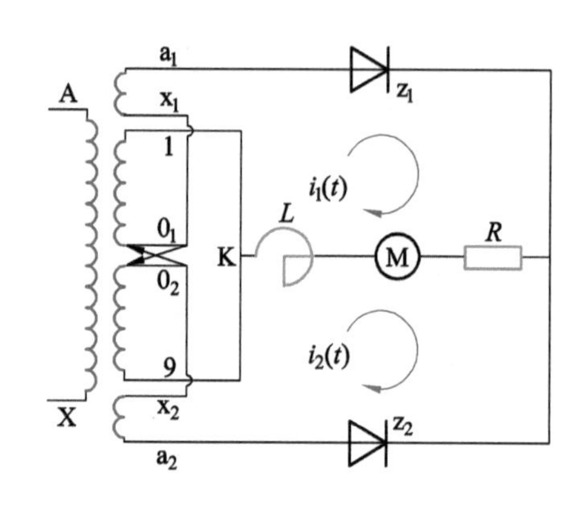

图 2.2　机车主变压器次边绕组正、反接示意图

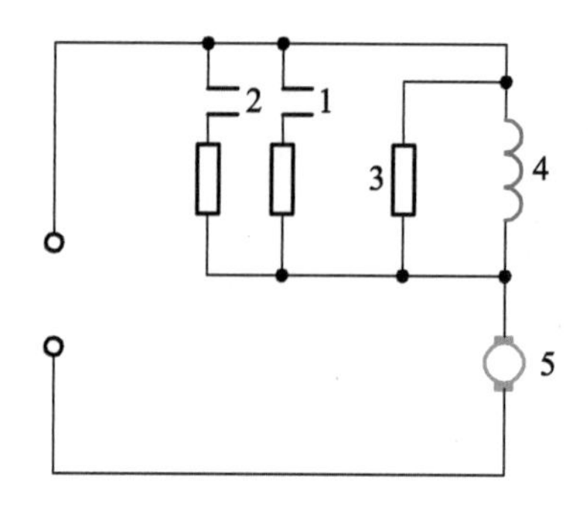

1，2—电阻开关；3—并联电阻；
4—串激绕组；5—牵引电机。

图 2.3　削弱磁场电路

串激电机的转速 n 与其等效端压 $U-I_dR_d$（R_d 为电枢和串激绕组电阻，I_d 为电枢电流）及磁场磁通 Φ 的关系为

$$n=\frac{U-I_dR_d}{C_e\Phi} \tag{2.1}$$

式中　C_e——给定电机常数。可见，通过调压，即改变端压可以调速。

对串激电机，有 $\Phi=kI_d$（k 为一常数）。当有并联电阻用以削弱磁场时，可引入削弱系数 k_Φ，则有

$$n=\frac{U-I_dR_d}{C_ekk_\Phi I_d}$$

可见，改变削弱系数 k_Φ 也能调速。SS_1 型电力机车削弱磁场分为三级，k_Φ 分别为 70%、54%、45%。

用于电力牵引的电机一般具有恒定功率或近似恒定功率的牵引特性，即正常牵引时，牵引力与行车速度之积（功率）等于或近似等于常数。SS_1 型电力机车的牵引特性如图 2.4 所示。图中曲线上的数字表示调压级位，Ⅰ、Ⅱ、Ⅲ表示削弱磁场级，虽然有 33 个调压级，但长期运行级位只有 9 个，即 1、5、9、13、17、21、25、29、33 级，并多在高级位下运行。图中包络线表示起动曲线。整个曲线显示出明显的恒功特性：由于重载（含起动）而速度下降时，电机牵引力急剧上升；当负荷减轻时，电机转速迅速提高；即使在某一固定级位上，电力机车也有自动调整速度和牵引力的特性。起动过程中，机车从牵引网的最大取流为 236 A。图中电流不含机车供辅助机组的自用电。牵引时机车自用电为 7 A，电阻制动时为 12 A。

图 2.5 是 SS_1 型电力机车的牵引电流特性，即牵引网取流-走行速度曲线。

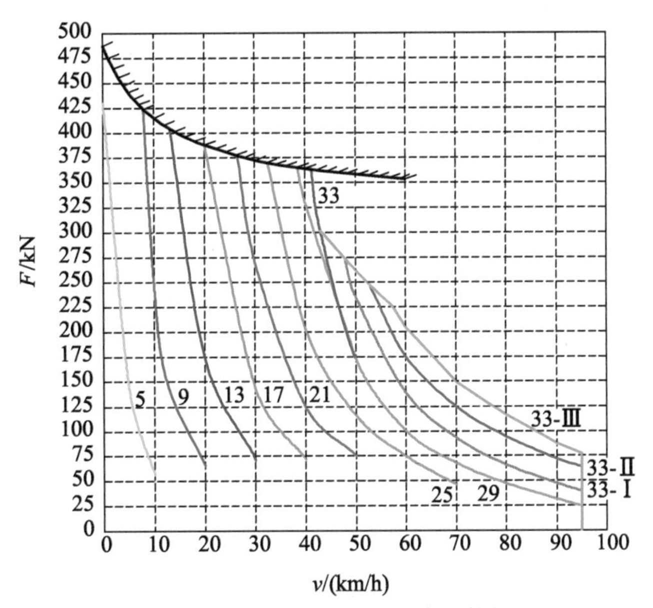

图 2.4　SS_1 型电力机车的牵引特性

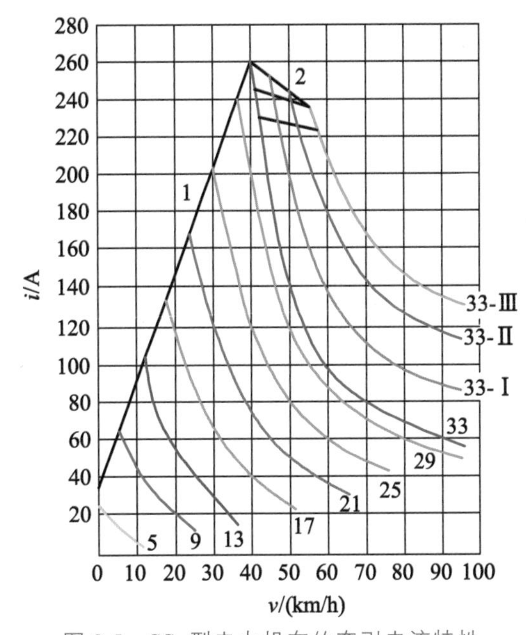

图 2.5　SS_1 型电力机车的牵引电流特性

通过司机操作，机车可在起动、正常牵引、惰行、制动等多种状态下运行。机车起动时，运行级位最低，运行速度很小，起动电流只有 10 ~ 20 A。随着机车加速，牵引力减小（见图 2.4），网上取流也减小（见图 2.5），相应地，司机操纵的级位（机车主变压器输出电压或磁场削弱）由小到大，机车取流增大，逐渐进入正常牵引。可见，机车起动过程中，随着运行级位变大，网上取流迅速地从零增大到某级位下的最大值，进入正常牵引。正常牵引的工作点将根据阻力（含摩擦力、空气阻力、坡道阻力等）的变化自动按牵引力-速度即 $F=f(v)$ 曲线调整，当这种自动调整不能满足要求时，司机将改变级位来适应这一变化。不论是起动还是正常牵引，机车牵引力的发挥将受三方面的限制：一是黏着条件或电机允许的最大电流；二是最大速度；三是电机换向条件。

惰行，即机车断电运行（无牵引用电，有自用电，即辅助用电），这时机车靠惯性行驶。制动分为电能制动和机械制动，机械制动即列车制动，通过司机操纵，起动车辆制动阀来实现；电能制动则将电动机转换为他励式发电机，从而将制动中的机械能转化为电能。电能制动又分为电阻制动和再生反馈制动两种，前者将制动产生的电能消耗在电阻器上，变成热能散发；后者将电能反送到牵引网，供其他处于牵引状态的机车使用或返回电力系统。列车制动时，电能制动和机械制动可同时使用。电能制动可以在具有长大下坡道或高速重载线路上提高牵引定数（按规定须牵引的列车重量）。下坡或高速重载制动，列车重量越大，所需制动力越大。

电力机车牵引过程中的一个电能指标是其功率因数，交-直型机车的网上取流都是感性滞后的，并且因取流大小而异。SS_1 型电力机车的功率因数如图 2.6 所示，典型数值如表 2.1 所示，自用电的功率因数 $\cos\varphi=0.85$（滞后）。考虑电力机车运行的各种工况，一般网上平均功率因数为 0.8 或略高[4]。

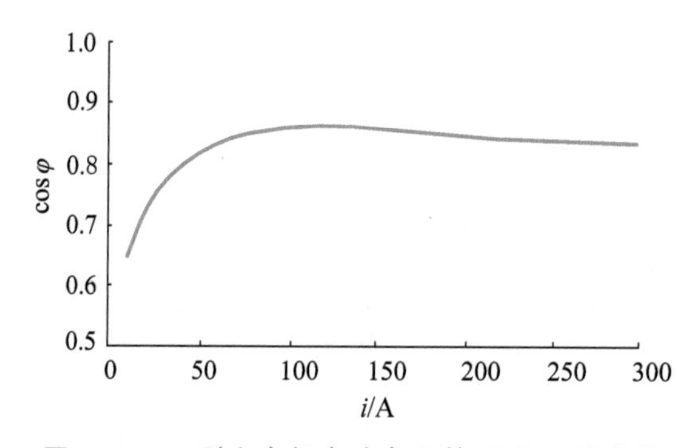

图 2.6　SS_1 型电力机车功率因数-网上取流曲线

表 2.1　SS_1 型电力机车功率因数典型数值

i/A	10	20	40	60	80	100	150	200	250
$\cos\varphi$滞后	0.65	0.723	0.799	0.845	0.862	0.866	0.857	0.851	0.849

SS_3 型电力机车的牵引电机仍为串激直流电机，仍属于交-直型。牵引电机每轴 1 台，共 6 台。每台小时功率为 800 kW，SS_3 型机车总功率为 4 800 kW。考虑到 SS_1 型中抽式主电路中变压器次边的两组对称绕组轮流导通，容量不能充分利用，以及整流器承受的反压高，不适用于更大的牵引容量，SS_3 型机车采用了较为先进的桥式整流电路，如图 2.7 所示。

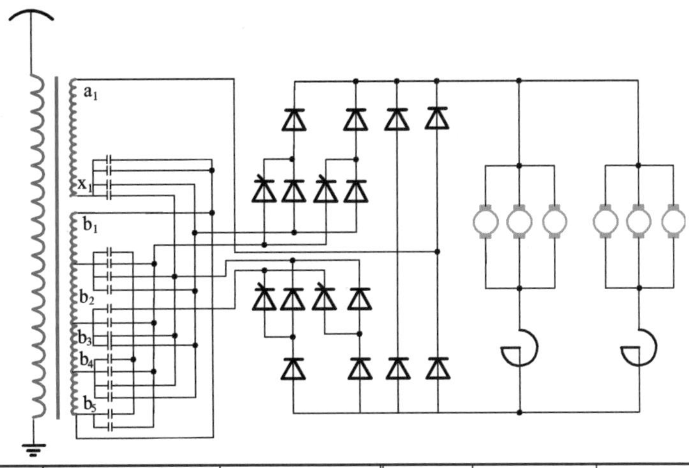

级号	绕组接法	引线	电压/V	级号	绕组接法	引线	电压/V
1	反　接	$a_1x_1-b_2b_5$	277.8	5	正　接	$a_1x_1+b_1b_2$	1 388.9
2	反　接	$a_1x_1-b_3b_5$	555.6	6	正　接	$a_1x_1+b_1b_3$	1 666.7
3	反　接	$a_1x_1-b_4b_5$	833.3	7	正　接	$a_1x_1+b_1b_4$	1 944.4
4	基本绕组	a_1x_1	1 111.1	8	正　接	$a_1x_1+b_1b_5$	2 222.2

图 2.7　SS_3 型机车桥式整流电路

图 2.7 所示的桥式电路是可控硅半控桥式整流电路。其可控硅只在某一级位起平滑调压（调速）作用，而幅度更大的调压（调速）仍靠变压器次边分接头的调整实现。SS_3 型电力机车的级位只有 8 级，比 SS_1 型电力机车操纵简便，其削弱磁场级与 SS_1 相同。

SS_3 型电力机车的牵引特性即 $F=f(v)$ 曲线如图 2.8 所示，机车网上取流特性即 $i=f(v)$ 曲线如图 2.9 所示，SS_3 型电力机车的最大取流为 270 A。

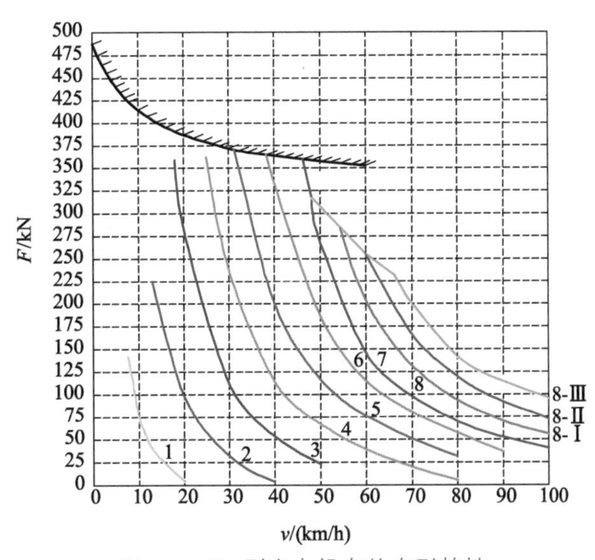

图 2.8　SS_3 型电力机车的牵引特性

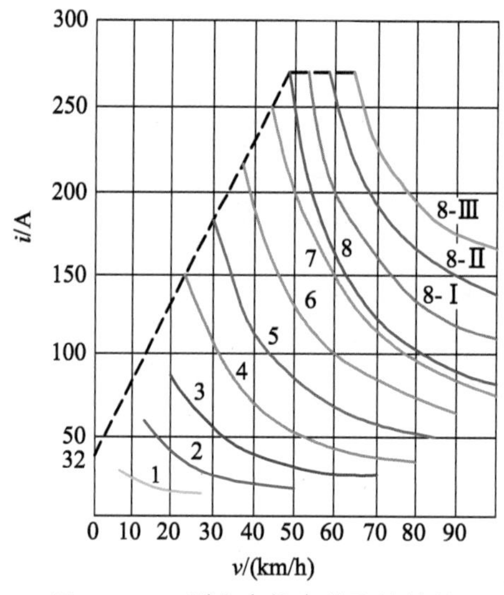

图 2.9　SS_3 型电力机车的取流特性

不论是 SS_1 型还是 SS_3 型电力机车，考虑到串激直流电机的自然牵引特性曲线（见图 2.4 和图 2.8）不是一条严格的恒功曲线，随着机车提速，电机输出功率会减小，因此为发挥高速时应有的功率，均采用了削弱磁场的方法。由图 2.3 可看出，给定电压（级位）时，并联电阻削弱磁场将使电机电枢电流增大，故使电机输出功率增大，而且磁场削弱越深，电机输出功率增加越大。理论上，削弱磁场可在任一级位上采用，但削弱磁场在增大电机功率的同时，还会带来一些副作用，如电机磁场畸变加大，电位条件变差；火花增加；电枢电流增加，使牵引能耗增加；削弱磁场的级数有限，调节时电流冲击大，会引起牵引力摆动等。因此，实际应用中，往往在满级位上（SS_1 的 33 级，SS_3 的 8 级），还需要提高速度时，才能使用削弱磁场。图 2.4、图 2.5 和图 2.8、图 2.9 中的特性曲线都是这样绘制出的。

2.3　交–直–交型电力机车、动车及运行特性

交-直-交型电力机车和动车的电传动系统的基本构成是一样的[9, 19, 20]，示意于图 2.10，主要包括受电弓、电流互感器、电压互感器、主断路器、主变压器（亦称牵引变压器）、牵引变流器、异步牵引电机、控制系统、齿轮箱、轮对等。牵引工况下，列车通过受电弓从单相 AC 25 kV 接触网上取得电能，经过主断路器送给主变压器，主变压器将电压降至 900 ~ 1 800 V 后供给牵引变流器并实现交-直-交变换，即将单相交流电变换成电压幅度和频率可调的三相交流电，从而驱动异步牵引电机，牵引电机输出的转矩和转速通过齿轮箱变换后传给轮对，转换成轮缘牵引力和线速度。制动工况下，轮对制动力推动牵引电机发电，牵引变流器将三相交流电经交-直-交变换为单相交流电，再由主变压器反馈至牵引网。电传动系统在控制系统的控制下，可以方便地实现牵引工况和再生制动工况的双向转化。

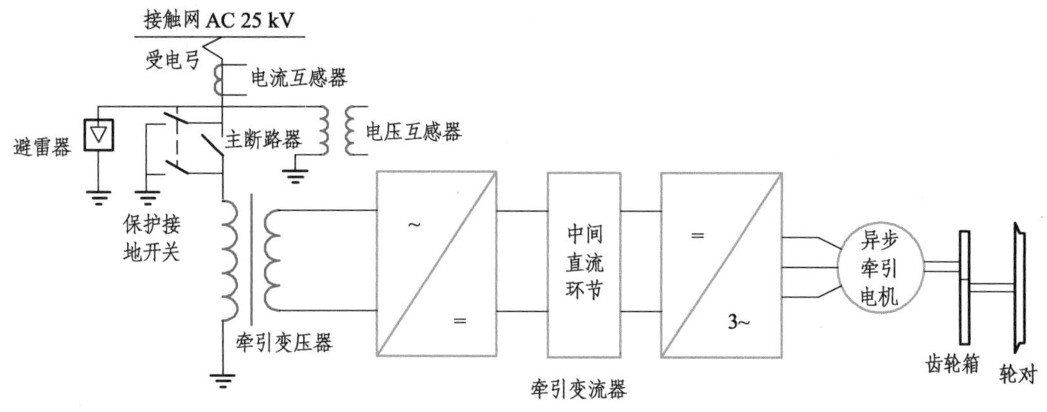

图 2.10　电力机车/动车电传动系统示意图

具体的电传动系统主电路可以 HXD_1 型电力机车为例加以说明。HXD_1 型电力机车为双节设置，每节机车拥有完整的主电路、辅助电路和控制系统，每节机车均可单独运行，其中主变压器和牵引变流器构成主电路，如图 2.11 所示。

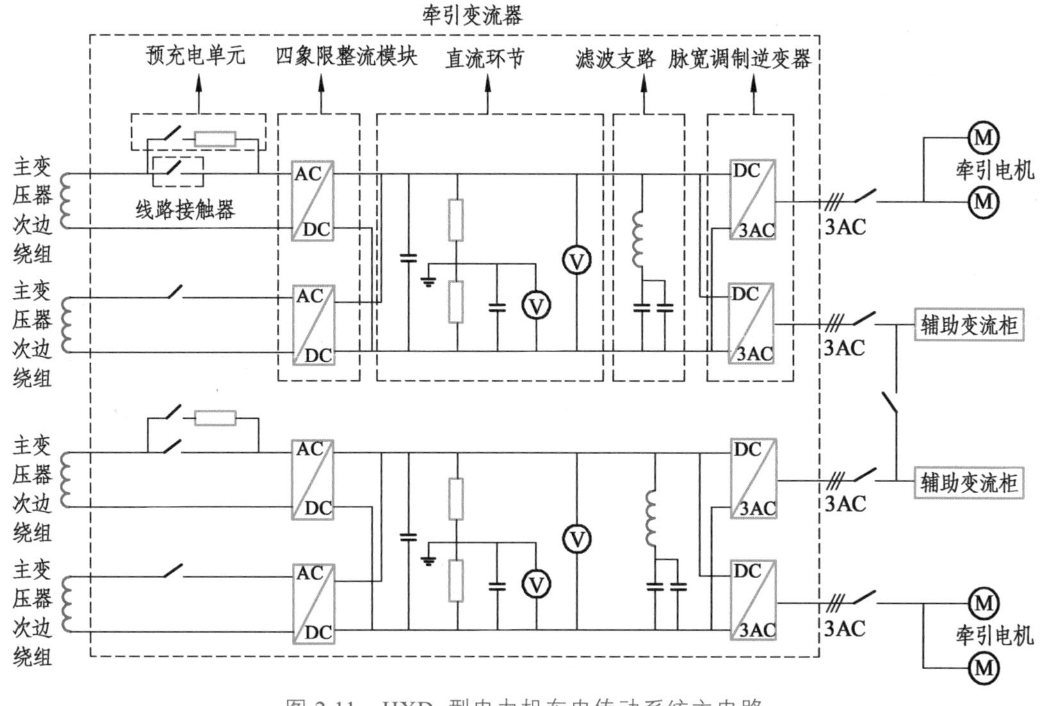

图 2.11　HXD_1 型电力机车电传动系统主电路

牵引变流器由四象限整流模块、直流环节和脉宽调制（PWM）逆变器构成。其中，主变压器次边的 4 个牵引绕组连接 4 组四象限整流模块，再向两个独立的中间直流电压环节充电，每台中间直流环节供两个脉宽调制逆变器，再向 1 台转向架上的 2 台三相异步牵引电机供电。

列车运行分牵引、惰行、制动、停车等多种工况。列车的制动分空气制动（机械制动）和再生制动（电制动）两种，运行中首选再生制动，只有低速时才起动空气制动。牵引和再生制动工况下主电路、辅助电路都工作，惰行、停车时只有辅助电路工作（供自用电）。

牵引运行时，四象限整流模块用于整流，脉宽调制逆变器用于逆变，异步牵引电机牵引列车运行，处于用电（耗电）状态；再生制动时，异步牵引电机发电，脉宽调制逆变器用于整流，四象限整流模块用于逆变，把列车的机械能转化为电能反馈回牵引网上，列车处于发电状态。牵引和再生工况及其转化均由控制系统控制牵引变流器与牵引电机配合完成。

下面讨论运行特性[9]，包括牵引特性和制动特性。

先看牵引特性。

牵引变流器改变其逆变器输出频率时，牵引电机的转速将随频率正比变化，如果频率可以连续调节，则牵引电机的转速就可以连续、平滑地调节，从而牵引列车运行。列车牵引过程分起动和运行两个阶段。起动采用恒力矩控制方式，运行采用恒功率控制方式。其中，恒功率控制又分为第一恒功率和第二恒功率两种控制模式。对应列车牵引运行时牵引电机转矩 T、频率 f、电压 U 与角速度 ω 等主要物理量关系曲线如图 2.12 所示。

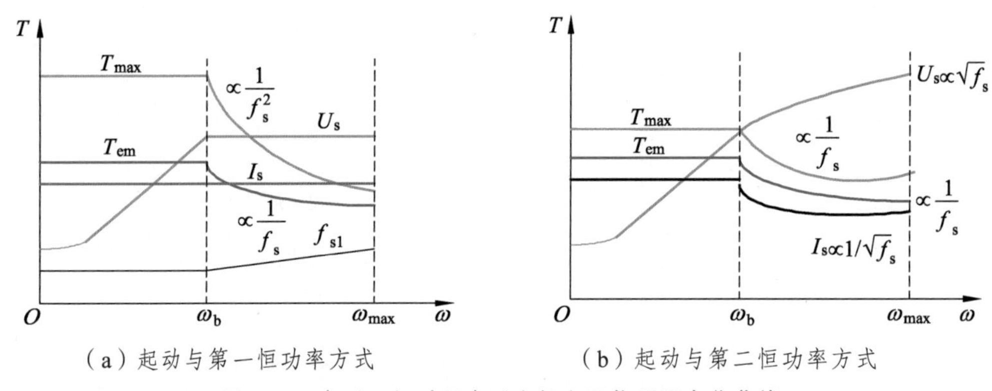

图 2.12　牵引运行过程牵引电机主要物理量变化曲线

1. 恒力矩起动阶段

我们知道，列车牵引力与牵引电机的力矩成正比。为保证列车起动过程快速且平稳，须保持列车起动加速度不变，在列车重量给定的情况下，保持牵引力恒定，这就是恒力矩起动。

若定子和转子电阻可忽略不计，电机电势接近电压，即 $E_s \approx U_s$，牵引电机转矩为

$$T_{em} = k\left(\frac{U_s}{f_s}\right)^2 f_{s1} \tag{2.2}$$

式中，k 为由电机结构等决定的系数[9]。

为了使启动电流最小，起动阶段要控制电机磁通 $\varPhi_s$ 保持恒定。恒磁通 $\varPhi_s$ 是通过控制恒电压频率比 U_s/f_s 或恒电势频率比 E_s/f_s 实现的。此阶段除磁通 $\varPhi_s$、力矩 T_{em}、最大力矩 T_{max} 恒定外，定子电流 I_s 和滑差频率 f_{s1} 也恒定，见图 2.12。

2. 恒功率运行阶段

电机角速度达到基速 ω_b 后，转入恒功率阶段。此时，根据式（2.2）可得电机的输出功率为

$$P = T_{em} f_s = k\frac{U_s^2 f_{s1}}{f_s} \tag{2.3}$$

由此可以知，恒功率控制有两种控制模式：

第一恒功率模式，即恒电压 U_s 和恒滑差率 $s=\dfrac{f_{s1}}{f_s}$ 控制。此时定子电流 I_s 不变，力矩 T_{em} 与定子频率 f_s 成反比下降，滑差频率 f_{s1} 与定子频率 f_s 成正比增加。该模式恒功率过程中的各物理量变化情况如图 2.12（a）所示。

第二恒功率模式，即恒电压平方与频率比 $\dfrac{U_s^{\ 2}}{f_s}$ 和恒滑差频率 f_{s1} 控制。此时电压 U_s 随定子频率的平方根 $\sqrt{f_s}$ 成正比增加，力矩 T_{em} 与定子频率 f_s 成反比下降，定子电流 I_s 与定子频率的平方根 $\sqrt{f_s}$ 成反比下降。该模式恒功率控制过程中的各物理量变化情况如图 2.12（b）所示。

根据《列车牵引计算》（TB/T 1407.1—2018）可以获得各型电力机车和动车的牵引特性和制动特性。

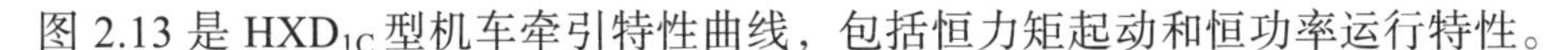

图 2.13 是 HXD_{1C} 型机车牵引特性曲线，包括恒力矩起动和恒功率运行特性。

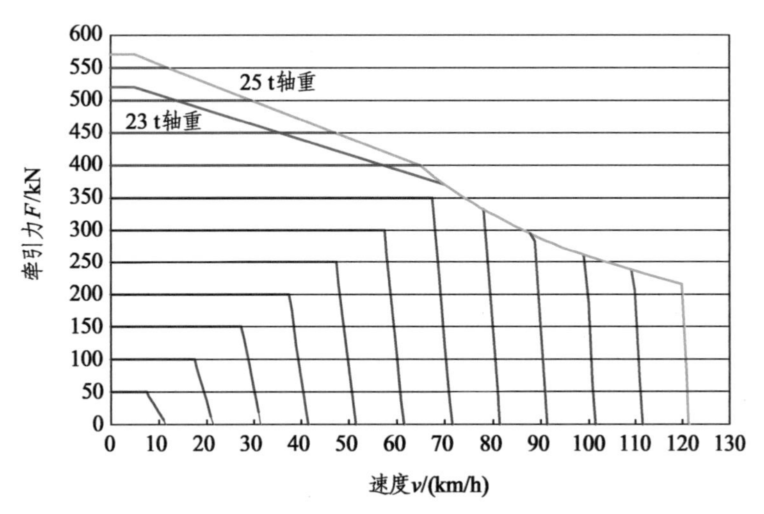

图 2.13　HXD_{1C} 型电力机车牵引特性曲线（外包络线）

HXD_{1C} 型机车牵引力公式为

$$F(\text{kN})(\text{取最小值})=\begin{cases}570(25\ \text{t轴重时})\\520(23\ \text{t轴重时})\\570-\dfrac{(570-400)}{(65-5)}\times(v-5)(25\ \text{t轴重时})\\520-\dfrac{(520-370)}{(70-5)}\times(v-5)(23\ \text{t轴重时})\\\dfrac{3.6\times7\ 200}{v}\\50n\\\dfrac{10n+1.5-v}{4}\times n\times50\end{cases}\tag{2.4}$$

式中：$n=0\sim12$，手柄极位（由于是无级调速，可以根据设定速度 ÷ 10 来确定 n 值）；$v=0\sim121.5$ km/h。

根据机车牵引特性，还可做出牵引网侧的机车牵引电流-速度特性 $i=f(v)$ 曲线，HXD_{1C} 型电力机车的牵引电流-速度特性 $i=f(v)$ 曲线示于图 2.14。

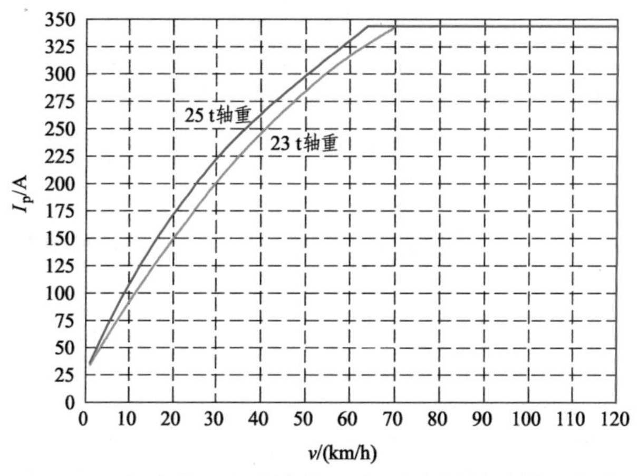

图 2.14　机车牵引用电有功电流-速度特性 $i=f(v)$ 曲线

与牵引特性对应，再生制动特性也包含恒功率控制与恒力矩控制，详见图 2.15。

再生制动特性曲线公式为

$$B(\text{kN})(\text{取最小值})=\begin{cases}400(25\ \text{t轴重时})\\370(23\ \text{t轴重时})\\\dfrac{400}{5}\times(v-2)(25\ \text{t轴重时})\\\dfrac{370}{5}\times(v-2)(23\ \text{t轴重时})\\\dfrac{3.6\times7\ 200}{v}\\40n\end{cases}\tag{2.5}$$

式中：$n=0\sim10$，手柄级位（由于是无级调速，可以根据手柄比例×10来确定n值）；$v=0\sim120$ km/h。

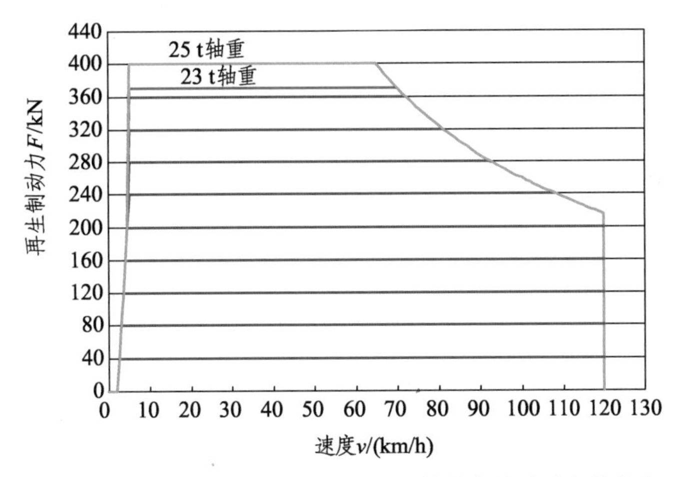

图 2.15　HXD_{1C}型电力机车再生制动特性曲线（外包络线）

根据机车再生制动特性，还可作出牵引网侧的机车再生制动发电有功电流-速度特性$i=f(v)$曲线，HXD_{1C}型电力机车的再生制动发电有功电流-速度特性$i=f(v)$曲线示于图 2.16。

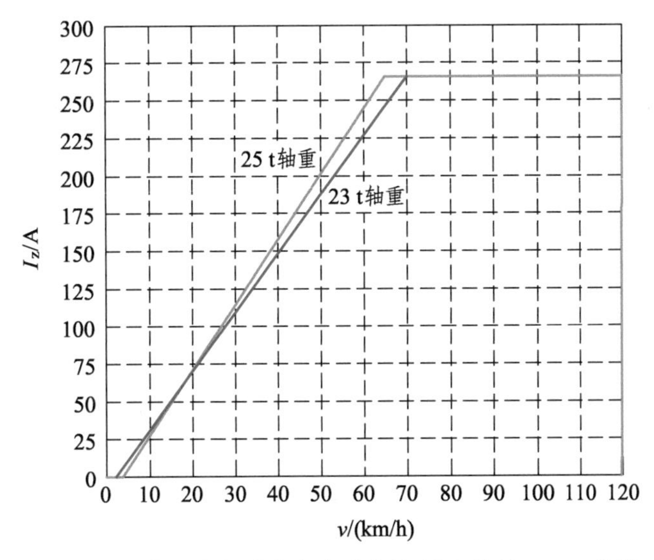

图 2.16　机车再生制动发电有功电流-速度特性$i=f(v)$曲线

交-直-交型电力机车和动车的牵引用电功率因数$\cos\varphi$比交-直型电力机车高得多，并且是可控的，一般在牵引网侧的功率因数$\cos\varphi$可达$0.95\sim0.98$（滞后），对应功率因数角φ为$18.19°\sim11.48°$，甚至功率因数$\cos\varphi$达到1.0，对应功率因数角φ为0°，再生制动发电的功率因数亦然。

2.4 牵引计算

牵引计算是根据机车、动车类型、牵引质量及必要的线路条件等原始数据，为电气化铁路设计提供必要的结果的过程。

牵引计算假设牵引网给列车提供额定电压25 kV。

牵引计算需要的原始数据主要有三个方面[4, 21]：

① 机车/动车参数，包括机车/动车类型、质量及其牵引特性、制动特性；

② 上、下行单列牵引质量；

③ 线路情况，如电气化区段总长度，最小曲线半径，上、下行坡道等。

要求提供的主要结果有：

① 区间运行时分及带电（不含自用电）运行时分；

② 区间上、下行能耗；

③ 速度-距离即 $v=f(l)$ 曲线，时间-距离即 $t=f(l)$ 曲线，牵引网列车取流-距离即 $i=f(l)$ 曲线等。

牵引计算中获得 $v=f(l)$ 、$t=f(l)$ 、$i=f(l)$ 曲线是牵引计算的关键。

$v=f(l)$ 曲线可直接在原始资料中获得，而 $t=f(l)$ 曲线可在 $v=f(l)$ 曲线基础上得到，即

$$t=f(l)=\int_0^l \frac{1}{v(s)}\mathrm{d}s$$

计算中可将计算总距离分为 n 等份，每份长Δl，并取第 i 等份的平均速度为

$$v_i=\frac{1}{\Delta l}\int_l^{l+\Delta l} v(s)\mathrm{d}s$$

则有

$$t=f(l)=\Delta l\sum_{i=1}^{n}\frac{1}{v_i} \tag{2.6}$$

当列车停车时，$v=0$ ，$t=f(l)$ 曲线中应在对应 l 处直接加上停车时分，也可用其他等效方法处理。可见 $t=f(l)$ 是一条非减单调曲线。图2.17给出了一组列车的 $v=f(l)$ 和 $t=f(l)$ 实例曲线。

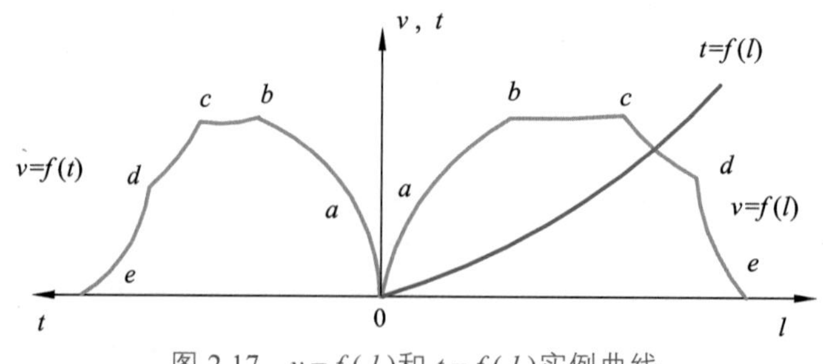

图2.17　$v=f(l)$和 $t=f(l)$实例曲线

为进一步利用 $v=f(l)$ 曲线进行计算，$v=f(l)$ 曲线各段（工况段）对应的牵引、惰行、制动等工况应予以说明，例如，在牵引区段，结合牵引网侧机车牵引用电有功电流-速度特性 $i=f(v)$ 曲线（见图 2.14），而在制动区段，结合牵引网侧机车再生制动发电有功电流-速度特性 $i=f(v)$ 曲线（见图 2.16），最后得到 $i=f(l)$ 曲线，如图 2.18 所示，该曲线中不包含列车的自用电，$i=f(l)$ 的正值为牵引（用电）电流，负值为再生（发电）电流。

由 $v=f(l)$ 曲线和 $t=f(l)$ 曲线所标明的各段工况，还可直接得到各区间的总运行时分、带电（牵引或再生制动）运行时分等结果。

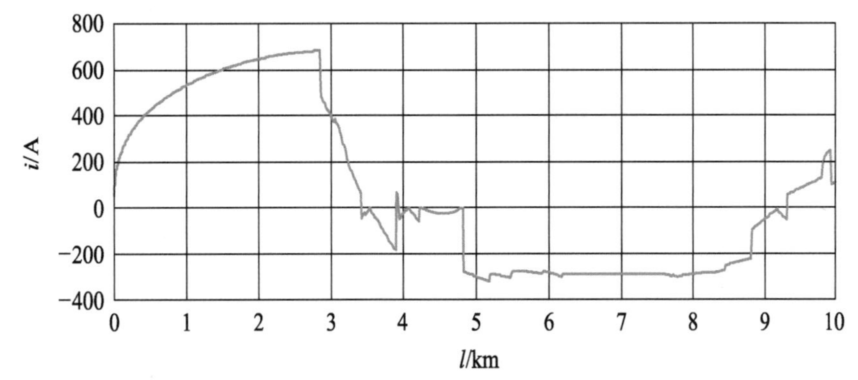

图 2.18　牵引工况+再生工况 $i=f(l)$ 曲线的应用示例

为方便起见，牵引能耗和再生电能可按上、下行供电臂分别作出，即由 $t=f(l)$ 曲线和 $i=f(l)$ 曲线作出 $i=f(t)$ 曲线，再用积分求牵引能耗和再生电能。通过仿真作出的 $i=f(t)$ 曲线如图 2.19 所示，其中（a）是全工况，从牵引工况转再生工况，（b）是其中的牵引工况。

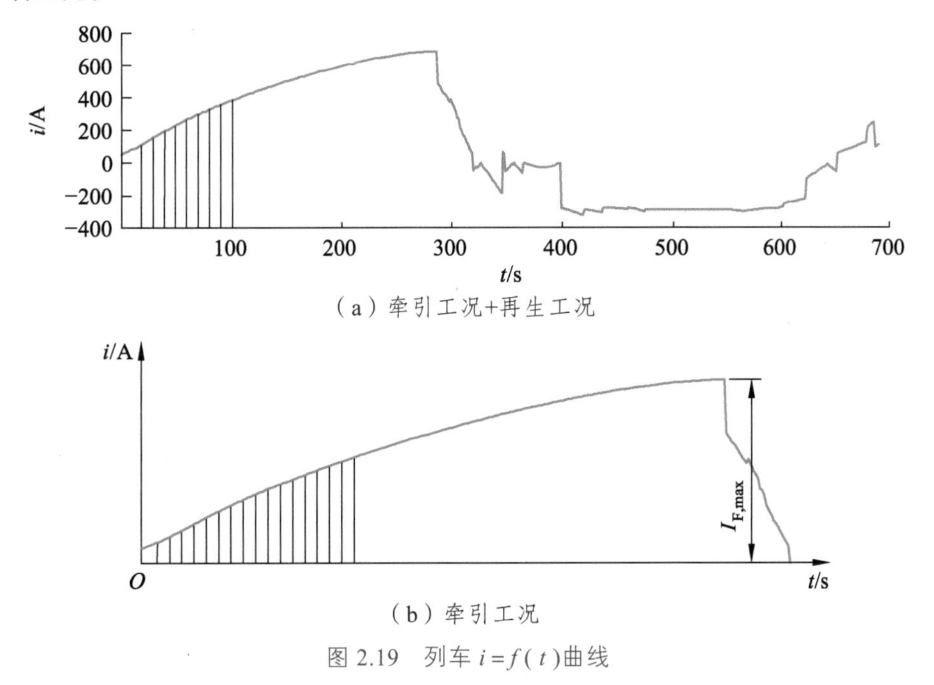

（a）牵引工况+再生工况

（b）牵引工况

图 2.19　列车 $i=f(t)$ 曲线

将牵引工况（正值）的牵引能耗与再生工况（负值）的再生电能分别计算。

积分步骤如下：以牵引工况为例，在时间坐标上将上行（或下行）供电臂上牵引工况的走行时分划分为 n 等份 Δt，如 $\Delta t = 1$ min。每隔 Δt 从 $i = f(t)$ 曲线上读出对应的电流 i_0，i_1，i_2，…，i_n，共得 $n+1$ 个对应的 i 值，于是列车通过上行（或下行）供电臂的牵引能耗为

$$A_1 = \frac{n\Delta t}{60} \frac{U}{n+1} \sum_{k=0}^{n} i_k \quad (\text{kW} \cdot \text{h}) \tag{2.7}$$

式中，$U = 25$ kV 为牵引网标称电压，Δt 的单位是 min。

国家标准动车组 8 节编组设置两台辅助变流器，每台 260 kV · A，总共 520 kV · A，按 60%计得列车空调、照明等自用电为 312 kW，设列车在上行（或下行）供电臂运行时分为 t'（min），则自用电能耗为

$$A_0 = \frac{t'}{60} \times 312 \quad (\text{kW} \cdot \text{h}) \tag{2.7'}$$

同样，在时间坐标上将上行（或下行）供电臂上再生工况的走行时分划分为 m 等份 Δt，如 $\Delta t = 1$ min。每隔 Δt 从 $i = f(t)$ 曲线上读出对应的电流 i_0，i_1，i_2，…，i_m，共得 $m+1$ 个对应的 i 值，同式（2.7）可计算出列车通过上行（或下行）供电臂的再生能耗（发电电度）A_{-1}。

列车通过上行（或下行）供电臂的总能耗 A 为

$$A = A_1 + A_0 - A_{-1} \tag{2.8}$$

列车通过上行（或下行）供电臂的带电运行平均电流为

$$I_g = \frac{60A}{t_g U} \tag{2.9}$$

式中，t_g 为列车区间带电运行时分，单位是 min。

另外，可由总能耗及列车总重量和供电臂长度计算出单位能耗，即每万吨千米能耗，也可按区间分别计算得到各区间能耗，还可结合功率因数（如取 0.98）计算相应的视在能耗等。

每万吨千米能耗是考核司机驾驶水平的重要指标。

对应地，可以计算出再生电能，并且再生工况总的再生电能应扣除列车自用电能耗 A_0。

再生电能的利用效果与同一供电臂上同行的牵引列车有关，这在下一节继续讨论。

2.5 馈线电流

在牵引供电系统中，馈线电流是确定牵引变压器、接触网导线等主设备容量的主要

数据。由于用途或场景不同，精度要求也有所不同，在设计过程中，馈线电流经常采用不同的方法获得，如“负荷过程法”“同型列车法”和“概率分布法”，下面一一介绍。

2.5.1　负荷过程法

负荷过程法即利用牵引计算和运行图作出关于某供电臂在周期 T（一般为 1 天）内馈线的电流-时间曲线，称为日负荷电流曲线 $i=f(t)$ 曲线，再进一步加工。

运行图是行车组织的重要数据。虽然利用运行图作出负荷过程是复杂的，但却是相对最精确可信的，现在采用计算机过程仿真实现[22~26]。

图 2.20 所示为某单线一供电臂 4 个区间的列车运行图。图中表示从 18:00 到 20:30 两个半小时内供电臂上列车的运行情况。横轴表示时间，纵轴表示里程，沿线车站分别为 A、B、C、D、E。变电所设在 A 站，其下行供电臂末端在 E 站。下行列车编号为单号，上行列车编号为双号。图中运行曲线的横折线表示列车停车会让时间，如上行 1206 次在 C 站与下行 23 次会让。1206 次于 18:27 离开 E 站上行，18:43 到达 C 站停车与 23 次会让，共停车 9 min 再向上行，并于 19:12 通过 A 站。

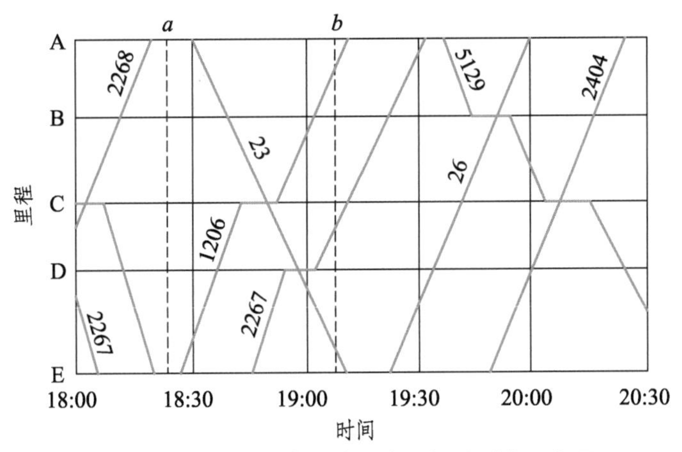

图 2.20　某单线一供电臂 4 个区间的列车运行图

为精确而又不至于太复杂，可分别对上、下行的货车、客车（或等值货车）做出牵引计算，这样就得到 4 组 $i=f(l)$ 或 $i=f(t)$ 曲线，根据运行图可查出所讨论时间 T 内任一时刻 t 时供电臂上的列车数及牵引取流（用电）和再生发电情况，当认为各机车功率因数相同时，馈线电流即为供电臂上各列车电流之和，即

$$i_{\mathrm{F}}=i_1+i_2+\cdots+i_m$$

这里的 i 都是即时值，即随时间变化的有效值。从运行图中易见，首先列车数 m 是变化的，如时刻 a 供电臂上无列车，这时 $m=0$，$i_{\mathrm{F}}=0$（未计自用电，下同），而时刻 b 则有 3 列列车，此时 $m=3$。再者，对给定时刻，尽管 $m>0$，但有的列车可能处于非牵引

工况，亦非再生制动工况，如惰行或停车会让等，这时相应列车的取流也为 0。就是说上式中 m 是一个变化的值，但无论如何，通过各个时刻的计算，就能得到馈线在 T 内的负荷过程，即日负荷电流曲线

$$i_F = f(t),\quad t \in T \tag{2.10}$$

如图 2.21 所示，即是说，供电臂馈线日负荷电流（或功率）曲线是图 2.19 所示列车负荷曲线按照运行图的叠加，也称为日负荷过程。

仿真得到的客运铁路某牵引变电所供电臂馈线日负荷（功率）曲线如图 2.22 所示，重载铁路某牵引变电所实测的馈线负荷曲线见图 2.23，负荷电流曲线可由每时刻的功率除以牵引网电压得到。

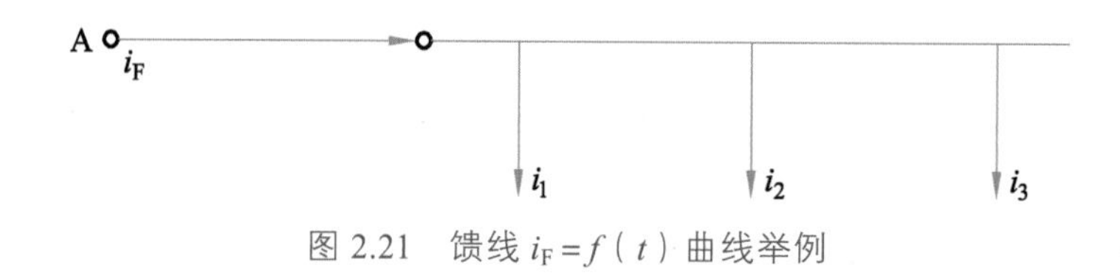

图 2.21　馈线 $i_F = f(t)$ 曲线举例

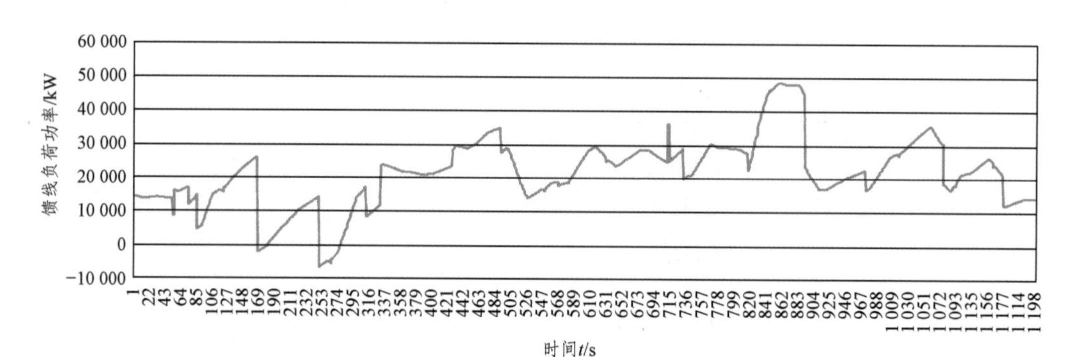

图 2.22　馈线负荷（有功功率）过程仿真

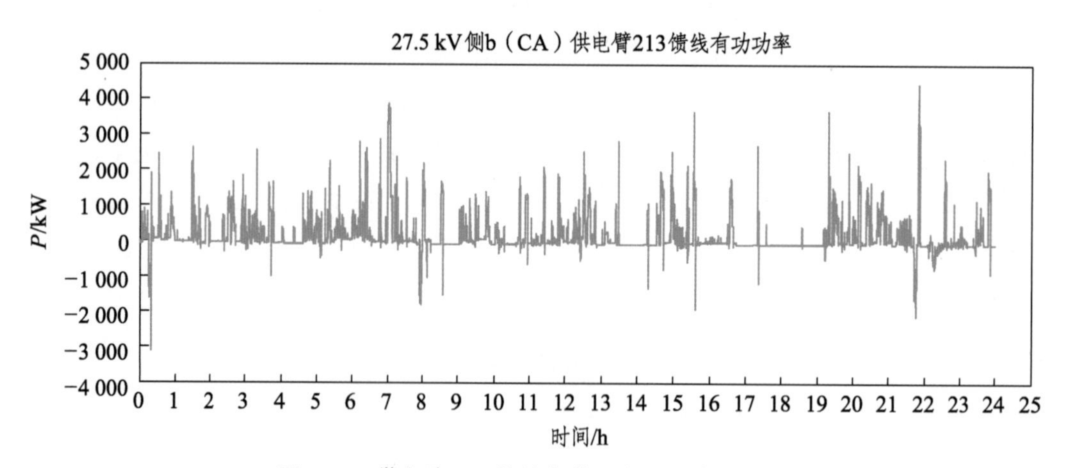

图 2.23　供电臂 213 馈线负荷（有功功率）过程

从图 2.22 和图 2.23 均可看出，日负荷过程中，主要是牵引工况（正值），也有再生工况（负值）。

下面以牵引工况为例，讨论牵引负荷数字特征。

最有用的数字特征是平均值（数学期望）和平均有效值（均方根值）。若全天 T 内总带电时间为 T_g，则定义馈线带电概率 p_F 和空载概率 p_0 分别为

$$p_F = \frac{T_g}{T}, \quad p_0 = 1 - p_F \tag{2.11}$$

可分别按总带电时间和总讨论时间定义 i_F 有关的数字特征。如，带电平均电流

$$I_g \triangleq \frac{1}{T_g}\int_0^T i_F \mathrm{d}t \tag{2.12}$$

带电平均有效电流

$$I_{\varepsilon g} \triangleq \sqrt{\frac{1}{T_g}\int_0^T i_F^2 \mathrm{d}t} \tag{2.13}$$

全日平均电流

$$I \triangleq \frac{1}{T}\int_0^T i_F \mathrm{d}t \tag{2.14}$$

全日平均有效电流

$$I_\varepsilon \triangleq \sqrt{\frac{1}{T}\int_0^T i_F^2 \mathrm{d}t} \tag{2.15}$$

式中，$T = 1\,440$ min。

由于

$$I_\varepsilon^2 T = I_{\varepsilon g}^2 T_g = \int_0^T i_F^2 \mathrm{d}t$$

所以有

$$I_{\varepsilon g} = \frac{I_\varepsilon}{\sqrt{1 - p_0}}$$

进一步引入日有效系数 k_ε 和带电有效系数 $k_{\varepsilon g}$，即

$$k_\varepsilon = \frac{I_\varepsilon}{I}, \quad k_{\varepsilon g} = \frac{I_{\varepsilon g}}{I_g}$$

则有

$$I_{\varepsilon g} = k_{\varepsilon g} I_g \tag{2.16}$$

$$k_\varepsilon = \frac{k_{\varepsilon g}}{\sqrt{1 - p_0}} \tag{2.17}$$

俄罗斯经验通常认为带电有效系数 $k_{\varepsilon g}=1.04\sim1.08$，多数情况下 $k_{\varepsilon g}=1.04$[5]。我国普速铁路的统计要大一些，一般 $k_{\varepsilon g}=1.10$（甚至更大一些），馈线空载概率一般为 $p_0=0.2\sim0.5$，故馈线日有效系数一般为 $k_{\varepsilon}=1.23\sim1.41$，单线偏高，复线偏低。

实际计算时，并不用连续的 $i_F=f(t)$，虽然它可由实测得到，但一是因为无法在现阶段准确得到这种表达式，再者牵引计算给出的 $i_F=f(t)$ 曲线本身就是按一定时间间隔得到的，因此，常采用离散量，如式（2.7）计算列车牵引能耗那样处理。

牵引负荷的另一个重要数字特征是短时平均最大值，如 2 h 、10 min 平均最大值、95% 概率值等。这些值的计算是根据实际用途而指定的，如用于校验牵引变压器或导线容量、负序影响、通信干扰等。

通过计算机仿真，从负荷过程得到短时平均最大值是方便的。

列车自用电可在式（2.14）、式（2.15）中逐一计入。

单边供电方式下，复线铁路的馈线电流总是上、下行电流的和，因此，复线负荷过程可由上、下行负荷过程相加得到，并且复线的负荷过程可按上、下行逐一完成。

双边供电时，不论是单线还是复线，列车 k 的牵引负荷 i_k 将根据其在供电臂的位置和两侧牵引网的阻抗进行分配，两侧各有一个分配系数，记左侧 1 的分配系数为 k_{k1}、右侧 2 的分配系数为 k_{k2}，$k_{k1}+k_{k2}=1$，则左侧馈线电流为

$$i_{F1}=k_{11}i_1+k_{21}i_2+\cdots+k_{m1}i_m$$

右侧馈线电流为

$$i_{F2}=k_{12}i_1+k_{22}i_2+\cdots+k_{m2}i_m$$

随着交-直-交型电力机车和动车的普及，再生制动成为制动的首选。再生制动产生的电能是绿色电能，由同一供电臂上同行的牵引列车加以利用，不用增加任何专用设备和投资，是最经济的、最合理的。

2.4 节说到，再生电能的利用效果与同一供电臂上同行的牵引列车有关，同行车越多，利用率越高，显然，供电臂越长，同行车就越多，则利用率就越高。剩余再生电能则与电网的认知和对牵引变电所电量的计量方法有关，如果承认铁路发电对电网的贡献，就采取返送反计法，否则可能采取返送不计法甚至返送正计法。

铁路一方应采取措施用好自己的绿色电能，其中，同相供电是延长供电臂，提高再生绿能的有效方法。

高速铁路列车速度快，停站少，列车再生工况较少发生，而地铁等城市轨道交通列车速度慢，起停频繁，列车再生电能所占列车牵引电能比例较大，可达约 35% ~ 55%[27]，一般不可忽略。

2.5.2 同型列车法

为简便地获得牵引负荷的数字特征，可用同型列车法简化计算过程。同型列车法，顾名思义，是认为供电臂上的列车同属某一种类型，并且只考虑处于牵引工况的列车[6]。

已知供电臂列车带电运行的平均电流为 I_g，则馈线日平均电流为

$$I_F = \frac{2Nt_g}{T} I_g \tag{2.18}$$

式中　N—— 通过供电臂的全日列车对数；

t_g—— 列车通过供电臂的带电走行时分，min；

T—— 全日时分，$T = 1\ 440$ min。

对馈线平均有效电流的计算，可先写出即时电流，然后求其均方根。设供电臂的区间数为 n，则馈线即时电流

$$i_F = i_1 + i_2 + \cdots + i_n$$

当各区间列车都取流时，上式右端各电流均为非零值；当并非所有区间列车都带电时，则只有取流列车的电流为非零值。取平方有

$$i_F^2 = \sum_{k=1}^{n} i_k^2 + 2\sum_{k=1}^{n-1}\sum_{l=k+1}^{n} i_k i_l \tag{2.19}$$

进一步求全日平均值时应注意下列细节，在带电运行时间内自乘项如 i_k^2 的平均值即为带电运行时的均方电流 $I_{\varepsilon gk}^2$，i_k^2 在全日的平均值则为

$$\overline{i_k^2} = \frac{2Nt_{gk}}{T} I_{\varepsilon gk}^2 = p_k I_{\varepsilon gk}^2,\quad k = 1,\ 2,\ \cdots,\ n$$

其中：t_{gk} 为区间 k 的带电走行时分；$2Nt_{gk}$ 为全日内区间 k 总带电走行时分，它与全日时分 T 之比，记为 p_k，可称为区间 l 的带电概率。互乘项中，如 $i_k i_l$（$k \neq l$），由于区间 k 列车带电运行与区间 l 带电运行是相互独立的，故 $i_k i_l$ 的平均值为其各自平均值的积，即

$$\overline{i_k i_l} = \overline{i_k} \cdot \overline{i_l} = \frac{2Nt_{gk}}{T} I_{gk} \frac{2Nt_{gl}}{T} I_{gl} = p_k I_{gk} p_l I_{gl}$$

其中，I_{gk} 为区间 k 的列车带电平均电流。

于是对式（2.19）求平均得

$$I_{\varepsilon F}^2 = \overline{i_F^2} = \sum_{k=1}^{n} p_k I_{\varepsilon gk}^2 + 2\sum_{k=1}^{n-1}\sum_{l=k+1}^{n} p_k I_{gk} p_l I_{gl} \tag{2.20}$$

式中

$$I_{\varepsilon gk} = k_{\varepsilon g} I_{gk}$$

$k_{\varepsilon g}$ 为带电期间的有效系数。

工程应用中还可进一步简化，一般情形可采用

$$I_{g1} = I_{g2} = \cdots = I_{gn}$$

$$t_{g1} = t_{g2} = \cdots = t_{gn} = \frac{t_g}{n}$$

所以

$$p_1 = p_2 = \cdots = p_n = p = \frac{2Nt_g}{nT} \tag{2.21}$$

式（2.20）可简化为

$$I_{\varepsilon F}^2 = npk_{\varepsilon g}^2 I_g^2 + n(n-1)p^2 I_g^2 = (npI_g)^2 \left[1 + \frac{k_{\varepsilon g}^2 - p}{np}\right]$$

注意 $np = \dfrac{2Nt_g}{T}$，则由式（2.18）知，$npI_g = I_F$，故

$$I_{\varepsilon F} = I_F \sqrt{1 + \frac{k_{\varepsilon g}^2 - p}{np}} \tag{2.22}$$

按定义知馈线全日内电流有效系数为

$$k_{\varepsilon F} = \sqrt{1 + \frac{k_{\varepsilon g}^2 - p}{np}} \tag{2.23}$$

式中　n—— 供电臂区间数；

　　p—— 区间（平均）带电概率。

由于馈线电流总是各区间电流之和，故式（2.23）既适用于单线，也适用于复线。复线馈线有效电流计算时，则需以上、下行连发列车时在供电分区同时给电运行的最大列车数代替单线计算中的区间数，应用式（2.21）、式（2.22）、式（2.23）。

根据馈线电流选择设备容量时，往往要区分正常运行和紧密运行。紧密运行时列车对数按连发列车对数计，若连发追踪间隔为 τ min（常用于复线），则紧密运行计算列车对数为

$$N = T/\tau$$

如 $\tau = 8$ min，复线 $N = 180$ 对，单线 $N = 180$ 列（90 对）。

同型列车法对于分析计算馈线电流的平均值、平均有效值这两个数字特征是有效和方便的，但要给出短时平均最大值则有困难，当然，采用基于运行图的计算机仿真技术可得出所有的和详尽的信息。

2.5.3　概率分布法

有许多因素使牵引负荷的变化具有随机性，因此，常常把牵引负荷过程作为随机过程处理，随机性的稳定表现是统计规律，其中，前面论述的平均值、平均有效值等数字特征是一个重要方面，另外概率分布也是一个重要方面。

获得馈线电流的概率分布有多种方法。例如，直接从实际运行中统计；从负荷过程的计算机仿真中统计；根据已知的各种数字特征和分布特征用数字方法加以拟合等。结合同型列车法，这里提出一种简单实用的馈线电流概率分布的获得方法。

从图 2.20 已看到，供电臂上不同时刻的列车数是变化的，但却是有统计规律的。如图 2.24 所示，图中供电臂有三个区间，运行图下方是按时间间隔 1 min 统计的供电臂上走行列车的数目-时分分布。

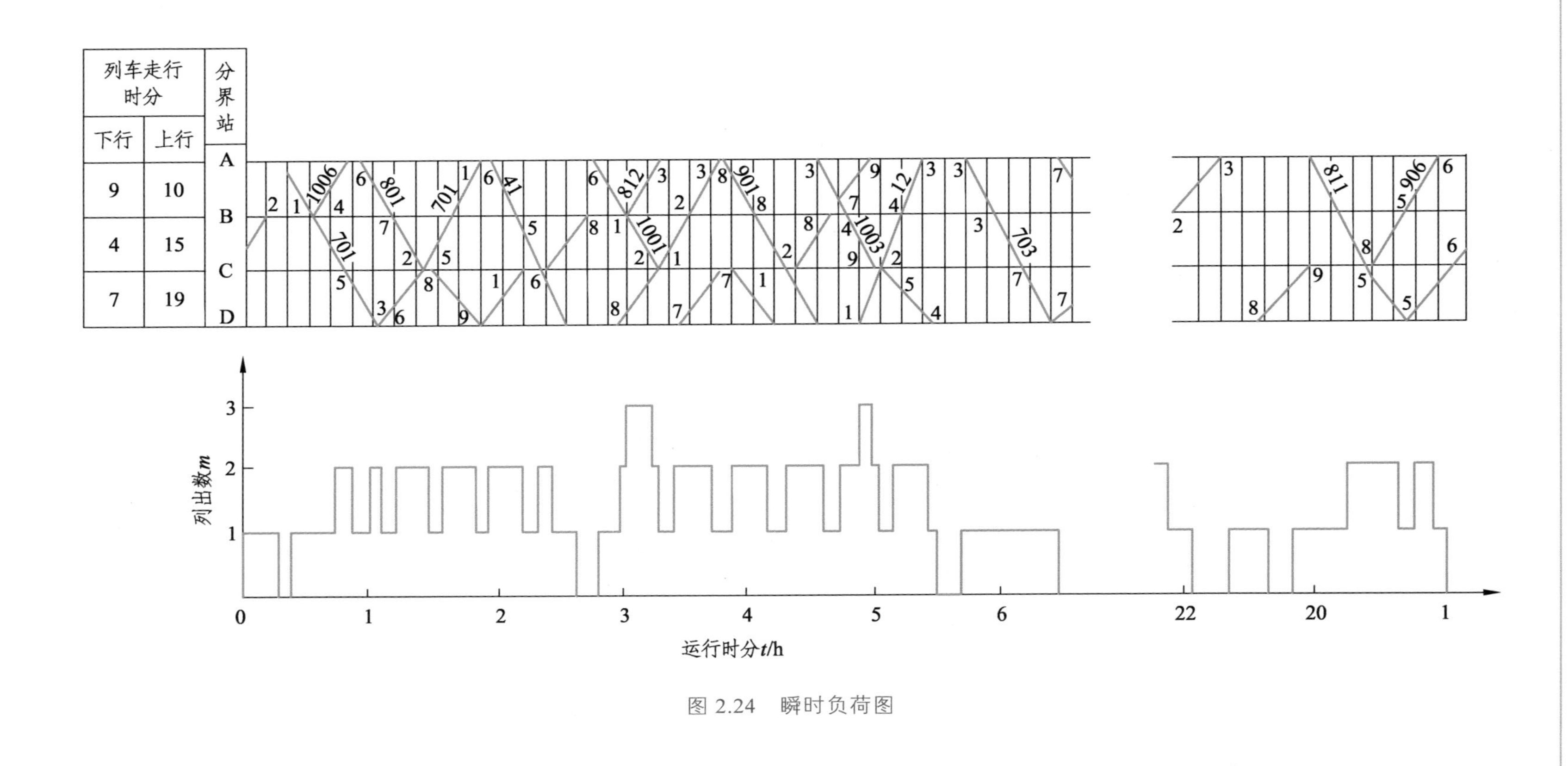

图 2.24　瞬时负荷图

大量的统计和分析表明，虽然有多种形式编制的运行图，以及根据实际情况还要对运行图进行调整，但供电臂上出现的走行（含停站）列车数 m 具有较稳定的概率分布 $p(m)$，图 2.25、图 2.26 便是两组典型的分布实例。由图不难得出相应的分布函数，其值在最大列车数 n 处取 1。

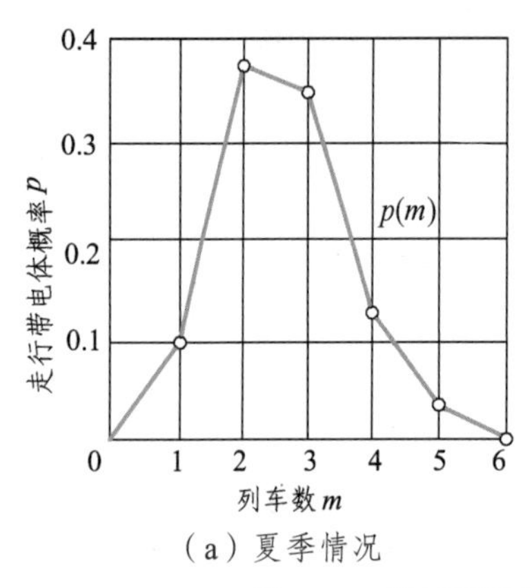

（a）夏季情况

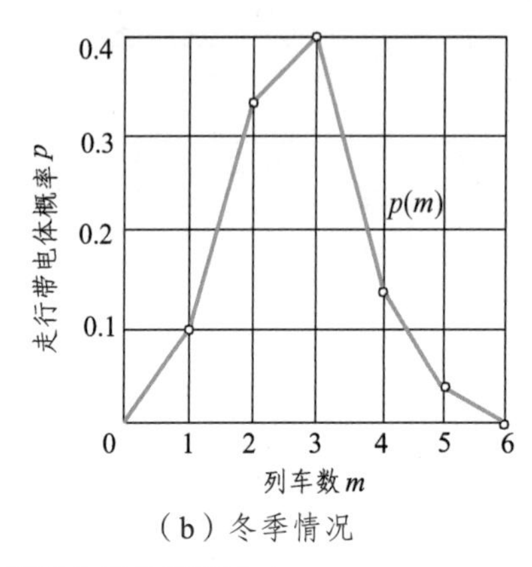

（b）冬季情况

图 2.25　复线区段供电臂走行列车数的概率分布

供电臂上列车数的概率分布是求取馈线电流概率分布的基础。设供电臂上出现 m 个列车走行的概率已知为 $p(m)$，$m=1,2,\cdots,n$。认为各区间的走行时分和带电时间相同（如可取各区间相应值的平均值），即走行带电概率为 p_{g}，列车带电平均电流为 I_{g}，相应无电（空载）概率为 $(1-p_{\mathrm{g}})$。

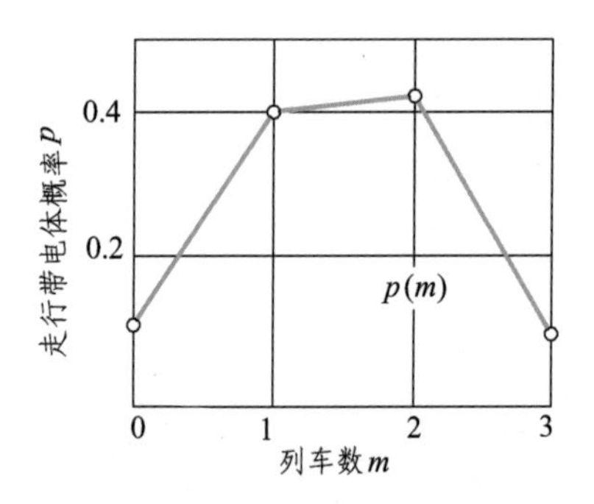

图 2.26　单线区段供电臂走行列车数的概率分布

在 m 个列车出现（走行）的条件下，有 k（$k\leqslant m$）个走行列车带电的馈线电流和概率分别为

$$I_{\mathrm{F}}=kI_{\mathrm{g}}$$

$$p_{\mathrm{g}k}^{(m)}=\mathrm{C}_m^k p_{\mathrm{g}}^k(1-p_{\mathrm{g}})^{m-k}$$

式中，$\mathrm{C}_m^k p_{\mathrm{g}}^k(1-p_{\mathrm{g}})^{m-k}$ 是二项式分布的概率，$k=0,\ 1,\ 2,\ \cdots,\ m$。

注意：$p_{\mathrm{g}k}^{(m)}$ 为条件概率，而供电臂有 k 个车的取流及概率分别为

$$I_F = kI_g \tag{2.24}$$

$$p_k^{(m)} = p_{(m)} p_{gk}^{(m)} = p_{(m)} C_m^k p_g^k (1-p_g)^{m-k} \tag{2.25}$$

式中，$k = 0, 1, 2, \cdots, m$；$m = 0, 1, 2, \cdots, n$。

考虑各种取流情况，则可展开式（2.24）和式（2.25）得表 2.2。

表 2.2　馈线电流及其概率分布

带电列车数	馈线电流	概　　率
0	0	$p_0 = \sum_{m=0}^{n} p(m) C_m^0 p_g^0 (1-p_g)^m$
1	I_g	$p_1 = \sum_{m=1}^{n} p(m) C_m^1 p_g^1 (1-p_g)^{m-1}$
2	$2I_g$	$p_2 = \sum_{m=2}^{n} p(m) C_m^2 p_g^2 (1-p_g)^{m-2}$
⋮	⋮	⋮
k	kI_g	$p_k = \sum_{m=k}^{n} p(m) C_m^k p_g^k (1-p_g)^{m-k}$
⋮	⋮	⋮
n	nI_g	$p_n = p(n) p_g^n$

不难证明，在表 2.2 中，有

$$\sum_{j=0}^{n} p_j = 1$$

这是因为将表 2.2 的函数项展开后有

$$\begin{aligned}\sum_{j=0}^{n} p_j &= \sum_{j=0}^{n} \sum_{k=j}^{n} p(k) C_k^j p_g^j (1-p_g)^{k-j} \\ &= p(0) C_0^0 p_g^0 q_g^0 + p(1) \sum_{l=0}^{1} C_1^l p_g^l q_g^{1-l} + \cdots + p(j) \sum_{l=0}^{j} C_j^l p_g^l q_g^{j-l} + \cdots + p(n) \sum_{l=0}^{n} C_n^l p_g^l q_g^{n-l} \\ &= \sum_{k=0}^{n} p(k) \sum_{l=0}^{k} C_k^l p_g^l q_g^{k-l} = \sum_{k=0}^{n} p(k) = 1\end{aligned}$$

式中，$\sum_{l=0}^{k} C_k^l p_g^l q_g^{k-l} = 1$ 是二项式分布的概率和。

根据表 2.2，就能得出馈线电流的概率分布。

【例 2.1】 已知某复线区段上、下行供电臂共有 6 个区间，供电臂上出现 0，1，2，⋯，6 个列车的概率分别为 $p(0) = 0.03$、$p(1) = 0.1$、$p(2) = 0.37$、$p(3) = 0.35$、$p(4) = 0.12$、$p(5) = 0.03$、$p(6) = 0$，各区间走行时分分别为 $t_1 = 10$ min、$t_2 = 11$ min、$t_3 = 9$ min、

$t_4=9\ \text{min}$、$t_5=11\ \text{min}$、$t_6=14\ \text{min}$，带电运行时分分别为 $t_{g1}=7\ \text{min}$、$t_{g2}=6\ \text{min}$、$t_{g3}=6\ \text{min}$、$t_{g4}=7\ \text{min}$、$t_{g5}=7\ \text{min}$、$t_{g6}=8\ \text{min}$。试求馈线电流的概率分布。

【解】 由已知数据，可求出区间 k 带电概率 $p_{gk}=t_{gk}/t_k$，求平均得 $p_g=0.65$，代入表 2.2 计算，结果列于表 2.3 并示于图 2.27，分布函数示于图 2.28。

表 2.3 例 2.1 的计算结果

带电列车数	0	1	2	3	4	5	6
馈线电流 i_F	0	I_g	$2I_g$	$3I_g$	$4I_g$	$5I_g$	$6I_g$
概　率 p_k	0.127	0.332	0.354	0.152	0.031	0.004	0.0
累积概率 P	0.127	0.459	0.813	0.965	0.996	1.00	1.00

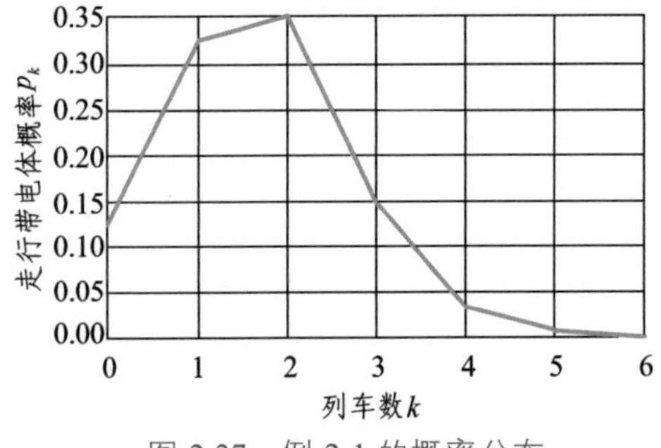

图 2.27 例 2.1 的概率分布

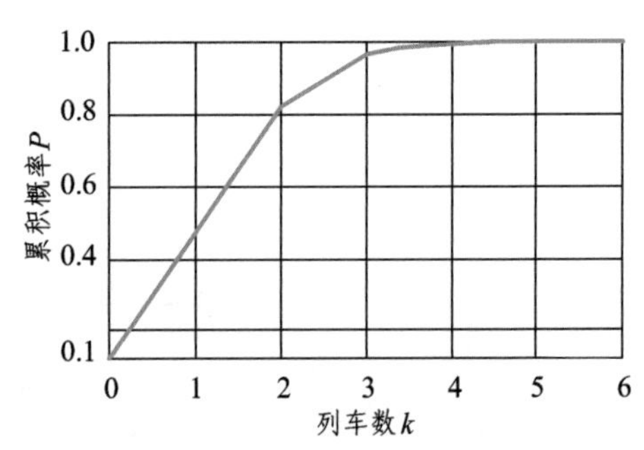

图 2.28 例 2.1 的概率分布函数（累积概率）

由表 2.2 或图 2.28 可以看出，多数（如概率不低于 95%）情况下馈线最大电流 $i_{F,\max}\leqslant 3I_g$，一般可以认为 $3I_g$ 就是馈线的最大电流。

用概率分布法也可求出馈线日平均电流、平均有效电流等。借助表 2.2 易得馈线日平均电流为

$$I_F=\sum_{k=0}^{n}kI_g p_k \tag{2.26}$$

馈线平均有效电流为

$$I_{\varepsilon F}=\sqrt{\sum_{k=0}^{n}(kI_g)^2 p_k} \tag{2.27}$$

馈线电流有效系数

$$k_{\varepsilon F}=\frac{I_{\varepsilon F}}{I_F}=\frac{\sqrt{\sum_{k=0}^{n}k^2 p_k}}{\sum_{k=0}^{n}kp_k} \tag{2.28}$$

对例 2.1，$I_F=1.64I_g$，$I_{\varepsilon F}=1.927I_g$，$k_{\varepsilon F}=1.175$，其中 I_g 为列车带电平均电流。

习题与思考题

2.1　简述交-直-交型电力机车恒力矩起动和恒功率运行的控制原理和用途。

2.2　简述交-直-交型电力机车和动车的电传动系统及其工作过程。

2.3　简述牵引计算过程。

2.4　馈线电流主要有几种计算方法？主要内容是什么？计算机仿真将采用哪种方法？为什么？

PART THREE

第 3 章 牵引变电所

3.1 概 述

我国电气化铁路采用工频单相交流制式，取电于公用电网。牵引变电所作为电网和电气化铁路牵引网的联结，向列车输送合格的电能。我国现行的牵引变电所供电方式绝大多数为三相-两相制式，即其原边取自公用电网的 110 kV 或 220 kV 三相电压，次边向两个单相供电臂供电，因此称为异相供电牵引变电所。由于牵引变压器是变电所的核心元件，便用牵引变压器的联结特征来定义牵引变电所，如采用三相 YNd11 接线牵引变压器的变电所称为三相 YNd11 联结牵引变电所，采用三相-两相平衡联结牵引变压器的变电所称为三相-两相平衡联结牵引变电所。但是，电气化铁路习惯上把联结称为接线，因此，分别称为三相 YNd11 接线牵引变电所和三相-两相平衡接线牵引变电所[4, 5]。YNd11 接线牵引变电所次边两相电压的相别是原边三个相电压或线电压相别三中取二的某种组合，原次边相位相差均为 120°，而三相-两相平衡接线牵引变电所，则经牵引变压器的三相-两相的特殊变换，使次边形成幅值相等而相位相互垂直（相差 90°）的两相电压（端口）。所以，从广义的角度上讲，这些异相供电牵引变压器原、次边之间除了有电压的变换外，还有电流和阻抗变换，可称为系统变换[10, 28]，即 A.B.C $\Leftrightarrow$ 0.α.β两个系统之间的变换。通过这种变换，可以获得变换到一次侧的牵引变压器、牵引负荷的等值电路模型，或变换到二次侧的电网、牵引变压器等值电路模型[10, 29-31]。这两个等值电路模型对于牵引供电系统的电气分析十分方便、有用，如用于电压损失计算、故障分析、电能计量、负序及谐波水平等计算。

本章重点分析三相 YNd11 接线牵引变电所和三相-两相平衡接线牵引变电所，简要介绍纯单相 Ii 接线及由此发展而来的 Vv 接线牵引变电所[4]，而用于 2×25 kV 的 AT 供电系统 Vx 接线将在本书第 9 章来讨论。

3.2 三相 YNd11 接线牵引变电所

该牵引变压器的接法采用标准联结组，标号 YNd11，原边中性点可大电流接地。备用方式有移动备用和固定备用两种，实用中大多采用固定备用。对于直接供电，牵引变压器次边母线输出电压可选择为 27.5 kV，比牵引网标称电压（网压）25 kV 高 10%。

3.2.1　原理电路图及展开图

YNd11 接线变压器原理电路图示于图 3.1，其中，绕组（ax）、（cz）为牵引负荷相绕组，绕组（by）则被称为自由相绕组，（ ）内符号表示端子号，大写为原边，小写为次边。

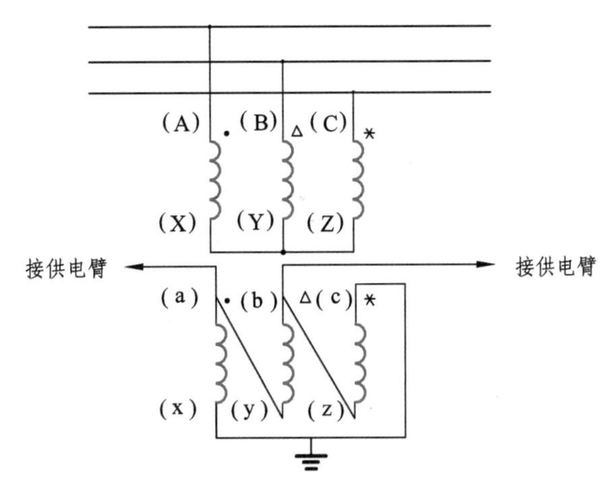

图 3.1　YNd11 接线牵引变压器原理电路图

为直观与方便，一般使用 YNd11 接线牵引变压器的展开图。画展开图有如下约定：

（1）为施工和运行安全起见，统一规定次边绕组的（c）端子接钢轨和地；

（2）原、次边对应绕组在图中相互平行；

（3）原、次边每套（相）绕组的同名端放在同一侧。

由此，先画次边，后画原边，可作出如图 3.2 所示的 YNd11 牵引变压器的展开图。图中，三对同名端分别以△、•、*符号标记。

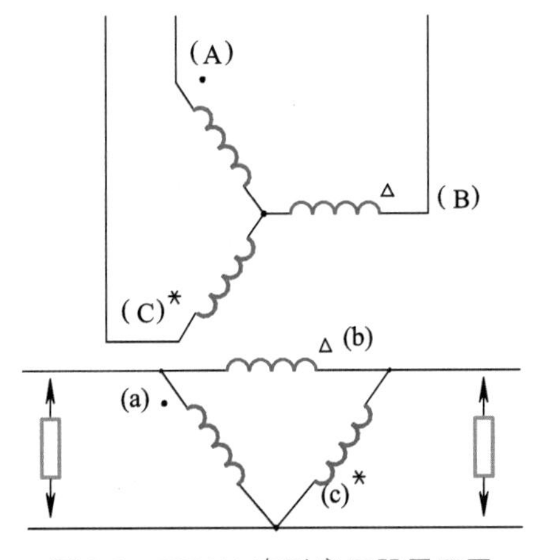

图 3.2　YNd11 牵引变压器展开图

实际上，有了展开图及上述约定，每套（相）绕组的同名端端子号已不重要，可以只保留次边端子号（c）。需要时，根据每套（相）的同名端不难恢复全部端子号。

3.2.2 电压、电流相量的规格化定向

在牵引供电系统分析中，对所有牵引变压器均采用规格化定向。这种定向又称为减极性定向，顾名思义，在这种定向下，原次边绕组磁势是相互抵消的。具体含义是：

（1）原边绕组电压、电流采用电动机惯例定向，即牵引变压器从电网吸收电能；

（2）次边绕组电压、电流采用发电机惯例定向，即牵引变压器是次边负荷的电源；

（3）负荷吸收正功率。

先看单相变压器，规格化定向如图 3.3 所示。归算到原边，其等值电路如图 3.4 所示。图中，$\dot{U}_1$、$\dot{I}_1$、Z_1、$\dot{E}_1$分别为变压器原边的端口电压、流入电流、绕组漏抗和感应电势，$\dot{U}_2$、$\dot{I}_2$、Z_2'、$\dot{E}_2$分别为次边的端口电压、流出电流、绕组漏抗和感应电势，符号上标带“′”者为次边到原边的归算值。

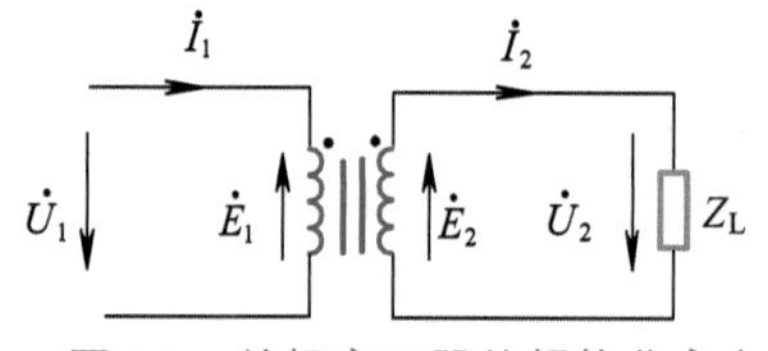

图 3.3 单相变压器的规格化定向

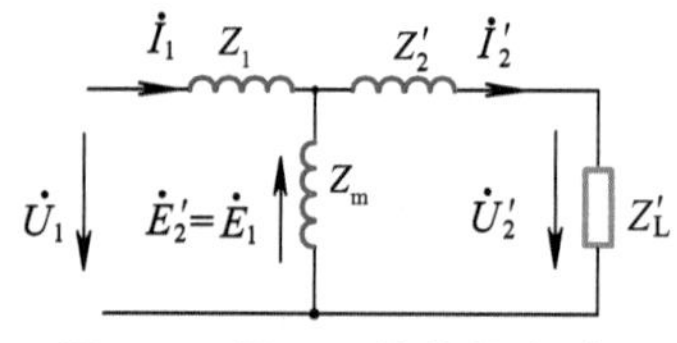

图 3.4 图 3.3 的等值电路

对于理想变压器，不难得知：$\dot{U}_1$与$\dot{U}_2$同相。规格化定向在相量分析与作图中显示其优越性。

再看 YNd11 接线牵引变压器规格化定向，能充分体现变压器在系统中的作用，因此，从单相推广到三相就不难标出 YNd11 牵引变压器电流、电压的方向。这里，不再沿用过去教科书中以（c）端子（轨、地）为参考进行定向的做法，而是把 YNd11 接线牵引变压器视为一台普通三相电力变压器来定向，其区别无非是某一相没有负荷而已。

对于单个牵引变压器，原边的（A）、（B）、（C）端子可以引入电网 A、B、C 三相电压的任意排列（称为进线电压），共有 6 种，即{（A）A，（B）B，（C）C}，{（A）A，（B）C，（C）B}，{（A）B，（B）A，（C）C}，{（A）B，（B）C，（C）A}，{（A）C，（B）A，（C）B}，{（A）C，（B）B，（C）A}。电气化铁路是沿线分布的，多座牵引变电所连接于同一电网，这时，每座牵引变电所的进线电压根据理论和实际两方面的要求，往往有一定的排列和组合要求，其中为了寻求电气化铁路单相负荷在三相电网中的平衡，减轻负序电流或功率影响，便采用换相连接（详见第 6 章 6.4.2），同时，还要考虑电气化铁路运行的方便，就某一 YNd11 接线牵引变电所而言，其牵引变压器的规格化定向除像单相变压器那样外，还应注意以下两条：

（1）原边绕组电压与实际进线电压相别一致；

（2）次边绕组按同名端与原边绕组电压一致。

当然，原边电流、电压按电动机惯例，次边按发电机惯例，原、次边绕组电流为减极性。通常电压定向先原边，后次边（或者根据需要而相反），然后标次边电流（负荷），再标原边电流。

这种方法不仅便于单个变电所的电气分析，也便于多个变电所的相量图制作和相量分析，如用于负序分析（见第 6 章 6.1.3）等。

例如，已知 YNd11 接线牵引变压器原边联结如图 3.5 所示，按上述原则，方便地将原、次边各绕组电压、电流标在图上。大写下标为原边电气量，小写为次边电气量，带“′”者为次边绕组电流。

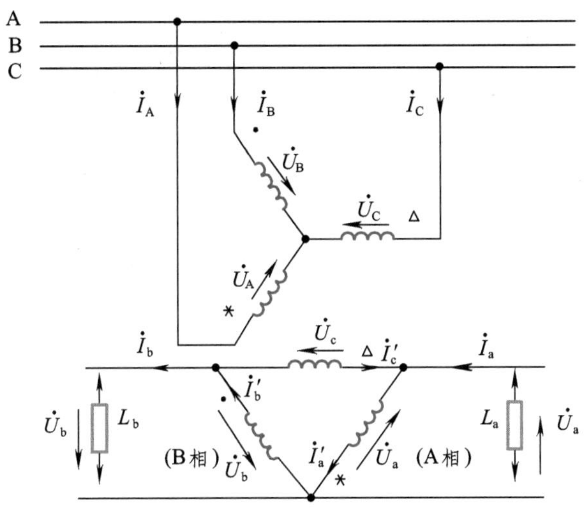

图 3.5　YNd11 牵引变压器的规格化定向举例

次边电压、电流相量图如图 3.6 所示。将负荷端口电压相比较，超前 120°者称为超前相，如图中 $\dot{U}_a$；另一为滞后相，如图中 $\dot{U}_b$。另一端口（无负荷）为自由相（图中 $\dot{U}_c$）。φ_a、φ_b 分别表示负荷 L_a、L_b 的功率因数角。

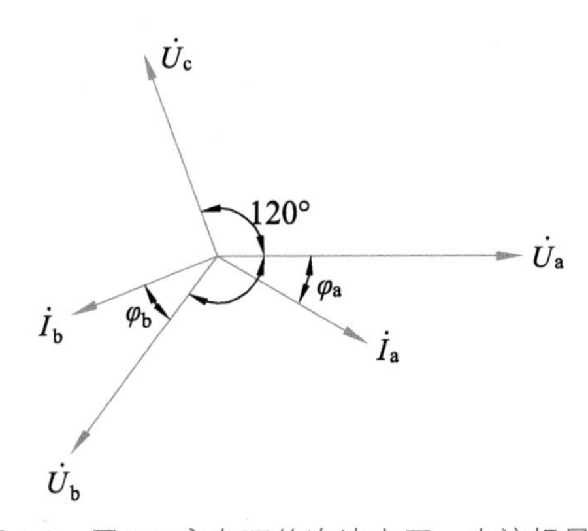

图 3.6　图 3.5 定向下的次边电压、电流相量图

3.2.3 绕组电流与负荷端口电流的关系

选用图 3.5 所示电路进行讨论。归算到次边的等值电路如图 3.7 所示，其中电网的电源电压为 $\dot{E}$，短路阻抗为 Z_S，牵引变压器的绕组漏抗为 Z_T。这里假设电网三相电压正序对称，阻抗平衡（相同）。

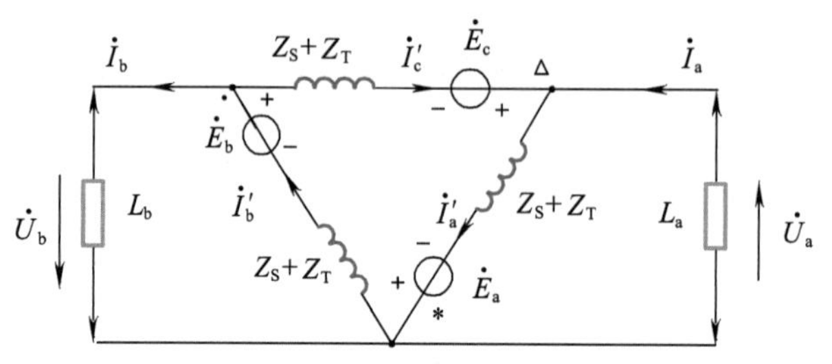

图 3.7　YNd11 牵引变压器二次侧等值电路

在 $\dot{I}_a$、$\dot{I}_b$ 作用时，解图 3.7 所示电路的目标是求解绕组电流，有多种方法，最根本的是电路方程和磁势平衡方程，这在下一节讨论，更详尽通用的方法放在第 6 章中讨论。这里考虑 YNd11 联结变压器三相漏抗相同，为简单、明了，又增强物理意义，应用电流叠加原理解出。首先，当仅有 $\dot{I}_a$ 作用时，视负荷 L_a 为电流源，作出的等值电路如图 3.8 所示。

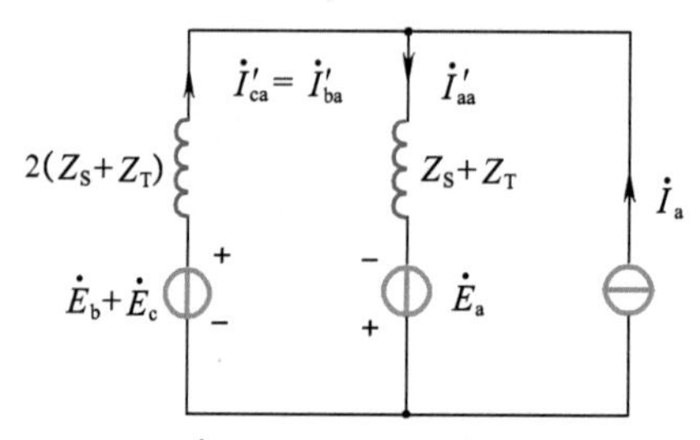

图 3.8　$\dot{I}_a$ 单独作用时的等值电路图

从中易解得

$$\left.\begin{aligned}\dot{I}'_{aa}&=\frac{2}{3}\dot{I}_a\\ \dot{I}'_{ba}&=\dot{I}'_{ca}=-\frac{1}{3}\dot{I}_a\end{aligned}\right\}\tag{3.1}$$

式中，“–”表示 $\dot{I}_a$ 分量与绕组 b、c 中电流定向相反。

同样，当 $\dot{I}_b$ 单独作用时，视负荷 L_b 为电流源，等值电路如图 3.9 所示，并易解得

$$\left.\begin{aligned}\dot{I}'_{bb}&=\frac{2}{3}\dot{I}_b\\ \dot{I}'_{ab}&=\dot{I}'_{cb}=-\frac{1}{3}\dot{I}_b\end{aligned}\right\}\tag{3.2}$$

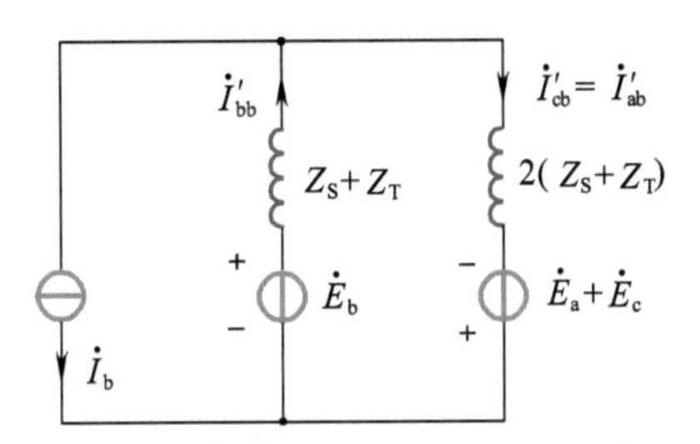

图 3.9　$\dot{I}_b$ 单独作用时的等值电路

$\dot{I}_a$ 与 $\dot{I}_b$ 共同作用时，将式（3.1）、式（3.2）叠加得次边三相绕组电流：

$$\left.\begin{aligned}\dot{I}'_a &= \dot{I}'_{aa}+\dot{I}'_{ab}=\frac{1}{3}(2\dot{I}_a-\dot{I}_b)\\ \dot{I}'_b &= \dot{I}'_{ba}+\dot{I}'_{bb}=\frac{1}{3}(-\dot{I}_a+2\dot{I}_b)\\ \dot{I}'_c &= \dot{I}'_{ca}+\dot{I}'_{cb}=\frac{1}{3}(-\dot{I}_a-\dot{I}_b)\end{aligned}\right\}\tag{3.3}$$

根据式（3.3）作出的 YNd11 接线牵引变压器次边三相绕组电流相量图如图 3.10 所示。

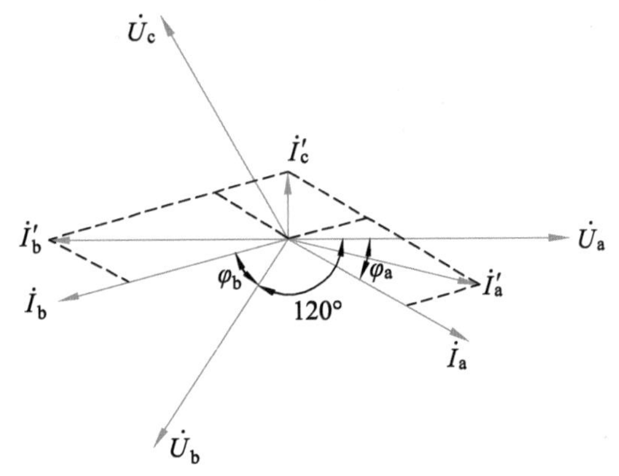

图 3.10　图 3.7 所示 YNd11 牵引变压器次边绕组电流相量图

上面是以次边 a、b 相带负荷为例分析的，还可以举例分析 b、c 相，c、a 相两种组合带负荷的情形。由此，可以推广到 a、b、c 三相都带负荷的情形。这时，YNd11 接线牵引变压器次边三相绕组电流 $\dot{I}'_a$ 、$\dot{I}'_b$ 、$\dot{I}'_c$ 与 a、b、c 三端口负荷的关系为

$$\begin{bmatrix}\dot{I}'_a\\ \dot{I}'_b\\ \dot{I}'_c\end{bmatrix}=\frac{1}{3}\begin{bmatrix}2 & -1 & -1\\ -1 & 2 & -1\\ -1 & -1 & 2\end{bmatrix}\begin{bmatrix}\dot{I}_a\\ \dot{I}_b\\ \dot{I}_c\end{bmatrix}\tag{3.4}$$

这样，既能与三相电力变压器相对应（读者可以验证：当 a、b、c 三端口电流对称时，绕组电流亦对称），又能分析 YNd11 接线牵引变电所的各种情形。例如，对于每一牵引变电所，只可能出现两个端口负荷，在实际应用中，只需将不存在的端口负荷置 0 即可。

根据定向和变比关系，由式（3.4）获得原边三相电流

$$\begin{bmatrix}\dot{I}_A\\ \dot{I}_B\\ \dot{I}_C\end{bmatrix}=\frac{\sqrt{3}}{k_T}\begin{bmatrix}\dot{I}'_a\\ \dot{I}'_b\\ \dot{I}'_c\end{bmatrix}=\frac{\sqrt{3}}{3k_T}\begin{bmatrix}2 & -1 & -1\\ -1 & 2 & -1\\ -1 & -1 & 2\end{bmatrix}\begin{bmatrix}\dot{I}_a\\ \dot{I}_b\\ \dot{I}_c\end{bmatrix} \tag{3.5}$$

式中，变比 k_T 为原边额定（线）电压与次边母线电压之比，对于 110 kV 进线，$k_T=110/27.5=4$。

当然，端口处于再生发电工况时，只要设其电流为负即可。

3.2.4 YNd11 接线牵引变压器的容量利用率

容量利用率用以反映经济性。变压器主要由铁心和绕组（线圈）组成，因此容量利用率可分为铁心容量利用率和绕组容量利用率。铁心容量利用率取决于铁心形状，一般通用的三相心式变压器的铁心容量利用率最好，使用三相心式变压器就不再单独计算，可认为是 100%。绕组容量利用率则因牵引变压器的接线和牵引负荷不同而不同，需要具体计算。一般定义为

$$\text{原边/次边绕组容量利用率}=\frac{\text{牵引端口牵引功率之和}}{\text{原边/次边各绕组容量之和}} \tag{3.6}$$

如果选用通用的 YNd11 变压器，其三相绕组容量相等，则定义：

$$\text{原边/次边绕组容量利用率}=\frac{\text{两牵引端口牵引功率之和}}{\text{原边/次边最大绕组容量}\times 3} \tag{3.7}$$

显然，两牵引端口负荷之和是变化的，这里假设一种工况：两端口负荷相等，即 $I_a=I_b=I$，并假设功率因数 $\cos\varphi=1$（假设 $\cos\varphi=0.95$ 或 0.98 等，均不影响以下计算结果，读者可以一试），可由式（3.3）计算并参考图 3.10 得次边三相绕组电流

$$\dot{I}'_a=\frac{2}{3}I-\frac{1}{3}I\angle 120^\circ=\frac{2.65}{3}I\angle -19.1^\circ$$

$$\dot{I}'_b=\frac{2.65}{3}I\angle 120^\circ-19.1^\circ$$

$$\dot{I}'_c=\frac{1}{3}I\angle -120^\circ-19.1^\circ$$

可见，次边超前相绕组 a 和滞后相绕组 b 的电流相等且最大，自由相绕组 c 的电流最小，只有超前相或滞后相的 1/2.65 = 0.378 倍，记次边绕组电压为 U，代入式（3.7）得

$$\text{次边绕组容量利用率}=\frac{2UI}{3UI\dfrac{2.65}{3}}=\frac{2}{2.65}=75.6\%$$

显然，这也是原边绕组的容量利用率。绕组为铜材，绕组容量利用率又称为铜材利用率。

如果制造电气化铁路专用的 YNd11 变压器，则可以把自由相绕组的容量降到只有超前相或滞后相的 0.378 倍，根据式（3.6）得

$$次边绕组容量利用率=\frac{2UI}{2UI\frac{2.65}{3}+UI\frac{1}{3}}=\frac{2}{2.145}\approx 95.2\%$$

原边对应自由相的绕组也一样降容量制造，这样原次边绕组容量利用率可以提高近 20 个百分点，效果显著。

由于牵引用电工况是电气化铁路的主要工况，因此，计算绕组容量利用率没有考虑再生发电工况。当然，如果需要，再生发电工况及其与牵引用电工况混合工况下的绕组容量利用率亦可由式（3.3）、参考图 3.10 仿照如上过程进行计算。

3.2.5　YNd11 接线归算到负荷端口的等值电路模型

在进行牵引供电计算时，为了方便地进行牵引变电所各种短路计算和电压损失计算（考核电压水平）等，设计人员常常需要使用牵引变电所归算到牵引端口（次边）的等值电路模型。如图 3.11 所示，考虑一般情况，α、β为两个牵引端口，γ为自由相。图 3.11 可以图 3.7 为例解释。

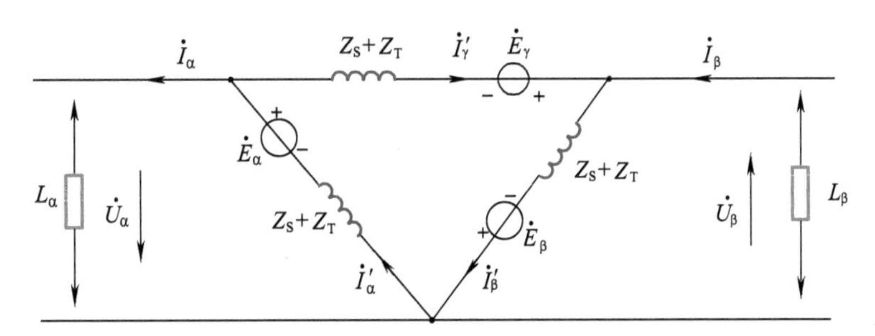

图 3.11　YNd11 接线牵引变电所归算到次边的等值电路

列写α、β端口电压方程式，经配项得

$$\left.\begin{aligned}\dot{U}_\alpha&=\dot{E}_\alpha-\dot{I}'_\alpha(Z_S+Z_T)=\dot{E}_\alpha-\frac{1}{3}(2\dot{I}_\alpha-\dot{I}_\beta)(Z_S+Z_T)\\&=\dot{E}_\alpha-\frac{1}{3}(Z_S+Z_T)\dot{I}_\alpha-\frac{1}{3}(Z_S+Z_T)(\dot{I}_\alpha-\dot{I}_\beta)\\\dot{U}_\beta&=\dot{E}_\beta-\dot{I}'_\beta(Z_S+Z_T)=\dot{E}_\beta-\frac{1}{3}(-\dot{I}_\alpha+2\dot{I}_\beta)(Z_S+Z_T)\\&=\dot{E}_\beta-\frac{1}{3}(Z_S+Z_T)\dot{I}_\beta-\frac{1}{3}(Z_S+Z_T)(\dot{I}_\beta-\dot{I}_\alpha)\end{aligned}\right\}\quad(3.8)$$

根据式（3.8），就可以做出如图 3.12 所示的归算到两个牵引端口的等值电路。

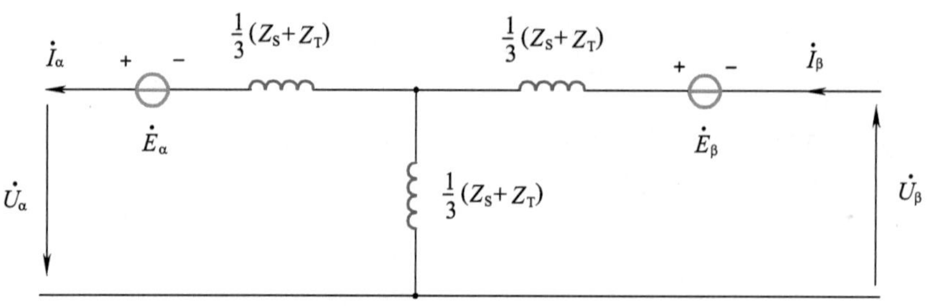

图 3.12　归算到两个牵引端口的等值电路

通常，原边电网短路容量 S_{SC}（MV · A）、牵引变压器容量 S_T（MV · A）及短路电压 $U_d\%$（一般为 10.5%）是给定的，并且选 $|\dot{E}_\alpha|=|\dot{E}_\beta|=27.5$（kV），那么，式（3.8）和图 3.12 中的参数可计算得

$$\left.\begin{aligned} |Z_S| &= X_S = \frac{3\times 27.5^2}{S_{SC}} \quad (\Omega) \\ |Z_T| &= X_T = \frac{U_d\%}{100}\cdot\frac{3\times 27.5^2}{S_T} \quad (\Omega) \end{aligned}\right\}$$

3.2.6　YNd11 接线牵引变电所次边短路计算

设牵引端口空载电压为 27.5 kV，如果忽略电阻部分，则可根据图 3.12 计算短路电流。

（1）一相母线对轨地短路时，短路电流为

$$I_{SC}=\frac{27.5}{\frac{2}{3}(X_S+X_T)}=\frac{3\times 27.5}{2(X_S+X_T)} \quad (\text{kA}) \tag{3.9}$$

（2）异相牵引母线短路，即α、β 端口母线间短路时，短路电流为

$$I_{SC}=\frac{27.5}{\frac{2}{3}(X_S+X_T)}=\frac{3\times 27.5}{2(X_S+X_T)} \quad (\text{kA}) \tag{3.10}$$

（3）两相母线对地短路（注意两端口之间的相互作用）时，短路电流为

$$I_{SC}=\frac{\sqrt{3}\times 27.5}{X_S+X_T} \quad (\text{kA}) \tag{3.11}$$

3.3　三相–两相平衡接线牵引变电所

3.3.1　基本概念与平衡接线综述

这里先介绍基本概念。在电力系统中对称和平衡是有区别的。平衡对应“0 序”，无“0 序”称平衡，否则为不平衡。“对称”对应“负序”，无负序（只有正序）为对称，否

则为不对称。电气化铁路牵引负荷通过特定接线（联结）的牵引变压器不会在电网中产生零序分量，但通常造成负序分量，因此，从三相系统看，牵引负荷是平衡而不对称的，也正因为这个特点，电气化铁路正常运行时不考虑零序，只考虑负序。但是，习惯上把消除或削弱负序影响的对称接线变压器称为平衡接线变压器，然而其作用、功能没有变。

牵引负荷具有单相性，对电力系统产生不对称影响，即负序影响，这一点一直是电力部门对电气化铁路所关切的主要电能质量问题之一。消除或削弱不对称影响有很多措施，如变电所换相连接、并联无功补偿（见第 6 章）、同相供电（见第 7 章），另外就是本节介绍的平衡接线变压器。平衡接线变压器通常是指那种具有变压和换相功能的三相-两相接线变压器，数学上是三相对称系统与两相对称系统之间的变换，即本书 3.1 节提及的系统变换，记为 A.B.C ⇔ 0.α.β。三相对称系统成立的条件是三相电气相量幅值相等、相位互差 120°，均布在复平面上；而两相对称系统是指电气相量幅值相等、相位互差 90°，也均布在复平面上。电网及其用户重要的电气量是电压和电流。严格说，只有当电压、电流都满足三相或两相对称条件时才属于对称系统，实际上，三相或两相系统首先满足电压对称，再创造条件使电流对称，因为电压受强大电网的支持。另外，是否存在三相-单相平衡变压器呢？后续的知识将告诉我们，如果不采用附加的对称补偿设备，任何一台变压器都不可能通过自身内部绕组的改变，而形成三相-单相平衡接线变压器。

平衡接线变压器的原理早在 20 世纪 30 年代就已提出，40 年代初期就制造成功 Scott 接线变压器（Scott Connected Transformers）。通常 Scott 接线变压器由两台单相独立铁心变压器来组成其 M 座（Main Phase，主座）和 T 座（Teaser，副座）。到 20 世纪 50 年代，由 J.P. Morgan 公司率先研制成功 LeBlanc 接线变压器，其突出优点在于：可以利用标准的三相心式变压器通用铁心；可以采用单一油箱来放置铁心；它比同容量的 Scott 接线变压器体积要小，这意味着质量更轻，因而造价也低。通常 LeBlanc 接线变压器的原边绕组是三角形接法的，这种接法对于消除三次谐波电压和负荷不平衡时的零序磁通有着明显的优点。但其与 Scott 接线变压器一样有一个缺点，那就是不能在原边提供接地中性点。为扬长避短，实用中往往将原边绕组制成 Y 形接法，实现中性点可接地。1972 年联邦德国研制成功 Kübler 接线变压器，其原边为 Y 形联结，中性点可接地，次边具有闭合三角形绕组。但注意，其次边的三角形绕组与一般电力变压器不同，阻抗必须按照一定的比例进行匹配，否则将在三角形内有循环零序电流（如变压器原边中性点不接地，则造成中性点电位漂移，即产生零序电压，若中性点接地，则形成零序通路，向原边电网注入零序电流）。1972 年春，日本在山阳新干线上采用了两种平衡变压器，即三相心式 Scott 接线变压器和变形（Modified）Wood Bridge 接线变压器。后者的优点是巧妙利用通用接线技术，主变压器制造容量可以很大，但缺点是必须增加一台变比为 1∶$\sqrt{3}$、容量为主变压器一半的升压自耦变压器，故其缺点是设备变得复杂，一次投资较高，容量利用率低，占地面积较大。

但注意，各种平衡接线相比而言，Scott 接法是最简单的，因此应用最广泛，并且在同相供电中可以发挥独到的作用，详见本书第 7 章。

几种主要的平衡接线变压器的缩写和接线简图如表 3.1 所示。

表 3.1　几种主要平衡接线变压器简况

联结方式	缩写	接线简图	适用供电方式
Scott	SCT		直接供电，BT
LeBlanc	LBL		铁路少用
Modified LeBlanc	MLB		直接供电，BT
Kübler	KBL		直接供电，BT
Wood-Bridge	WBR		铁路少用
Modified Wood-Bridge	MWB		AT
Auto Wood-Bridge	AWB		AT

本章将重点分析最常用的 Scott 接线牵引变压器。

3.3.2　Scott 接线牵引变压器电气分析

1. 变比关系

在如图 3.13 所示的 Scott 接线变电所中，设 Scott 接线牵引变压器 M 座绕组原边接入电网 AB 相（线电压），T 座绕组原边一端接底座绕组的中点 D，另一端接入电网 C 相。原边绕组电压相量与各相电压及线电压相量的关系如图 3.14（a）所示。

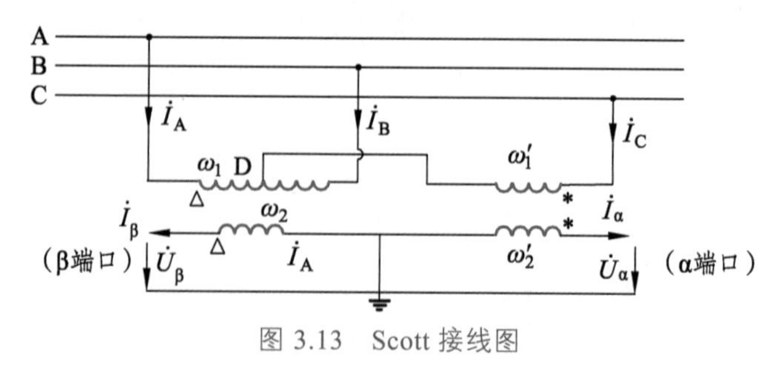

图 3.13　Scott 接线图

以原边相电压 $\dot{U}_A$ 为参考，设滞后相角为正，超前相角为负，则 M 座原边电压为

$$\dot{U}_{AB} = \sqrt{3}U_A\angle 30° \tag{3.12}$$

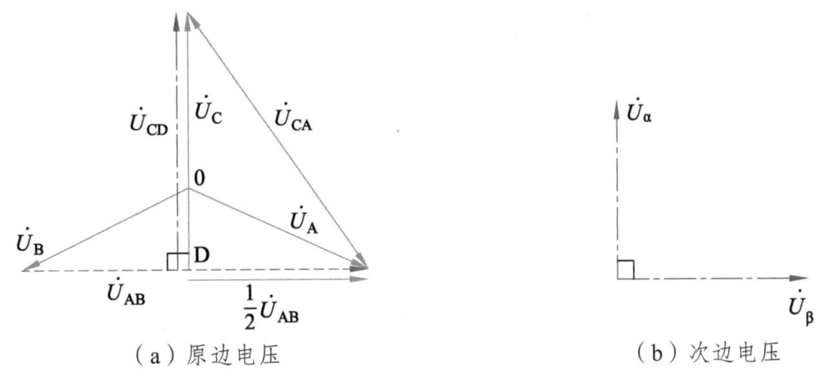

（a）原边电压　　　　（b）次边电压

图 3.14　Scott 接线电压相量图

T 座原边电压

$$\dot U_{CD}=\frac{3}{2}U_A\angle 120° \tag{3.13}$$

考虑 M 座绕组（AB，β 端口）和 T 座绕组（CD，α端口）的对应关系，可作次边端口相量图，如图 3.14（b）所示。

从图 3.14 的相量图可见，β 端口与α端口电压相量相互垂直。设 M 座原、次边绕组匝数分别为 ω_1、ω_2，T 座原、次边匝数分别为 ω_1'、ω_2'，又因为次边α、β端口电压幅值相等，则设 $U_\alpha=U_\beta=U$，$\omega_2'=\omega_2$，由图 3.14（a）电压比例知，$\omega_1'=\frac{\sqrt{3}}{2}\omega_1$，那么，参考式（3.12）、式（3.13）可求出两座绕组的变比。对 M 座，变比

$$k_1=\frac{\sqrt{3}U_A}{U}=\frac{\omega_1}{\omega_2}$$

对 T 座，变比

$$k_2=\frac{3U_A/2}{U}=\frac{\omega_1'}{\omega_2'}=\frac{\sqrt{3}}{2}\cdot\frac{\omega_1}{\omega_2}=\frac{\sqrt{3}}{2}k_1$$

当原边线电压为 110 kV、次边为 27.5 kV 时，$k_1=4$（同 YNd11 接线变比 k_T），$k_2=2\sqrt{3}$（与 YNd11 接线不同）。

2. 三相-两相系统变换阵的建立——电流变换关系及变换阵

根据图 3.13 所给 Scott 接线牵引变压器电路图，列写电流平衡和磁势平衡关系式

$$\left.\begin{aligned}&\dot I_A+\dot I_B+\dot I_C=0\\&\omega_1'\dot I_C=\omega_2'\dot I_\alpha\\&\frac{\omega_1}{2}\dot I_A-\frac{\omega_1}{2}\dot I_B=\omega_2\dot I_\beta\end{aligned}\right\}$$

从中不难解得原、次边电流变换关系

$$\begin{bmatrix} \dot{I}_A \\ \dot{I}_B \\ \dot{I}_C \end{bmatrix} = \frac{1}{\sqrt{3}k_1}\begin{bmatrix} -1 & \sqrt{3} \\ -1 & -\sqrt{3} \\ 2 & 0 \end{bmatrix}\begin{bmatrix} \dot{I}_\alpha \\ \dot{I}_\beta \end{bmatrix} \tag{3.14}$$

式中，$k_1 = \omega_1 / \omega_2$。

为了完成α.β⇔A.B.C 两个系统的相互变换，需要将式（3.14）中的电流系数矩阵扩展为 3×3 的方阵，为此，我们引入零序电流 $\dot{I}_0$ 和常系数 k（为简单可设为非零实数）。在 Scott 接线牵引变压器中，由于原边三相电流之和为 0，所以引入恒为零的零序电流 $\dot{I}_0$ 不会对变换的结果产生影响。因此，式（3.14）的原、次边电流变换关系可以重写为

$$\begin{bmatrix} \dot{I}_A \\ \dot{I}_B \\ \dot{I}_C \end{bmatrix} = \frac{1}{\sqrt{3}k_1}\begin{bmatrix} k & -1 & \sqrt{3} \\ k & -1 & -\sqrt{3} \\ k & 2 & 0 \end{bmatrix}\begin{bmatrix} \dot{I}_0 \\ \dot{I}_\alpha \\ \dot{I}_\beta \end{bmatrix} \tag{3.15}$$

简记为

$$[\dot{I}_{ABC}] = [A_I]^{-1}[\dot{I}_{0\alpha\beta}] \tag{3.15'}$$

称 $[A_I]$ 为电流变换阵。只要 $|k| \neq 0$，则 $[A_I]$ 为非奇异矩阵，故有电流的逆变换关系

$$[\dot{I}_{0\alpha\beta}] = [A_I][\dot{I}_{ABC}] \tag{3.16}$$

式（3.15）~（3.16）中，$k_1 = \omega_1 / \omega_2$，$k$ 为待定常系数（在理论上可以取任意非零值）。

3. 三相-两相系统变换阵的建立——电压变换关系及变换阵

根据图 3.13 所给的 Scott 变压器电路图，可以写出α，β端口电压方程

$$\left.\begin{aligned} \dot{U}_\alpha &= \frac{\omega_2'}{\omega_1'} \times \frac{3}{2}\dot{U}_C = \frac{\omega_2}{\omega_1}\sqrt{3}\dot{U}_C \\ \dot{U}_\beta &= \frac{\omega_2}{\omega_1}\dot{U}_{AB} = \frac{\omega_2}{\omega_1}(\dot{U}_A - \dot{U}_B) \end{aligned}\right\} \tag{3.17}$$

再引入零序电压 $\dot{U}_0$（U_0≡0），则式（3.17）可以重写为

$$\begin{bmatrix} \dot{U}_0 \\ \dot{U}_\alpha \\ \dot{U}_\beta \end{bmatrix} = \frac{1}{\sqrt{3}k_1}\begin{bmatrix} k' & k' & k' \\ 0 & 0 & 3 \\ \sqrt{3} & -\sqrt{3} & 0 \end{bmatrix}\begin{bmatrix} \dot{U}_A \\ \dot{U}_B \\ \dot{U}_C \end{bmatrix} \tag{3.17'}$$

利用 $\dot{U}_A + \dot{U}_B + \dot{U}_C = 0$ 的关系，可以将式（3.17′）变形为

$$\begin{bmatrix} \dot{U}_0 \\ \dot{U}_\alpha \\ \dot{U}_\beta \end{bmatrix} = \frac{1}{\sqrt{3}k_1}\begin{bmatrix} k' & k' & k' \\ -1 & -1 & 2 \\ \sqrt{3} & -\sqrt{3} & 0 \end{bmatrix}\begin{bmatrix} \dot{U}_A \\ \dot{U}_B \\ \dot{U}_C \end{bmatrix} \tag{3.17''}$$

式中，k'为待定常系数（在理论上也可以取任意值）。简记式（3.17″）为

$$[\dot{U}_{0\alpha\beta}]=[A_{\mathrm{U}}][\dot{U}_{\mathrm{ABC}}] \tag{3.17‴}$$

若$[A_{\mathrm{U}}]$为非奇异矩阵，则有

$$[\dot{U}_{\mathrm{ABC}}]=[A_{\mathrm{U}}]^{-1}[\dot{U}_{0\alpha\beta}] \tag{3.18}$$

4. 待定系数 k、k'的确定

视 Scott 接线牵引变压器为理想变压器，根据功率平衡原理，有

$$\begin{aligned}[\dot{U}_{\mathrm{ABC}}]^{\mathrm{T}}[\dot{I}_{\mathrm{ABC}}]^{*}&=[\dot{U}_{0\alpha\beta}]^{\mathrm{T}}[\dot{I}_{0\alpha\beta}]^{*}\\&=\left([A_{\mathrm{U}}][\dot{U}_{\mathrm{ABC}}]\right)^{\mathrm{T}}\left([A_{\mathrm{I}}][\dot{I}_{\mathrm{ABC}}]\right)^{*}\\&=[\dot{U}_{\mathrm{ABC}}]^{\mathrm{T}}[A_{\mathrm{U}}]^{\mathrm{T}}[A_{\mathrm{I}}]^{*}[\dot{I}_{\mathrm{ABC}}]^{*}\end{aligned} \tag{3.19}$$

式中，$[\dot{U}_{\mathrm{ABC}}]^{\mathrm{T}}$、$[\dot{U}_{0\alpha\beta}]^{\mathrm{T}}$分别为$[\dot{U}_{\mathrm{ABC}}]$和$[\dot{U}_{0\alpha\beta}]$的转置矩阵；$[\dot{I}_{\mathrm{ABC}}]^{*}$、$[\dot{I}_{0\alpha\beta}]^{*}$分别为$[\dot{I}_{\mathrm{ABC}}]$和$[\dot{I}_{0\alpha\beta}]$的共轭复数矩阵。

比较式（3.19）左、右两边，再考虑到$[A_{\mathrm{I}}]$为实数矩阵，得

$$[A_{\mathrm{U}}]^{\mathrm{T}}[A_{\mathrm{I}}]^{*}=[A_{\mathrm{U}}]^{\mathrm{T}}[A_{\mathrm{I}}]=[1] \tag{3.20}$$

式中，[1]为单位矩阵。

从式（3.20）可得

$$[A_{\mathrm{U}}]^{\mathrm{T}}=[A_{\mathrm{I}}]^{-1} \tag{3.21}$$

比较$[A_{\mathrm{U}}]^{\mathrm{T}}$和$[A_{\mathrm{I}}]^{-1}$，可知

$$k=k' \tag{3.22}$$

不难证明，为了获得形式简便的阻抗变换阵，可以选取$k=\sqrt{2}$。

综上所述，图 3.13 所示 Scott 接线牵引变压器电压、电流在 A.B.C 系统与 0. α.β 系统之间相互变换关系如下：

$$\left.\begin{aligned}&[\dot{U}_{0\alpha\beta}]=[A_{\mathrm{U}}][\dot{U}_{\mathrm{ABC}}]\\&[\dot{U}_{\mathrm{ABC}}]=[A_{\mathrm{U}}]^{-1}[\dot{U}_{0\alpha\beta}]\\&[\dot{I}_{0\alpha\beta}]=[A_{\mathrm{I}}][\dot{I}_{\mathrm{ABC}}]\\&[\dot{I}_{\mathrm{ABC}}]=[A_{\mathrm{I}}]^{-1}[\dot{I}_{0\alpha\beta}]\end{aligned}\right\} \tag{3.23}$$

式中

$$[A_{\mathrm{U}}]=\frac{1}{\sqrt{3}k_1}\begin{bmatrix}\sqrt{2}&\sqrt{2}&\sqrt{2}\\-1&-1&2\\\sqrt{3}&-\sqrt{3}&0\end{bmatrix}，\quad[A_{\mathrm{U}}]^{-1}=\frac{k_1}{2\sqrt{3}}\begin{bmatrix}\sqrt{2}&-1&\sqrt{3}\\\sqrt{2}&-1&-\sqrt{3}\\\sqrt{2}&2&0\end{bmatrix}$$

$$[A_{\mathrm{I}}]^{-1}=\frac{1}{\sqrt{3}k_1}\begin{bmatrix}\sqrt{2} & -1 & \sqrt{3}\\ \sqrt{2} & -1 & -\sqrt{3}\\ \sqrt{2} & 2 & 0\end{bmatrix},\quad [A_{\mathrm{I}}]=\frac{k_1}{2\sqrt{3}}\begin{bmatrix}\sqrt{2} & \sqrt{2} & \sqrt{2}\\ -1 & -1 & 2\\ \sqrt{3} & -\sqrt{3} & 0\end{bmatrix}$$

5. Scott 接线牵引变电所等值变换

电网、Scott 接线牵引变压器、牵引负荷如图 3.15 所示，其中，通过设计和制造，可使 Scott 接线牵引变压器分别从α、β端口看进的漏抗 X_{T} 相等，而互漏抗为 0，设其归算到α、β端口的等值阻抗均为 Z_{T}。下面讨论三相系统阻抗向两相系统的变换。

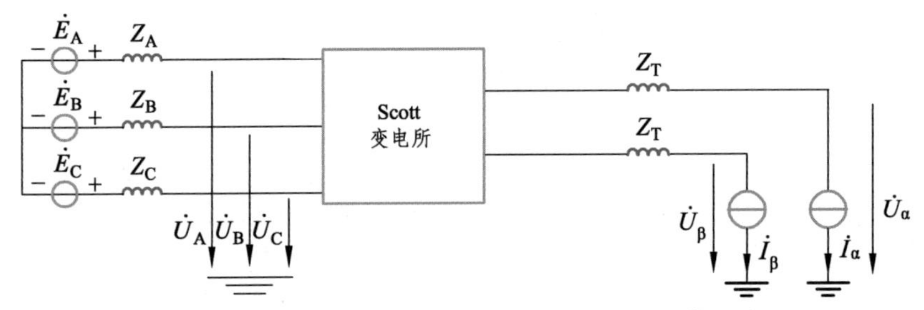

图 3.15　电网、Scott 接线牵引变压器、牵引负荷示意图

根据图 3.15，可以列写出原边三相系统电压方程

$$[\dot{E}_{\mathrm{ABC}}]=[\dot{U}_{\mathrm{ABC}}]+[Z_{\mathrm{ABC}}][\dot{I}_{\mathrm{ABC}}] \tag{3.24}$$

两边左乘 $[A_{\mathrm{U}}]$ 可得

$$[A_{\mathrm{U}}][\dot{E}_{\mathrm{ABC}}]=[A_{\mathrm{U}}][\dot{U}_{\mathrm{ABC}}]+[A_{\mathrm{U}}][Z_{\mathrm{ABC}}][A_{\mathrm{I}}]^{-1}[A_{\mathrm{I}}][\dot{I}_{\mathrm{ABC}}] \tag{3.25}$$

进行处理，即

$$[\dot{E}_{0\alpha\beta}]=[\dot{U}_{0\alpha\beta}]+[A_{\mathrm{U}}][Z_{\mathrm{ABC}}][A_{\mathrm{I}}]^{-1}[\dot{I}_{0\alpha\beta}] \tag{3.25′}$$

很明显，$[A_{\mathrm{U}}][Z_{\mathrm{ABC}}][A_{\mathrm{I}}]^{-1}$ 就为 A.B.C 三相系统变换到 0. α.β系统的等值阻抗，即

$$\begin{aligned}[Z_{0\alpha\beta}]&=[A_{\mathrm{U}}][Z_{\mathrm{ABC}}][A_{\mathrm{I}}]^{-1}\\ &=\frac{1}{\sqrt{3}k_1}\begin{bmatrix}k & k & k\\ -1 & -1 & 2\\ \sqrt{3} & -\sqrt{3} & 0\end{bmatrix}\begin{bmatrix}Z_{\mathrm{A}} & 0 & 0\\ 0 & Z_{\mathrm{B}} & 0\\ 0 & 0 & Z_{\mathrm{C}}\end{bmatrix}\frac{1}{\sqrt{3}k_1}\begin{bmatrix}k & -1 & \sqrt{3}\\ k & -1 & -\sqrt{3}\\ k & 2 & 0\end{bmatrix}\end{aligned} \tag{3.26}$$

如果 $Z_{\mathrm{A}}=Z_{\mathrm{B}}=Z_{\mathrm{C}}=Z_{\mathrm{S}}$，则式（3.26）为

$$[Z_{0\alpha\beta}]=\frac{Z_{\mathrm{S}}}{3k_1^2}\begin{bmatrix}3k^2 & 0 & 0\\ 0 & 6 & 0\\ 0 & 0 & 6\end{bmatrix} \tag{3.27}$$

根据式（3.27）及式（3.25'），就可以将图 3.15 改变成变换到α、β端口的等值电路，如图 3.16 所示。

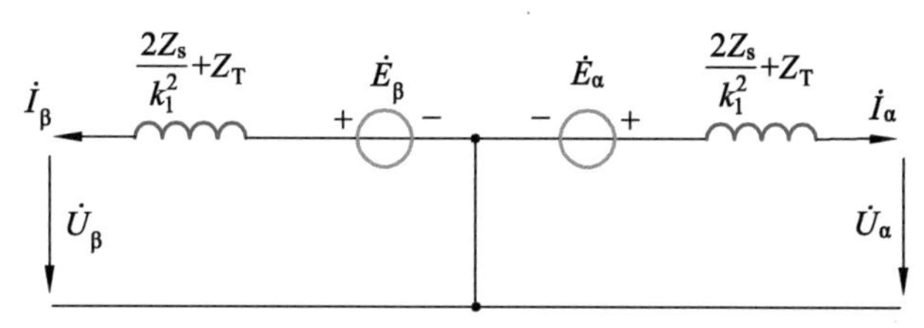

图 3.16　Scott 接线牵引变压器α，β端口等值电路

图 3.16 中，Z_S 为三相系统归算到原边高压侧 Y 接的每相阻抗，$Z_S \approx jX_S$，Ω；

而

$$X_S = \frac{U_{1N}^2}{S_{SC}} \quad (\Omega)$$

式中　S_{SC}—— 原边高压侧母线处电网三相短路容量，MV · A;

U_{1N}—— 原边高压侧额定电压（220 kV 或 110 kV）。

Z_T 为 Scott 接线牵引变压器归算到α，β端口等值阻抗，$Z_T \approx jX_T$，Ω;

而

$$X_T = \frac{U_d\%}{100} \cdot \frac{U_{2N}^2}{\left(\frac{S_T}{2}\right)} \quad (\Omega)$$

式中　U_{2N}—— α，β端口额定电压（27.5 kV 或 55 kV）;

S_T—— Scott 接线牵引变压器容量，MV · A。

$$k_1 = k_T = \omega_1/\omega_2$$

根据同样的方法，可以获得 Scott 接线牵引变压器、牵引负荷变换到三相系统的等值电路，如图 3.17 所示。图中

$$Z_A = Z_B = Z_C = \frac{k_1^2}{2} Z_T \text{，} [\dot{I}_{ABC}] = [A_1]^{-1} [\dot{I}_{0\alpha\beta}] \tag{3.28}$$

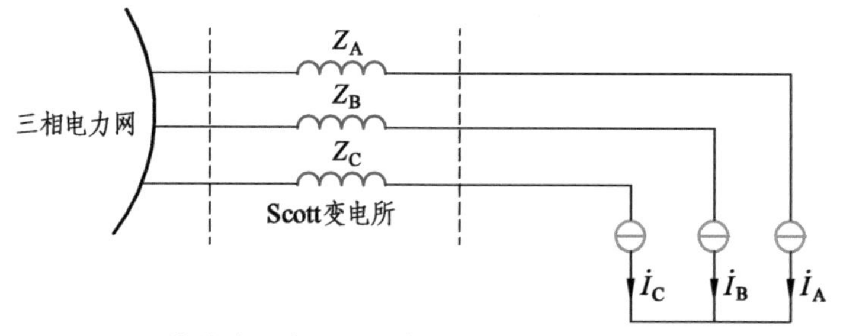

图 3.17　Scott 接线牵引变电所、牵引负荷变换到三相系统的等值电路

3.3.3　Scott 接线牵引变压器技术经济性能

先看 Scott 接线牵引变压器的容量利用率。

M 座和 T 座分别使用独立铁心时，共需 4 个心柱，显然比通用三相心柱式变压器的

铁心容量利用率低，若采用三相心柱式铁心，因为 90°主磁通的叠加关系，中间心柱应为边柱面积的 $\sqrt{2}$ 倍，铁心容量利用率仍然低于通用三相心柱式变压器。

绕组容量利用率也有原、次边之分。设两个牵引端口电压为 U，仍然假设牵引负荷均为 I 这样的工况，则由图 3.14 和式（3.6）可知：

$$\text{次边绕组容量利用率} = \frac{2UI}{2UI} = 100\%$$

当次边形成两相对称系统时，原边电流形成三相对称，但是注意原边 M 座和 T 座绕组电压却不是三相对称的，此时，由式（3.14）计算原边三相电流，原边 M 座、T 座各段绕组的容量，最后根据式（3.6）的定义可推导得

$$\text{原边绕组容量利用率} = \frac{2\sqrt{3}}{2+\sqrt{3}} = 92.8\% \tag{3.29}$$

Scott 接线牵引变压器原边、次边绕组平均容量利用率为

$$\frac{100+92.8}{2}\% = 96.4\%$$

与目前多用的三相牵引变压器相比较，Scott 接线牵引变压器技术经济性能见表 3.2。另外，还有一些可比指标，如供给地区负荷的相应指标，例如，俄罗斯因国土面积大，常需由铁路电气化带动地方电气化，因此牵引变电所常带地区负荷，我国没有这种情况，故不介绍；又如负序对电力系统的影响，则要看由该电网供电的铁路沿线各个牵引变电所的换相情况及其他措施，如并联无功补偿（见第 6 章）、同相供电（见第 7 章）等，不宜由单个变电所来决定 YNd11 和 Scott 接线的优劣。

表 3.2　YNd11 和 Scott 接线牵引变压器技术经济性能比较

牵引变压器接线类型	YNd11	Scott
最大容量利用率①	75.6%	92.8%
负序电流不对称度②	50%	0
多变电所换相情况③	可实现，并在任意三相进行	可实现，一般限于某相或相应线电压
电压损失④	滞后相大于超前相	几乎相等，一般比 YNd11 接线滞后相小
原边中性点	可接地	不可接地
所内自用电（考虑动力和照明）	自用变压器用 Yy12 联结，变比为 27.5/0.4	自用变压器用逆 Scott 接线，（牵引端口）变比亦为 27.5/0.4

注：① 计算工况假设牵引端口负荷相同，一般 YNd11 接线三相绕组等容量，当减小轻绕组（自由相）容量时，容量利用率约可提高 20 个百分点，达 95.2%。
② 计算工况亦设牵引端口负荷相同，见第 6 章。
③ 第 6 章将看到实用的变电所换相有一定要求和规则。
④ 见第 5 章。

3.4　Ii 接线和 Vv 接线牵引变电所

单相接线，记为 Ii 接线，如图 3.18 所示。实用中次边有一端子接轨和地，原边进线电压是电网的线电压，即 $\dot{U}_{AB}$、$\dot{U}_{BC}$、$\dot{U}_{CA}$ 中之一，其优点是容量利用率 100%，而缺点是负序电流大，占正序电流的 100%，适于电网比较强的场合，也是变电所同相供电的首选，在第 7 章继续讨论。我国哈大铁路牵引变电所采用 Ii 接线。

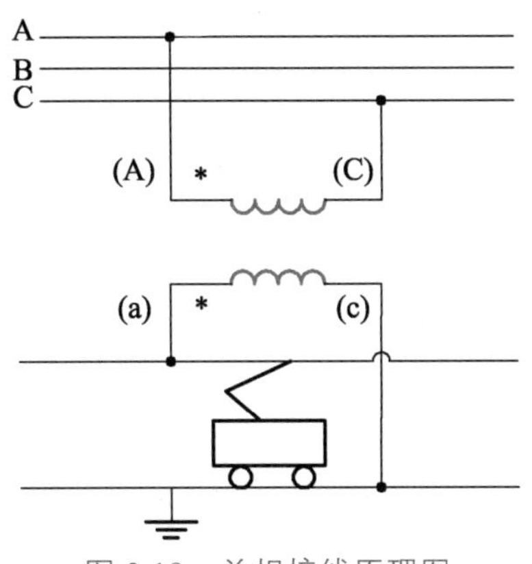

图 3.18　单相接线原理图

Vv 接线原理图示意于图 3.19。其高压侧接入电网中的三相，左边供电分区的牵引网由 AB 相供电，右边由 CB 相供电。由于变压器线圈电流等于馈线电流，所以绕组容量利用率为 100%，容量可以得到充分利用。阳安铁路牵引变电所采用三铁心 Vv 接线牵引变压器。

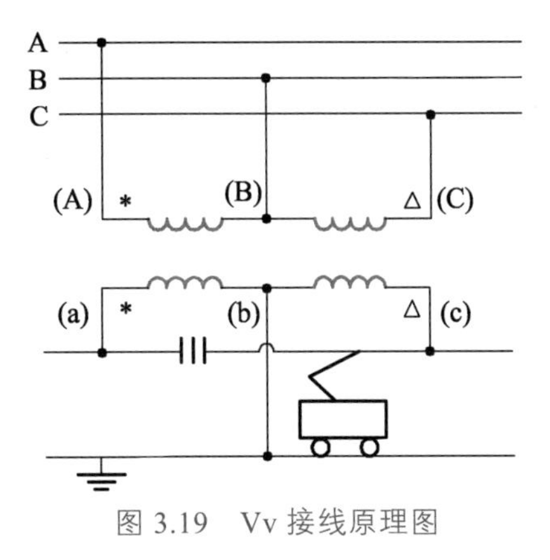

图 3.19　Vv 接线原理图

Vv 接线变压器分两种方式：一是采用三相心柱式铁心，可视为 YNd11 接线去掉自由相线圈后的一种特殊接线方式；二是采用两台单相变压器作成 Vv 接法，即使用两个独立铁心。Vv 接线变电所一般采用容量相同的两台变压器，必要时两台变压器也可视情形选用不同的容量。

3.5 牵引变压器容量选择[4,5]

3.5.1 概 述

牵引变压器容量计算一般分为三个步骤：

（1）根据交付运营后第五年或近期的需要通过能力（通常指每日所需要的列车对数）和行车组织的要求确定计算容量，这是为供应牵引负荷所必需的容量。

（2）根据列车紧密运行时供电臂的有效电流和充分利用牵引变压器的过负荷能力，计算校核容量，这是为确保变压器安全运行所必需的容量。

（3）根据计算容量和校核容量，再考虑其他因素（如备用方式等），并按实际变压器系列产品的规格选定变压器的数量和容量称为安装容量。

牵引变压器的计算容量取决于供电臂的日负荷电流曲线（见图 2.22 和图 2.23），该曲线与列车电流（见图 2.14）的大小和密度有关。

在铁路的实际运行中，除了满载的直通货物（重车）外，还有零担列车、摘挂列车、不满载列车和旅客列车，另外当两个方向货运量不一致时，还会出现一部分空载列车，因此，牵引变压器的容量，必须满足各类电力牵引列车的用电。一般对于不同类型的列车均按满载货物列车考虑。当电力牵引的旅客列车数比例较大时，或上（或下）行方向空车数比例很大时，也可分别按实际的客、货、空列车的用电量计算。

按照运量计算需要的通过能力应预留一定的储备，因为有时会产生因线路维护、运输调整及自然灾害等引起的列车密集运行的情况。单、复线铁路的储备能力在扣除综合维修“天窗”时间后，应分别采用 20%和 15%，并应考虑客货运量的波动性。若需要通过能力低于线路通过能力的 50%时，可按 1.5 ~ 2.0 倍的需要通过能力计算；需要通过能力已接近线路输送能力时，可按线路的输送能力计算。此时均不再考虑波动系数和储备系数。

因此，在计算变压器容量时，计算列车对数 N 可按不同条件分别计算如下：

① 当采用交付运营后第五年或近期年运量时，有

$$N = k_1 k_2 \frac{\varGamma \times 10^4}{365 G r_{净}} \quad （对/日）$$

式中 k_1 —— 波动系数只考虑全年最大月波动量，取 1.05 ~ 1.2；

k_2 —— 储备系数，单线取 1.2，复线取 1.15；

$\varGamma$ —— 年运量，10^4 t/年；

G —— 列车牵引质量，t；

$r_{净}$ —— 货物列车净载重系数，由列车中的各种车辆百分比决定，一般取 0.7 ~ 0.8。

② 当需要通过能力低于线路通过能力的 50%时，有

$$N = (1.5 \sim 2.0) \frac{\varGamma \times 10^4}{365 G r_{净}} \quad （对/日）$$

③ 当需要通过能力接近线路通过能力时，有

$$N=\frac{\Gamma_{输}\times 10^4}{365Gr_{净}}\quad（对/日）$$

式中　$\Gamma_{输}$—— 线路输送能力，10^4t/年。

在进行容量校核时，宜按重臂取车数概率积分 95%概率大值计算最大电流 I_{max}，轻臂取有效电流。一般来说，这种校核条件能够满足列车紧密运行的要求，并保证变压器在充分利用过负荷能力时可安全运行。

3.5.2　正常运行时的容量计算

牵引变电所容量的计算需要如下原始资料：通过区段的每日列车对数；列车通过牵引变电所两边供电分区的走行时分、给电走行时分和能耗；线路资料，如供电分区长度、区间数、信号系统等。由此进行列车电流与供电臂馈线电流的计算，这已在第 2 章中得到。

根据不同变压器接线方式，其计算容量应分别确定。

设一边馈线电流为 $I_{\varepsilon a}$，另一边馈线电流为 $I_{\varepsilon b}$，$I_{\varepsilon a}\geqslant I_{\varepsilon b}$，则容量计算方法如下：

1. 三相 YNd11 牵引变压器

当各列车负荷的功率因数相等时，三相牵引变电所变压器的容量决定于重负荷绕组的电流。

$$S=k_t U_{2N}\sqrt{4I_{\varepsilon a}^2+I_{\varepsilon b}^2+2I_{pa}I_{pb}}\quad（kV·A）\tag{3.30}$$

式中　$I_{\varepsilon a}$，I_{pa}—— 重负荷臂有效电流和平均电流，A；

$I_{\varepsilon b}$，I_{pb}—— 轻负荷臂有效电流和平均电流，A；

k_t—— 三相变压器的温度系数，一般近似取 0.94；

U_{2N}—— 牵引变电所牵引母线额定电压，取 27.5 kV。

实用中可采用近似算式：

$$I_{\varepsilon ca}=\frac{2I_{\varepsilon a}+0.65I_{\varepsilon b}}{3}$$

由此可得到三相变压器的计算容量为

$$S=3k_t U_{2N}I_{\varepsilon ca}=k_t U_{2N}(2I_{\varepsilon a}+0.65I_{\varepsilon b})\quad（kV·A）\tag{3.31}$$

2. Scott 接线牵引变压器

当 $I_{\varepsilon T}>I_{\varepsilon M}$ 时，Scott 接线变压器的容量为

$$S=2U_{2N}I_{\varepsilon T}\quad（kV·A）\tag{3.32}$$

当 $I_{\varepsilon M} > I_{\varepsilon T}$ 时，Scott 接线变压器的容量为

$$S = U_{2N}\sqrt{3I_{\varepsilon M}^2 + I_{\varepsilon T}^2} \quad (\text{kV} \cdot \text{A}) \tag{3.33}$$

式中 $I_{\varepsilon T}$ —— T 座有效电流；

$I_{\varepsilon M}$ —— M 座有效电流。

3. Vv 接线牵引变压器

Vv 接线牵引变电所每台变压器的容量取决于对应的馈线电流，故有

$$\left.\begin{aligned} S_a &= U_{2N}I_{\varepsilon a} \\ S_b &= U_{2N}I_{\varepsilon b} \end{aligned}\right\} \quad (\text{kV} \cdot \text{A}) \tag{3.34}$$

4. 单相接线牵引变压器

实用中单相接线变压器其计算容量可用如下近似式计算：

$$S = U_{2N}\sum I_{\varepsilon} \quad (\text{kV} \cdot \text{A}) \tag{3.35}$$

式中，$\sum I_{\varepsilon}$ 为牵引变电所母线有效电流。当存在两个供电臂时

$$\sum I_{\varepsilon} = \sqrt{I_{\varepsilon a}^2 + I_{\varepsilon b}^2 + 2I_{pa}I_{pb}} \quad (\text{A})$$

3.5.3 紧密运行时的容量计算

紧密运行时的行车量按最大需要输送能力计算，其中单线最大列车数是每区间一列列车（实际列车数应与输送能力匹配），复线最大列车数是按最小发车间隔安排。

1. 馈线电流

近似计算可取馈线有效电流等于各列车有效电流之和，即

$$I_{\varepsilon a} = \sum I_a$$

2. 计算容量

计算方法与上节所述相同。

3.5.4 校核容量与安装容量的确定

1. 校核容量的确定

不同接线的变压器最大（短时）负荷计算如下：

（1）三相 YNd11 变压器最大（短时）负荷为

$$S_{\max}=k_{\mathrm{t}}U_{2\mathrm{N}}(2I_{\mathrm{a,max}}+0.65I_{\varepsilon\mathrm{b}})\quad（\mathrm{kV\cdot A}）\tag{3.36}$$

式中　$I_{\mathrm{a,max}}$——重负荷臂最大有效电流；

$I_{\varepsilon\mathrm{b}}$——轻负荷臂有效电流。

（2）Vv 变压器最大负荷为

$$S_{\max}=2U_{2\mathrm{N}}I_{\mathrm{a,max}}\quad（\mathrm{kV\cdot A}）\tag{3.37}$$

（3）单相变压器最大负荷为

$$S_{\max}=U_{2\mathrm{N}}(I_{\mathrm{a,max}}+I_{\varepsilon\mathrm{b}})\quad（\mathrm{kV\cdot A}）\tag{3.38}$$

（4）Scott 变压器最大负荷，当 $I_{\mathrm{T,max}}>I_{\mathrm{M,max}}$ 时，为

$$S_{\max}=2U_{2\mathrm{N}}I_{\mathrm{T,max}}\quad（\mathrm{kV\cdot A}）\tag{3.39}$$

当 $I_{\mathrm{M,max}}>I_{\mathrm{T,max}}$ 时，为

$$S_{\max}=U_{2\mathrm{N}}\sqrt{3I_{\mathrm{M,max}}^2+I_{\mathrm{T,max}}^2}\quad（\mathrm{kV\cdot A}）\tag{3.40}$$

牵引变压器的校核容量由最大短时负荷 $S_{\max}$ 除以过负荷倍数 k 确定，即

$$S_{校}=S_{\max}/k\tag{3.41}$$

式中　k——过负荷倍数，一般根据牵引变压器过负荷能力可取 150%、175%、200%。

2. 安装容量的确定

当变压器的计算容量和校核容量确定之后，选择两者中较大者，并按既有的牵引变压器系列产品和备用方式最后确定安装容量的大小。

3.6　变压器的过负荷能力

牵引变电所变压器容量的选择是根据变压器的负荷能力和过负荷能力以及运行条件来决定的[4]。

变压器的负荷能力是指在正常预期寿命下变压器可持续输出的容量，取决于变压器绕组的热点温度（由变压器绕组绝缘材料温度决定）。绝缘纸的老化随着热点温度提高而加速，从而影响变压器的预期寿命。

若令绝缘材料的温度为 Q，变压器的使用年限（寿命）为 T，则两者的关系可表示于图 3.20，其中，Q 单位为°C，T 单位为年。由图可知，当绝缘纸温度 Q 为 98 °C 时，变压器使用年限 T 约等于 20 年。这也就是一般变压器的设计标准。低于 98 °C 时，使用年限迅速上升；高于 98 °C 时，使用年限急剧下降。一般遵从 6 °C 法则，即温度升高 6 °C，变压器寿命缩短一半，温度减少 6 °C，变压器寿命增加 1 倍。

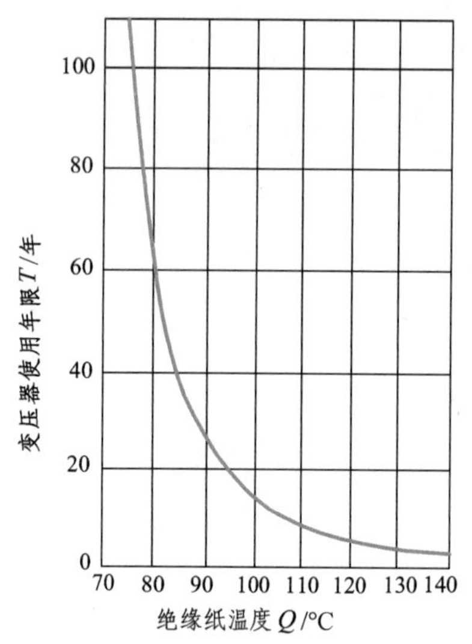

图 3.20　绝缘纸温度与变压器使用年限

变压器油的老化在温度超过 85 °C 后加剧。油面温度一般低于变压器绕组温度 10 °C 左右。所以按设计标准，在变压器运行中也不允许油面温度超过 85 °C。

实际运行中，在同样负荷下，变压器温度随周围空气温度和流通情况而异。设计中，一般只根据最高气温为 40 °C 时所标定的变压器额定容量进行选择。

根据《电力变压器 第 7 部分：油浸式电力变压器负载导则》（GB/T 1094.7—2008）：A 级绝缘变压器，绝缘系统温度为 105 °C，长期持续运行温度为 98 °C，一般认为变压器运行过程中绕组热点温度比平均温度高 13 °C，变压器连续额定负荷下温度为 85 °C，运行环境温度按年平均温度 20 °C 计算，变压器额定连续负荷下绕组平均温升为 65 K；变压器过负荷（长期救急负荷）运行，环境温度按月平均温度 30 °C 计算，变压器热点温度最高可达到 140 °C。

变压器的负荷能力根据以上所述情况而区别不同情形。

（1）正常运行时，变压器绕组容许电流如表 3.3 所示。

表 3.3　牵引变压器正常负荷能力

变压器容量/MV·A	27.5 kV 绕组额定电流/A			
	YNd11 接线		Vv 接线	单相接线
	额定值	允许较高值*		
16	194	206	291	582
20	242	258	364	728
31.5	382	406	573	1 146
50	606	645	909	1 818

注：*考虑温度系数 k_t 时的允许较高值。

实际运营中牵引负荷不断变化。图 3.21 表示某牵引变电所变压器绕组电流的实测结果。在测量的短短 40 min 内，电流就有很大的起伏。这种情形在单线多坡区段尤为显著。

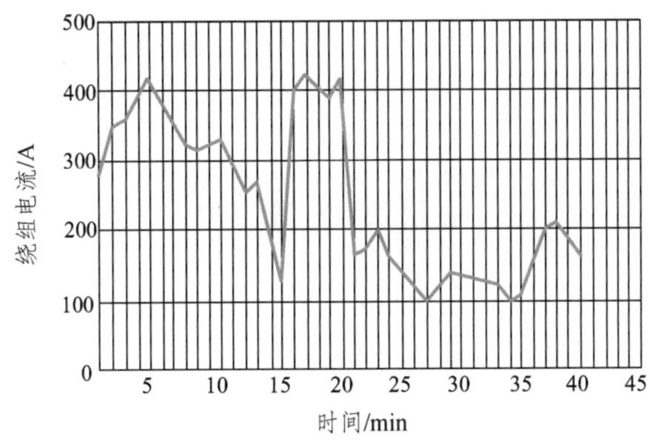

图 3.21　变压器绕组电流实测结果

变压器的温度犹如电路中的过渡过程那样，变化是逐步的，也是按指数曲线增减。变压器绕组的热时间常数为 10 min 左右，变压器油的热时间常数则长达 2 ~ 3 h，负荷变化引起的绕组温度变化约 30 min 才能达到稳定值，且绕组的短时允许热点温度可高达 140 °C，变压器油达到稳定温度所需时间更长，所以在设计和运行中确定变压器负荷能力时，没有必要考虑电流的极短时起伏和尖峰。

（2）变压器的正常过负荷（过载）与短时过负荷的电流起伏不同，有时变压器负荷出现长时间的持续上升。这在一般电力变压器中是常见的现象。一般电力负荷在一昼夜中常有持续数小时的高峰，而在其余时间内处于低谷。在低负荷时期，变压器负荷一般低于其额定容量，因此，变压器负荷能力还有一定裕量，可允许高负荷时期超过其额定容量。

牵引负荷波动剧烈，有着不同于一般电力负荷的特点，牵引变压器也有不同于一般电力变压器的特殊要求。《电气化铁路牵引变压器》（TB/T 3159—2021）给出了一种典型负荷曲线来规定牵引变压器应满足的过负荷能力，如图 3.22 所示，相对负荷是牵引负荷与额定负荷之比，最大 3 倍 2 min。牵引负荷运行周期约 6.0 h，按环境温度 30 °C、绕组最热点温度不超过 140 °C、顶层油温不超过 105 °C 设计。其中，对于 K_1，常速单线取 0.5，常速复线取 0.6，客运专线、城际铁路或重载铁路取 0.7 ~ 0.8。牵引变压器的过负荷曲线也因线路行车组织方案不同而有所不同，用户可根据需要与变压器制造厂对负荷曲线进行调整。

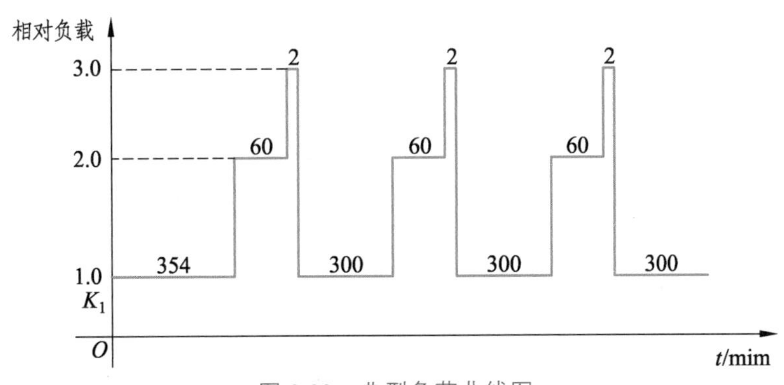

图 3.22　典型负荷曲线图

牵引变压器容量的优化设计还有许多工作要做，其中研究基于等效寿命损失的典型负荷曲线尤为重要，有兴趣的读者可进一步参阅文献[32，33]。

习题与思考题

3.1　三相电力变压器有哪些标准联结组？电气化铁路牵引变压器为何选择 YNd11 联结（接线）？

3.2　如图 3.5、图 3.6 所示，以 A（a）、B（b）相电压给两相牵引端口供电，分析了规格化定向及绕组电流的分配关系。若换为 A（a）、C（c）相电压给两相牵引端口供电，试作次边端口电压和电流相量图，再作出次边绕组的电压和电流相量图。[提示：可借助式（3.4）]

3.3　当原边供电的相电压相别发生变化时，YNd11 接线牵引变电所次边各种短路计算是否会有变化？为什么？

3.4　关于单相（Ii）接线变压器和 Vv 接线变压器：

（1）若 Ii 接线变压器原边三相额定电压为 110 kV，次边母线电压为 27.5 kV。试根据图 3.18 按规格化定向作出原、次边的电压、电流相量图。

（2）试根据图 3.19 作出 Vv 接线变压器原、次边电压、电流相量图。

3.5　推导 YNd11 接线牵引变电所的电流、电压变换关系和相应变换阵以及阻抗变换关系和变换阵，并分别作出三相和两相等值电路。

3.6　根据如图 3.13 所示的 Scott 接线牵引变压器，当α、β端口的牵引负荷分别作用时，分别得到从α、β端口看进的漏抗，并说明互漏抗为 0。

3.7　对于 Scott 接线牵引变压器，当次边形成两相对称系统时，由式（3.14）计算可知原边电流形成三相对称，但是注意原边 M 座和 T 座绕组电压却不是三相对称的，试推导原边 M 座、T 座各段绕组的容量，再根据式（3.6）的定义推导、计算、验证其原边绕组容量利用率为 92.8%。

3.8　简述牵引变电所容量的计算步骤，分别说明计算容量和校核容量的计算条件各有什么不同。

3.9　某三相牵引变电所 a 相供电臂的全天带电负荷电流 i_a 如题图 1 所示。c 相供电臂日均有效电流为 $I_{c\varepsilon}=300$ A，求该所牵引变压器的计算容量。（取 $k_t=0.94$）

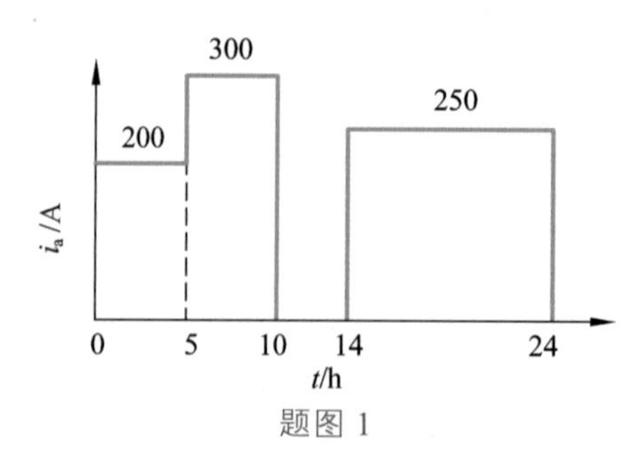

题图 1

第 4 章　牵引网

4.1　概　述

我们已经知道，牵引网是由接触网和回流网构成的供电网的总称。牵引电流经由接触网供给电力机车，然后经回流网流回牵引变电所。

电气化铁道的接触网由承力索和接触线合成，有时还增设加强线。回流网由钢轨、大地以及专门设置的回流线、AT 供电方式的负馈线 F 等组成。

早期电气化的宝凤段接触网采用单链形悬挂，使用的是截面面积为 100 mm^2 的铜接触导线 TCG-100，后来由于国家缺铜，大都改用钢铝接触导线 GLCA $\frac{100}{215}$。这种导线导电性能与 TCG-100 相当，长期容许电流为 470 A，短时（20 min）容许电流为 520 A。链形悬挂承力索用钢绞线 GJ-70，钢绞线属于铁磁质导线，导电性能差，接触导线和承力索之间的电流分配随着接触网负荷电流的变化而会有改变。

随着电气化铁路的发展，接触网的形式越来越多，对接触线的多样性要求相应增加，铜及铜合金（包括铜银、铜锡、铜镁和铜铬锆等）材料的接触线应运而生。《电气化铁路用铜及铜合金接触线》（TB/T 2809—2017）给出了各种接触线载流量试验（包括持续载流量试验和 20 min 过载载流量试验）数据，室内外载流量值应符合表 4.1 的规定。

表 4.1　持续载流量室内值及室外值　　单位：A

铜及铜合金	接触线型号	最高允许工作温度							
		95 °C				150 °C			
		室内		室外		室内		室外	
接触线规格		120	150	120	150	120	150	120	150
铜	CT	360	425	495	570	—	—	—	—
铜银	CTA	360	425	495	570	515	620	680	785
铜锡	CTS	360	425	490	565	515	620	680	790
	CTSM	330	400	455	525	490	560	630	730
	CTSH	310	360	420	480	450	520	580	670

续表

铜及铜合金	接触线型号	最高允许工作温度							
		95 °C				150 °C			
		室内		室外		室内		室外	
铜镁	CTM	330	400	455	525	490	560	630	730
	CTMM	310	360	420	480	450	520	580	670
	CTMH	300	340	410	460	430	500	560	650
铜铬锆	CTCZ	—	395	—	505	—	580	—	710
注：—表示此项不需要考核									

同时，承力索均改用导电承力索，机电综合性能也得到提高。《电气化铁路用铜及铜合金绞线》（TB/T 3111—2017）给出了各种承力索载流量试验（包括持续载流量试验和 20 min 过载载流量试验）数据，室内外载流量值应符合表 4.2 的规定。表中，J——绞线，T——铜，TM——铜镁，另外，还有铜铬锆绞线。

表 4.2 持续载流量室内值及室外推荐值 单位：A

型号	结构	最高允许工作温度 95 °C		最高允许工作温度 150 °C	
		室内	室外	室内	室外
JT70	1×19/2.10	245	340	—	—
JT95	1×19/2.50	320	425	—	—
JT120	1×19/2.80	375	490	—	—
JT150	1×37/2.25	440	570	—	—
JTM10	1×7×（1+6）/0.50	50	90	80	125
JTM16	1×7×（1+6）/0.65	80	130	120	180
JTM16	1×7×（3+9）/0.50	85	130	130	180
JTM25	1×7/2.10	105	165	160	230
JTM35	1×7/2.50	140	210	210	290
JTM35	1×19/1.50	140	205	210	285
JTM50	1×7/3.00	185	265	275	370
JTM50	1×19/1.80	185	260	275	360
JTM70	1×19/2.10	230	320	345	440
JTM95	1×19/2.50	300	400	445	555
JTM120	1×19/2.80	355	460	525	645
JTM150	1×19/3.15	415	530	615	740

续表

型号	结构	最高允许工作温度 95 °C		最高允许工作温度 150 °C	
		室内	室外	室内	室外
JTM150	1×37/2.25	415	535	615	750
JTMM70	1×19/2.10	200	280	300	390
JTMM95	1×19/2.50	260	350	390	490
JTMM120	1×19/2.80	310	405	465	570
JTMM150	1×37/2.25	370	470	550	660

在设置有自动闭塞装置的线路上，全线一般分成许多闭塞分区，闭塞分区的工作也利用轨道电路[4]。相邻闭塞分区之间轨道接缝相互绝缘，如图 4.1 所示。在电气化区段，绝缘轨缝两侧，各设一个塞流线圈，每侧两轨道间借助塞流线圈并联，两塞流线圈中点互联，以便牵引电流流通（见图中箭头方向）。

设置自动闭塞的复线上，两线路之间可在闭塞分区分界点并联。这时只需将两线路对应的塞流线圈中点的连接线接通，如图 4.2 所示。

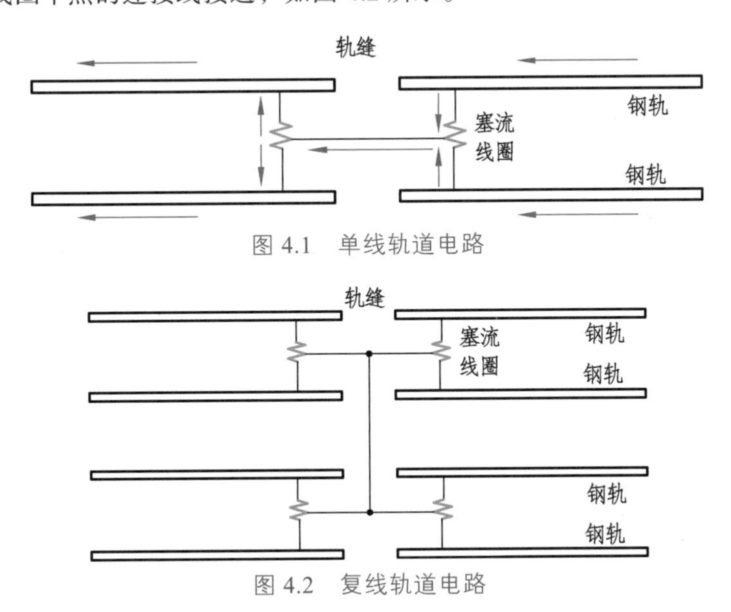

图 4.1　单线轨道电路

图 4.2　复线轨道电路

本章关注重点是牵引网阻抗计算。

牵引网阻抗是用于以下供电计算的基本参数：① 计算牵引网的电压损失，校验牵引网的供电电压水平；② 计算牵引网的电能损失，比选最优设计方案；③ 计算牵引网的短路电流，确定继电保护方案及其整定值；④ 计算牵引负荷对电气化铁路沿线通信线路的干扰，确定所采取的防护措施，参见文献[5，19]；⑤ 计算轨中电流分布及钢轨电位分布，以确定安全电位。

在直接供电方式下，牵引网主要由接触网（包含接触线 T、承力索 T′、加强导线 a 等）、回流网（钢轨 R 及大地、变电所轨地回流连线等）构成，对自耦变压器（AT）供电方式，还增加了自耦变压器、负馈线 F、保护线等元件。

牵引网阻抗是从牵引端口看入的若干个导线—地回路网、并联元件（AT）的综合视在阻抗。未加特殊说明时，本章论及的牵引网及各类导线的阻抗均指单位长阻抗。

图 4.3 给出了一个单线直接供电回路构成示意图。

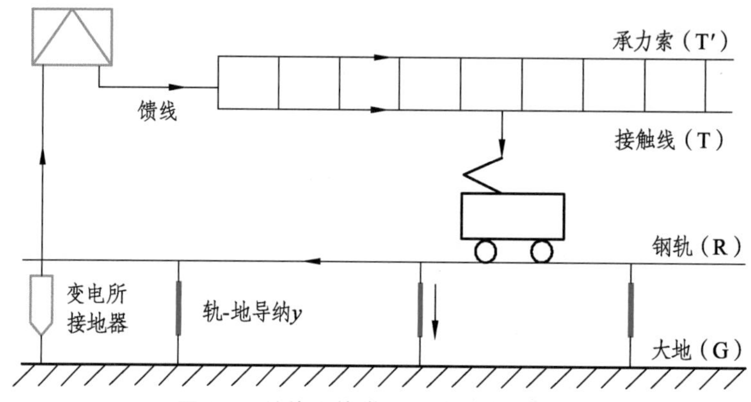

图 4.3 单线直接供电回路构造示意图

牵引网阻抗计算具有复杂性，从这个示意图中可以看到牵引网及其阻抗的这一特点，原因在于：① 接触网一般由承力索、接触线组成，其结构非常复杂，如果再加入加强导线、串联元件（如吸流变压器）、并联元件（如自耦变压器）等，将使其复杂程度进一步增大；② 回流网中含有铁磁材料元件，如钢轨、大地等，由于铁磁材料的相对磁导率随着通过它的电流幅值变化而变化，因此随着牵引负荷的变化，钢轨的有效电阻和内电感有较大范围的变化；③ 钢轨通常被认为向两端无限延伸，由于轨道—大地之间的非线性分布参数电路的存在，使得牵引网阻抗变化呈非线性；④ 在牵引网中，整个大地为供电回路的一部分，由于大地土壤情况和电导率分布复杂，同样也使得牵引网阻抗变化呈非线性。由于上述种种原因，使得电气化铁路牵引网阻抗的计算要比电网的线路阻抗计算复杂得多。

4.2 牵引网的导线参数

在导线阻抗计算中，所需的导线参数是：① 导线的单位长有效电阻 r（Ω/km）；② 导线的等效半径 R_ε（mm）。

4.2.1 单位长有效电阻

导线有效电阻定义为计入交流电集肤效应影响的电阻。非铁磁质导线的单位长有效电阻为

$$r \approx \frac{0.316k_r}{R_0}\sqrt{\rho f} = \frac{0.199k_r}{p}\sqrt{\rho f} \quad (\Omega/\text{m}) \tag{4.1}$$

铁磁质导线的单位长有效电阻为

$$r \approx \frac{0.447k_{\mathrm{r}}}{R_0}\sqrt{\rho f \mu} = \frac{0.281k_{\mathrm{r}}}{p}\sqrt{\rho f \mu} \quad (\Omega/\mathrm{m}) \tag{4.2}$$

式中 R_0—— 导线半径，mm；

p —— 导线周长，cm；

ρ—— 材料电阻率，Ω · m；

f—— 电流频率，Hz；

μ —— 材料相对磁导系数；

k_{r} —— 多股绞合线修正系数，绞合线 $k_{\mathrm{r}} = 1.59$，非绞合线 $k_{\mathrm{r}} = 1$。

从式（4.1）、（4.2）中可以看出：电流频率越高、导线面积越小及导线材料磁导系数越大，集肤效应现象越为明显，电阻越大。

对于牵引网中的铜、铝导线，在工频下，可以忽略集肤效应而认为其有效电阻近似地等于直流电阻。

对于铁磁材料导线，如钢轨，确定其有效电阻是非常困难的。其原因在于铁磁材料的磁导系数与流过它的电流大小有关，同时，在铁路沿线，部分电流泄入大地（或者由大地返回轨道），使得轨道电流的分布非常复杂。所以，在工程应用中，钢轨的有效电阻通常由试验测得，同时记录试验电流。

利用图 4.4 给出的钢轨（钢导线）的相对磁导系数μ与磁场强度 H 之间的函数曲线，也可以获得钢轨有效电阻较为精确的解。曲线中，$H = \frac{I_{\mathrm{T}}}{p}$（A/cm），$I_{\mathrm{R}}$ 为钢轨电流，p 为钢轨截面周长。钢轨材料的含碳量约为 0.5%。

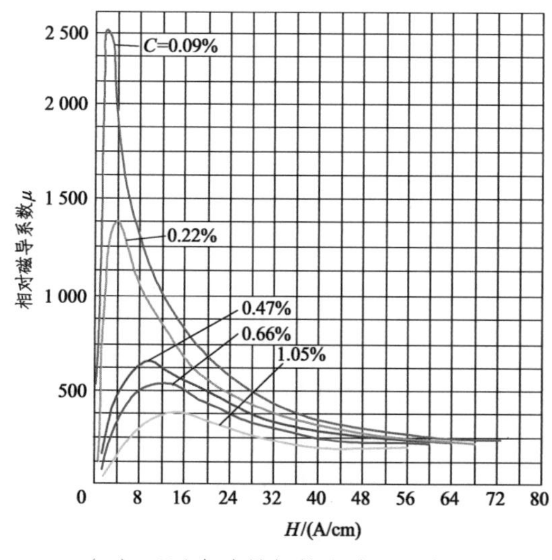

（a）不同含碳量钢导线的μ-H 曲线

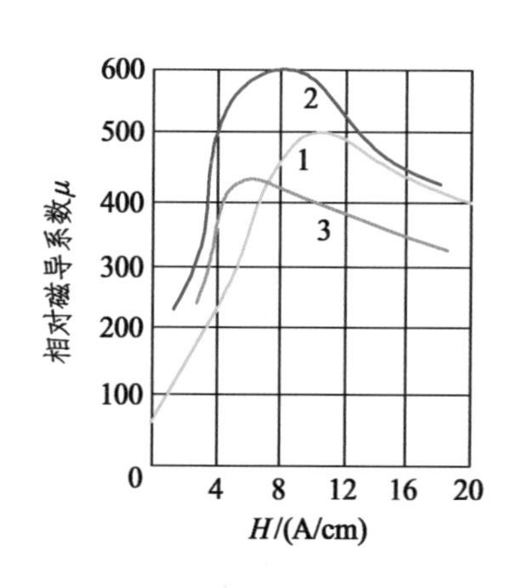

（b）由三个研究部门给出的铁路钢轨μ-H 曲线

图 4.4　钢轨导线磁导系数μ与磁场强度 H 的关系曲线

分别取钢轨电流为 0 A、100 A、200 A、300 A，对应不同型号的钢轨，均取钢轨电阻率 $\rho=0.21\times10^{-10}\ \Omega\cdot\text{m}$，频率 $f=50\ \text{Hz}$，利用图 4.4（b）中曲线 1 ~ 3 的平均值曲线，查找与 H 对应的μ值，即取 $k_r=1$，$\rho=0.21\times10^{-10}\ \Omega\cdot\text{m}$，$f=50\ \text{Hz}$ 时，代入式（4.2）得

$$r_R=\frac{9.1\times10^{-6}}{p}\sqrt{\mu}\quad(\Omega/\text{m})\tag{4.3}$$

由此可计算出与不同钢轨电流对应的单根钢轨工频有效电阻，计算结果列于表 4.3。

表 4.3　不同型号的钢轨有效电阻计算值

钢轨型号	I_R/A	p/cm	H/（A/cm）	μ	r_T/（Ω/km）
P75（75 kg/m）型钢轨	0	74.5	0	100	0.122
	100		1.3	110	0.128
	200		2.7	190	0.168
	300		4.0	280	0.204
P65（65 kg/m）型钢轨	0	70	0	100	0.130
	100		1.4	112	0.138
	200		2.9	200	0.184
	300		4.3	300	0.225
P50（50 kg/m）型钢轨	0	62	0	100	0.147
	100		1.6	118	0.160
	200		3.2	210	0.213
	300		4.9	344	0.272
P43（43 kg/m）型钢轨	0	56	0	100	0.163
	100		1.8	120	0.178
	200		3.6	260	0.262
	300		5.3	365	0.311

电气化铁路轨道回路的有效电阻由钢轨的有效电阻与钢轨接头电阻组成。钢轨接头电阻受诸多因素影响，如接头拉紧程度、接头夹板工作状况、钢轨与夹板接触面状况及气候情况等。但实际情况表明：钢轨接头电阻在轨道回路电阻中所占比重很小。当轨长为 12.5 m 时，每千米轨道的接头电阻值约为 0.024 Ω，只占钢轨有效电阻的 5%[4, 5]。如果在钢轨接头处焊接软铜电连线以连通电路，则测试结果表明：就降低轨道电阻（阻抗）而言，这种方法所起的作用是很小的[4]。

4.2.2　等效半径

导线等效半径定义为计入导线内电感后的当量半径。设单相输电线路导线半径为 R_0（mm），根据电磁场理论，在空间 p 点至导线 1 的半径 D_{1p} 内，单位长度导线的内电感 L_{i} 和外电感 L_{o} 分别为

$$\left.\begin{aligned} L_{\mathrm{i}} &= \frac{\mu_0 \mu}{8\pi} \quad (\mathrm{H/km}) \\ L_{\mathrm{o}} &= \frac{\mu_0}{2\pi} \ln \frac{D_{1p}}{R_0} \quad (\mathrm{H/km}) \end{aligned}\right\} \tag{4.4}$$

则每根导线的自电感 L 为

$$L = L_{\mathrm{i}} + L_{\mathrm{o}} = \frac{\mu_0}{2\pi}\left(\frac{\mu}{4} + \ln \frac{D_{1p}}{R_0}\right) = \frac{\mu_0}{2\pi} \ln \frac{D_{1p}}{R_0 \mathrm{e}^{-\frac{\mu}{4}}} \quad (\mathrm{H/km}) \tag{4.5}$$

式中　μ_0—— 真空磁导率，$\mu_0 = 4\pi \times 10^{-4}$ H/km；

　　　μ—— 导线材料相对磁导系数。

对式（4.5）中的自电感，可令

$$R_{\varepsilon} = R_0 \mathrm{e}^{-\frac{\mu}{4}} \tag{4.6}$$

则 R_{ε} 被称为导线等效半径。于是，引入 R_{ε} 后，考虑导线内外电感的自电感，可按式（4.7）进行

$$L = \frac{\mu_0}{2\pi} \ln \frac{D_{1p}}{R_{\varepsilon}} \quad (\mathrm{H/km}) \tag{4.7}$$

自电感简称自感。

4.2.3　常用的导线参数

根据《电气化铁路用铜及铜合金接触线》（TB/T 2809—2017）、《电气化铁路用铜及铜合金绞线》（TB/T 3111—2017），现行常用的接触导线、承力索、回流线及加强导线的类型及主要参数列于表 4.4 ~ 表 4.6，钢轨型号和参数列于表 4.7。

表 4.4　接触导线类型及参数

名称	型号	计算截面面积/mm²	断面尺寸 A/mm	断面尺寸 B/mm	单位质量/（kg/km）	持续载流量/A	直流电阻/（Ω/km）	计算半径/mm	等效半径/mm
接触导线	CTA-120	121	12.9	12.9	1 076	495	0.147	6.45	5.03
	CTS-120	121	12.9	12.9	1 079	490	0.153	6.45	5.03
	CTA-150	151	14.4	14.4	1 342	570	0.118	7.2	5.62
	CTMH-150	151	14.4	14.4	1 342	460	0.176	7.2	5.62

表 4.5　回流线或加强导线的类型及参数

名称	型号	计算截面面积/mm^2	根数×单线直径/mm	电线计算质量/（kg/km）	计算半径/mm	等效半径/mm	电阻/（Ω/km）	持续载流量/A
铝包钢芯绞线	LBGLJ-185	211	7×2.1	678	9.45	8.98	0.145 3	545
	LBGLJ-240	276	7×2.41	886	10.8	10.26	0.113 6	630

表 4.6　承力索的类型及参数

名称	型号	计算截面面积/mm^2	根数×单线直径/mm	电线计算质量/（kg/km）	计算半径/mm	等效半径/mm	电阻/（Ω/km）	持续载流量/A
铜绞线	JTM-95	93.27	19×2.5	844	6.25	4.74	0.231	400
	JTMM-95	93.27	19×2.5	844	6.25	4.74	0.298	350
	JTMM-120	116.99	19×2.8	1 059	7.00	5.31	0.237	405
	JTMH-120	116.99	19×2.8	1 059	7.00	5.31	0.197	430

表 4.7　单条钢轨的参数（100 A）

名称	规格/（kg/m）	钢轨质量/（kg/m）	钢轨截面/（cm^2）	钢轨周长 L/mm	计算半径 R/mm	有效电阻 r_T/（Ω/km）	内电抗 $x_{内}$/（Ω/km）	等效半径 $R_{\varepsilon T}$/mm
钢轨	43	44.653	57.0	558	88.9	0.22	0.22	2.69
	50	51.514	65.8	606	96.6	0.18	0.18	5.54
	60	60.35	77.08	685	109.1	0.135	0.135	12.79

4.3　Carson 模型

1926 年，J.R.Carson 发表以大地为回路的架空导线阻抗计算的论文“Wave Propagation in Overhead Wires with Ground Return”，这成为电流流经大地情况下输电线及各种导线—地回路阻抗计算的基础。

图 4.5 所示的是以大地为回路的架空线路模型，记架空线为导线 1，知其等效半径 $R_{\varepsilon 1}$，导线 1 单位长阻抗为 $\overline{z}_1$（Ω/km），记大地为导线 2，它具有均匀的电阻率而且是无限宽广，因此地中电流在很大范围内分布，其单位长阻抗为 $\overline{z}_2$（Ω/km），与导线 1 的单位长互阻抗为 $\overline{z}_{12}$（Ω/km），$\overline{z}_2$、$\overline{z}_{12}$ 无法直接确定。为解决这一难题，Carson 提出了如图 4.6 所示的长为 l 的以大地为回路的等效线路模型，称为 Carson 模型。

在满足基尔霍夫定律及整个线路中有相等的电压降的前提下，Carson 虚构了一个大地深处的返回“导线 2”，其等效半径为 $R_{\varepsilon 2}$，导线 1、2 之间的距离为 d_{12}。

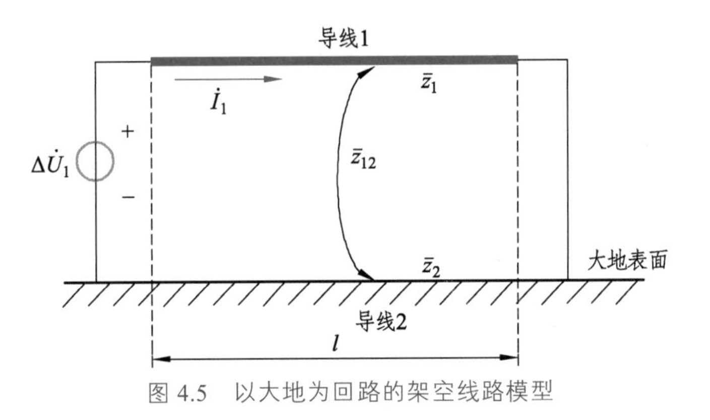

图 4.5　以大地为回路的架空线路模型

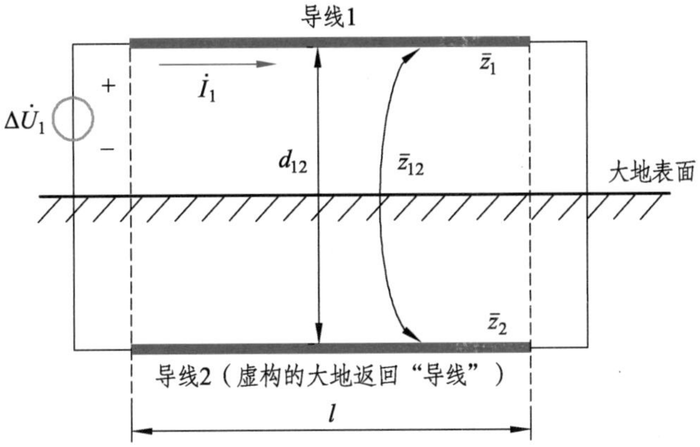

图 4.6　经大地返回的 Carson 模型

根据电磁场理论和上一节介绍，可以求得长度为 l 的导线 1 和导线 2 的单位长自感 L_1、L_2 及导线 2 对导线 1 的单位长互感 M_{12} 分别为

$$\left.\begin{aligned} L_1 &= \frac{\mu_0}{2\pi}\ln\frac{D_{1p}}{R_{\varepsilon 1}} \\ L_2 &= \frac{\mu_0}{2\pi}\ln\frac{D_{2p}}{R_{\varepsilon 2}} \\ M_{12} &= \frac{\mu_0}{2\pi}\ln\frac{D_{2p}}{d_{12}} \end{aligned}\right\} \tag{4.8}$$

式中　D_{ip}——空间 p 点至导线 i 的距离，$i=1$，2。

进一步可以求得两导线单位长自阻抗及其之间的单位长互阻抗分别为

$$\left.\begin{aligned} \bar{z}_1 &= r_1 + \mathrm{j}\omega L_1 \\ \bar{z}_2 &= r_2 + \mathrm{j}\omega L_2 \\ \bar{z}_{12} &= \mathrm{j}\omega M_{12} \end{aligned}\right\} \tag{4.9}$$

对图 4.6 所示电路建立回路电压方程：

$$\begin{aligned}\Delta\dot{U}_1 &= \overline{z}_1 l\dot{I}_1 - \overline{z}_{12} l\dot{I}_1 + \overline{z}_2 l\dot{I}_1 - \overline{z}_{12} l\dot{I}_1 \\ &= (\overline{z}_1 - 2\overline{z}_{12} + \overline{z}_2) l\dot{I}_1\end{aligned} \tag{4.10}$$

当 p 点移至无穷远处，$D_{1p}=D_{2p}$，则导线 1—地回路单位长等值自阻抗 z_1 为

$$\begin{aligned}z_1 &= \frac{\Delta\dot{U}_1}{l\dot{I}_1} \\ &= \overline{z}_1 - 2\overline{z}_{12} + \overline{z}_2 \\ &= (r_1+r_2) + \mathrm{j}\omega(L_1 - 2M_{12} + L_2) \\ &= (r_1+r_2) + \mathrm{j}\omega\frac{\mu_0}{2\pi}\ln\frac{d_{12}^2}{R_{\varepsilon1}R_{\varepsilon2}}\end{aligned}$$

在工频下，$\omega = 2\pi f = 100\pi$，则

$$z_1 = (r_1+r_2) + \mathrm{j}0.062\,83\ln\frac{d_{12}^2}{R_{\varepsilon1}R_{\varepsilon2}} \quad (\Omega/\mathrm{km}) \tag{4.11}$$

式中，大地交流电阻为

$$r_2 = \pi^2 f \cdot 10^{-4} \quad (\Omega/\mathrm{km}) \tag{4.12}$$

工频频率 $f = 50\ \mathrm{Hz}$，则 $r_2 \approx 0.05\ (\Omega/\mathrm{km})$。令

$$D_\mathrm{g} = \frac{d_{12}^2}{R_{\varepsilon2}} \tag{4.13}$$

将式（4.12）、（4.13）代入式（4.11），并采用常用对数，得导线 1—地回路单位长自阻抗为

$$z_1 = r_1 + 0.05 + \mathrm{j}\,0.144\,6\lg\frac{D_\mathrm{g}}{R_{\varepsilon1}} \quad (\Omega/\mathrm{km}) \tag{4.14}$$

在式（4.14）中，由于 D_g 具有长度单位，比照图 4.6 和式（4.13）知 D_g 为两导线之间的距离，因导线 2 为大地的等值表示，故 D_g 称为导线 1—地回路中大地的等值深度。关于 D_g，Carson 给出如下算式：

$$D_\mathrm{g} = \frac{0.208\,5}{\sqrt{f\sigma\times10^{-9}}} \quad (\mathrm{cm}) \tag{4.15}$$

式中 f—— 电流频率，Hz；

σ—— 大地电导率，1/（Ω · cm）。

表 4.8 列出了较详细的大地电导率，可供参考。

表 4.8　大地电导率σ　　　　单位：$10^{-5}/(\Omega \cdot cm)$

<table>
<tr><th rowspan="3">序号</th><th rowspan="3">地　质</th><th colspan="4">大地电导率σ</th></tr>
<tr><th colspan="2">年降雨量超过 500 mm</th><th>年降雨量少于 250 mm</th><th>地下碱水</th></tr>
<tr><th>大概值</th><th>变化范围</th><th>变化范围</th><th>变化范围</th></tr>
<tr><td>1</td><td>冲积土和软黏土</td><td>200</td><td>500 ~ 100</td><td>200 ~ 1</td><td>1 000 ~ 200</td></tr>
<tr><td>2</td><td>黏土（无冲积层）</td><td>100</td><td>200 ~ 50</td><td>100 ~ 10</td><td></td></tr>
<tr><td>3</td><td>泥灰岩</td><td>50</td><td>100 ~ 30</td><td rowspan="2">20 ~ 3</td><td rowspan="2">300 ~ 100</td></tr>
<tr><td>4</td><td>多孔的碳岩（如白垩）</td><td>20</td><td>30 ~ 10</td></tr>
<tr><td>5</td><td>多孔沙岩（如黏板岩）</td><td>10</td><td>30 ~ 3</td><td rowspan="5">≤1</td><td rowspan="2">100 ~ 30</td></tr>
<tr><td>6</td><td>石英、坚硬结晶灰岩（如大理石，石灰石）</td><td>3</td><td>10 ~ 1</td></tr>
<tr><td>7</td><td>黏板岩、板状页岩</td><td>1</td><td>3 ~ 0.3</td><td rowspan="3">30 ~ 10</td></tr>
<tr><td>8</td><td>花岗岩</td><td>1</td><td>1 ~ 0</td></tr>
<tr><td>9</td><td>板岩、化石、片岩、片麻岩、火成岩</td><td>0.5</td><td>1 ~ 0</td></tr>
</table>

大地电导率对牵引网阻抗的影响较小。为简单起见，可按表 4.9 选取大地电导率σ，在缺乏资料的情况下，σ可取 $10^{-4}/(\Omega \cdot cm)$，或者取 $D_g = 930$ m。

表 4.9　大地电导率σ简表　　　　单位：$1/(\Omega \cdot cm)$

地质情况	大地电导率σ
干燥地区	10^{-3}
潮湿地区	$10^{-2} \sim 10^{-1}$
多岩地区	10^{-4} 以下
平均情况	10^{-4}

需要指出的是，正因为导线—地回路等值深度 D_g 比较大，入地比较深，就代表了电气化铁路对其他邻近线路的电磁结构不平衡，也是造成电磁干扰（如通信干扰）的原因，有兴趣的读者可进一步参阅附录 A 和文献[4，21]。

参照前面所述，我们讨论两个导线—地回路的互阻抗，其 Carson 模型如图 4.7 所示，它对应两条架空输电线路的情形。

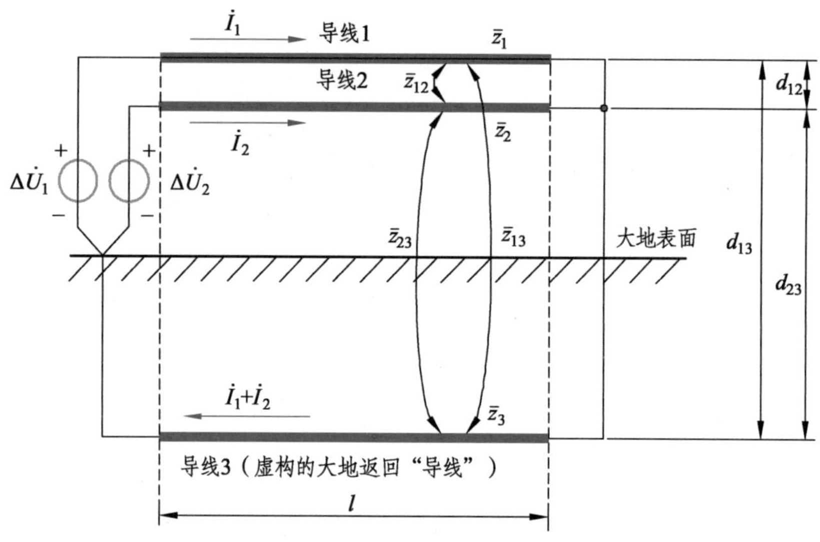

图 4.7　两个导线—地回路的 Carson 模型

在此，架空导线 1、2 分别与大地（导线 3）构成回路，仍设其长度为 l（km）。设已知导线 1、2、3 的等效半径、有效电阻和两两导线之间的距离，因此可以写出两导线的单位长自阻抗及其之间单位长互阻抗分别为

$$\left.\begin{aligned}\overline{z}_i &= r_i + \mathrm{j}\omega\frac{\mu_0}{2\pi}\ln\frac{D_{ip}}{R_{\varepsilon i}} \quad (\Omega/\mathrm{km})\\ \overline{z}_{ij} &= \mathrm{j}\omega\frac{\mu_0}{2\pi}\ln\frac{D_{jp}}{d_{ij}} \quad (\Omega/\mathrm{km})\end{aligned}\right\} \tag{4.16}$$

式中，i，$j=1$，2，3，且 $j\neq i$。

建立导线 1—地回路电压方程，有

$$\begin{aligned}\Delta\dot{U}_1 &= \left[\overline{z}_1\dot{I}_1+\overline{z}_{12}\dot{I}_2-\overline{z}_{13}(\dot{I}_1+\dot{I}_2)\right]l+\left[\overline{z}_3(\dot{I}_1+\dot{I}_2)-\overline{z}_{13}\dot{I}_1-\overline{z}_{23}\dot{I}_2\right]l\\ &=(\overline{z}_1-2\overline{z}_{13}+\overline{z}_3)\dot{I}_1 l+(\overline{z}_{12}-\overline{z}_{13}-\overline{z}_{23}+\overline{z}_3)\dot{I}_2 l\end{aligned} \tag{4.17}$$

导线 1—地回路和导线 2—地回路之间的单位长互阻抗为

$$z_{12}=\left.\frac{\Delta\dot{U}_1}{\dot{I}_2 l}\right|_{\dot{I}_1=0}=\overline{z}_{12}-\overline{z}_{13}-\overline{z}_{23}+\overline{z}_3 \quad (\Omega/\mathrm{km}) \tag{4.18}$$

将式（4.16）代入式（4.18），将空间 p 点移至无穷远处，并将自然对数换成常用对数，得工频下的两导线—地回路单位长互阻抗为

$$z_{12}=0.05+\mathrm{j}\,0.144\,6\lg\frac{D_{\mathrm{g}}}{d_{12}} \quad (\Omega/\mathrm{km}) \tag{4.19}$$

于是，就可以把如图 4.7 所示的模型简化成如图 4.8 所示的等效模型，图中，导线—地回

路单位长阻抗值按公式（4.14）计算，单位长互阻抗可按式（4.19）计算。

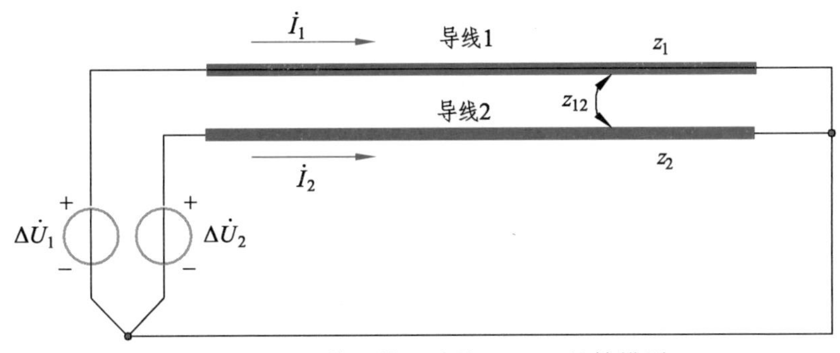

图 4.8　两导线—地回路的 Carson 等效模型

如果存在多个导线—地回路时，每个导线—地回路单位长自阻抗和每两个导线—地回路间单位长互阻抗的计算方法同上。

4.4　单边直供牵引网的等效模型与阻抗

对于牵引网，也像对待其他复杂系统那样，为了分析和计算方便，应用等效电路。先讨论最简单的单边直供方式，如图 4.9 所示。直观看，在牵引网中，电流是经由接触网 T 送给列车，然后沿轨道 R 和大地流回牵引变电所，实际上，轨道和大地形成并联通道，十分复杂。而针对大地的复杂性，引入 Carson 模型进行分析是方便的，此时：架空线路接触网 T 与地形成一个导线—地回路，即回路①，轨道 R 与地形成另一个导线—地回路，即回路②。根据这两个回路的关系，就可以得到牵引网的等效电路并进行分析。

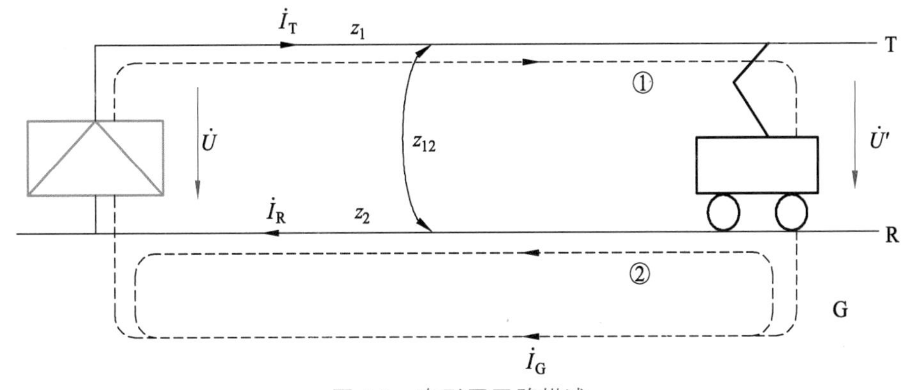

图 4.9　牵引网回路描述

根据 Carson 模型，图 4.9 中牵引网的接触网 T—地回路单位长自阻抗 z_1 和轨道 R—地回路的单位长自阻抗 z_2 均由式（4.14）计算得到，两回路的互阻抗 z_{12} 由式（4.19）计算得到。为了更直观地描述牵引网等效电路，可用牵引变电所电压和机车电压的相量差 ΔU 来表示牵引电流在牵引网阻抗上产生的电压降，于是可得到图 4.10。

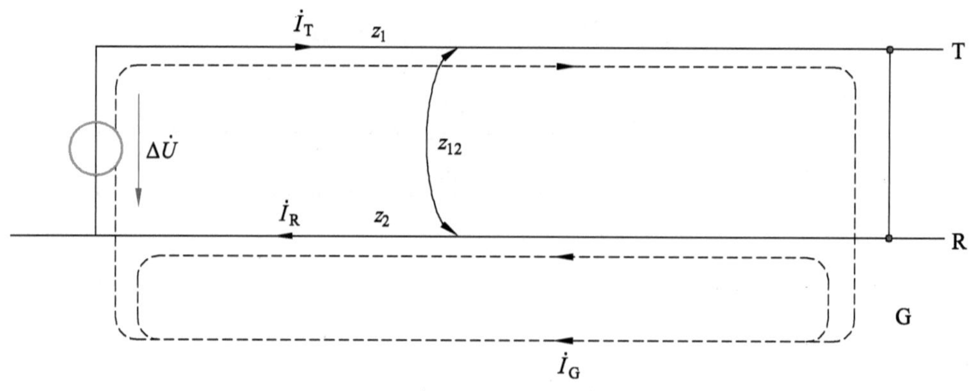

图 4.10　牵引网电压降等效描述

此时，我们考虑两个极端的情形：一是假设轨道 R 与大地绝缘，列车电流在接触网 T 与轨道 R 构成的传导回路中流通，此时牵引网模型称为传导模型；二是假设轨道与大地良好接触，列车电流在接触网 T 与大地回路流通，轨道 R 与大地形成无源的感应回路，此时牵引网模型称为感应模型。这是两个极端的边际模型，实际情况则介于这两个边际模型之间。

传导模型：轨道 R 与大地绝缘。此时，设论及接触网线路长为 l，列写回路电压方程有

$$\Delta\dot{U}=(z_1\dot{I}_T-z_{12}\dot{I}_R+z_2\dot{I}_R-z_{12}\dot{I}_T)l$$

注意，边界条件为 $\dot{I}_T=\dot{I}_R=\dot{I}$，则牵引网单位长阻抗为

$$z=\frac{\Delta\dot{U}}{Il}=z_1+z_2-2z_{12} \tag{4.20}$$

这个模型中，牵引电流没有入地，这就大大降低了牵引网空间电磁结构不对称的程度，对其他邻近弱电线路造成的电磁干扰（如通信干扰）就会大大减少。AT 供电方式长回路的接触网 T 与负馈线 F（见第 9 章）、BT 供电方式接触网与回流线都具有这种回路性质，BT 供电方式通过回流线吸上地中电流，而直供方式增加回流线也可以逼近这种效果。式（4.20）又称为传导模型的边际阻抗。

感应模型：轨道与大地良好接触。此时，牵引电流假定只在接触网 T—地回路中流通，而由于互感，在轨道 R—地回路中感应电流。于是，牵引网的等效电路可由图 4.10 画成图 4.11 所示形式。

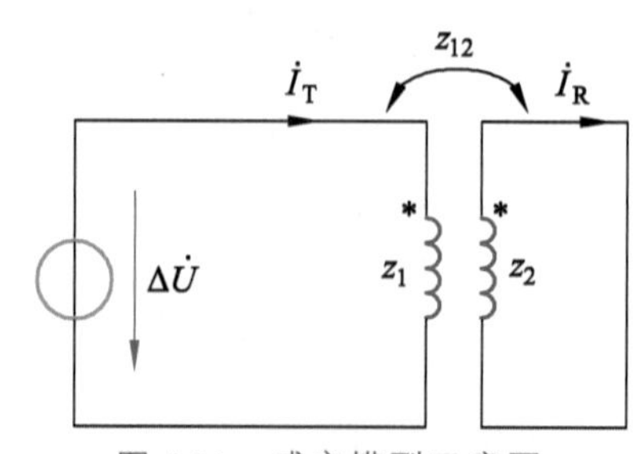

图 4.11　感应模型示意图

设线路长为l，列写接触网T—地回路和轨道R—地回路的电压方程分别为

$$\Delta\dot{U}=(z_1\dot{I}_T-z_{12}\dot{I}_R)l$$
$$0=(z_2\dot{I}_R-z_{12}\dot{I}_T)l$$

可见，轨道R—地回路对接触网T—地回路有去磁作用，可以降低接触网T—地回路的等值深度，从而降低牵引网对其他邻近线路结构不对称程度。由上式解得牵引网单位长阻抗为

$$z=\frac{\Delta\dot{U}}{Il}=z_1-\frac{z_{12}^2}{z_2} \tag{4.21}$$

这个阻抗又称为感应模型的边际阻抗。

实际牵引网的等效阻抗介于式（4.20）和式（4.21）边际阻抗计算值构成的扇区内。

再来看看两种阻抗的极限趋势。一般AT供电方式的接触网T与负馈线F都设计成关于轨道对称，在其长回路中，可以认为自阻抗相同，即$z_1=z_2$，当接触网T与负馈线F逼近时，由式（4.14）和式（4.19）知$z_{12}\to z_1=z_2$，不论式（4.20）还是式（4.21），其边际阻抗都趋近0。

4.5 单线直供牵引网阻抗计算的一般方法

在上面的模型中，轨道R—地回路、接触网T—地回路的轨道、接触网都等效成一根导线了，实际上都是多根的，计算时需要进行等效处理。

4.5.1 并联导线网的当量导线及其等效半径

电路的并联导线网是指由同一相（单相）供电的导线系统，即所有导线可以进行电气并联，如高压输电线每相的裂相导线，接触网中的（载流）承力索、接触线等。先讨论一个特例，3个并联导线组成的导线网，如图4.12所示，已知各导线的等效半径$R_{\varepsilon1}$、$R_{\varepsilon2}$、$R_{\varepsilon3}$及导线间距d_{12}、d_{13}、d_{23}。根据Carson模型，可以求得各导线—地电路的单位长阻抗z_1、z_2、z_3及互阻抗z_{12}、z_{13}、z_{23}。

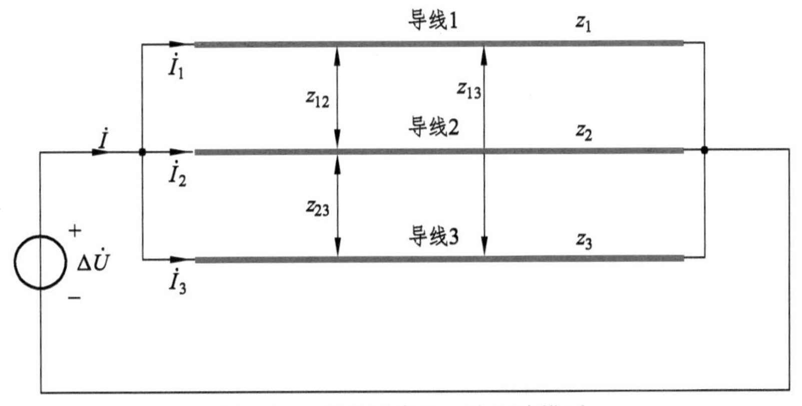

图4.12 并联导线网—地回路模型

列写各导线—地回路电压方程有

$$\begin{bmatrix} \Delta\dot{U} \\ \Delta\dot{U} \\ \Delta\dot{U} \end{bmatrix} = \begin{bmatrix} z_1 & z_{12} & z_{13} \\ z_{12} & z_2 & z_{23} \\ z_{13} & z_{23} & z_3 \end{bmatrix} \begin{bmatrix} \dot{I}_1 \\ \dot{I}_2 \\ \dot{I}_3 \end{bmatrix} l$$

解之得

$$\Delta\dot{U} = \frac{1}{3}(z_1'\dot{I}_1 + z_2'\dot{I}_2 + z_3'\dot{I}_3)l \tag{4.22}$$

式中，$z_1' = z_1 + z_{12} + z_{13}$，$z_2' = z_2 + z_{12} + z_{23}$，$z_3' = z_3 + z_{13} + z_{23}$。

三个并联导线—地回路等效成一个当量导线—地回路，按此定义可求得其单位长阻抗为

$$z = \frac{\Delta\dot{U}}{\dot{I}l} = \frac{1}{3\dot{I}}(z_1'\dot{I}_1 + z_2'\dot{I}_2 + z_3'\dot{I}_3) \tag{4.23}$$

其中，$\dot{I} = \dot{I}_1 + \dot{I}_2 + \dot{I}_3$。实际计算涉及三个并联导线的具体阻抗参数，由此决定各导线—地回路中电流的分布。一种特殊而简化的情况是三个并联导线对称，即其自阻抗和相互间的互阻抗均相等，这就使得电流 $\dot{I}$ 在三个导线中均匀分布。在实际系统中多导线很难做到对称，而在工程上往往采用一种近似假设，即直接认为各并联导线中的电流取总电流的平均值，即 $\dot{I}_1 = \dot{I}_2 = \dot{I}_3 = \dot{I}/3$，由式（4.22）得

$$\begin{aligned} z &= \frac{\Delta\dot{U}}{l\dot{I}} \\ &= \frac{1}{9}(z_1 + z_2 + z_3 + 2z_{12} + 2z_{13} + 2z_{23}) \\ &= \frac{1}{9}\left[r_1 + r_2 + r_3 + 9\times 0.05 + \mathrm{j}0.144\,6\lg\frac{D_g^9}{R_{\varepsilon1}R_{\varepsilon2}R_{\varepsilon3}(d_{12}d_{13}d_{23})^2}\right] \\ &= \frac{1}{9}(r_1 + r_2 + r_3) + 0.05 + \mathrm{j}0.144\,6\lg\frac{D_g}{\sqrt[9]{R_{\varepsilon1}R_{\varepsilon2}R_{\varepsilon3}(d_{12}d_{13}d_{23})^2}} \end{aligned} \tag{4.24}$$

这样，三个并联导线网—地回路就构成一个当量导线—地回路，对照式（4.14）所示单导线—地回路情形，上式的当量导线—地回路的等效阻抗中 $\sqrt[9]{R_{\varepsilon1}R_{\varepsilon2}R_{\varepsilon3}(d_{12}d_{13}d_{23})^2}$ 为其等效半径。所以，电流均匀分布的三个并联导线网—地回路等效成一个导线—地回路后，该导线的等效半径为

$$R_\varepsilon = \sqrt[3^2]{\prod_{i=1}^{3} R_{\varepsilon i} \prod_{\substack{i,j=1 \\ j\neq i}}^{3} d_{ij}} \tag{4.25}$$

推广到一般情况，如果电流均匀分布在 n 个并联导线网—地回路，其当量导线—地回路的等效半径为

$$R_{\varepsilon}=\sqrt[n^2]{\prod_{i=1}^{n}R_{\varepsilon i}\prod_{\substack{i,j=1\\ j\neq i}}^{n}d_{ij}} \tag{4.26}$$

4.5.2　两组导线网的当量间距

两组导线网是指多并联导线网，每组可由不同电源供电。先讨论一个特例，设两组导线网均为两个并联导线—地回路，如图 4.13 所示，并联导线网 1、2 分别由 1′和 2′、1″和 2″组成。已知两组之间各导线—地回路的互阻抗参数为 $z_{1'1''}$、$z_{1'2''}$、$z_{2'1''}$、$z_{2'2''}$。

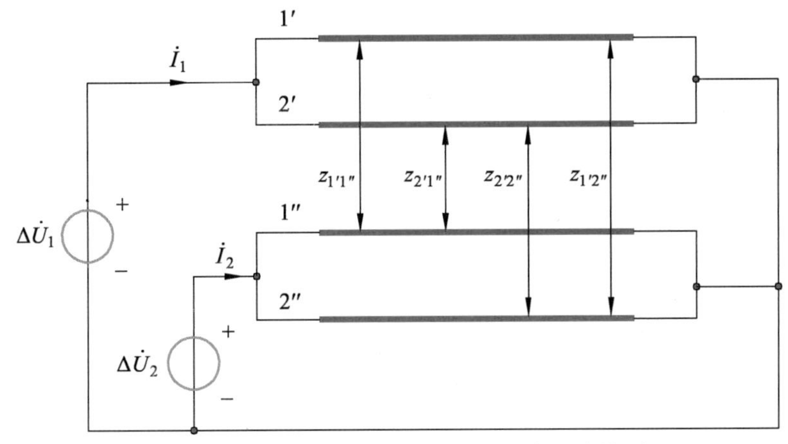

图 4.13　两组 2 并联导线网—地回路电路模型

分析的前提条件是：至少在一组导线网中，总电流均分在各导线上。钢轨网上的电流分布也符合这一前提条件。

设 $\dot{I}_2$ 均布在其导线网中导线 1″、2″上，并联导线网 1 和 2 之间的单位长互阻抗为

$$\begin{aligned}z_{\mathrm{m}}&=\left.\frac{\Delta\dot{U}_1}{I_2 l}\right|_{\dot{I}_1=0}=\frac{[(\dot{I}_{1''}z_{1'1''}+\dot{I}_{2''}z_{1'2''})+(\dot{I}_{1''}z_{2'1''}+\dot{I}_{2''}z_{2'2''})]l/2}{\dot{I}_{\mathrm{II}}l}\\&=\frac{1}{4}\left(4\times0.05+\mathrm{j}\,0.144\,6\lg\frac{D_{\mathrm{g}}^4}{d_{1'1''}d_{1'2''}d_{2'1''}d_{2'2''}}\right)\\&=0.05+\mathrm{j}\,0.144\,6\lg\frac{D_{\mathrm{g}}}{\sqrt[4]{d_{1'1''}d_{1'2''}d_{2'1''}d_{2'2''}}}\end{aligned} \tag{4.27}$$

这样并联导线网当量导线 1、2 的等效间距为

$$D_{12}=\sqrt[2\times2]{\prod_{i=1',j=1''}^{2',2''}d_{ij}} \tag{4.28}$$

推广到一般情况，并联导线网 1 为 n 并联导线—地回路，2 为 m 并联导线—地回路，若已知 1 中各导线与 2 中各导线之间的距离，则当量导线 1、2 的等效间距为

$$D_{12} = \sqrt[n\times m]{\prod_{i=1',\, j=1''}^{n',\, m''} d_{ij}} \tag{4.29}$$

当量导线间距的等效过程如图 4.14 所示，它对应一种链型悬挂带加强导线的单线接触网。其中，1′对应接触线，2′对应承力索，3′对应加强导线，1″、2″对应钢轨。

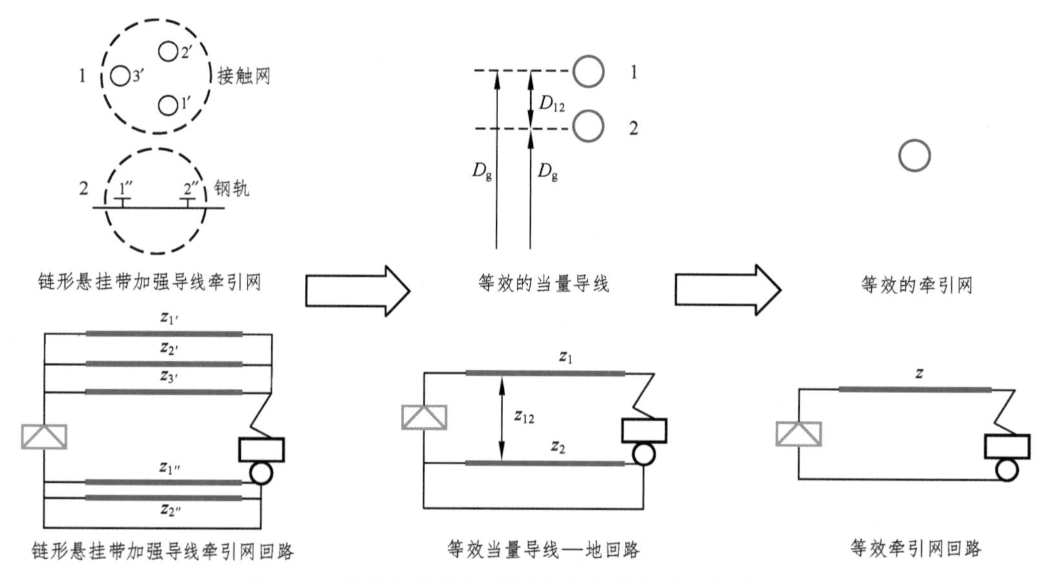

图 4.14 链型悬挂带加强导线的单线牵引网等效过程

4.5.3 单线直供牵引网阻抗计算方法

下面举一个较通用的例子，即计算链型悬挂带加强导线接触网的单线牵引网的阻抗。

图 4.14 也表明了整体计算思路。首先获得基本数据如下：

（1）各导线单位有效电阻：接触线 T 的 $r_{1'}$、承力索 T′的 $r_{2'}$、加强导线 a 的 $r_{3'}$、钢轨 R 的 $r_{1''}$（$r_{2''}$），Ω/km。

（2）各导线等效半径：接触线 T 的 $R_{\varepsilon 1'}$、承力索 T′的 $R_{\varepsilon 2'}$、加强导线 a 的 $R_{\varepsilon 3'}$、钢轨 R 的 $R_{\varepsilon 1''}$（$R_{\varepsilon 2''}$），mm。

（3）接触网结构高度 h（mm）和最大弛度 f_{m}（mm）。链型悬挂中，承力索并不水平，如图 4.15 所示。因此接触导线和承力索（数字模型视为悬链线）的平均间距 $d_{1'2'}$ 为

$$d_{1'2'} = h - \frac{2}{3} f_{\mathrm{m}} \quad (\mathrm{mm}) \tag{4.30}$$

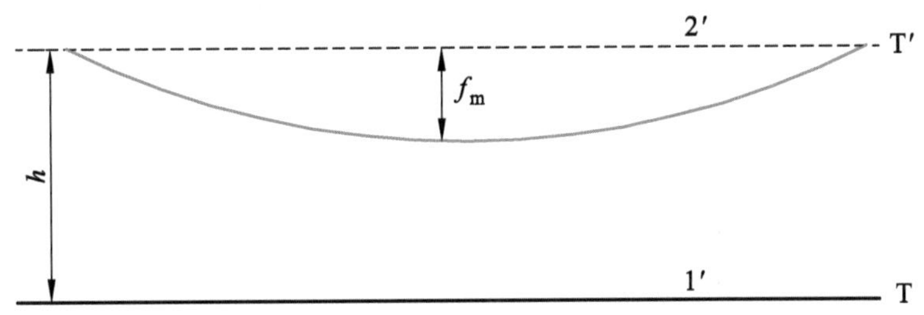

图 4.15　一个跨距接触线与承力索悬挂模型

（4）各导线间距：$d_{1'2'}$、$d_{1'3'}$、$d_{2'3'}$、$d_{1''2''}$、$d_{1'1''}$、$d_{1'2''}$、$d_{2'1''}$、$d_{2'2''}$、$d_{3'1''}$、$d_{3'2''}$，mm。

（5）计算导线—地回路等值深度

$$D_g = \frac{0.208\,5}{\sqrt{\sigma f \times 10^{-9}}} \quad (\text{cm})$$

如果缺乏大地电导率σ数据时，如前所述，可选择 $D_g = 930\,000$ mm。

计算步骤如下：

（1）计算接触网—地回路单位长自阻抗 z_1。

作出接触网 T—地回路等值电路如图 4.16 所示。

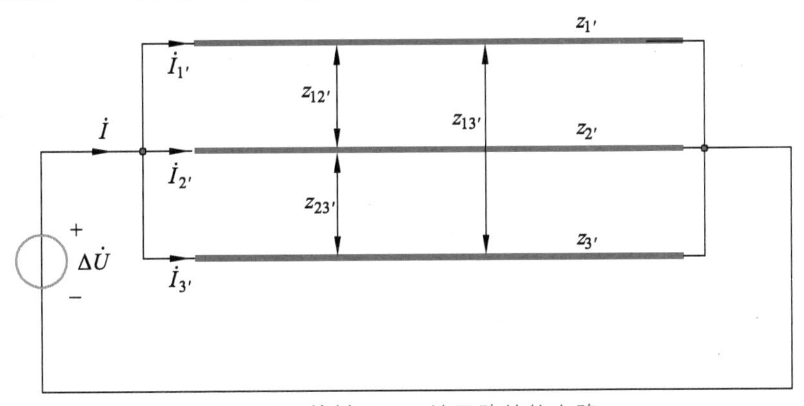

图 4.16　接触网 T—地回路等值电路

情形 1：当牵引电流均布在接触网上时，$\dot{I}_T \approx \dot{I}_{T'} \approx \dot{I}_a$，则

$$z_1 = r_1 + 0.05 + \mathrm{j}\,0.144\,6\lg\frac{D_g}{R_{\varepsilon 1}} \quad (\Omega/\text{km})$$

其中，单位长电阻由接触网各导线并联得

$$r_1 = r_{1'} // r_{2'} // r_{3'} \quad (\Omega/\text{km})$$

式中　//—— 并联运算符。

接触网当量半径由式（4.40）得

$$R_{\varepsilon 1} = \sqrt[n^2]{\prod_{i=1'}^{n'} R_{\varepsilon i} \prod_{\substack{i,j=1' \\ j\neq i}}^{n'} d_{ij}} = \sqrt[9]{R_{\varepsilon 1'} R_{\varepsilon 2'} R_{\varepsilon 3'} (d_{1'2'} d_{1'3'} d_{2'3'})^2} \quad (\text{mm})$$

情形2：通常牵引电流不能均布在接触网各条线上，所以不能套用式（4.26），但在工程计算上，可以近似地认为接触网各导线间的单位长互阻抗相同，或取其平均值，即

$$z_{1'2'}=z_{1'3'}=z_{2'3'}=z_{m1}=\frac{z_{1'2'}+z_{1'3'}+z_{2'3'}}{3}$$

不难导出

$$z_{m1}=0.05+\mathrm{j}\,0.144\,6\lg\frac{D_g}{\sqrt[3]{d_{1'2'}d_{1'3'}d_{2'3'}}}\quad(\Omega/\text{km})$$

此时，借用式（4.22），并经配项得

$$\Delta\dot{U}=\frac{1}{3}[(z_{1'}-z_{m1})\dot{I}_{1'}+(z_{2'}-z_{m1})\dot{I}_{2'}+(z_{3'}-z_{m1})\dot{I}_{3'}]l+z_{m1}\dot{I}l$$

则接触网—地回路单位长阻抗为

$$z_1=\frac{\Delta\dot{U}}{\dot{I}l}=z_{m1}+\frac{1}{3\dot{I}}[(z_{1'}-z_{m1})\dot{I}_{1'}+(z_{2'}-z_{m1})\dot{I}_{2'}+(z_{3'}-z_{m1})\dot{I}_{3'}]$$

这就是一种去耦后的等效，这样，图4.16可用图4.17等效表达。于是有

$$z_1=z_{m1}+(z_{1'}-z_{m1})//(z_{2'}-z_{m1})//(z_{3'}-z_{m1})\quad(\Omega/\text{km})$$

$$z_i=r_i+0.05+\mathrm{j}\,0.144\,6\lg\frac{D_g}{R_{\varepsilon i}}\quad(\Omega/\text{km})$$

式中，$i=1'$，$2'$，$3'$。

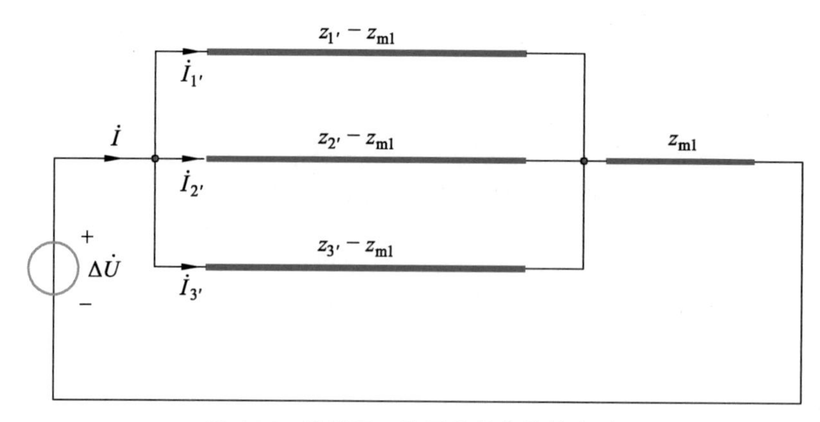

图4.17 接触网—地回路简化等值电路

（2）计算钢轨网—地回路自阻抗 z_2。

$$z_2=r_2+0.05+\mathrm{j}0.144\,6\lg\frac{D_g}{R_{\varepsilon 2}}\quad(\Omega/\text{km})$$

$$R_{\varepsilon 2} = \sqrt[2^2]{R_{\varepsilon 1''} R_{\varepsilon 2''} d_{1''2''} d_{2''1''}} = \sqrt{R_{\varepsilon 1''} d_{1''2''}} \quad (\text{mm})$$

式中 $$r_2 = \frac{r_{1''}}{2} \quad (\Omega/\text{km})$$

（3）计算接触网—地回路和钢轨网—地回路间单位长互阻抗 z_{12}。

$$z_{12} = 0.05 + \text{j}0.144\,6\lg\frac{D_g}{D_{12}} \quad (\Omega/\text{km})$$

其中 $$D_{12} = \sqrt[m\times n]{\prod_{i=1',j=1''}^{n',m''} d_{ij}} = \sqrt[6]{d_{1'1''} d_{1'2''} d_{2'1''} d_{2'2''} d_{3'1''} d_{3'2''}} \quad (\text{mm})$$

（4）计算单线牵引网单位长阻抗 z。按照轨道 R 与大地绝缘假设的传导模型，由式（4.20）算得单位长阻抗：

$$z = z_1 + z_2 - 2z_{12} \quad (\Omega/\text{km})$$

按照轨道与大地良好接触假设的感应模型，由式（4.21）计算得单位长阻抗：

$$z = z_1 - \frac{z_{12}^2}{z_2} \quad (\Omega/\text{km})$$

【例 4.1】　（A）已知单线直供区段，如图 4.18 所示。

接触导线：CTA-150　$r_{1'} = 0.118 \ (\Omega/\text{km})$　$R_{\varepsilon 1'} = 5.62\text{ mm}$

承力索：JTMH-120　$r_{2'} = 0.197 \ (\Omega/\text{km})$　$R_{\varepsilon 2'} = 5.31\text{ mm}$

接触导线距轨顶高度：$d_h = 5\,800\text{ mm}$

接触网结构高度：$h = 1\,300\text{ mm}$

承力索弛度：$f_m = 500\text{ mm}$

钢轨 P50 轨距：$d_{1''2''} = 1\,435\text{ mm}$

单根钢轨的有效电阻：$r_{1''} = r_{2''} = 0.18\ \Omega/\text{km}$

单根钢轨的有效半径：$R_{\varepsilon 1''} = R_{\varepsilon 2''} = 5.54\text{ mm}$

导线—地回路等值深度：$D_g = 930\,000\text{ mm}$

求牵引网单位阻抗。

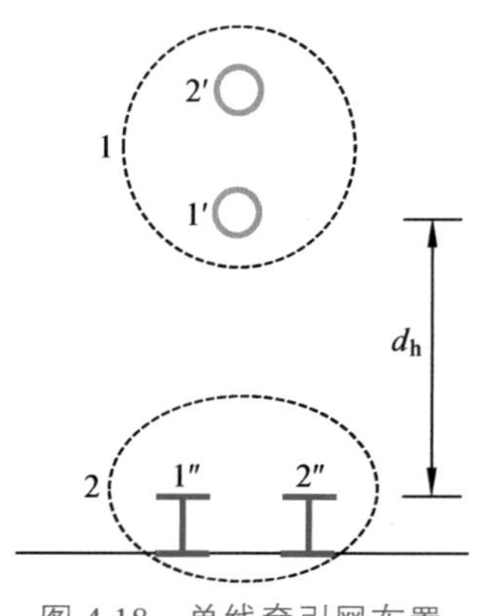

图 4.18　单线牵引网布置

【解】（1）“接触导线—地回路”自阻抗

$$\begin{aligned} z_{1'} &= r_{1'} + 0.05 + \mathrm{j}0.144\,6\lg\frac{D_{\mathrm{g}}}{R_{\varepsilon 1'}} \\ &= 0.118 + 0.05 + \mathrm{j}0.144\,6\lg\frac{930\times 10^{3}}{5.62} \\ &= 0.168 + \mathrm{j}0.755 = 0.773\angle 77.455^{\circ} \quad (\Omega/\mathrm{km}) \end{aligned}$$

（2）“承力索—地回路”自阻抗

$$\begin{aligned} z_{2'} &= r_{2'} + 0.05 + \mathrm{j}0.144\,6\lg\frac{D_{\mathrm{g}}}{R_{\varepsilon 2'}} \\ &= 0.197 + 0.05 + \mathrm{j}0.144\,6\lg\frac{930\times 10^{3}}{5.31} \\ &= 0.247 + \mathrm{j}0.758 = 0.797\angle 71.951^{\circ} \quad (\Omega/\mathrm{km}) \end{aligned}$$

（3）“接触导线—地回路”和“承力索—地回路”互阻抗

$$\begin{aligned} z_{1'2'} &= 0.05 + \mathrm{j}0.144\,6\lg\frac{D_{\mathrm{g}}}{d_{1'2'}} \\ &= 0.05 + \mathrm{j}0.144\,6\lg\frac{930\times 10^{3}}{967} \\ &= 0.05 + \mathrm{j}0.432 = 0.435\angle 83.398^{\circ} \quad (\Omega/\mathrm{km}) \end{aligned}$$

其中

$$d_{1'2'} = h - \frac{2}{3}f_{\mathrm{m}} = 1\,300 - \frac{2}{3}\times 500 = 967 \quad (\mathrm{mm})$$

（4）“接触网—地回路”自阻抗

$$\begin{aligned} z_{1} &= z_{1'2'} + (z_{1'} - z_{1'2'}) /\!/ (z_{2'} - z_{1'2'}) \\ &= 0.128 + \mathrm{j}0.596 = 0.610\angle 77.878^{\circ} \quad (\Omega/\mathrm{km}) \end{aligned}$$

（5）等值的“钢轨—地回路”自阻抗

$$\begin{aligned} z_{2} &= \frac{r_{1''}}{2} + 0.05 + \mathrm{j}0.144\,6\lg\frac{D_{\mathrm{g}}}{\sqrt{R_{\varepsilon 1''}\cdot d_{1''2''}}} \\ &= \frac{0.18}{2} + 0.05 + \mathrm{j}0.144\,6\lg\frac{930\times 10^{3}}{\sqrt{5.54\times 1\,435}} \\ &= 0.14 + \mathrm{j}0.581 = 0.598\angle 76.452^{\circ} \quad (\Omega/\mathrm{km}) \end{aligned}$$

（6）“接触网—地回路”和“钢轨—地回路”互阻抗

$$\begin{aligned} z_{12} &= 0.05 + \mathrm{j}0.144\,6\lg\frac{D_{\mathrm{g}}}{d_{12}} = 0.05 + \mathrm{j}0.144\,6\lg\frac{D_{\mathrm{g}}}{\sqrt{d_{1'1''}\cdot d_{2'1''}}} \\ &= 0.05 + \mathrm{j}0.144\,6\lg\frac{930\times 10^{3}}{\sqrt{5\,844\times 6\,804}} \\ &= 0.05 + \mathrm{j}0.314 = 0.318\angle 80.952^{\circ} \quad (\Omega/\mathrm{km}) \end{aligned}$$

其中
$$d_{1'1''}=d_{1'2''}=\sqrt{5\,800^2+\left(\frac{1\,435}{2}\right)^2}=5\,844\ \text{(mm)}$$

$$d_{2'1''}=d_{2'2''}=\sqrt{(5\,800+967)^2+\left(\frac{1\,435}{2}\right)^2}=6\,804\ \text{(mm)}$$

（7）牵引网阻抗

按照传导模型，由式（4.20）算得牵引网单位长阻抗

$$z=z_1+z_2-2z_{12}=0.168+\text{j}0.549=0.574\angle 72.985°(\Omega/\text{km})$$

按照感应模型，由式（4.21）算得牵引网单位长阻抗

$$z=z_1-\frac{z_{12}^2}{z_2}=0.115+\text{j}0.427=0.441\angle 74.927°\ \ (\Omega/\text{km})$$

实际牵引网阻抗介于 $0.574\angle 72.985°$ 与 $0.441\angle 74.927°(\Omega/\text{km})$ 之间。

（B）在图 4.18 基础上增加回流线，构成直供+回流线方式，接触网结构如图 4.19 所示（回流线位置为等效弛度后的位置）。设回流线：LBGLJ-240，$r_{3'}=0.114\ (\Omega/\text{km})$，$R_{\varepsilon 3'}=10.26\ \text{mm}$。求牵引网单位阻抗。

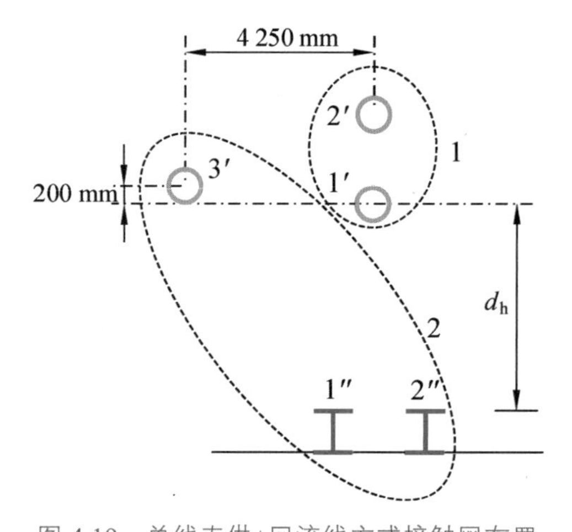

图 4.19　单线直供+回流线方式接触网布置

【解】

（1）“接触导线—地回路”自阻抗同上。

（2）“承力索—地回路”自阻抗同上。

（3）“接触导线—地回路”和“承力索—地回路”互阻抗同上。

（4）“接触网—地回路”自阻抗同上。

（5）回流线、钢轨和大地构成回流网，“回流网”等值自阻抗

$$z_2=\frac{r_{1''}+r_{2''}+r_{3'}}{3}+0.05+\mathrm{j}0.144\ 6\lg\frac{D_g}{\sqrt[9]{R_{\varepsilon1''}R_{\varepsilon2''}R_{\varepsilon3'}(d_{1''2''}d_{1''3'}d_{2''3'})^2}}$$

$$=\frac{0.18+0.18+0.114}{3}+0.05+\mathrm{j}0.144\ 6\lg\frac{930\times10^3}{\sqrt[9]{5.54\times5.54\times10.26\times1\ 435^2\times6\ 962^2\times7\ 789^2}}$$

$$=0.208+\mathrm{j}0.472=0.516\angle 66.218° \quad (\Omega/\mathrm{km})$$

（6）“接触网—地回路”和回流网的互阻抗

$$z_{12}=0.05+\mathrm{j}0.144\ 6\lg\frac{D_g}{d_{12}}=0.05+\mathrm{j}0.144\ 6\lg\frac{D_g}{\sqrt[6]{d_{1'1''}d_{1'2''}d_{1'3'}d_{2'1''}d_{2'2''}d_{2'3'}}}$$

$$=0.05+\mathrm{j}0.144\ 6\lg\frac{930\times10^3}{\sqrt[6]{5\ 844\times6\ 804\times4\ 254\times5\ 844\times6\ 804\times4\ 319}}$$

$$=0.05+\mathrm{j}0.321=0.325\angle81.147° \quad (\Omega/\mathrm{km})$$

其中

$$d_{1'1''}=d_{1'2''}=\sqrt{5\ 800^2+\left(\frac{1\ 435}{2}\right)^2}=5\ 844 \quad (\mathrm{mm})$$

$$d_{2'1''}=d_{2'2''}=\sqrt{(5\ 800+967)^2+\left(\frac{1\ 435}{2}\right)^2}=6\ 804 \quad (\mathrm{mm})$$

$$d_{2'3'}=\sqrt{4\ 250^2+(967-200)^2}=4\ 319 \quad (\mathrm{mm})$$

（7）牵引网阻抗

按照传导模型，由式（4.20）算得牵引网单位长阻抗

$$z=z_1+z_2-2z_{12}=0.236+\mathrm{j}0.426=0.487\angle61.014° \quad (\Omega/\mathrm{km})$$

按照感应模型，由式（4.21）算得牵引网单位长阻抗

$$z=z_1-\frac{z_{12}^2}{z_2}=0.150+\mathrm{j}0.393=0.421\angle69.109° \quad (\Omega/\mathrm{km})$$

实际牵引网阻抗介于$0.487\angle61.014°$与$0.421\angle69.109°(\Omega/\mathrm{km})$构成的扇区上。

比较（A）（B）可见，相比直供方式，按传导模型计算的直供+回流线方式的牵引网阻抗下降更为明显。

回流线的优化布置不仅影响牵引网阻抗，还会影响牵引网对通信干扰的防护效果[34]。

4.6 复线牵引网阻抗计算

我国单边供电复线牵引网采用上、下行末端相连供电方式。图4.20表示一个典型的复线牵引网的布置情况，上、下行接触网都采用链型悬挂，左右关于轨道对称布置。1‴，2‴，3‴，4‴为钢轨。

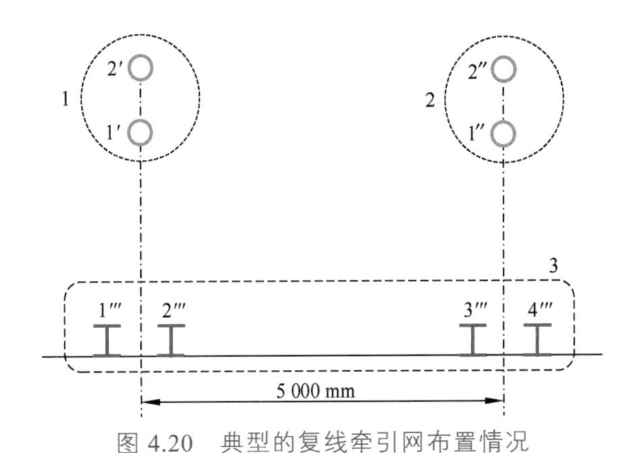

图 4.20　典型的复线牵引网布置情况

单边直供复线牵引网等值电路如图 4.21 所示，图中，复线牵引网可划分成三组导线网—地回路，为简化和不失通用性，下面的讨论中，假设轨道—地回路为感应回路，是无源的，并且由下一节的分析和结论 4.1 可知，这样假设在工程上是满足精度要求的。

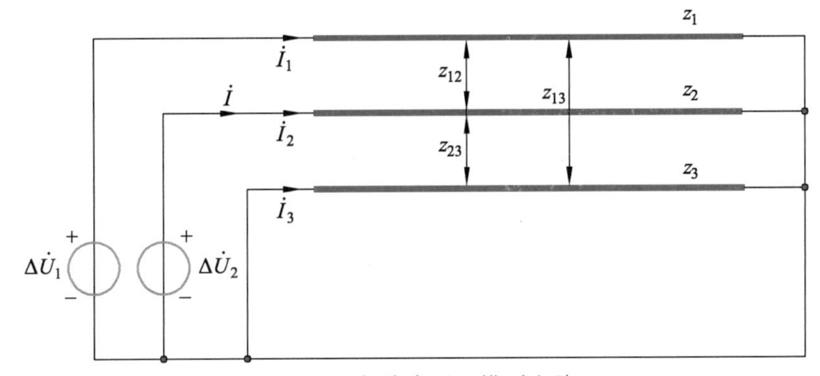

图 4.21　复线牵引网模型电路

图中，

（1）接触网 1—地回路，为有源回路，压降为 $\Delta\dot{U}_1$；

（2）接触网 2—地回路，为有源回路，压降为 $\Delta\dot{U}_2$；

（3）钢轨网 3—地回路，为无源回路。

分别列写 1、2、3 回路的电压降方程：

$$\begin{bmatrix}\Delta\dot{U}_1\\ \Delta\dot{U}_2\\ 0\end{bmatrix}=l\begin{bmatrix}z_1 & z_{12} & z_{13}\\ z_{12} & z_2 & z_{23}\\ z_{13} & z_{23} & z_3\end{bmatrix}\begin{bmatrix}\dot{I}_1\\ \dot{I}_2\\ \dot{I}_3\end{bmatrix} \tag{4.31}$$

从中解出 $\dot{I}_3$，并代入整理得

$$\begin{bmatrix}\Delta\dot{U}_1\\ \Delta\dot{U}_2\end{bmatrix}=l\begin{bmatrix}z_1-\dfrac{z_{13}^2}{z_3} & z_{12}-\dfrac{z_{13}z_{23}}{z_3}\\ z_{12}-\dfrac{z_{13}z_{23}}{z_3} & z_2-\dfrac{z_{23}^2}{z_3}\end{bmatrix}\begin{bmatrix}\dot{I}_{\mathrm{I}}\\ \dot{I}_{\mathrm{II}}\end{bmatrix} \tag{4.32}$$

于是得到如图 4.22 所示的复线牵引网等值电路。

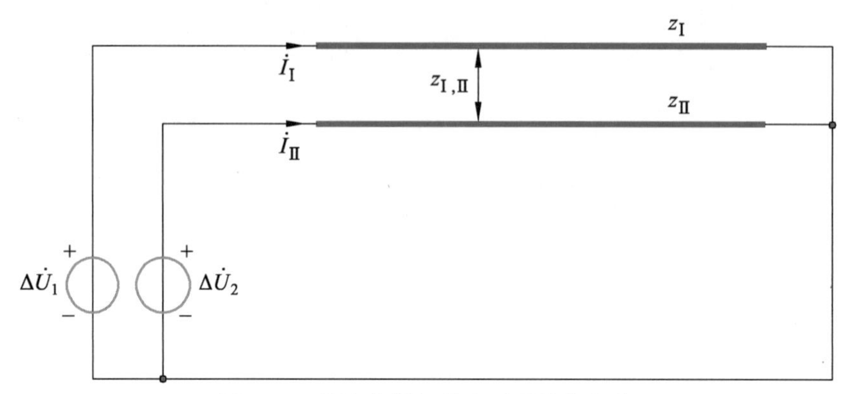

图 4.22　单边直供复线牵引网等值电路

图 4.22 是将钢轨网—地回路（无源网络）归算到复线上、下行接触网—地回路后的等效表达，其中，复线上、下行牵引网等值单位长自阻抗 z_{I} 、z_{II} 及二者间的等值单位长互阻抗 $z_{\mathrm{I,II}}$ 分别为

$$z_{\mathrm{I}} = \left.\frac{\Delta\dot{U}_1}{l\dot{I}_{\mathrm{I}}}\right|_{\dot{I}_{\mathrm{II}}=0} = z_1 - \frac{z_{13}^2}{z_3} \quad (\Omega/\mathrm{km}) \tag{4.33}$$

$$z_{\mathrm{II}} = \left.\frac{\Delta\dot{U}_2}{l\dot{I}_{\mathrm{II}}}\right|_{\dot{I}_{\mathrm{I}}=0} = z_2 - \frac{z_{23}^2}{z_3} \quad (\Omega/\mathrm{km}) \tag{4.34}$$

$$z_{\mathrm{I,II}} = \left.\frac{\Delta\dot{U}_1}{l\dot{I}_{\mathrm{II}}}\right|_{\dot{I}_{\mathrm{I}}=0} = z_{12} - \frac{z_{13}^2}{z_3} \quad (\Omega/\mathrm{km}) \tag{4.35}$$

由于复线上、下行接触网对称布置，所以 $z_{\mathrm{I}} = z_{\mathrm{II}}$。式（4.31）~（4.35）中 z_1（z_2）、z_3、z_{13}（z_{23}）、z_{12} 参数计算可以根据上述内容进行。

下面通过一个例子说明复线牵引网阻抗计算方法和计算步骤。复线牵引网布置如图 4.20 所示。计算的原始数据如下：

（1）各导线单位长有效电阻，包括 $r_{1'}(r_{1''})$ 、$r_{2'}(r_{2''})$ 、$r_{1'''}(r_{2'''}, r_{3'''}, r_{4'''})$ ，Ω/km；

（2）各导线等效半径，包括 $R_{\varepsilon 1'}(R_{\varepsilon 1''})$ 、$R_{\varepsilon 2'}(R_{\varepsilon 2''})$ 、$R_{\varepsilon 1'''}(R_{\varepsilon 2'''}, R_{\varepsilon 3'''}, R_{\varepsilon 4'''})$ ，mm；

（3）各导线间距，包括 $d_{1'2'}(d_{1''2''})$ 、$d_{1'1''}$ 、$d_{1'2''}$ 、$d_{2'1''}$ 、$d_{2'2''}$ 、$d_{1'1'''}(d_{1''4'''})$ 、$d_{1'2'''}(d_{1''3'''})$ 、$d_{1'3'''}(d_{1''2'''})$ 、$d_{1'4'''}(d_{1''1'''})$ 、$d_{2'1'''}(d_{2''4'''})$ 、$d_{2'2'''}(d_{2''3'''})$ 、$d_{2'3'''}(d_{2''2'''})$ 、$d_{2'4'''}(d_{2''1'''})$ 、$d_{1'''2'''}(d_{3'''4'''})$ 、$d_{1'''3'''}(d_{2'''4'''})$ 、$d_{1'''4'''}$ 、$d_{2'''3'''}$ ，mm；

（4）导线—地回路等值深度 D_{g}，mm。

计算步骤如下：

（1）计算上、下行接触网—地回路单位长自阻抗 z_1、z_2。

情形 1：如果牵引电流均布在接触网各导线上，则有

$$z_1 = z_2 = r_{1'} // r_{2'} + 0.05 + \mathrm{j}\,0.144\,6\lg\frac{D_g}{\sqrt[4]{R_{\varepsilon1'}R_{\varepsilon2'}d_{1'2'}^2}} \quad (\Omega/\mathrm{km})$$

情形 2：如果牵引电流不均布在接触网各导线上，则有

$$z_1 = z_2 = z_m + (z_{1'} - z_m)//(z_{2'} - z_m) \quad (\Omega/\mathrm{km})$$

$$z_m = z_{m1} = z_{m2} = 0.05 + \mathrm{j}\,0.144\,6\lg\frac{D_g}{d_{1'2'}} \quad (\Omega/\mathrm{km})$$

$$z_{1'} = r_{1'} + 0.05 + \mathrm{j}\,0.144\,6\lg\frac{D_g}{R_{\varepsilon1'}} \quad (\Omega/\mathrm{km})$$

$$z_{2'} = r_{2'} + 0.05 + \mathrm{j}\,0.144\,6\lg\frac{D_g}{R_{\varepsilon2'}} \quad (\Omega/\mathrm{km})$$

（2）计算上、下行接触网—地回路之间的单位长互阻抗 z_{12}

$$z_{12} = 0.05 + \mathrm{j}\,0.144\,6\lg\frac{D_g}{\sqrt[4]{d_{1'1''}d_{1'2''}d_{2'1''}d_{2'2''}}} \quad (\Omega/\mathrm{km})$$

（3）计算上、下行接触网—地回路分别与钢轨网—地回路间的单位长互阻抗 z_{13} 和 z_{23}

$$z_{13} = z_{23} = 0.05 + \mathrm{j}\,0.144\,6\lg\frac{D_g}{\sqrt[8]{d_{1'1''}d_{1'2''}d_{1'3''}d_{1'4''}d_{2'1''}d_{2'2''}d_{2'3''}d_{2'4''}}} \quad (\Omega/\mathrm{km})$$

（4）计算钢轨网—地回路单位长自阻抗 z_3

$$z_3 = \frac{r_{1''}}{4} + 0.05 + \mathrm{j}\,0.144\,6\lg\frac{D_g}{\sqrt[8]{R_{\varepsilon1''}^2 d_{1''2''}d_{1''3''}d_{1''4''}d_{2''3''}d_{2''4''}d_{3''4''}}} \quad (\Omega/\mathrm{km})$$

（5）计算上、下行牵引网等值单位长自阻抗 z_{I}、z_{II}

$$z_{\mathrm{I}} = z_{\mathrm{II}} = z_1 - \frac{z_{13}^2}{z_3} \quad (\Omega/\mathrm{km})$$

（6）计算上、下行牵引网等值单位长互阻抗 $z_{\mathrm{I,II}}$

$$z_{\mathrm{I,II}} = z_{12} - \frac{z_{13}z_{23}}{z_3} = z_{12} - \frac{z_{13}^2}{z_3} \quad (\Omega/\mathrm{km})$$

【例 4.2】　如图 4.20 所示复线接触网情形，两线路轨道中心距离为 5 m。其他数据与例 4.1 相同，$R_{\varepsilon g}$ 为单根钢轨的有效半径，$R_{\varepsilon g} = 5.54$ mm。求牵引网等效网络的阻抗 z_{I}，z_{II} 和 $z_{\mathrm{I,II}}$。

【解】（1）“接触网—地回路” 自阻抗：

$$z_1 = z_2 = 0.128 + \mathrm{j}0.596 = 0.610\angle 77.879^\circ \quad (\Omega/\mathrm{km})$$

（2）等值的“钢轨—地回路”自阻抗

$$z_3 = \frac{r_{1''}}{4} + 0.05 + \text{j}0.144\,6\lg\frac{D_g}{\sqrt[8]{R_{\varepsilon g}^2 \cdot d_{1''2''}d_{1''3''}d_{1''4''}d_{2''3''}d_{2''4''}d_{3''4''}}}$$

$$= \frac{0.18}{4} + 0.05 + \text{j}0.144\,6\lg\frac{930\times10^3}{\sqrt[8]{5.54^2\times1\,435\times5\,000\times6\,435\times3\,565\times5\,000\times1\,435}}$$

$$= 0.095 + \text{j}0.457 = 0.467\angle78.257^\circ \quad (\Omega/\text{km})$$

其中 $d_{1''2''}=1\,435\text{ mm}$，$d_{1''3''}=5\,000\text{ mm}$，$d_{1''4''}=1\,435+5\,000=6\,435\text{ mm}$，

$d_{2''3''}=5\,000-1\,435=3\,565\text{ mm}$，$d_{2''4''}=5\,000\text{ mm}$，$d_{3''4''}=1\,435\text{ mm}$

（3）上、下行“接触网—地回路”互阻抗

$$z_{12} = 0.05 + \text{j}0.144\,6\lg\frac{D_g}{d_{12}} = 0.05 + \text{j}0.144\,6\lg\frac{D_g}{\sqrt[4]{d_{1'1''}d_{1'2''}d_{2'1''}d_{2'2''}}}$$

$$= 0.05 + \text{j}0.144\,6\lg\frac{930\times10^3}{\sqrt[4]{5\,000^2\times5\,094^2}}$$

$$= 0.05 + \text{j}0.328 = 0.332\angle81.333^\circ \quad (\Omega/\text{km})$$

其中，$d_{1'1''}=d_{2'2''}=5\,000\text{ mm}$，$d_{1'2''}=d_{2'1''}=\sqrt{5\,000^2+976^2}=5\,094\text{ (mm)}$

（4）上、下行“接触网—地回路”与“钢轨—地回路”互阻抗

$$z_{13} = z_{23} = 0.05 + \text{j}0.144\,6\lg\frac{D_g}{\sqrt[8]{d_{1'1''}d_{1'2''}d_{1'3''}d_{1'4''}d_{2'1''}d_{2'2''}d_{2'3''}d_{2'4''}}}$$

$$= 0.05 + \text{j}0.144\,6\lg\frac{930\times10^3}{\sqrt[8]{5\,850^2\times7\,210\times8\,144\times6\,814^2\times8\,016\times8\,866}}$$

$$= 0.05 + \text{j}0.307 = 0.311\angle80.750^\circ \quad (\Omega/\text{km})$$

其中

$$d_{1'1''} = d_{1'2''} = \sqrt{5\,800^2 + \left(\frac{1\,435}{2}\right)^2} = 5\,850\text{ (mm)}$$

$$d_{1'3''} = \sqrt{5\,800^2 + \left(5\,000 - \frac{1\,435}{2}\right)^2} = 7\,210\text{ (mm)}$$

$$d_{1'4''} = \sqrt{5\,800^2 + \left(5\,000 + \frac{1\,435}{2}\right)^2} = 8\,144\text{ (mm)}$$

$$d_{2'1''} = d_{2'2''} = \sqrt{(5\,800+976)^2 + \left(\frac{1\,435}{2}\right)^2} = 6\,814\text{ (mm)}$$

$$d_{2'3''}=\sqrt{(5\,800+976)^2+\left(5\,000-\frac{1\,435}{2}\right)^2}=8\,016\ (\text{mm})$$

$$d_{2'4''}=\sqrt{(5\,800+976)^2+\left(5\,000+\frac{1\,435}{2}\right)^2}=8\,866\ (\text{mm})$$

（5）上、下行牵引网自阻抗

$$z_{\mathrm{I}}=z_{\mathrm{II}}=z_1-\frac{z_{13}^2}{z_3}=0.128+\mathrm{j}0.596-\frac{(0.05+\mathrm{j}0.307)^2}{0.095+\mathrm{j}0.457}$$
$$=0.104+\mathrm{j}0.390=0.404\angle 75.069^\circ\quad(\Omega/\text{km})$$

（6）上行、下行牵引网互阻抗

$$z_{\mathrm{I},\mathrm{II}}=z_{12}-\frac{z_{13}z_{23}}{z_3}$$
$$=0.05+\mathrm{j}0.328-\frac{(0.05+\mathrm{j}0.307)^2}{0.095+\mathrm{j}0.457}$$
$$=0.026+\mathrm{j}0.122=0.125\angle 77.969^\circ\quad(\Omega/\text{km})$$

与例 4.1 相比可见，复线上行、下行牵引网阻抗（模值）小于单线牵引网阻抗。

4.7　钢轨和地中电流及等效阻抗的进一步讨论

为了得到一个可靠的范围，我们在前面假设了轨道、大地等构成的回流网的两个极端情形，即轨道与大地或者是绝缘的或者是良好接触的，分别得到了传导模型和感应模型这两个边际模型，并得出对应的牵引网边际阻抗计算公式。虽然实际牵引网阻抗介于两个边际阻抗之间，但我们还应该了解实际情况，即轨道和大地之间既不是完全绝缘的也不是良好接触的，而是有过渡电阻（导纳）存在：轨道电流在流向变电所的过程中，一部分经过渡导纳逐渐泄入大地，形成地中电流；在靠近变电所的地段，一部分地中电流经过渡导纳又进入轨道，再回到变电所。地中电流的分布如图 4.23 所示。

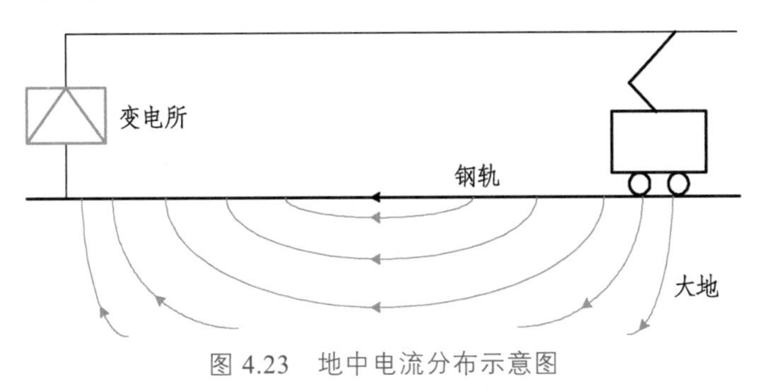

图 4.23　地中电流分布示意图

在图中：① 机车牵引电流从钢轨泄入大地后，向各个方向扩散。越接近钢轨，地中电流密度越大，这是地中电流的一种集肤效应。② 地中电流的集肤效应可以用等值入地深度 D_g 来描述。大地电导率 σ 越大，电流频率 f 越高，D_g 越小，即其集肤效应越显著。③ 通常牵引变压器次边接地端子一方面接入变电所的接地网，其回流称为地回流，另一方面又与轨道焊接，其回流称为轨回流。

如果已知接触网—地和轨道—地回路的单位长自阻抗 z_1、z_2（Ω/km）以及这两个导线—地回路之间的单位长互阻抗 z_{12}（Ω/km）和轨道—地之间的单位长分布导纳 y（S/km），就可以构造出如图 4.24 所示的单线单边牵引网等效电路。其中，l 为列车距变电所的距离（km），x 为观测点距变电所的距离（km），$0 \leqslant x \leqslant l$，$\dot{I}$ 为机车牵引（负荷）电流（A），$\dot{U}$ 为牵引端口电压（V），$\dot{U}'$ 为机车电压（V），$\dot{U}_R(x)$ 为距变电所 x 处钢轨电位（V），$\dot{I}_R(x)$ 为距变电所 x 处轨中电流（A），Z_E 为变电所接地电阻（Ω），Z_0 为钢轨特性阻抗（Ω），$\dot{I}_1$ 为感应电流（A），$\dot{I}_2$ 为传导电流（A）。

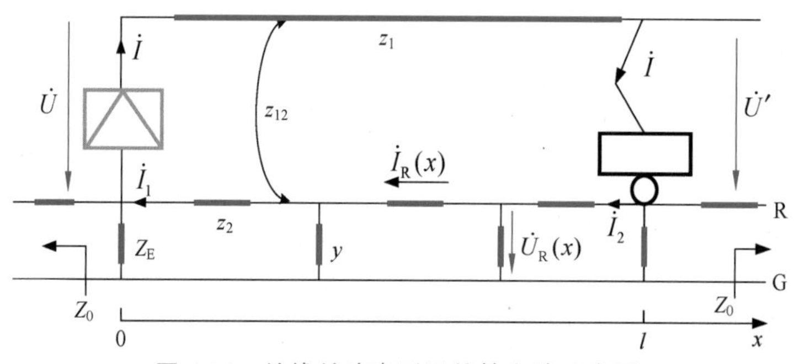

图 4.24　单线单边牵引网等效电路示意图

从图可知，牵引网阻抗就是从牵引端口看入的若干个导线—地回路网络的综合等值阻抗。由于轨—地为非线性的分布参数网络，使得牵引网阻抗呈非线性特征，在计算上非常复杂。因此，需要在研究变电所—机车之间的轨中电流、地中电流分布特征的基础上，提出牵引网阻抗计算的简化等效电路模型。

为简便起见，在进行轨、地中电流计算时作如下假设：① 钢轨的参数均匀且无限长，两根钢轨是并联的，电流分布相同；② 钢轨在给定频率下其阻抗可视为是线性的，因而可以适用叠加原理；③ 大地的电导率 σ 是均匀的；④ 在工频下，轨道—地过渡导纳 y 仅计及电导 g 而忽略电纳部分 b；⑤ 设变电所接地电阻为 Z_E。

图 4.24 中，在 $0 \leqslant x \leqslant l$ 段上，沿着 x 的正方向建立钢轨电位（相对大地的电压）$\dot{U}_R(x)$ 和轨中电流 $\dot{I}_R(x)$ 的微分方程：

$$\left.\begin{aligned} \mathrm{d}\dot{U}_R(x) = z_2 \dot{I}_R(x)\mathrm{d}x - z_{12}\dot{I}\mathrm{d}x \\ \mathrm{d}\dot{I}_R(x) = y\dot{U}_R(x)\mathrm{d}x \end{aligned}\right\} \tag{4.36}$$

整理得

$$\left.\begin{aligned}\frac{d^2\dot{U}_R(x)}{dx^2}=z_2\frac{d\dot{I}_R(x)}{dx}=z_2y\dot{U}_R(x)\\ \frac{d^2\dot{I}_R(x)}{dx^2}=y\frac{d\dot{U}_R(x)}{dx}=z_2y\dot{I}_R(x)-z_{12}y\dot{I}\end{aligned}\right\}\tag{4.37}$$

从中解得 $\dot{I}_R(x)$ 和 $\dot{U}_R(x)$ 为

$$\left.\begin{aligned}\dot{I}_R(x)=k_z\dot{I}+\frac{1}{Z_0}(Ae^{\gamma x}-Be^{-\gamma x})\\ \dot{U}_R(x)=Ae^{\gamma x}+Be^{-\gamma x}\end{aligned}\right\}\tag{4.38}$$

式中　k_z—— 感应系数，$k_z=z_{12}/z_2$；

Z_0—— $Z_0=\sqrt{z_2/y}$；

γ—— 钢轨传播常数，$\gamma=\sqrt{z_2y}$，1/km；

A，B—— 待定常数。

下面根据两个边界条件来确定待定系数 A 和 B。

（1）在变电所位置，$x=0$，代入式（4.38）得

$$\left.\begin{aligned}\dot{I}_R(0)=k_z\dot{I}+\frac{1}{Z_0}(A-B)\\ \dot{U}_R(0)=A+B\end{aligned}\right\}\tag{4.39}$$

由于假设钢轨向两端无限延伸，不难证明，从 $x=0$ 点向外看出，轨—地分布参数电路的视在阻抗即为其特性阻抗 Z_0。根据图 4.24 可知，$x=0$ 处的钢轨电位 $\dot{U}_R(0)$ 为

$$\dot{U}_R(0)=[\dot{I}_R(0)-\dot{I}](Z_0//Z_E)\tag{4.40}$$

式中　//—— 并联运算符。

（2）在机车位置 $x=l$ 处，按同上方法可得

$$\left.\begin{aligned}\dot{I}_R(l)=k_z\dot{I}+\frac{1}{Z_0}(Ae^{\gamma l}-Be^{-\gamma l})\\ \dot{U}_R(l)=Ae^{\gamma l}+Be^{-\gamma l}\\ \dot{U}_R(l)=[\dot{I}-\dot{I}_R(l)]Z_0\end{aligned}\right\}\tag{4.41}$$

从式（4.39）~（4.41）中，解得

$$\left.\begin{aligned}A=\frac{1}{2}(1-k_z)Z_0\dot{I}e^{-\gamma l}\\ B=-\frac{(1-k_z)Z_0}{2}\cdot\frac{2Z_E+Z_0e^{-\gamma l}}{Z_0+2Z_E}\dot{I}\end{aligned}\right\}\tag{4.42}$$

将式（4.42）代入式（4.38），得轨中电流和钢轨电压的一般表达式

$$\left.\begin{aligned}\dot{I}_{\mathrm{R}}(x)&=k_z\dot{I}+\frac{1}{2}(1-k_z)\dot{I}\left[\mathrm{e}^{-\gamma(l-x)}+\frac{(2Z_{\mathrm{E}}+Z_0\mathrm{e}^{-\gamma l})\mathrm{e}^{-\gamma x}}{Z_0+2Z_{\mathrm{E}}}\right]\\ \dot{U}_{\mathrm{R}}(x)&=\frac{1}{2}(1-k_z)Z_0\dot{I}\left[\mathrm{e}^{-\gamma(l-x)}-\frac{(2Z_{\mathrm{E}}+Z_0\mathrm{e}^{-\gamma l})\mathrm{e}^{-\gamma x}}{Z_0+2Z_{\mathrm{E}}}\right]\end{aligned}\right\}\quad(4.43)$$

若牵引变电所接地电阻 Z_{E} 趋于 0，则式（4.43）为

$$\left.\begin{aligned}\dot{I}_{\mathrm{R}}(x)&=k_z\dot{I}+\frac{1}{2}(1-k_z)\dot{I}\left[\mathrm{e}^{-\gamma(l-x)}+\mathrm{e}^{-\gamma(l+x)}\right]\\ \dot{U}_{\mathrm{R}}(x)&=\frac{1}{2}(1-k_z)Z_0\dot{I}\left[\mathrm{e}^{-\gamma(l-x)}-\mathrm{e}^{-\gamma(l+x)}\right]\end{aligned}\right\}\quad(4.44)$$

若牵引变电所接地电阻 Z_{E} 趋于∞，则有

$$\left.\begin{aligned}\dot{I}_{\mathrm{R}}(x)&=k_z\dot{I}+\frac{1}{2}(1-k_z)\dot{I}\left[\mathrm{e}^{-\gamma(l-x)}+\mathrm{e}^{-\gamma x}\right]\\ \dot{U}_{\mathrm{R}}(x)&=\frac{1}{2}(1-k_z)Z_0\dot{I}\left[\mathrm{e}^{-\gamma(l-x)}-\mathrm{e}^{-\gamma x}\right]\end{aligned}\right\}\quad(4.45)$$

以接地阻抗 Z_{E} 趋于∞为例，由式（4.45）可知：由于接触网—地回路和钢轨—地回路之间的互阻抗 z_{12} 的强制作用，以及钢轨与地的接触，使得牵引电流 $\dot{I}$ 在进入钢轨时，轨中电流即被分解成为两个分量，即

（1）感应电流 $\dot{I}_1=k_z\dot{I}=\dfrac{z_{12}}{z_2}\dot{I}$，其值由 z_{12}、z_2 及 $\dot{I}$ 决定。$\dot{I}_1$ 能保持大小不变地沿轨道流向变电所，而不渗入大地。

（2）传导电流 $\dot{I}_2=\dfrac{1}{2}(1-k_z)\dot{I}\left[\mathrm{e}^{-\gamma(l-x)}+\mathrm{e}^{-\gamma x}\right]$，其值在向变电所流动的过程中，或是部分逐渐流入大地（如在注入点，机车处），或是部分逐渐由大地返回钢轨（如在回流点、变电所处）。

如果选择单位区段：z_2 = 0.198+j0.560 Ω/km，z_{12} = 0.05+j0.315 Ω/km，y = 1 S/km，l = 30 km，则根据式（4.44）和式（4.45）作出的相对电流模值 $\dfrac{I_{\mathrm{R}}(x)}{I}$-$x$ 曲线如图 4.25 所示。

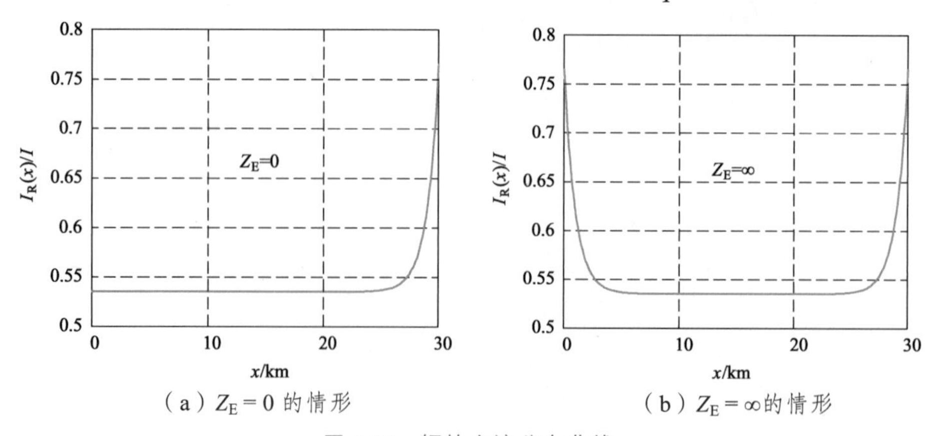

（a）$Z_{\mathrm{E}}=0$ 的情形　　（b）$Z_{\mathrm{E}}=\infty$的情形

图 4.25　钢轨电流分布曲线

从图 4.25 易见：

结论 4.1　轨中传导电流主要发生在牵引电流注入点和回流点，其他地方很小，主要影响轨道电位。在长度 l 上，感应电流占主导地位。

因此，牵引网等效阻抗计算应以式（4.21）所示的感应模型为主。

当供电区段上有多列车运行时，由于假设轨道—地网为参数均布的线性网络，所以可以先求得各列车造成的轨中电流分布，再应用叠加原理进行合成。相应地，我们可分析地中电流的分布情况，则按式（4.45）求得地中电流 $\dot{I}_{\mathrm{G}}(x)$ 为

$$\dot{I}_{\mathrm{G}}(x)=\dot{I}-\dot{I}_{\mathrm{R}}(x)=(1-k_{\mathrm{z}})\dot{I}-\frac{1}{2}(1-k_{\mathrm{z}})\dot{I}\left[\mathrm{e}^{-\gamma(l-x)}+\mathrm{e}^{-\gamma x}\right] \tag{4.46}$$

可见，地中电流也有传导电流与感应电流之分。

回到图 4.24 所示的单线单边牵引网等效电路图，根据前面的内容，可以计算出接触网—地、钢轨网—地单位长阻抗 z_1、z_2、z_{12} 及单位长导纳 y。根据式（4.43），可以写出变电所到机车之间的钢轨中电流分布

$$\dot{I}_{\mathrm{R}}(x)=\left\{\frac{z_{12}}{z_2}+\frac{1}{2}\left(1-\frac{z_{12}}{z_2}\right)\left[\mathrm{e}^{-\gamma(l-x)}+\frac{(2Z_{\mathrm{E}}+Z_0\mathrm{e}^{-\gamma l})\mathrm{e}^{-\gamma x}}{2Z_{\mathrm{E}}+Z_0}\right]\right\}\dot{I}\qquad 0\leqslant x\leqslant l$$

式中　Z_0—— 钢轨特性阻抗，$Z_0=\sqrt{\dfrac{z_2}{y}}$，Ω；

γ—— 钢轨传播常数，$\gamma=\sqrt{z_2 y}$，1/km；

Z_{E}—— 变电所接地电阻，Ω。

根据图 4.24，列写接触网、钢轨网回路电压方程

$$\begin{aligned}\dot{U}-\dot{U}'&=z_1\dot{I}l-\int_0^l z_{12}\dot{I}_{\mathrm{T}}(x)\,\mathrm{d}x+\int_0^l z_2\dot{I}_{\mathrm{T}}(x)\,\mathrm{d}x-z_{12}\dot{I}l\\&=\left(z_1-\frac{z_{12}^2}{z_2}\right)l\dot{I}+(-z_{12}+z_2)\frac{\dot{I}}{2}\left(1-\frac{z_{12}}{z_2}\right)\int_0^l\left[\mathrm{e}^{-\gamma l}\mathrm{e}^{\gamma x}+\frac{2Z_{\mathrm{E}}+Z_0\mathrm{e}^{-\gamma l}}{2Z_{\mathrm{E}}+Z_0}\mathrm{e}^{-\gamma x}\right]\mathrm{d}x\\&=\left(z_1-\frac{z_{12}^2}{z_2}\right)l\dot{I}+(-z_{12}+z_2)\frac{\dot{I}}{2}\left(1-\frac{z_{12}}{z_2}\right)\left[\mathrm{e}^{-\gamma l}\frac{1}{\gamma}(\mathrm{e}^{\gamma l}-1)+\frac{2Z_{\mathrm{E}}+Z_0\mathrm{e}^{-\gamma l}}{2Z_{\mathrm{E}}+Z_0}\cdot\frac{1}{-\gamma}(\mathrm{e}^{-\gamma l}-1)\right]\\&=\left(z_1-\frac{z_{12}^2}{z_2}\right)l\dot{I}+\frac{(z_2-z_{12})^2\dot{I}}{2z_2\sqrt{z_2 y}}\left[(1-\mathrm{e}^{-\gamma l})-\frac{2Z_{\mathrm{E}}+Z_0\mathrm{e}^{-\gamma l}}{2Z_{\mathrm{E}}+Z_0}(\mathrm{e}^{-\gamma l}-1)\right]\end{aligned} \tag{4.47}$$

则牵引网单位长阻抗为

$$\begin{aligned}z&=\frac{\dot{U}-\dot{U}'}{\dot{I}l}\\&=\left(z_1-\frac{z_{12}^2}{z_2}\right)+\frac{(z_2-z_{12})^2}{2z_2\sqrt{z_2 y}l}\left[(1-\mathrm{e}^{-\gamma l})-\frac{2Z_{\mathrm{E}}+Z_0\mathrm{e}^{-\gamma l}}{2Z_{\mathrm{E}}+Z_0}(\mathrm{e}^{-\gamma l}-1)\right]\end{aligned}\quad(\Omega/\mathrm{km}) \tag{4.48}$$

式中：第一部分是牵引网阻抗的线性分量，也是主体部分，即简化条件下的牵引网单位长阻抗；第二部分是阻抗的附加部分，由这一附加部分构成了牵引网阻抗的非线性分量。

只有当试验长度 l 超过一定数值时，附加部分的影响才可以忽略。这一点在牵引网阻抗测量时，一定要予以注意。

【例 4.3】 分析在不同牵引网长度下，牵引网单位长阻抗中非线性部分产生的影响。

单链型悬挂单线牵引网原始参数如下：

（1）接触导线：CTA-150；

（2）承力索：JTMH-120；

（3）接触导线距轨顶高度：5 800 mm；

（4）接触网结构高度 h：1 300 mm；

（5）承力索最大弛度 f_m：500 mm；

（6）钢轨型号：P50；

（7）轨距 d_T：1 435 mm；

（8）大地土壤电导率 σ：10^{-4}（$\Omega\cdot$cm）$^{-1}$；

（9）轨道大地电导：0.500 S/km；

（10）变电所接地电阻 Z_E 取 0。

【解】 视变电所接地电阻为 0，即 $Z_E=0$，则牵引网单位长阻抗为

$$z=\frac{\dot{U}-\dot{U}'}{\dot{I}l}=\left(z_1-\frac{z_{12}^2}{z_2}\right)+\frac{(z_2-z_{12})^2}{2z_2\sqrt{z_2 y}l}(1-\mathrm{e}^{-2\gamma l})$$

式中各阻抗参数可根据前面计算方法求得：

$$z_1=0.128+\mathrm{j}\,0.596=0.610\angle 77.879^\circ \quad (\Omega/\mathrm{km})$$

$$z_2=0.14+\mathrm{j}\,0.581=0.598\angle 76.452^\circ \quad (\Omega/\mathrm{km})$$

$$z_{12}=0.05+\mathrm{j}\,0.315=0.319\angle 80.981^\circ \quad (\Omega/\mathrm{km})$$

为了简化分析，可忽略各阻抗的电阻部分，故有

$$\gamma=\sqrt{z_2 y}=0.539 \quad (1/\mathrm{km})$$

设 $f(l)$ 为阻抗 z 中非线性分量与线性分量比，则

$$f(l)=\frac{\dfrac{(z_2-z_{12})^2}{2z_2\sqrt{z_2 y}l}(1-\mathrm{e}^{-2\gamma l})}{z_1-\dfrac{{z_{12}}^2}{z_2}}=\frac{\dfrac{(0.581-0.315)^2}{2\times 0.581\times 0.539l}(1-\mathrm{e}^{-2\times 0.539l})}{0.596-\dfrac{0.315^2}{0.581}}$$

$$=\frac{0.113}{0.425\,2l}(1-\mathrm{e}^{-1.078l})=\frac{0.265\,8}{l}(1-\mathrm{e}^{-1.078l})$$

当 l 取不同值时，$f(l)$ 值列于表 4.10。如果取变电所接地阻抗 $Z_E=\infty$，$f(l)=\dfrac{0.532}{l}(1-e^{-0.539l})$，则相应的计算如表 4.11 所示。

表 4.10　$Z_E=0$ 时 $f(l)$ - l 计算值

l/km	1	3	5	7	9	11	13	15
$f(l)$ /%	17.5	8.5	5.3	3.8	3.0	2.4	2.0	1.8

表 4.11　$Z_E\to\infty$时 $f(l)$ - l 计算值

l/km	1	3	5	7	9	11	13	15
$f(l)$ /%	22.2	14.2	9.9	7.4	5.9	4.8	4.1	3.6

从表中可以看出：在本算例模型下，当试验长度 l 超过 5 km 时，牵引网等效阻抗可用式（4.21）所示的感应阻抗进行计算，即只计算线性分量，由此所引起的误差在工程计算中是允许的，即是说，当机车和变电所距离 l 大于 5 km 时，用感应电流来简化所引起的阻抗计算误差不超过 5%，换言之，当 l 大于 5 km 时，使用式（4.21）的感应模型来计算牵引网阻抗是可行的。

单线单边复线牵引网的等效电路可由如图 4.26 所示的模型表示。

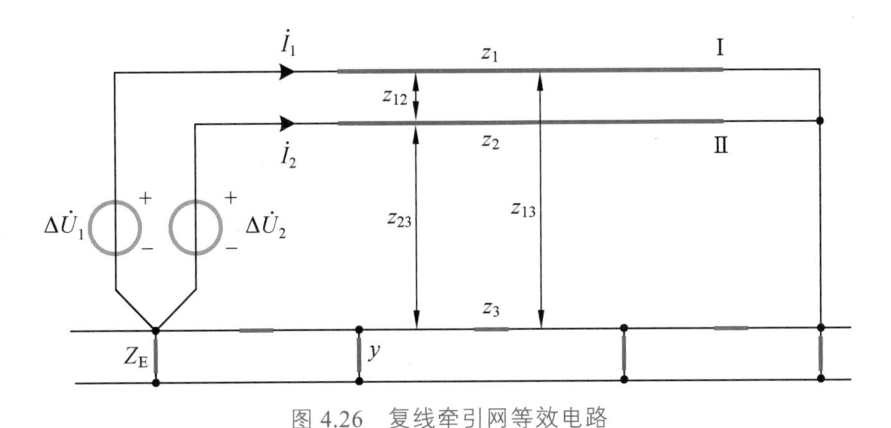

图 4.26　复线牵引网等效电路

根据对单线单边牵引网阻抗的讨论，不难导出复线接触网 I 、II 的等值单位长阻抗和互阻抗表达式

$$
\begin{aligned}
z_{\mathrm{I}} &= z_{\mathrm{II}} \\
&= \left(z_1-\frac{z_{13}^2}{z_3}\right)+\frac{(z_3-z_{13})^2}{2z_3\sqrt{z_3 y}l}\left[(1-e^{-\sqrt{z_3 y}l})-\frac{2Z_E+Z_0e^{-\sqrt{z_3 y}l}}{2Z_E+Z_0}(e^{-\sqrt{z_3 y}l}-1)\right]
\end{aligned}
\quad (\Omega/\text{km})\quad(4.49)
$$

$$
\begin{aligned}
z_{\mathrm{I},\mathrm{II}} &= \left.\frac{\Delta \dot{U}_1}{l\dot{I}_2}\right|_{\dot{I}_1=0} \\
&= z_{12} - \frac{1}{\dot{I}_2 l}\int_0^l z_{13}\dot{I}_\mathrm{T}(x)\mathrm{d}x + \frac{1}{\dot{I}_2 l}\int_0^l z_3\dot{I}_\mathrm{T}(x)\mathrm{d}x - z_{23} \\
&= \left(z_{12} - \frac{z_{13}z_{23}}{z_3}\right) + (-z_{13}+z_3)\frac{1}{2l}\left(1-\frac{z_{23}}{z_3}\right)\int_0^l \left[\mathrm{e}^{-\gamma(l-x)} + \frac{2Z_\mathrm{E}+Z_0\mathrm{e}^{-\gamma l}}{2Z_\mathrm{E}+Z_0}\mathrm{e}^{-\gamma x}\right]\mathrm{d}x \quad (\Omega/\mathrm{km}) \\
&= \left(z_{12} - \frac{z_{13}z_{23}}{z_3}\right) + \frac{(z_3-z_{13})(z_3-z_{23})\dot{I}}{2z_3 l\sqrt{z_3 y}}\left[(1-\mathrm{e}^{-\gamma l}) + \frac{2Z_\mathrm{E}+Z_0\mathrm{e}^{-\gamma l}}{2Z_\mathrm{E}+Z_0}(1-\mathrm{e}^{-\gamma l})\right]
\end{aligned}
\tag{4.50}
$$

式中 γ—— 复线牵引网钢轨传播常数，$\gamma=\sqrt{z_3 y}$，1/km；

Z_0—— 复线牵引网钢轨特性阻抗，$Z_0=\sqrt{z_3/y}$，Ω。

有兴趣的读者可以编程进行详细计算、分析，这里不再展开。

习题与思考题

4.1 牵引网阻抗的计算有哪些主要用途?

4.2 结合图 4.1 说明牵引电流通过塞流线圈和轨道的过程。

4.3 结合式（4.20）和式（4.21），分别简述什么是传导模型和感应模型。

4.4 本章用图 4.24 算出了牵引变电所接地电阻 $Z_\mathrm{E}\to 0$ 和∞两种极端情况下轨中电流的分布情况。仿照此种方法，讨论轨道电压的分布，并作出 $\frac{U_\mathrm{T}(x)}{|Z_0 t|}$-$x$ 曲线。

4.5 Carson 模型认为导线—地回路的等值深度为

$$
D_\mathrm{g} = \frac{0.208\ 5}{\sqrt{f\sigma\times 10^{-9}}}\quad (\mathrm{cm})
$$

单线牵引网单位阻抗 z 可用感应模型进行计算，即

$$
z = z_1 - \frac{z_{12}^2}{z_2}
$$

使用 4.7 节的实例，计算 $f=50$ Hz（基波）、150 Hz（3 次谐波）、250 Hz（5 次谐波）、350 Hz（7 次谐波）等频率时对应的牵引网阻抗，绘 z-f 曲线并加以总结。

第 5 章

供电电压质量

电压质量是指实际电压各种指标偏离基准技术参数的程度。

正如第 1 章绪论所言，电压水平是重要的电能质量指标。《电能质量 供电电压偏差》（GB/T 12325—2008）规定了电网供电应该满足的指标，供电电压是否达标将影响供电质量和电力产品质量。

牵引网的供电电压简称网压。电气化铁路的供电电压质量是指网压水平是否满足规定和达到规定的程度以及对列车功率发挥影响的程度。

本章重点介绍交-直型电力机车网压影响，交-直-交型动车网压水平-轮周功率关系，讨论网压水平（电压损失）影响因素、计算方法以及改善措施等。

5.1　交-直型电力机车网压影响

网压波动会对电力机车运行特性带来一定影响。这里主要分析网压波动对机车速度、牵引力、取流等的影响过程。

由式（2.1）可知，串激直流牵引电机的转速为

$$n=\frac{U-I_{\mathrm{d}}R_{\mathrm{d}}}{C_{\mathrm{e}}\varPhi}$$

式中，n 对应机车的走行速度 v，若引入速度常数 k_v 和串激磁通 $\varPhi=kI_{\mathrm{d}}$（k 为常数），则有

$$v=\frac{U-I_{\mathrm{d}}R_{\mathrm{d}}}{k_vC_{\mathrm{e}}kI_{\mathrm{d}}} \tag{5.1}$$

而由电机转矩得到的牵引力为

$$F=C_{\mathrm{F}}I_{\mathrm{d}}\varPhi=C_{\mathrm{F}}'I_{\mathrm{d}}^2 \tag{5.2}$$

即当电枢电流 I_{d} 并非特别大而引起磁路饱和时，机车的牵引力与电枢电流的平方成正比。

图 5.1 是根据式（5.1）和式（5.2）作出的串激直流牵引电机的特性曲线示意图。

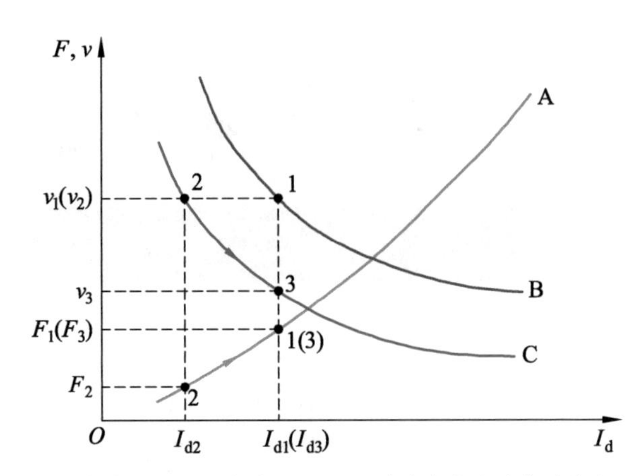

A—牵引力与电流的关系曲线 $F=f(I_d)$；B—U_1 下速度与电流的关系曲线 $v=f(U_1, I_d)$；

C—U_2 下速度与电流的关系曲线 $v=f(U_2, I_d)$，且 $U_2<U_1$。

图 5.1　网压波动对速度和牵引力的影响

网压波动对速度、牵引力、电枢电流等的影响可结合图 5.1 进行简要分析。设开始时，机车在网压 U_1 下以稳定速度 v_1 运行，相应牵引力为 F_1，电枢电流为 I_{d1}，对应于图中的工作点 1。若网压下降到 U_2，则由于机车惯性，机车速度不能马上变化，此时机车工作点 2 的速度 $v_2 = v_1$，电枢电势 E_d 也不能马上变化，由式（5.1）知，电枢电流 I_d 将由 I_{d1} 减小到 I_{d2}，式（5.2）中的牵引力由 F_1 减小到 F_2，若保持 U_2 运行下去，在相同纵断面的线路上，牵引力下降将使列车减速，这又将使电枢电流由 I_{d2} 开始增加，见式（5.1），并向原来的 I_{d1} 逼近，同样牵引力也开始向原来的 F_1 逼近，见式（5.2）。牵引力的增大使列车速度的降低逐渐减小，随着电流 I_d 和牵引力 F 向 I_{d1} 和 F_1 逼近的稳定，最终列车将在一个新的速度值 v_3（$v_3<v_1$）上稳定下来，对应于图中的工作点 3，此时，电流 I_{d3} 和牵引力 F_3 分别近似等于原先的 I_{d1} 和 F_1。网压升高所引起电流、牵引力和速度的变化过程与上相似，读者可自行分析。

在正常运行过程中，牵引网电压波动的幅度是不大的，牵引力 F 和电枢电流 I_d 有其相对的稳定性，故通常可以认为电枢电流不随网压波动而波动，除非网压波动（变化）幅度变化明显，如大范围调节操纵级位、机车断电过电分相等。

但我们必须看到，不论是网压波动还是分级调压，都对速度有直接的作用，正像图 5.1 所示的那样，网压的下降会使列车运行速度降低，延长走行时间，影响线路的通过能力。虽然上调网压（用更高级位运行）能提高列车速度，但在牵引网上还有其他机车（一般为感性取流）的情况下，则会损失其他列车的运行速度。总之，牵引网电压降低，在一定程度上影响列车的通过能力。研究表明，当网压低于规定的最低值时，机车将迅速丧失牵引力。

5.2　交-直-交型动车网压水平-轮周功率关系

《轨道交通 牵引供电系统电压》(GB/T 1402—2010)和铁道部发布的行业标准《铁路电力牵引供电设计规范》(TB 10009—2016)对电气化铁路接触网的供电电压和电力机车、动车组受电弓的工作电压作出了规定，超出此规定范围就将影响列车轮周功率的发挥，影响正常运输。

作为重要的技术性能，下面给出我国 350 km/h 标准动车组的网压-轮周功率关系曲线，网压-轮周牵引功率关系曲线见图 5.2，网压-轮周再生功率关系曲线见图 5.3。

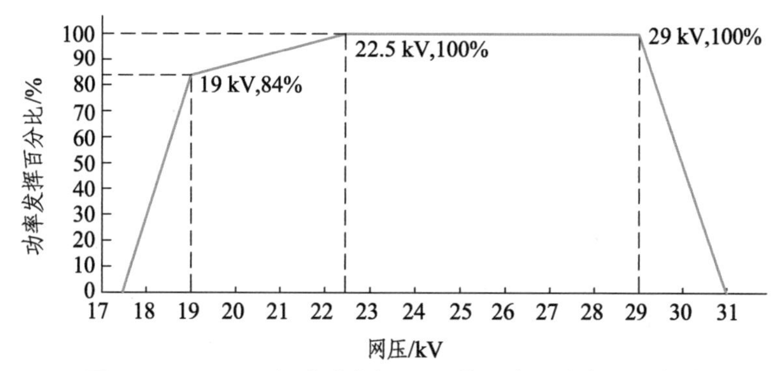

图 5.2　350 km/h 标准动车组网压-轮周牵引功率关系曲线

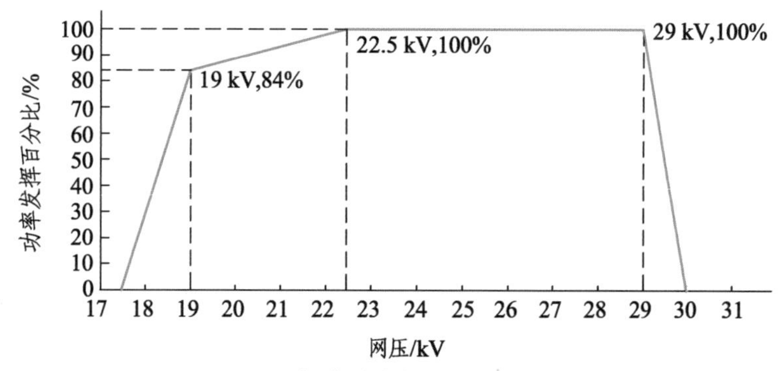

图 5.3　350 km/h 标准动车组网压-轮周再生功率曲线

对应图 5.2 和图 5.3，给出 350 km/h 标准动车组网压-轮周功率关系公式：

① 网压在 22.5 ~ 29 kV 间，轮周功率为额定功率；

② 网压在 19 ~ 22.5 kV 间，轮周功率从额定功率线性下降到 84%；

③ 网压在 17.5 ~ 19 kV 间，轮周功率从 84%线性下降到 0；

④ 网压在 29 ~ 31 kV 间，轮周牵引功率从额定功率线性下降到 0；

⑤ 网压在 29 ~ 30 kV 间，轮周再生功率从额定功率线性下降到 0；

⑥ 网压大于 17.5 kV 且小于 31 kV 时，四象限正常工作，辅助功率有效。

由此足见网压水平对动车出力(轮周功率)的影响。为使动车发挥额定功率，提高运输能力，保证网压维持在 22.5 ~ 29 kV 之间的水平上是问题的关键。

另外，网压低于 16.6 kV 时，牵引变流器关闭，同时作为动车自身保护之需，网压高于 32 kV 时，切断动车主断路器。

第 2 章的牵引计算是建立在正常网压基础上的，即假设网压在 22.5 ~ 29 kV 之间，列车可以发挥额定功率，而实际计算时，应该根据按照图 5.2 和图 5.3 的关系曲线对网压和动车功率进行动态迭代。

动车的交-直-交型牵引变流器具有极佳的可控性和稳定性，利用动车的网压-轮周功率关系，还可以制定新的牵引网保护方法，即一种低电压起动的纵差保护，称为分段保护[14]。

交-直-交型电力机车的网压-轮周功率关系与动车相近，不再赘述。

5.3　网压水平与电压损失及计算方法

电压水平是指用户端的电压的大小，是电源电压与供电过程造成的电压损失的差值。当电源电压固定时，电压损失就是关键。

牵引供电系统的电压损失，包括牵引变电所中牵引变压器的电压损失和牵引网的电压损失，同时，还应估算电网公共连接点（PCC）到牵引变电所 110 kV 或 220 kV 进线的电压损失。

如图 5.4 所示，如果有一个电流 $\dot{I}$ 通过阻抗为 Z 的线路，则可写出其线路电压方程

$$\dot{U}=\dot{U}'+\dot{I}Z=\dot{U}'+R\dot{I}+\mathrm{j}X\dot{I} \tag{5.3}$$

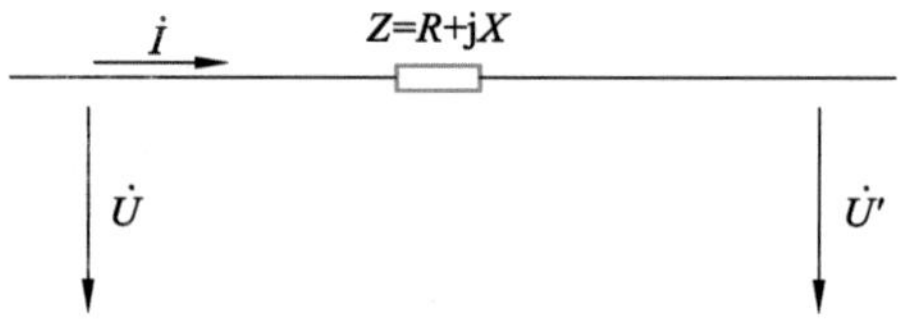

$\dot{I}$　$Z=R+\mathrm{j}X$　$\dot{U}$　$\dot{U}'$

图 5.4　载流线路的示意图

定义：电压降 $\Delta\dot{U}$ 为阻抗 Z 首端电压 $\dot{U}$ 和末端电压 $\dot{U}'$ 的相量差，而电压损失 ΔU 则为 $\dot{U}$ 和 $\dot{U}'$ 的模值的算术差。即

$$\Delta\dot{U}=\dot{U}-\dot{U}'$$

$$\Delta U=\left|\dot{U}\right|-\left|\dot{U}'\right|=U-U' \tag{5.4}$$

其中，首端 U 代表电源电压水平，末端 U' 即为网压水平，它们之间的关系如图 5.5 所示。图中 φ 为负荷 $\dot{I}$ 的功率因数角，以滞后为正；θ 为线路首末端电压相量夹角。

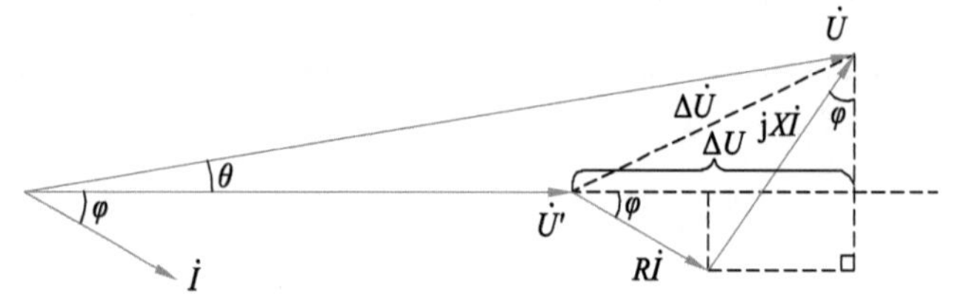

图 5.5　电压水平、电压降和电压损失图示

在图 5.5 中

$$\theta = \arctan\frac{XI\cos\varphi - RI\sin\varphi}{U' + RI\cos\varphi + XI\sin\varphi}$$

θ值一般较小，所以在工程计算上，可以近似地把 $\Delta\dot{U}$ 在 $\dot{U}'$ 上的投影作为 ΔU 。在图 5.5 中，根据几何关系，不难得到电压损失近似值

$$\Delta U = \mathrm{Re}[\Delta\dot{U}] \approx RI\cos\varphi + XI\sin\varphi \tag{5.5}$$

如果在图 5.4 中，通过阻抗 Z 的电流 $\dot{I}$ 超前于 $\dot{U}'$，则可作出如图 5.6 所示的相量图。

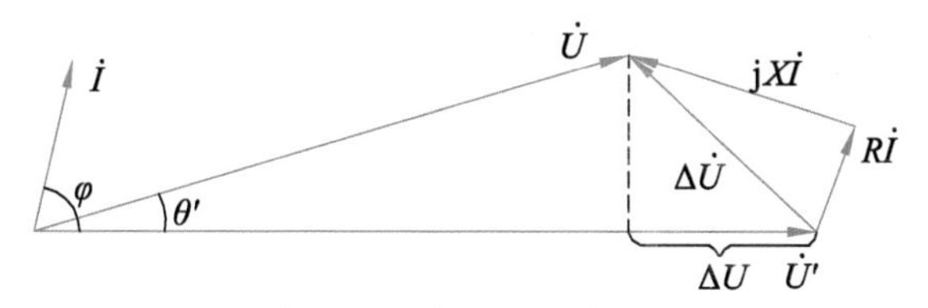

图 5.6　当 $\dot{I}$ 超前于 $\dot{U}'$ 时，$\Delta\dot{U}$ 、ΔU 关系图

同样，θ'较小，则在工程计算上仍然可以近似地以 $\Delta\dot{U}$ 在 $\dot{U}'$ 上的投影作为 ΔU ，按式（5.4）定义并要注意投影的正、负性。从图 5.6 中，根据几何关系可得

$$\Delta U \approx RI\cos\varphi - XI\sin\varphi \tag{5.6}$$

比较式（5.5）和式（5.6）以及图 5.5 和图 5.6 可见，负荷功率因数滞后时，电压损失为正，末端电压低于首端电压，而负荷功率因数超前时，电压损失为负，末端电压高于首端电压。已经定义功率因数滞后为正，电压损失表达式可以统一表达为

$$\Delta U \approx RI\cos\varphi + XI\sin\varphi \tag{5.7}$$

注意：φ为 $\dot{I}$ 与 $\dot{U}'$ 的功率因数角，当 $\dot{I}$ 超前 $\dot{U}'$ 即为容性时，φ 取负值；当 $\dot{I}$ 滞后 $\dot{U}'$ 即为感性时，φ 取正值。

引申一步，如果在图 5.4 中，有 n 个负荷电流通过阻抗 Z，以 $\dot{U}'$ 为基准相量，各负荷电流与 $\dot{U}'$ 夹角均按顺时针方向取为正，设各负荷为感性，则可以写成 $\dot{I}_i = I_i\underline{/-\varphi_i}$ ，$i=1$，2，…，n，则电压降表达式为

$$\begin{aligned}\Delta\dot{U} &= \dot{U} - \dot{U}' \\ &= Z\sum_{i=1}^{n} I_i\underline{/-\varphi_i} \\ &= \left[R\sum_{i=1}^{n} I_i\cos\varphi_i + X\sum_{i=1}^{n} I_i\sin\varphi_i\right] + \mathrm{j}\left[-R\sum_{i=1}^{n} I_i\sin\varphi_i + X\sum_{i=1}^{n} I_i\cos\varphi_i\right]\end{aligned} \tag{5.8}$$

则电压损失取式（5.8）实部即可，故有

$$\Delta U \approx R\sum_{i=1}^{n} I_i\cos\varphi_i + X\sum_{i=1}^{n} I_i\sin\varphi_i \tag{5.9}$$

5.4 牵引变压器电压损失

5.4.1 单相及 Vv 接线变压器电压损失

1. 单相变压器的阻抗

单相变压器阻抗归算到次边 27.5 kV 侧按式（5.10）计算

$$\left.\begin{aligned} R_{\mathrm{T}} &= \frac{\Delta P_{\mathrm{C}}}{1\,000}\cdot\frac{U_{2\mathrm{N}}^2}{S_{\mathrm{N}}^2} \quad (\Omega) \\ X_{\mathrm{T}} &= \frac{U_{\mathrm{d}}\%}{100}\cdot\frac{U_{2\mathrm{N}}^2}{S_{\mathrm{N}}} \quad (\Omega) \end{aligned}\right\} \tag{5.10}$$

式中 $U_{\mathrm{d}}\%$ —— 变压器短路电压百分值，%；

$U_{2\mathrm{N}}$ —— 变压器二次侧额定电压，kV；

ΔP_{C} —— 变压器额定铜耗，kW；

S_{N} —— 变压器额定容量，MV · A。

国产单相牵引变压器基本参数可参考表 5.1。

表 5.1 单相牵引变压器参数

序号	额定容量 /MV ·A	负载损耗 /kW	短路阻抗 /%	电阻分量 /%	一次侧				二次侧			
					额定电压/kV	短路阻抗/Ω	电感分量/Ω	电阻分量/Ω	额定电压/kV	短路阻抗/Ω	电感分量/Ω	电阻分量/Ω
1	6.3	35	10.5	0.56	110	201.67	201.38	10.67	27.5	12.60	12.59	0.67
2	8	42	10.5	0.53	110	158.81	158.61	7.94	27.5	9.93	9.91	0.50
3	10	47	10.5	0.47	110	127.05	126.92	5.69	27.5	7.94	7.93	0.36
4	12.5	56	10.5	0.45	110	101.64	101.55	4.34	27.5	6.35	6.35	0.27
5	16	67	10.5	0.42	110	79.41	79.34	3.17	27.5	4.96	4.96	0.20
6	20	79	10.5	0.40	110	63.53	63.48	2.39	27.5	3.97	3.97	0.15
7	25	93	10.5	0.37	110	50.82	50.79	1.80	27.5	3.18	3.17	0.11
8	31.5	110	10.5	0.35	110	40.33	40.31	1.34	27.5	2.52	2.52	0.08
9	40	132	10.5	0.33	110	31.76	31.75	1.00	27.5	1.99	1.98	0.06
10	50	156	10.5	0.31	110	25.41	25.40	0.76	27.5	1.59	1.59	0.05
11	63	185	10.5	0.29	110	20.17	20.16	0.56	27.5	1.26	1.26	0.04

2. 单相牵引变压器绕组电压损失计算

$$\Delta U = (R_{\mathrm{T}}\cos\varphi + X_{\mathrm{T}}\sin\varphi)(I_1 + I_2) \tag{5.11}$$

式中　I_1，I_2—— 两臂负荷，A；

$\cos\varphi$—— 两臂负荷平均功率因数；

R_T，X_T—— 单相变压器归算到次边的电阻和电抗值，Ω。

3. Vv 接线变压器电压损失计算

Vv 接线牵引变压器可以分解成两个单相变压器，所以参考前面的内容，读者不难推导出 Vv 接线牵引变压器电压损失。但值得注意的是，当考虑电网的电压损失时，精确的计算会有些差异。

5.4.2　YNd11 接线变压器电压损失

1. 变压器的阻抗

原边 Y 接相阻抗归算到 27.5 kV 侧对应 Y 接，按下式计算

$$\begin{cases} R_{TY} = \dfrac{\dfrac{\Delta P_C}{1\,000}}{3I_N^2} = \dfrac{\Delta P_C}{1\,000}\dfrac{U_{2N}^2}{S_N^2} \quad (\Omega) \\ X_{TY} = \dfrac{U_d\%}{100}\cdot\dfrac{U_{2N}}{\sqrt{3}I_{2N}} = \dfrac{U_d\%}{100}\cdot\dfrac{U_{2N}^2}{S_N} \quad (\Omega) \end{cases} \tag{5.12}$$

式中　$U_d\%$—— 变压器短路阻抗百分值；

U_{2N}—— 变压器二次侧额定线电压，kV；

I_{2N}—— 变压器二次侧额定线电流，kA；

ΔP_C—— 三相变压器额定铜耗，kW；

S_N—— 三相变压器额定容量，MV · A。

在次边把 Y 接转换成△接，即次边△绕组相阻抗为

$$Z_{T_\Delta} = R_{T_\Delta} + jX_{T_\Delta} = 3(R_{TY} + jX_{TY}) \tag{5.13}$$

YNd11 接线牵引变压器参数见表 5.2。

表 5.2　YNd11 牵引变压器参数

序号	额定容量/kV · A	负载损耗/kW	短路阻抗/%	电阻分量/%	一次侧（Y 接）				二次侧（d 接）			
					额定电压/kV	短路阻抗/Ω	电感分量/Ω	电阻分量/Ω	额定电压/kV	短路阻抗/Ω	电感分量/Ω	电阻分量/Ω
1	6.3	35	10.5	0.56	110	201.67	201.38	10.67	27.5	37.81	37.76	2.00
2	8	42	10.5	0.53	110	158.81	158.61	7.94	27.5	29.78	29.74	1.49
3	10	49	10.5	0.49	110	127.05	126.91	5.93	27.5	23.82	23.80	1.11
4	12.5	59	10.5	0.47	110	101.64	101.54	4.57	27.5	19.06	19.04	0.86
5	16	72	10.5	0.45	110	79.41	79.33	3.40	27.5	14.89	14.87	0.64

续表

序号	额定容量/kV·A	负载损耗/kW	短路阻抗/%	电阻分量/%	一次侧（Y接）				二次侧（d接）			
					额定电压/kV	短路阻抗/Ω	电感分量/Ω	电阻分量/Ω	额定电压/kV	短路阻抗/Ω	电感分量/Ω	电阻分量/Ω
6	20	89	10.5	0.45	110	63.53	63.47	2.69	27.5	11.91	11.90	0.50
7	25	105	10.5	0.42	110	50.82	50.78	2.03	27.5	9.53	9.52	0.38
8	31.5	126	10.5	0.40	110	40.33	40.30	1.54	27.5	7.56	7.56	0.29
9	40	147	10.5	0.37	110	31.76	31.74	1.11	27.5	5.96	5.95	0.21
10	50	183	10.5	0.37	110	25.41	25.39	0.89	27.5	4.76	4.76	0.17
11	63	220	10.5	0.35	110	20.17	20.16	0.67	27.5	3.78	3.78	0.13

2. 电压损失计算

YNd11 接线牵引变压器等值电路如图 5.7 所示，图中 $Z_{T\triangle}$ 为三相变压器归算到 27.5 kV 侧△绕组的相阻抗；设两臂负荷为 $\dot{I}_1$、$\dot{I}_2$，功率因数为 $\cos\varphi_1$、$\cos\varphi_2$，并设 $\dot{U}_1$ 超前 $\dot{U}_2$。

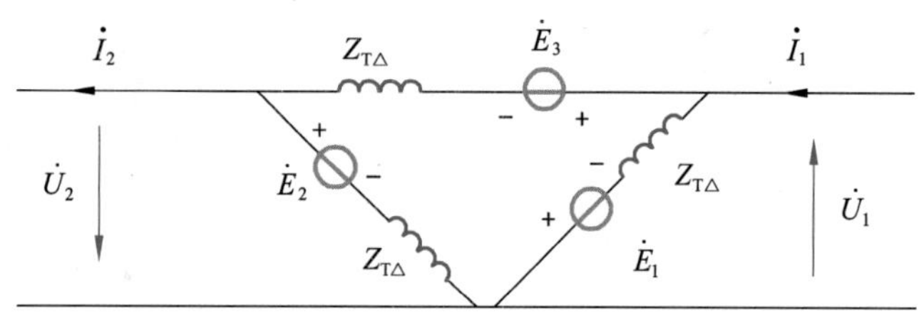

图 5.7 YNd11 牵引变压器等值电路模型

（1）超前相绕组的电压损失。

以该绕组电压 $\dot{U}_1$ 为基准相量，则牵引负荷可以写成

$$\left.\begin{aligned}\dot{I}_1 &= I_1\underline{/-\varphi_1}\\ \dot{I}_2 &= I_2\underline{/-120°-\varphi_2}\end{aligned}\right\} \tag{5.14}$$

列写该绕组上的电压降方程

$$\begin{aligned}\Delta\dot{U}_1 &= \dot{E}_1-\dot{U}_1\\ &=\frac{2}{3}Z_{T\triangle}\dot{I}_1-\frac{1}{3}Z_{T\triangle}\dot{I}_2\\ &=\frac{2}{3}(R_{T\triangle}+jX_{T\triangle})I_1\underline{/-\varphi_1}-\frac{1}{3}(R_{T\triangle}+jX_{T\triangle})I_2\underline{/-120°-\varphi_2}\\ &=\frac{1}{3}R_{T\triangle}(2I_1\underline{/-\varphi_1}-I_2\underline{/-120°-\varphi_2})+\frac{1}{3}X_{T\triangle}(2I_1\underline{/90°-\varphi_1}-I_2\underline{/-30°-\varphi_2})\end{aligned} \tag{5.15}$$

按式（5.7）关于电压损失的近似，该绕组上的电压损失 ΔU_1 等于该绕组电压降 $\Delta\dot{U}_1$ 在 $\dot{U}_1$ 上的投影。由于计算 $\Delta\dot{U}_1$ 时，各相量均以 $\dot{U}_1$ 为基准，所以 $\Delta\dot{U}_1$ 的实部即为 $\Delta\dot{U}_1$ 在 $\dot{U}_1$

上的投影，即

$$\begin{aligned}\Delta U_1 &= \frac{1}{3}R_{T\triangle}[2I_1\cos\varphi_1 - I_2\cos(-120^\circ-\varphi_2)]+\\&\quad\frac{1}{3}X_{T\triangle}[2I_1\cos(90^\circ-\varphi_1)-I_2\cos(-30^\circ-\varphi_2)]\\&=\frac{1}{3}R_{T\triangle}[2I_1\cos\varphi_1+I_2\cos(60^\circ-\varphi_2)]+\\&\quad\frac{1}{3}X_{T\triangle}[2I_1\sin\varphi_1-I_2\sin(60^\circ-\varphi_2)]\end{aligned} \tag{5.16}$$

（2）滞后相绕组的电压损失。

以$\dot{U}_2$为基准相量，则牵引负荷可以写成

$$\left.\begin{aligned}\dot{I}_1 &= I_1\angle 120^\circ-\varphi_1\\ \dot{I}_2 &= I_2\angle -\varphi_2\end{aligned}\right\} \tag{5.17}$$

同样，注意以$\dot{U}_2$为基准，通过列写该绕组上的电压降方程，可得该绕组上的电压损失为

$$\Delta U_2=\frac{1}{3}R_{T\triangle}[I_1\cos(60^\circ+\varphi_1)+2I_2\cos\varphi_2]+\frac{1}{3}X_{T\triangle}[I_1\sin(60^\circ+\varphi_1)+2I_2\sin\varphi_2] \tag{5.18}$$

【例 5.1】　YNd11 接线牵引变压器及两臂负荷如图 5.8 所示，（a）、（c）表示相应绕组对应原边的相电压，已知归算到次边△绕组的相阻抗 $Z_{T\triangle}=0.545+j7.95\ \Omega$，$I_a=I_c=400$ A，设：① 机车为交-直型，$\cos\varphi_c=\cos\varphi_a=0.8$（滞后），② 机车为交-直-交型 $\cos\varphi_c=\cos\varphi_a=0.98$（滞后），试分别计算两牵引端口绕组上的电压损失 ΔU_c、ΔU_a。

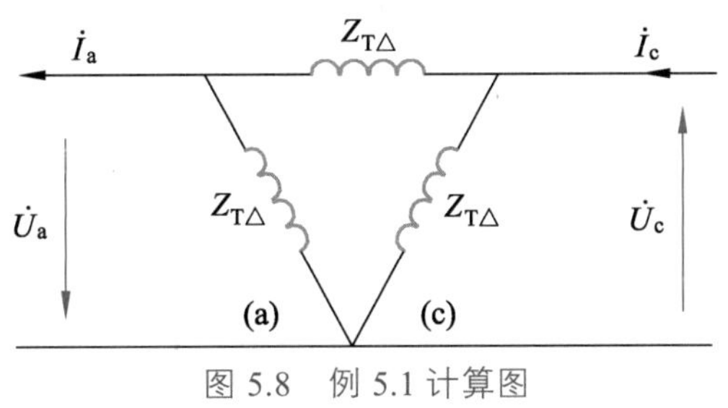

图 5.8　例 5.1 计算图

【解】（1）电力机车为交-直型，$\cos\varphi_c=\cos\varphi_a=0.8$（滞后），则功率因数角 $\varphi=36.87^\circ$。超前相（c）绕组电压损失可由式（5.17）计算得

$$\begin{aligned}\Delta U_c &= \frac{1}{3}R_{T\triangle}[2I_c\cos\varphi_c+I_a\cos(60^\circ-\varphi_a)]+\frac{1}{3}X_{T\triangle}[2I_c\sin\varphi_c-I_a\sin(60^\circ-\varphi_a)]\\&=\frac{1}{3}\times0.545\times[2\times400\times0.8+400\times\cos(60^\circ-36.87^\circ)]+\\&\quad\frac{1}{3}\times7.95\times[2\times400\times0.6-400\times\sin(60^\circ-36.87^\circ)]\\&=183.10+855.61\approx1\,039\quad(\mathrm{V})\end{aligned}$$

滞后相（a）绕组电压损失可由式（5.19）计算得

$$\begin{aligned}\Delta U_{\mathrm{a}} &= \frac{1}{3}R_{\mathrm{T}\triangle}[I_{\mathrm{c}}\cos(60^\circ+\varphi_{\mathrm{c}})+2I_{\mathrm{a}}\cos\varphi_{\mathrm{a}}]+\frac{1}{3}X_{\mathrm{T}\triangle}[I_{\mathrm{c}}\sin(60^\circ+\varphi_{\mathrm{c}})+2I_{\mathrm{a}}\sin\varphi_{\mathrm{a}}]\\ &= \frac{1}{3}\times 0.545\times[400\times\cos(60^\circ+36.87^\circ)+2\times 400\times 0.8]+\\ &\quad \frac{1}{3}\times 7.95\times[400\times\sin(60^\circ+36.87^\circ)+2\times 400\times 0.6]\\ &= 107.57+2\ 324.38\approx 2\ 432 \quad (\mathrm{V})\end{aligned}$$

（2）电力机车为交-直-交型，$\cos\varphi_{\mathrm{c}}=\cos\varphi_{\mathrm{a}}=0.98$（滞后），则功率因数角$\varphi$=11.48°。超前相（c）绕组电压损失可由式（5.17）计算得

$$\begin{aligned}\Delta U_{\mathrm{c}} &= \frac{1}{3}R_{\mathrm{T}\triangle}[2I_{\mathrm{c}}\cos\varphi_{\mathrm{c}}+I_{\mathrm{a}}\cos(60^\circ-\varphi_{\mathrm{a}})]+\frac{1}{3}X_{\mathrm{T}\triangle}[2I_{\mathrm{c}}\sin\varphi_{\mathrm{c}}-I_{\mathrm{a}}\sin(60^\circ-\varphi_{\mathrm{a}})]\\ &= \frac{1}{3}\times 0.545\times[2\times 400\times 0.98+400\times\cos(60^\circ-11.48^\circ)]+\\ &\quad \frac{1}{3}\times 7.95\times[2\times 400\times 0.20-400\times\sin(60^\circ-11.48^\circ)]\\ &= 190.56-370.14\approx -180 \quad (\mathrm{V})\end{aligned}$$

滞后相（a）绕组电压损失可由式（5.19）计算得

$$\begin{aligned}\Delta U_{\mathrm{a}} &= \frac{1}{3}R_{\mathrm{T}\triangle}[I_{\mathrm{c}}\cos(60^\circ+\varphi_{\mathrm{c}})+2I_{\mathrm{a}}\cos\varphi_{\mathrm{a}}]+\frac{1}{3}X_{\mathrm{T}\triangle}[I_{\mathrm{c}}\sin(60^\circ+\varphi_{\mathrm{c}})+2I_{\mathrm{a}}\sin\varphi_{\mathrm{a}}]\\ &= \frac{1}{3}\times 0.545\times[400\times\cos(60^\circ+11.48^\circ)+2\times 400\times 0.98]+\\ &\quad \frac{1}{3}\times 7.95\times[400\times\sin(60^\circ+11.48^\circ)+2\times 400\times 0.20]\\ &= 165.51+1429.11\approx 1595 \quad (\mathrm{V})\end{aligned}$$

由此例可见：

（1）在两臂负荷相同时，滞后相绕组的电压损失比超前相大得多，其原因是超前相臂负荷在滞后相绕组产生正电压损失分量$\left[\frac{1}{3}X_{\mathrm{T}\triangle}I_1\sin(60^\circ+\varphi_1)\right]$，而滞后相臂负荷则在超前相绕组产生负的电压损失分量$\left[-\frac{1}{3}X_{\mathrm{T}\triangle}I_2\sin(60^\circ-\varphi_2)\right]$，即电压升高。因此，实际应用中往往把重负荷臂安排在超前相，以便减少不必要的电压损失。

（2）牵引负荷功率因数的提高，对于牵引变压器电压损失的降低具有十分显著的作用。

5.4.3 Scott 接线变压器电压损失

由 3.3 节已知 Scott 接线变压器的接线方法和原理，假设次边的两个牵引端口α、β

分别对应 M 座和 T 座绕组，由于α、β端口看进的变压器等效阻抗相互独立，互阻抗为 0，那么，Scott 接线变压器α、β端口电压损失就可以分别计算。其中，α 端口对应 M 座，即为单相变压器，β端口对应 T 座，虽然原边绕组关系稍微复杂，但也可以等效成单相变压器模型，在变压器设计和制造时，使得α、β端口看进的等效阻抗相等。因此，Scott 接线变压器的电压损失可参照式（5.11）进行计算。

5.5　单线牵引网电压损失

5.5.1　计算条件

有牵引负荷时，单线区段单边供电牵引网的最大电压损失发生在末端，这与各区间列车取流位置有关。表 5.3 列出了对应的列车取流位置[18]。

表 5.3　单线牵引网列车取流位置

区间数	列车取流位置
1	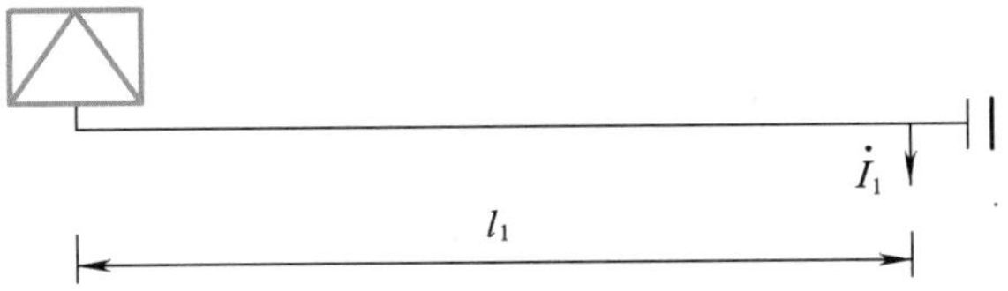 $\dot{I}_1$；l_1
2	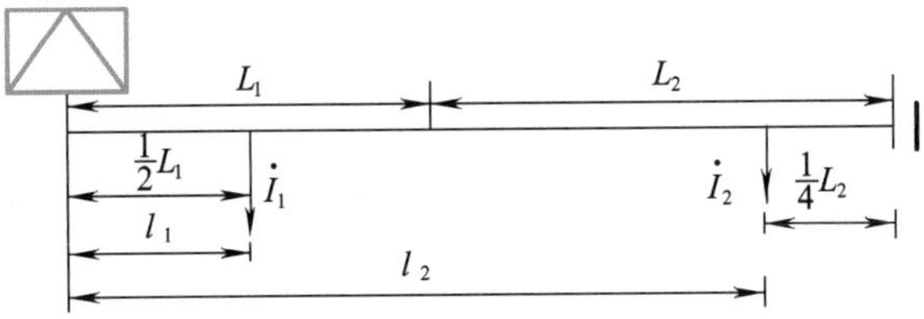 L_1，L_2；$\frac{1}{2}L_1$，$\dot{I}_1$；$\dot{I}_2$，$\frac{1}{4}L_2$；l_1；l_2
3	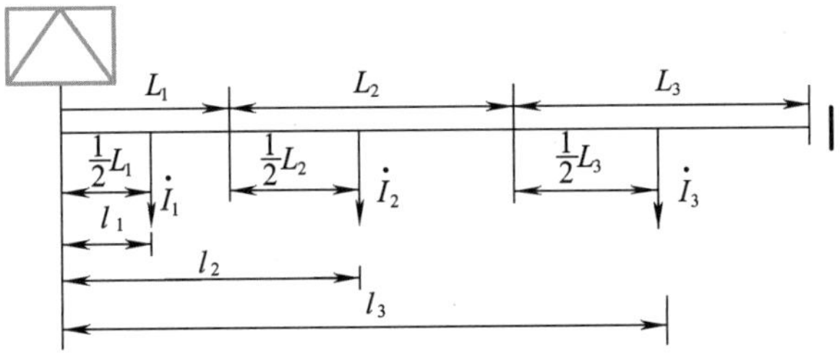 L_1，L_2，L_3；$\frac{1}{2}L_1$，$\dot{I}_1$；$\frac{1}{2}L_2$，$\dot{I}_2$；$\frac{1}{2}L_3$，$\dot{I}_3$；l_1；l_2；l_3
4	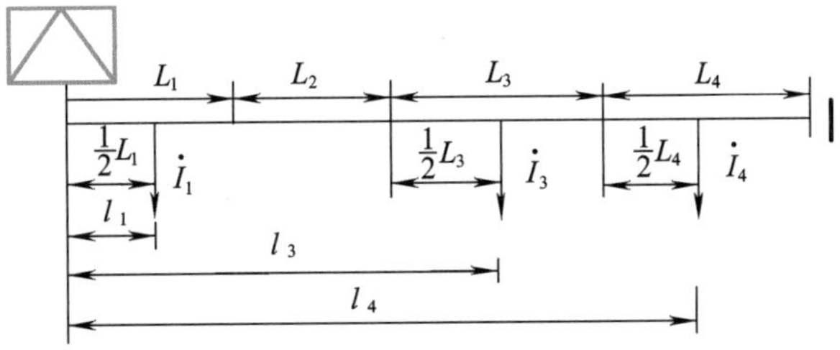 L_1，L_2，L_3，L_4；$\frac{1}{2}L_1$，$\dot{I}_1$；$\frac{1}{2}L_3$，$\dot{I}_3$；$\frac{1}{2}L_4$，$\dot{I}_4$；l_1；l_3；l_4

应当指出，列车在各区间的取流位置应考虑取流事件发生的概率及其带电概率，严格意义上，最严重的各列车取流位置在各区间末端，但那是小概率事件，工程上往往不需要考虑。同时，使用表 5.3 时应注意几点：

（1）当供电臂列车上行带电概率 p 和下行带电概率 p' 之和较小时，如 3 个区间 $p+p'\leqslant 0.35$，4 个区间 $p+p'\leqslant 0.25$，则相应项中 $\dot{I}_1$ 取消。

（2）供电臂列车带电概率按对应于线路非平行能力的列车对数进行计算。

（3）列车电流取对应位置的区间带电运行平均值。

5.5.2 计算方法

如图 5.9 所示，已知各列车取流 $\dot{I}_i$（A），功率因数角 φ_i 和距牵引变电所的距离 l_i（km），又知牵引网单位长阻抗 $z=r+\mathrm{j}x$（Ω/km）。

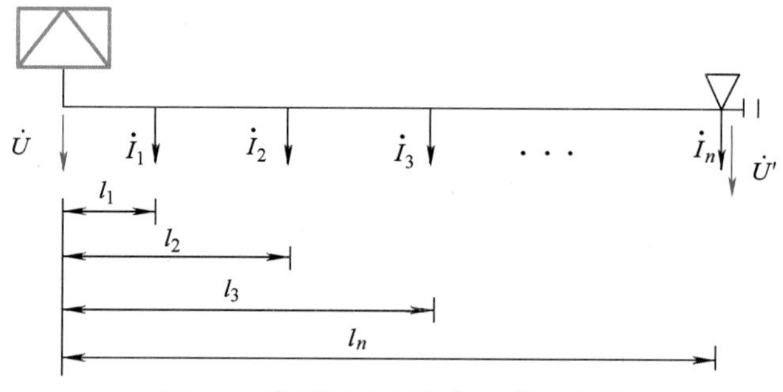

图 5.9　牵引网电压损失计算示意图

以 $\dot{U}'$ 为基准相量，忽略牵引网各点电压的相位偏移，则电压降方程为

$$\Delta\dot{U}=\dot{U}-\dot{U}'=z\sum_{i=1}^{n}I_i l_i\underline{/-\varphi_i} \tag{5.19}$$

进一步可得牵引网末端列车受电点（即图 5.9“▽”处）的电压损失为

$$\Delta U=\sum_{i=1}^{n}(r\cos\varphi_i+x\sin\varphi_i)I_i l_i \tag{5.20}$$

通常各列车负荷功率因数变化不大，可认为其相等，则式（5.20）可简化为

$$\Delta U=(r\cos\varphi+x\sin\varphi)\sum_{i=1}^{n}I_i l_i \tag{5.21}$$

令

$$z'=r\cos\varphi+x\sin\varphi\quad(\Omega/\mathrm{km}) \tag{5.22}$$

式中，z' 可视为常数，称为牵引网的等效单位阻抗。则式（5.21）表示的牵引网最大电压损失可写为

$$\Delta U = z'\sum_{i=1}^{n} I_i l_i \tag{5.23}$$

其中，$I_i l_i$ 仿力学中的力矩，在此称为电流矩。可见：单线牵引网末端电压损失，等于各电流矩之和与牵引网等效单位阻抗之积。

5.6　复线牵引网电压损失

5.6.1　电流分配规律

在图 5.10 中，已知复线上、下行末端并联供电，供电臂长为 l（km），牵引网上、下行单位长自阻抗 $z_{\text{I}} = z_{\text{II}} = z$（Ω/km），单位长互阻抗为 $z_{\text{I,II}}$（Ω/km），列车距牵引变电所距离为 l_1（km）。

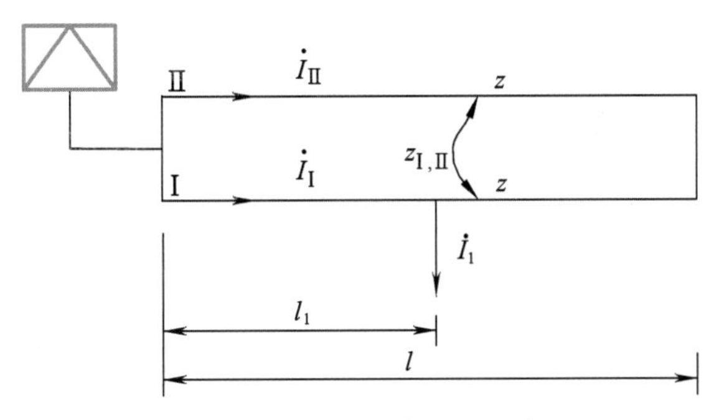

图 5.10　牵引网电流分配示意图

列车取流把牵引网分为短路径（图中 $\dot{I}_{\text{I}}$ 路线）和长路径（图中 $\dot{I}_{\text{II}}$ 路线）两支路，分别列写两支路牵引网电压降方程

$$\Delta\dot{U} = zl_1\dot{I}_{\text{I}} + z_{\text{I,II}}l_1\dot{I}_{\text{II}} \tag{5.24}$$

$$\Delta\dot{U} = zl_1\dot{I}_{\text{II}} + z_{\text{I,II}}l_1\dot{I}_{\text{I}} + z(l-l_1)\dot{I}_{\text{II}} - z_{\text{I,II}}(l-l_1)\dot{I}_{\text{II}} + z(l-l_1)\dot{I}_{\text{II}} - z_{\text{I,II}}(l-l_1)\dot{I}_{\text{II}} \tag{5.25}$$

合并上两式并整理得

$$(z - z_{\text{I,II}})l_1\dot{I}_{\text{I}} = (z - z_{\text{I,II}})(2l - l_1)\dot{I}_{\text{II}} \tag{5.26}$$

已知 $\dot{I}_1 = \dot{I}_{\text{I}} + \dot{I}_{\text{II}}$，联立式（5.26），可以解得

$$\left.\begin{aligned} \dot{I}_{\text{II}} &= \frac{l_1}{2l}\dot{I}_1 \\ \dot{I}_{\text{I}} &= \frac{2l - l_1}{2l}\dot{I}_1 \end{aligned}\right\} \tag{5.27}$$

由此可见，列车电流在复线牵引网中的分配规律：支路中的电流大小同支路的长度成反比。

5.6.2　计算条件

按上、下行连发，分别计算上、下行接触网分区所联络断路器合闸和分闸时，最严重运行情况下的牵引网电压损失。

列车电流取重型货物列车（最大取流列车，下同）带电平均电流。

追踪间隔数由重型货物列车走行时分与追踪间隔时分确定，有小数时，其小数部分放于供电臂的始端。

5.6.3　计算方法

1. 上、下行接触网联络断路器闭合情形

复线牵引网列车取流和位置如图 5.11 所示，设各列车负荷功率因数相同，则可求得上、下行线路Ⅰ、Ⅱ等效单位自阻抗 $z'_{\mathrm{I}}=z'_{\mathrm{II}}=z'$ 和互阻抗 $z'_{\mathrm{I,II}}$。参照式（5.27）所示列车电流在复线牵引网中的分配规律，求得 $\dot{I}_{\mathrm{I}}$ 和 $\dot{I}_{\mathrm{II}}$，进而求得图中各段线路电流分配。线路中存在一个电位最低点，在这个点上，电流来自左右两个方向，该点为电流分界点，称为分流点。分流点的电压损失最大、网压水平最低。经计算，图中供电臂的分流点“▽”位于上行线路Ⅰ末端列车 $\dot{I}_n$ 处，在网压水平校核时，只需计算该点电压损失。

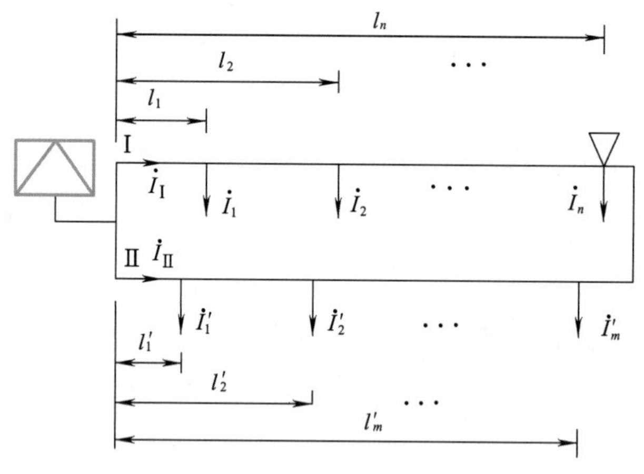

图 5.11　复线牵引网负荷分布示意图

对于线路Ⅰ上的任一列车 $\dot{I}_i$，$i=1$，2，…，n，流经短路径支路的电流为 $\dfrac{2l-l_i}{2l}\dot{I}_i$；流经长路径支路的电流为 $\dfrac{l_i}{2l}\dot{I}_i$。而对于线路Ⅱ上的任一列车 $\dot{I}'_j$，$j=1$，2，…，m，流经短、长路径的电流分别为 $\dfrac{2l-l'_j}{2l}\dot{I}'_j$ 和 $\dfrac{l'_j}{2l}\dot{I}'_j$，则供电臂上分流点“▽”处的牵引网电压损失为

$$\begin{aligned}\Delta U_{\nabla} &= \sum_{i=1}^{n}\left[z'l_i\frac{2l-l_i}{2l}I_i - z'(l_n-l_i)\frac{l_i}{2l}I_i + z'_{\mathrm{I},\mathrm{II}}l_n\frac{l_i}{2l}I_i\right] + \\ &\quad \sum_{j=1}^{m}\left[z'l_n\frac{l'_j}{2l}I'_j + z'_{\mathrm{I},\mathrm{II}}l'_j\frac{2l-l'_j}{2l}I'_j - z'_{\mathrm{I},\mathrm{II}}(l_n-l'_j)\frac{l'_j}{2l}I'_j\right] \\ &= \sum_{i=1}^{n}\left[z'-z'\frac{l_n}{2l}+z'_{\mathrm{I},\mathrm{II}}\frac{l_n}{2l}\right]I_il_i + \sum_{j=1}^{m}\left[z'\frac{l_n}{2l}+z'_{\mathrm{I},\mathrm{II}}-z'_{\mathrm{I},\mathrm{II}}\frac{l_n}{2l}\right]I'_jl'_j \\ &= \sum_{i=1}^{n}\left[z'-(z'-z'_{\mathrm{I},\mathrm{II}})\frac{l_n}{2l}\right]I_il_i + \sum_{j=1}^{m}\left[z'_{\mathrm{I},\mathrm{II}}-(z'_{\mathrm{I},\mathrm{II}}-z')\frac{l_n}{2l}\right]I'_jl'_j\end{aligned} \tag{5.28}$$

2. 上、下行接触网联络断路器分闸情形

这时牵引网成为两条单线支路，则根据 5.5 节内容，不难写出“▽”处牵引网电压损失应取两支路最大者，即

$$\Delta U_{\nabla} = \max\left\{z'\sum_{i=1}^{n}I_il_i + z'_{\mathrm{I},\mathrm{II}}\sum_{j=1}^{m}I'_jl'_j,\ \sum_{j=1}^{m}I'_jl'_j + z'_{\mathrm{I},\mathrm{II}}\sum_{i=1}^{n}I'_jl'_j\right\} \tag{5.29}$$

【例 5.2】 已知某复线区段的牵引网单位长自阻抗 z 和互阻抗 $z_{\mathrm{I},\mathrm{II}}$ 分别为 0.204+j0.480 Ω/km 和 0.026+j0.122 Ω/km，列车位置和取流大小均标于图 5.12 中。（A）计算分流点。（B）① 设机车为交-直型，牵引电流功率因数 $\cos\varphi = 0.8$（滞后）；② 机车为交-直-交型，$\cos\varphi = 0.98$（滞后），试分别计算牵引网最大电压损失。

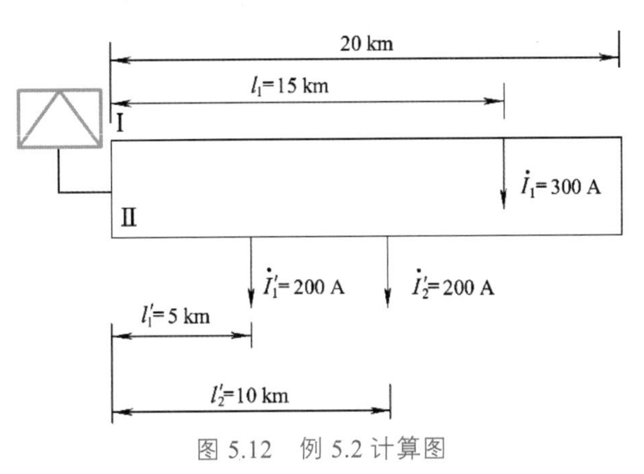

图 5.12　例 5.2 计算图

【解】（A）计算分流点。

计算供电臂首端上下行接触网电流

$$I_{\mathrm{I}} = \frac{35}{40}\times 200 + \frac{30}{40}\times 200 + \frac{15}{40}\times 300 = 437.5\ (\mathrm{A})$$

$$I_{\mathrm{II}} = \frac{5}{40}\times 200 + \frac{10}{40}\times 200 + \frac{25}{40}\times 300 = 262.5\ (\mathrm{A})$$

计算接触网各段电流，得到分流点“▽”，示于图 5.13。

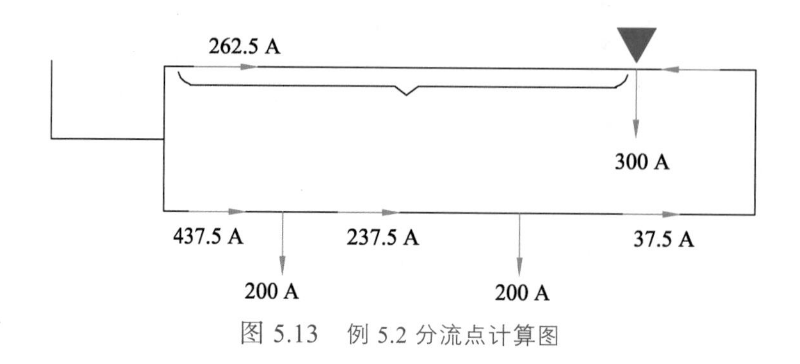

图 5.13　例 5.2 分流点计算图

（B）计算电压损失。

（1）电力机车为交-直型，牵引电流功率因数 $\cos\varphi = 0.8$（滞后），则功率因数角 $\varphi = 36.87°$。牵引网等效单位自阻抗 z' 和互阻抗 $z'_{\mathrm{I},\mathrm{II}}$ 分别为0.451 Ω/km 和0.094 Ω/km。

（1.1）并联供电（分区所横向断路器合闸）。

由式（5.28）求最大电压损失ΔU_1为

$$\begin{aligned}\Delta U_1 &= \sum_{i=1}^{1}\left[z' - (z' - z'_{\mathrm{I},\mathrm{II}})\frac{l_1}{2l}\right]I_i l_i + \sum_{j=1}^{2}\left[z'_{\mathrm{I},\mathrm{II}} - (z'_{\mathrm{I},\mathrm{II}} - z')\frac{l_1}{2l}\right]I'_j l'_j \\ &= \left[0.451 - (0.451 - 0.094)\frac{15}{2\times 20}\right]\times 300\times 15 + \\ &\quad \left[0.094 - (0.094 - 0.451)\frac{15}{2\times 20}\right](200\times 5 + 200\times 10) \\ &= 1\,427.1 + 683.6 \\ &= 2\,110.7\ \ (\mathrm{V})\end{aligned}$$

或由图 5.13 短路径按照互感电路计算牵引网最大电压损失ΔU_1为

$$\begin{aligned}\Delta U_1 &= 0.451\times 15\times 262.5 + \\ &\quad 0.094\times(437.5\times 5 + 237.5\times 5 + 37.5\times 5) \\ &= 2110.7(\mathrm{V})\end{aligned}$$

（1.2）分开供电（分区所横向断路器分闸）。

机车 $\dot{I}_1$ 受电点的牵引网电压损失ΔU_1为

$$\begin{aligned}\Delta U_1 &= I_1 z' l_1 + I'_1 z'_{\mathrm{I},\mathrm{II}} l'_1 + I'_2 z'_{\mathrm{I},\mathrm{II}} l'_2 \\ &= 300\times 0.451\times 15 + 200\times 0.094\times 5 + 200\times 0.094\times 10 \\ &= 2\,311.5\quad (\mathrm{V})\end{aligned}$$

机车 $\dot{I}_2'$ 受电点的牵引网电压损失$\Delta U_2'$ 为

$$\begin{aligned}\Delta U_2' &= I_1'z'l_1' + I_2'z'l_2' + I_1 z_{\mathrm{I},\mathrm{II}}' l_2' \\ &= 200\times0.451\times5 + 200\times0.451\times10 + 300\times0.094\times10 \\ &= 1\,635 \quad (\mathrm{V})\end{aligned}$$

按照式（5.29），取其大者，最大电压损失为 2311.5（V）。

（2）电力机车为交-直-交型，牵引电流功率因数 $\cos\varphi = 0.98$（滞后），则功率因数角 φ=11.48°。牵引网等效单位自阻抗 z' 和互阻抗 $z_{\mathrm{I},\mathrm{II}}'$ 分别为0.296 Ω/km 和0.050 Ω/km。

（2.1）并联供电（分区所横向断路器合闸）。

由式（5.28）求最大电压损失ΔU_1 为

$$\begin{aligned}\Delta U_1 &= \sum_{i=1}^{1}\left[z' - (z' - z_{\mathrm{I},\mathrm{II}}')\frac{l_1}{2l}\right]I_i l_i + \sum_{j=1}^{2}\left[z_{\mathrm{I},\mathrm{II}}' - (z_{\mathrm{I},\mathrm{II}}' - z')\frac{l_1}{2l}\right]I_j' l_j' \\ &= \left[0.296 - (0.296 - 0.050)\frac{15}{2\times20}\right]\times300\times15 + \\ &\quad \left[0.050 - (0.094 - 0.296)\frac{15}{2\times20}\right](200\times5 + 200\times10) \\ &= 916.9 + 426.8 \\ &= 1\,343.7 \quad (\mathrm{V})\end{aligned}$$

或由短路径按照互感电路可计算牵引网最大电压损失ΔU_1 为

$$\begin{aligned}\Delta U_1 &= 0.296\times15\times262.5 + \\ &\quad 0.050\times(437.5\times5 + 237.5\times5 + 37.5\times5) \\ &= 1343.7(\mathrm{V})\end{aligned}$$

（2.2）分开供电（分区所横向断路器分闸）。

机车 $\dot{I}_1$ 受电点的牵引网电压损失ΔU_1 为

$$\begin{aligned}\Delta U_1 &= I_1 z' l_1 + I_1' z_{\mathrm{I},\mathrm{II}}' l_1' + I_2' z_{\mathrm{I},\mathrm{II}}' l_2' \\ &= 300\times0.296\times15 + 200\times0.050\times5 + 200\times0.050\times10 \\ &= 1\,482 \quad (\mathrm{V})\end{aligned}$$

机车 $\dot{I}_2'$ 受电点的牵引网电压损失 $\Delta U_2'{}'$ 为

$$\begin{aligned}\Delta U_2' &= I_1'z'l_1' + I_2'z'l_2' + I_1 z_{\mathrm{I},\mathrm{II}}' l_2' \\ &= 200\times0.296\times5 + 200\times0.296\times10 + 300\times0.050\times10 \\ &= 1\,038 \quad (\mathrm{V})\end{aligned}$$

按照式（5.29），取其大者，最大电压损失为 1 482 V。

综合（1.1）和（2.1）结果可知：牵引负荷功率因数的提高，对于复线牵引网电压损失的降低具有十分显著的作用。

对比（1.2）和（2.2）结果可知：在相同功率因数情况下，末端分开时复线牵引网最大电压损失大于末端并联时的电压损失。

5.7 网压水平及改善

5.7.1 总体考虑

已经知道，牵引网上负荷点（某一列车的受电弓上）的电压损失是指外部电源供电电压水平与牵引网上最低电压水平之差，故为牵引网、牵引变压器和电网的电压损失的总和。

牵引负荷在电网中造成的最大电压损失，应根据电网运行方式和牵引负荷的资料进行计算。牵引负荷按计算牵引变压器最大电压损失的条件考虑。其中，按照《电能质量 供电电压偏差》（GB/T 12325—2008）规定，电力部门应保证牵引变电所进线母线电压正、负偏差绝对值之和不超过标称电压的10%。

5.7.2 网压水平

电压水平和电压损失是衡量供电电压质量的两个方面，二者既有独立的一面，又相互关联，正如式（5.4）定义的那样，若电源电压为 U，到负荷点的电压损失为ΔU，则负荷点的电压水平 U' 为

$$U' = U - \Delta U \tag{5.30}$$

负荷点的电压水平是保证用户负荷正常运行的关键。就电气化铁路而言，为使电力机车和动车发挥额定功率，保证运输能力，就应保证网压维持在22.5～29 kV之间的水平上。同时，《轨道交通　牵引供电系统电压》（GB/T1402—2010）和《铁路电力牵引供电设计规范》（TB 10009—2016）都规定受电弓上的最低持续电压为19 kV，不过由图5.2所示的网压-轮周功率关系曲线可知，此时电力机车和动车功率的发挥将受到影响。

5.7.3 网压水平的改善

从式（5.4）可以得知，对用户而言，改善网压水平 U'可以从两方面入手：一是提高电源（电网进线）电压 U，二是减少电压损失ΔU。前者的直接方法是调整牵引变电所母线电压；后者稍显多样，包括前面讨论的牵引变压器电压损失，牵引网电压损失，从中均可看出，当功率因数为 $\cos\varphi$ 的负荷电流 I 通过阻抗 $Z = R + \mathrm{j}X$ 时，产生的电压损失$\Delta U = I(R\cos\varphi + X\sin\varphi)$，因此减少$\Delta U$ 的主要措施有两项：一是减小阻抗$|Z|$；二是减小

$\sin\varphi$，即提高功率因数。针对前者，可采用载流承力索或加强导线，选择合理的供电方式及供电臂长度等；针对后者，停产交-直型电力机车、推广交-直-交型电力机车和动车是个巨大的进步，见例 5.1 和例 5.2，还可以选择并联无功补偿装置，下面逐一介绍。并联补偿装置在第 6、7 章讨论。

1. 调整牵引变电所母线电压

放低变压器分接开关位置可以提高牵引变电所牵引母线空载电压。常用的牵引变压器分接开关位置、反变压比和 27.5 kV 侧母线空载电压列于表 5.4。

表 5.4　常用牵引变压器分接开关位置、反变压比和 27.5 kV 侧母线空载电压

分接头位置	$110(1\pm2\times2.5\%)$ kV 变压器		$110\left(1\pm\frac{1}{3}\times2.5\%\right)$ kV 变压器		分接头位置示意图
	反变压比	母线空载电压/kV	反变压比	母线空载电压/kV	
Ⅰ	0.238	26.18	0.244	26.84	Ⅰ Ⅱ Ⅲ Ⅳ Ⅴ
Ⅱ	0.244	26.84	0.250	27.5	
Ⅲ	0.250	27.5	0.257	28.27	
Ⅳ	0.257	28.27	0.263	28.93	
Ⅴ	0.263	28.93	0.270	29.7	

这种方法简便有效，但其局限性在于：① 电压调整范围小，为±5%；② 通常是无载调压，不宜用于系统电压频繁波动的场合。

在电压波动较大的变电所，可以采用带有载分接开关的牵引变压器，或采用调压变压器。但注意由于系统阻抗存在，调压范围是有限的，见习题 5.5。

2. 采用载流承力索或加强导线

当牵引负荷一定时，牵引网电压损失与牵引网阻抗成正比。因此采用载流承力索或加强导线具有明显的降低牵引网阻抗的作用，一般可以降低 25%以上。

在特殊情况下，如山区地段，铁路线路有较大迂回的场合下，架设捷接线也是行之有效的方法。

根据降低阻抗提高网压的原理，还可以考虑对牵引网进行串联电容补偿（SCC），但其效果受到功率因数 $\cos\varphi$（滞后）的制约，功率因数越高，补偿效果越差。考虑到交-直-交型列车广泛使用，功率因数很高，本书不再讨论串联电容补偿，但有兴趣的读者可参阅文献[21]。

3. 采用合理的牵引网供电方式

AT 供电方式可以降低系统阻抗和电压损失，重要铁路应加以选用。

双边供电比单边供电有更小的电压损失，在条件允许的情况下，应采用双边供电[5, 14]。

4. 选择合理的供电臂长度

供电臂长度直接影响牵引网阻抗甚至影响臂负荷大小，因此要求合理地选择牵引供电系统的牵引变电所及分区所位置，在某些困难的地段，甚至要考虑增设牵引变电所，以适当地缩短供电臂长度，其中，应考虑列车的再生发电工况。

5. 同相供电

牵引变电所的同相供电和分区所双边供电可以构成贯通供电，可以更灵活地选择所址和分区所位置，在满足网压水平要求基础上，便于系统地优化设计与运行。其中，牵引变电所的同相供电装置在补偿负序的同时，可以发挥无功补偿作用，进一步补偿功率因数和牵引母线电压。详见第 7 章。

习题与思考题

5.1　根据图 5.2 和图 5.3 及其对应公式，绘制网压-牵引电流曲线。

5.2　电压降和电压损失是怎样定义的？对比电压降而言，为什么供电系统中更重视电压损失？

5.3　对单线牵引网，书中重点关注最大电压损失，也就是关注最低电压水平，以保证最困难区段电力机车正常通过。在牵引负荷下，单线牵引网最大电压损失或最低电压水平发生在末端列车受电点处或分区所处。参照图 5.9，推导任意列车受电点 $\dot{I}_i$ 处的牵引网电压损失 ΔU_i 表达式，$i=1, 2, 3, \cdots, n$，并说明 $\Delta U_i \leqslant \Delta U_n$，$\Delta U_n$ 即为式（5.23）的 ΔU。

5.4　一电源向 n 个相同等效单位阻抗 $z'=r\cos\varphi+x\sin\varphi$ 的输电线和负荷供电，当电源供电时，各负荷点记录的有效电流分别为 I_i，$i=1, 2, \cdots, n$，电压水平为 U_i，$i=1, 2, \cdots, n$。求 n 条输电线电压与长度 l_i 之比。

5.5　当牵引网电压水平过低时，采用有载变压器调压是一种直接、简单、节资的方案，但正像书中所言，调压范围是有限的。假设变电所牵引母线和馈线之间安装自耦变压器 AT 以提高牵引网电压。若忽略电阻分量，设归算到牵引侧的电源电压为 $U_{\rm S}({\rm kV})$，电网和牵引变压器的电抗为 $X_{\rm ST}(\Omega)$，AT 在牵引母线侧的电压为 $U_{\rm F}({\rm kV})$，牵引网侧的电压（水平）为 U'，调压变比 $k=\dfrac{U'}{U_{\rm F}}\geqslant 1$，牵引负荷电流为 I，功率因数为 $\cos\varphi$（滞后），AT 为理想变压器，试求：

（1）调压后的牵引网电压水平 U' 的表达式；

（2）使牵引网电压达到最大值所对应的AT变比 k 的表达式 $f(k)$；

（3）绘制 $f(k)$ 的趋势图（读者可根据实际供电系统的参数绘制实际曲线）。

5.6　某牵引供电系统实施双边供电（可以单线铁路为例），考虑最简单情况，当有一列取流为 I 的列车通过时，试说明，双边供电比单边供电产生的最大电压损失小，即网压水平高。

第 6 章 负序与治理

牵引负荷是一种单相电力负荷，在三相电网中造成负序电流，破坏了电网的三相对称性，由于牵引负荷同时还具有随机波动性，所以给负序的分析带来了一些特殊问题。

需要注意，牵引负荷不在电网中造成零序电流。

6.1 牵引变电所的负序

6.1.1 负序电流的一般表达式

目前，国内外牵引供电系统中所采用的牵引变压器的接线方式多种多样，而且还在不断出现新的接线方式。根据第 3 章所述，概括起来可分为 4 类，即纯单相 Ii 接线、Vv 接线、三相 YNd11 接线和三相-两相平衡接线。为通用起见，暂且撇开这些各式各样的具体接线方式，用系统变换的方法研究牵引变电所负序的一般表达式，同时将并联无功补偿（PRC）装置作为独立端口与牵引负荷端口作分别考虑。

在图 6.1 所示的系统中，牵引变电所原边电网的相电压、相电流分别为 $\dot{U}_{\mathrm{A}}$、$\dot{U}_{\mathrm{B}}$、$\dot{U}_{\mathrm{C}}$ 和 $\dot{I}_{\mathrm{A}}$、$\dot{I}_{\mathrm{B}}$、$\dot{I}_{\mathrm{C}}$，为了降低绝缘和便于管理，PRC 装置通常位于牵引变电所牵引侧，可把其端口与牵引负荷端口作统一标定，即设有 n 个端口且其电气量分别记为 $\dot{I}_p$，$\dot{U}_p$，$p=1, 2, \cdots, n$。可见牵引变电所是连接两侧系统的变换元件。

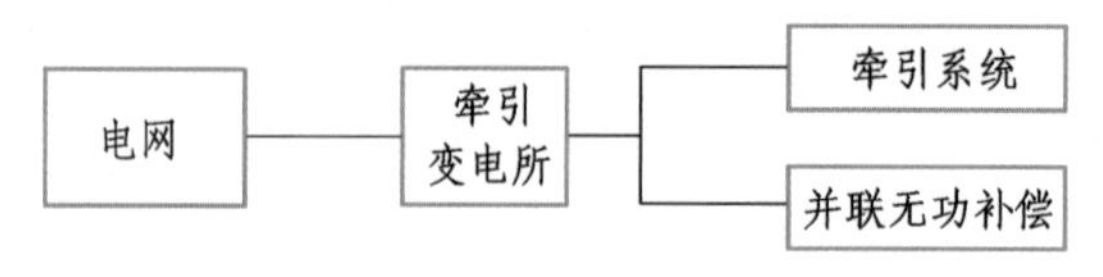

图 6.1　牵引变电所两侧系统划分

若设电网足够强大，它提供三相对称的电压源，并取 $\dot{U}_{\mathrm{A}}$ 为基准相量，则有

$$\begin{bmatrix}\dot{U}_{\mathrm{A}} & \dot{U}_{\mathrm{B}} & \dot{U}_{\mathrm{C}}\end{bmatrix}^{\mathrm{T}}=\begin{bmatrix}1 & a^2 & a\end{bmatrix}^{\mathrm{T}}\dot{U}_{\mathrm{A}} \tag{6.1}$$

其中，$a=\mathrm{e}^{\mathrm{j}120^\circ}=-\dfrac{1}{2}+\mathrm{j}\dfrac{\sqrt{3}}{2}$。同时设牵引侧端口电压与一次侧线电压 $\sqrt{3}U_{\mathrm{A}}$ 之比为 k_p，即

$$k_p \triangleq \frac{U_p}{\sqrt{3}U_A}, \quad p=1,2,\cdots,n \tag{6.2}$$

设$\dot{U}_p$滞后$\dot{U}_A$的初相角为ψ_p，称为端口 p 的接线角，即

$$\dot{U}_p = U_p e^{-j\psi_p} = \sqrt{3}U_A k_p e^{-j\psi_p} \tag{6.3}$$

端口 p 的电流$\dot{i}_p$滞后其端口电压$\dot{U}_p$的相角φ_p为功率因数角，设滞后为“+”，则有端口电流表达式

$$\dot{i}_p = i_p e^{-j(\psi_p+\varphi_p)}, \quad p=1,\ 2,\ \cdots,\ n \tag{6.4}$$

由于牵引侧任一端口单独运行时都不在三相电网中产生零序电流，则由$\dot{i}_p$造成的三相电流满足

$$\dot{i}_{Ap} + \dot{i}_{Bp} + \dot{i}_{Cp} = 0, \quad p=1,\ 2,\ \cdots,\ n \tag{6.5}$$

再由功率守恒原理（电压取共轭，忽略变压器内部损失）得

$$\dot{U}_A^* \cdot \dot{i}_{Ap} + \dot{U}_B^* \cdot \dot{i}_{Bp} + \dot{U}_C^* \cdot \dot{i}_{Cp} = \dot{U}_p^* \cdot \dot{i}_p, \quad p=1,\ 2,\ \cdots,\ n \tag{6.6}$$

将式（6.1）、式（6.5）、式（6.6）联立得

$$\begin{bmatrix} 1 & 1 & 1 \\ 1 & -1/2 & -1/2 \\ 0 & \sqrt{3}/2 & -\sqrt{3}/2 \end{bmatrix} \begin{bmatrix} \dot{i}_{Ap} \\ \dot{i}_{Bp} \\ \dot{i}_{Cp} \end{bmatrix} = \begin{bmatrix} 0 \\ \sqrt{3}k_p \cos\psi_p \\ \sqrt{3}k_p \sin\psi_p \end{bmatrix} \dot{i}_p, \quad p=1,\ 2,\ \cdots,\ n$$

上式两边左乘复数变换阵

$$\begin{bmatrix} 1 & 0 & 0 \\ 0 & 1 & -j \\ 0 & 1 & j \end{bmatrix}$$

可得

$$\begin{bmatrix} 1 & 1 & 1 \\ 1 & a^2 & a \\ 1 & a & a^2 \end{bmatrix} \begin{bmatrix} \dot{i}_{Ap} \\ \dot{i}_{Bp} \\ \dot{i}_{Cp} \end{bmatrix} = \begin{bmatrix} 0 \\ \sqrt{3}k_p e^{-j\psi_p} \\ \sqrt{3}k_p e^{j\psi_p} \end{bmatrix} \dot{i}_p, \quad p=1,\ 2,\ \cdots,\ n$$

由上式求逆可得到$\begin{bmatrix} \dot{i}_{Ap} & \dot{i}_{Bp} & \dot{i}_{Cp} \end{bmatrix}^T$，再利用叠加定理可求得 n 个单相端口电流共同作用时的原边三相电流

$$\begin{bmatrix} \dot{i}_A \\ \dot{i}_B \\ \dot{i}_C \end{bmatrix} = \frac{1}{\sqrt{3}} \begin{bmatrix} 1 & 1 & 1 \\ 1 & a & a^2 \\ 1 & a^2 & a \end{bmatrix} \begin{bmatrix} 0 \\ \sum_{p=1}^{n} k_p \dot{i}_p e^{-j\psi_p} \\ \sum_{p=1}^{n} k_p \dot{i}_p e^{j\psi_p} \end{bmatrix} \tag{6.7}$$

由此，利用对称分量法可分解出正、负序电流，并将式（6.4）代入，得正、负序电流通用表达式

$$\dot{i}^{+}=\frac{1}{\sqrt{3}}\sum_{p=1}^{n}k_{p}i_{p}\mathrm{e}^{-\mathrm{j}\varphi_{p}} \tag{6.8}$$

$$\dot{i}^{-}=\frac{1}{\sqrt{3}}\sum_{p=1}^{n}k_{p}i_{p}\mathrm{e}^{-\mathrm{j}(2\psi_{p}+\varphi_{p})} \tag{6.9}$$

用 $3\dot{U}_{\mathrm{A}}$ 乘以式（6.8）、式（6.9）的共轭复数可得通用三相系统的正、负序（视在）功率表达式

$$\dot{s}^{+}=\sum_{p=1}^{n}s_{p}\mathrm{e}^{\mathrm{j}\varphi_{p}} \tag{6.10}$$

$$\dot{s}^{-}=\sum_{p=1}^{n}s_{p}\mathrm{e}^{\mathrm{j}(2\psi_{p}+\varphi_{p})} \tag{6.11}$$

式中，$s_{p}=U_{p}i_{p}$ 为端口 p 的视在功率模值。

由式（6.8）~（6.11）可得如下结论：

结论 6.1 各端口负荷在三相系统造成的负序功率，不仅与各端口负荷的功率因数角 φ（负荷性质）有关，还因端口接线角 ψ 不同而不同，即与负荷在各端口上的分布方式及牵引变压器的接线方式有关。

结论 6.2 当单相端口负荷功率给定时，不论牵引变压器接线方式如何，不论如何变换所选端口，均产生相同模值的负序功率。换言之，为降低纯单相负荷产生的负序功率（或负序电流）而选择牵引变压器的接线方式是无效的。

对结论 6.2 可做以下说明。由式（6.11）可知，给定端口负荷 $\dot{s}_{p}=\dot{U}_{p}\dot{i}_{p}^{*}$ 产生的负序功率为

$$\dot{s}_{p}^{-}=s_{p}\mathrm{e}^{\mathrm{j}(2\psi_{p}+\varphi_{p})} \tag{6.12}$$

这说明，另一端口 $l(p\neq l)$，只要 $s_{p}=s_{l}$，则负序功率为

$$|\dot{s}_{p}^{-}|=|\dot{s}_{l}^{-}|,\quad p\neq l \tag{6.13}$$

结论 6.3 当两臂牵引负荷幅值不等时，无论采用何种接线方式的牵引变压器，均不能自行彻底消除负序电流或功率，即此时恒有剩余负序电流存在。

证明： 牵引变电所通常有两个相异相位的单相牵引端口，且端口电压模值相等，$k_{1}=k_{2}=k$，在式（6.9）中，令 $\dot{i}^{-}=0$，得

$$i_{1}\mathrm{e}^{\mathrm{j}(2\psi_{1}+\varphi_{1})}=i_{2}\mathrm{e}^{\mathrm{j}(\pm180^{\circ}+2\psi_{2}+\varphi_{2})} \tag{6.14}$$

显然，$i_{1}\neq i_{2}$ 时，ψ_{1}，ψ_{2} 的任何选择均不能使式（6.14）成立。只有当

$$i_1 = i_2 \quad 和 \quad \psi_2 = \psi_1 \pm 90° + \frac{\varphi_1 - \varphi_2}{2} \tag{6.15}$$

时，才能使 $\dot{i}^- = 0$。但对于随机波动性较大的牵引负荷，$i_1 = i_2$ 的概率几乎不存在。换言之，只要有牵引负荷存在，就几乎总有剩余负序电流注入电网。

实际上两供电臂负荷的功率因数角差异较小，可以忽略，可假设 $\varphi_1 = \varphi_2$，若选择接线角 $\psi_2 = \psi_1 \pm 90°$，即两臂（牵引端口）电压等量垂直，则有

$$\dot{i}^- = \frac{k}{\sqrt{3}}(i_1 - i_2)\mathrm{e}^{-\mathrm{j}(2\psi_1 + \varphi_1)} \tag{6.16}$$

k 为端口电压之比，同式（6.2）的定义。

因此，孤立地看，当异相供电的两个牵引端口均为牵引工况时，三相-两相平衡接线牵引变压器，如 Scott、Le-Balance、变形 Wood-Bridge、Kübler 等均是减弱负序电流的最佳变换变压器。

6.1.2　全负序相量图

从式（6.9）中可分离出端口负荷 $\dot{i}_p$ 单独作用产生的负序电流分量 $\dot{i}_p^-$，即

$$\dot{i}_p^- = \frac{1}{\sqrt{3}}k_p i_p \mathrm{e}^{-\mathrm{j}(2\psi_p + \varphi_p)}, \quad p = 1,\ 2,\ \cdots,\ n \tag{6.17}$$

因为 $\dot{i}_p^-$ 亦是以 $\dot{U}_\mathrm{A}^+$ 为基准相量，不过其中 ψ_p 是端口 p 电压 $\dot{U}_p$（或取其反向标向相量）滞后 $\dot{U}_\mathrm{A}^+$ 的接线角，φ_p 则是端口 p 负荷的功率因数角，从式（6.17）中提取接线角 ψ_p，人为定义一个单位相量 $\dot{U}_p^-$，即

$$\dot{U}_p^- = \mathrm{e}^{-\mathrm{j}2\psi_p}, \quad p = 1,\ 2,\ \cdots,\ n \tag{6.18}$$

称之为单位负序电压。则式（6.17）可简记为

$$\dot{i}_p^- = \frac{1}{\sqrt{3}}k_p i_p \dot{U}_p^- \mathrm{e}^{-\mathrm{j}\varphi_p}, \quad p = 1,\ 2,\ \cdots,\ n \tag{6.19}$$

由此，我们可按下列步骤描绘一幅反映各端口负荷产生的负序电流的相量图，即参考相量 $\dot{U}_\mathrm{A}$（$\dot{U}_\mathrm{A}^+$），由各端口接线角 ψ_p 加倍即得该端口单位负序电压相量 $\dot{U}_p^-$，参考 $\dot{U}_p^-$，再按该端口负荷的功率因数角旋转即得其负序电流分量。由此得到的相量图能反映任意端口 $p = i$、j、k 及其负荷电流产生的负序分量的分布状况，故称之为全负序相量图，如图 6.2 所示。

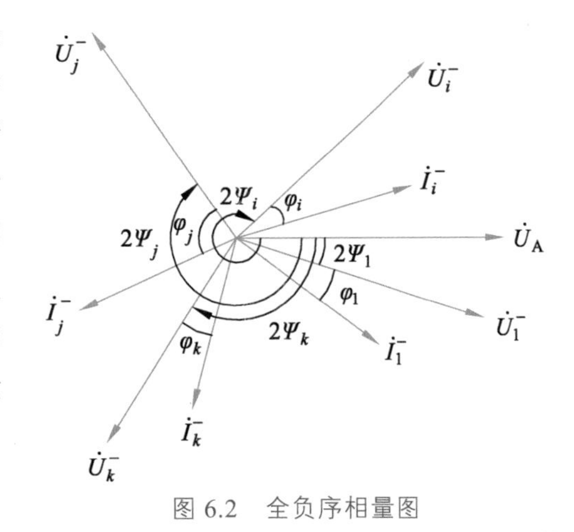

图 6.2　全负序相量图

全负序相量图可用于以下两个方面：

1. 牵引变电所合成负序电流（或负序功率）

通常用静态法求得平均负序电流，由动态法求得有效负序电流。

当认为各端口负荷相互独立时，由静态法求平均负序电流可直接对 $\dot{i}_p^-$ 的幅值在所讨论时间 T 内求平均而得平均负序分量 $\dot{I}_p^-$，$p=1, 2, \cdots, n$，从而可在全负序相量图上直接合成得到 $\dot{I}^-$，即

$$\overline{\dot{i}_p^-}=\dot{I}_p^-=\frac{1}{\sqrt{3}}k_pI_p\mathrm{e}^{-\mathrm{j}(2\psi_p+\varphi_p)},\quad p=1, 2, \cdots, n \tag{6.20}$$

其中，I_p 为端口 p 在 T 时间内的平均负荷。由式（6.9）得合成负序平均值：

$$\dot{I}^-=\sum_{p=1}^{n}\dot{I}_p^-=\sum_{p=1}^{n}\frac{1}{\sqrt{3}}k_pI_p\mathrm{e}^{-\mathrm{j}(2\psi_p+\varphi_p)} \tag{6.21}$$

由式（6.21），只要根据具体接线方式代入各端口接线角和其负荷功率因数角等，即可确定平均合成负序电流。

用动态法求有效合成负序电流，不能在全负序相量图上直接合成得到，通常需要经过以下几个步骤求得：

（1）由具体接线和有关端口的功率因数角确定全负序相量图中各即时负序分量 $\dot{i}_p^-$；

（2）选择适当的复平面坐标系（通常使一个坐标轴与一个负序分量重合）；

（3）把 $\dot{i}_p^-$ 分解为实部和虚部分量，分别把实、虚部累加，求各自平方及其展开式，合并同类项；

（4）在时间 T 上求平均；

（5）开平方得有效合成负序电流 $\dot{I}_\varepsilon^-$。

【例 6.1】 导出任意接线牵引变电所通用有效合成负序电流 $\dot{I}_\varepsilon^-$ 的表达式。

【解】 设牵引变压器有接线角为 ψ_p（$p=1, 2, \cdots, n$）的 n 个端口，端口 p 负荷功率因数角（滞后）为 φ_p，$p=1, 2, \cdots, n$，负荷 i_p 的日平均值为 I_p，有效系数为 $k_{\varepsilon p}$，变比为 k_p，则

（1）作负序相量图，参考 $\dot{U}_\mathrm{A}$，如图 6.2 所示。

（2）选坐标使其实轴与 $\dot{U}_\mathrm{A}$ 重合。分解 $\dot{i}_p^-$ 得实部、虚部分别为

$$\begin{cases}\mathrm{Re}[\dot{i}_p^-]=i_p^-\cos(2\psi_p+\varphi_p)\\ \mathrm{Im}[\dot{i}_p^-]=-i_p^-\sin(2\psi_p+\varphi_p)\end{cases},\quad p=1, 2, \cdots, n$$

（3）$|\dot{i}^-|^2=\dot{i}^-\cdot\dot{i}^{-*}=\left[\sum_{p=1}^{n}\mathrm{Re}(\dot{i}_p^-)\right]^2+\left[\sum_{p=1}^{n}\mathrm{Im}(\dot{i}_p^-)\right]^2$

$$=\sum_{p=1}^{n}i_p^{-2}+2\sum_{k=1}^{n-1}\sum_{l=k+1}^{n}i_k^-i_l^-\cos(2\psi_k+\varphi_k-2\psi_l-\varphi_l)$$

（4）考虑到$i_p^- = \dfrac{1}{\sqrt{3}} k_p i_p$，$p = 1$，2，…，$n$，则对上式求平均，且$\overline{i_p^2} = k_{\varepsilon p}^2 I_p^2$，$\overline{i_p} = I_p$，又 i_k 与 i_l 相互独立，即$\overline{i_k i_l} = I_k I_l$，于是

$$(I_\varepsilon^-)^2 = \overline{|i^-|^2}$$
$$= \left(\frac{1}{\sqrt{3}}\right)^2 \left[\sum_{p=1}^{n}(k_p k_{\varepsilon p} I_p)^2 + 2\sum_{k=1}^{n-1}\sum_{l=k+1}^{n} k_k I_k k_l I_l \cos(2\psi_k + \varphi_k - 2\psi_l - \varphi_l)\right]$$

（5）开平方得

$$I_\varepsilon^- = \frac{1}{\sqrt{3}}\left[\sum_{p=1}^{n}(k_p k_{\varepsilon p} I_p)^2 + 2\sum_{k=1}^{n-1}\sum_{l=k+1}^{n} k_k I_k k_l I_l \cos(2\psi_k + \varphi_k - 2\psi_l - \varphi_l)\right]^{\frac{1}{2}} \qquad (6.22)$$

即得本例结果。

应当指出，由于负荷的波动性，通常$k_{\varepsilon p} > 1$，则动态法得到的I_ε^-大于静态法得到的I^-，只有当各端口负荷平稳、$k_{\varepsilon p} = 1$时才有$I_\varepsilon^- = I^-$，即I^-可由式（6.22）中令$k_{\varepsilon p} = 1$（$p = 1$，2，…，n）求得。

2. 导出实用的全负序相量图

首先考察几种常用接线方式牵引变压器的接线端口。

单相 Ii 接线牵引变压器只能取用一个线电压，即在牵引侧取$\dot{U}_{AB}$、$\dot{U}_{BC}$、$\dot{U}_{CA}$或其反向$\dot{U}_{BA}$、$\dot{U}_{CB}$、$\dot{U}_{AC}$中任意一个；

Vv 接线牵引变压器只能取用一对线电压，即在牵引侧取$\dot{U}_{AB}$、$\dot{U}_{BC}$、$\dot{U}_{CA}$或其反向$\dot{U}_{BA}$、$\dot{U}_{CB}$、$\dot{U}_{AC}$中任意一对；

YNd11 接线牵引变压器只能取用一对相电压，即在牵引侧取$\dot{U}_A$和$\dot{U}_B$、$\dot{U}_B$和$\dot{U}_C$、$\dot{U}_A$和$\dot{U}_C$中任意一对；

三相-两相平衡接线变压器通常取一个相电压和一个线电压给两个牵引端口供电，即在牵引侧取$\dot{U}_A$和$\dot{U}_{BC}$、$\dot{U}_B$和$\dot{U}_{CA}$、$\dot{U}_C$和$\dot{U}_{AB}$中任一对，如图 6.3 ~ 6.5 所示。

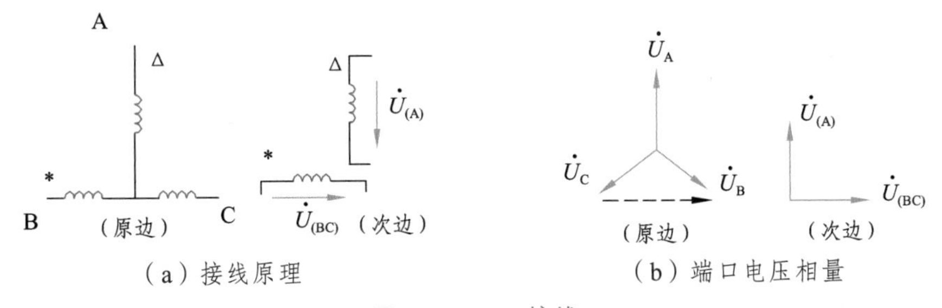

图 6.3　Scott 接线

可见，三个相电压和三个线电压能够全部覆盖以上各种接线。个别三相-两相接线稍有不同，如 Kübler 接线很少用到，偶尔用到也可用图 6.2 的全负序相量图解之。由这样

六个端口接线角 ψ_p 可确定一组单位负序电压相量 $\dot{U}_p^-$，追加各端口负荷功率因数角即可确定相应端口负荷产生的负序电流分量。由此可得一张实用相角表和一幅实用全负序相量图，分别如表 6.1 和图 6.6 所示。

表 6.1　实用相角表

端口相别 p	A	B	C	AB	BC	CA
接线角 ψ_p	0°	120°	−120°	−30°	90°	−150°
$\dot{U}_p^-$ 滞后 $\dot{U}_A$ 的角度 $2\psi_p$	0°	−120°	120°	−60°	180°	60°
功率因数角 φ_p	$\varphi_{(A)}$	$\varphi_{(B)}$	$\varphi_{(C)}$	$\varphi_{(AB)}$	$\varphi_{(BC)}$	$\varphi_{(CA)}$

有了实用全负序相量图，对于分析、计算常用牵引变电所的负序特性会更得心应手。

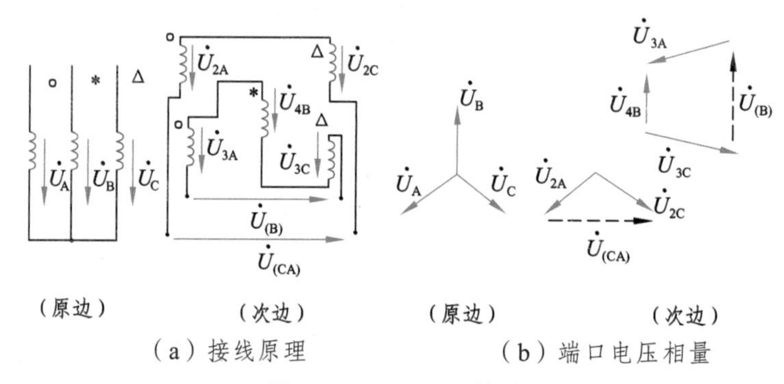

图 6.4　Le-Blance 接线

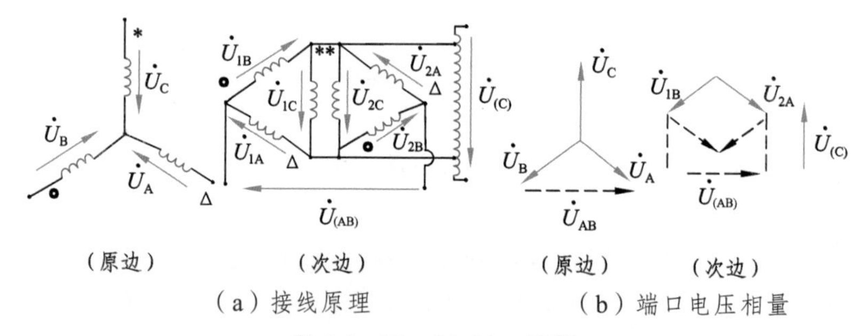

图 6.5　Wood-bridge 接线

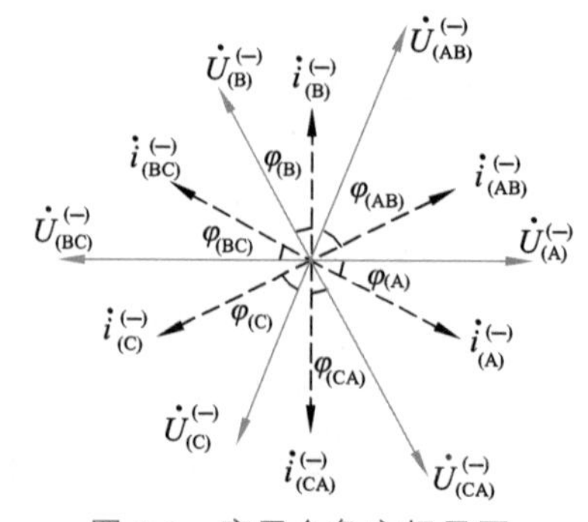

图 6.6　实用全负序相量图

6.1.3　典型负序电流的计算

本节前面部分先抛开牵引变电所的具体接线方式，给出分析负序电流及负序功率的通用表达式。为贴近实际，又以最常用的 Ii、Vv、YNd11 和多见的三相-两相平衡接线牵引变压器为例总结出实用全负序相量图，目的就是既掌握一般理论又能解决实际问题。下面仍以最常用的各种接线牵引变压器为例，讨论牵引变电所的负序电流计算，可能有些重复，但可达到实用、巩固之效。

1. YNd11 牵引变电所负序电流计算

YNd11 牵引变电所的两供电臂端口电压是 A、B、C 三相中的某两相，按式（6.9）只要得知每个端口的接线角和变比，就能求得注入电网（A 相）的负序电流。为更通用，设 YNd11 牵引变电所三相均有负荷，即端口 1、2、3 负荷为 I_1、I_2、I_3 并分别对应 A，B，C 三相，且变比 $k_T=\dfrac{1}{k_i}$，$i=1$，2，3，则 $\psi_1=0°$，$\psi_2=120°$，$\psi_3=240°$（$-120°$），那么由式（6.9）通用表达式得原边合成负序电流

$$\dot{I}^{-}=\frac{1}{\sqrt{3}k_T}[I_1\mathrm{e}^{-\mathrm{j}\varphi_1}+I_2\mathrm{e}^{-\mathrm{j}(-120°+\varphi_2)}+I_3\mathrm{e}^{-\mathrm{j}(120°+\varphi_3)}] \tag{6.23}$$

显然，当次边三端口负荷大小和功率因数角相等时，式（6.23）的合成负序电流为 0，这就是对称负荷的情况。实际上，YNd11 牵引变电所只有两相牵引负荷，可由实际情形选择。

对于给定接线变电所及其实际负荷分布情况，亦可不直接套用式（6.9），而按下列步骤推导：① 将负荷臂端口电流分配到次边△绕组中；② 归算到原边三相系统中；③ 用对称分量法求负序电流（如无特殊说明，均以 $\dot{U}_A$ 为基准相量）。

（1）负荷 $\dot{I}_a$ 单独作用，该端口对应原边 A 相，如图 6.7 所示。

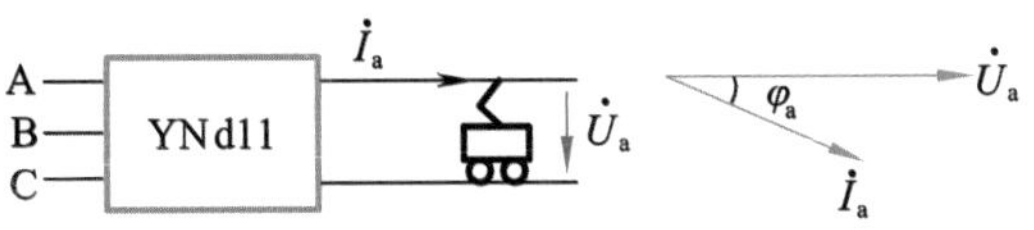

图 6.7　a 相负荷单独作用

则次边△绕组中的电流为

$$\begin{bmatrix}\dot{I}'_a\\ \dot{I}'_b\\ \dot{I}'_c\end{bmatrix}=\frac{1}{3}\begin{bmatrix}2\\ -1\\ -1\end{bmatrix}\dot{I}_a \tag{6.24}$$

以变比 k_T（原边线电压与次边端口电压之比）归算到原边。通常原边线电压为 110 kV，次边端口电压为 27.5 kV，即 $k_T=4$，注意△-Y 的变换，则

$$\left.\begin{aligned}\dot{I}_A&=\frac{\sqrt{3}}{k_T}\cdot\frac{2}{3}\dot{I}_a=\frac{1}{2\sqrt{3}}I_a\angle-\varphi_a\\ \dot{I}_B&=-\frac{\sqrt{3}}{k_T}\cdot\frac{1}{3}\dot{I}_a=-\frac{1}{4\sqrt{3}}I_a\angle-\varphi_a\\ \dot{I}_C&=-\frac{\sqrt{3}}{k_T}\cdot\frac{1}{3}\dot{I}_a=-\frac{1}{4\sqrt{3}}I_a\angle-\varphi_a\end{aligned}\right\}$$

用对称分量法得

$$\dot{I}_{a}^{-}=\frac{1}{3}\begin{bmatrix}1 & a^{2} & a\end{bmatrix}\begin{bmatrix}\dot{I}_{A}\\ \dot{I}_{B}\\ \dot{I}_{C}\end{bmatrix}=\frac{1}{4\sqrt{3}}I_{a}\underline{/-\varphi_{a}} \tag{6.25}$$

（2）负荷端口对应 B 相时，即 $\dot{I}_{b}$ 单独作用，如图 6.8（a）所示。

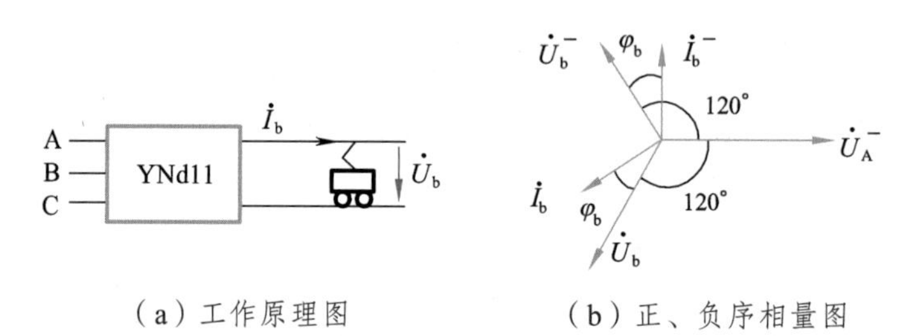

（a）工作原理图　　（b）正、负序相量图

图 6.8　b 相负荷单独作用

以 $\dot{U}_{A}$ 为基准相量，则有关相量如图 6.8（b）所示，$\dot{I}_{b}=I_{b}\underline{/-120°-\varphi_{b}}$。它在次边△绕组中的电流分布为

$$\begin{bmatrix}\dot{I}_{a}'\\ \dot{I}_{b}'\\ \dot{I}_{c}'\end{bmatrix}=\frac{1}{3}\begin{bmatrix}-1\\ 2\\ -1\end{bmatrix}\dot{I}_{b}$$

归算到原边得

$$\begin{bmatrix}\dot{I}_{A}\\ \dot{I}_{B}\\ \dot{I}_{C}\end{bmatrix}=\frac{\sqrt{3}}{k_{T}}\begin{bmatrix}\dot{I}_{a}'\\ \dot{I}_{b}'\\ \dot{I}_{c}'\end{bmatrix}$$

分解出负序分量

$$\dot{I}_{b}^{-}=\frac{1}{3}\begin{bmatrix}1 & a^{2} & a\end{bmatrix}\begin{bmatrix}\dot{I}_{A}\\ \dot{I}_{B}\\ \dot{I}_{C}\end{bmatrix}$$

整理得

$$\dot{I}_{b}^{-}=\frac{1}{4\sqrt{3}}I_{b}\underline{/120°-\varphi_{b}} \tag{6.26}$$

（3）负荷端口对应 C 相时，即 $\dot{I}_{c}$ 单独作用，如图 6.9（a）所示。

以 $\dot{U}_{A}$ 为基准相量，则有关相量如图 6.9（b）所示，$\dot{I}_{c}=I_{c}\underline{/120°-\varphi_{c}}$。它在次边△绕组中的电流分布为

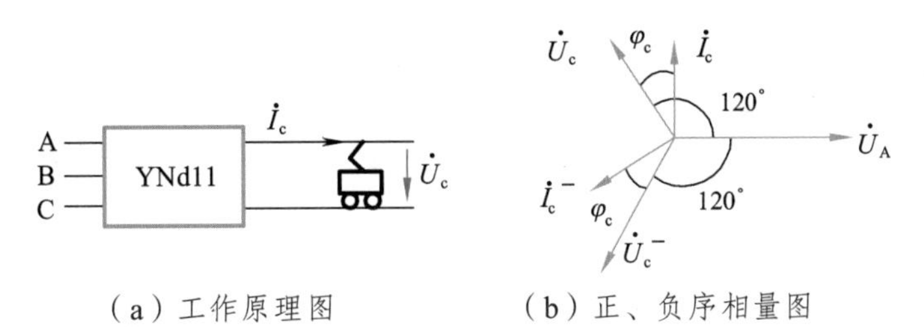

（a）工作原理图　　　　（b）正、负序相量图

图 6.9　c 相负荷单独作用

$$\begin{bmatrix} \dot{I}'_a \\ \dot{I}'_b \\ \dot{I}'_c \end{bmatrix} = \frac{1}{3}\begin{bmatrix} -1 \\ -1 \\ 2 \end{bmatrix}\dot{I}_c$$

归算到原边得

$$\begin{bmatrix} \dot{I}_A \\ \dot{I}_B \\ \dot{I}_C \end{bmatrix} = \frac{\sqrt{3}}{k_T}\begin{bmatrix} \dot{I}'_a \\ \dot{I}'_b \\ \dot{I}'_c \end{bmatrix}$$

分解出负序分量

$$\dot{I}_c^- = \frac{1}{3}\begin{bmatrix} 1 & a^2 & a \end{bmatrix}\begin{bmatrix} \dot{I}_A \\ \dot{I}_B \\ \dot{I}_C \end{bmatrix}$$

整理得

$$\dot{I}_c^- = \frac{1}{4\sqrt{3}} I_c \angle -120° - \varphi_c \tag{6.27}$$

这样我们就求得了次边端口分别由负荷作用时在原边产生的负序电流。实际变电所都是两负荷臂，用叠加定理不难对式（6.25）、（6.26）、（6.27）作相量相加得到。

由以上分析，对于 YNd11 接线牵引变压器，以 $\dot{U}_A$ 为基准相量，将次边端口作用产生的负序电流相角总结于表 6.2。

表 6.2　YNd11 接线牵引变电所负序电流相角

相别 p	A	B	C
负序分量相角 θ_p^-	$-\varphi_p$	$120° - \varphi_p$	$-120° - \varphi_p$

【例 6.2】　已知三相 YNd11 接线牵引变电所，进线电压为 110 kV，两臂负荷为 $\dot{I}_a$、$\dot{I}_b$。求注入三相系统 A 相的负序电流。

【解 1】　使用式（6.9）的负序电流通用表达式求合成负序电流或直接用式（6.23），$I_1 = I_a$，$I_2 = I_b$，$I_3 = 0$，$k_T = 4$，则

$$\dot{I}_{\Sigma}^{-}=\frac{1}{4\sqrt{3}}(I_{a}\underline{/-\varphi_{a}}+I_{b}\underline{/120°-\varphi_{b}})$$

【解 2】 应用式（6.25）、（6.26）和叠加定理直接得

$$\dot{I}_{\Sigma}^{-}=\dot{I}_{a}^{-}+\dot{I}_{b}^{-}=\frac{1}{4\sqrt{3}}(I_{a}\underline{/-\varphi_{a}}+I_{b}\underline{/120°-\varphi_{b}})$$

2. Vv 和 Ii 接线牵引变电所负序电流计算

仍以 $\dot{U}_{A}$ 为基准相量，供电臂电压取 $\dot{U}_{ab}$、$\dot{U}_{bc}$、$\dot{U}_{ca}$ 中任一个。

（1）当负荷为 $\dot{I}_{ab}$ 时，相关相量图如图 6.10 所示，$\dot{I}_{ab}=I_{ab}\underline{/30°-\varphi_{ab}}$。

变换到原边的三相电流为

$$\left.\begin{aligned}&\dot{I}_{A}=\dot{I}_{AB}=\frac{1}{k_{T}}I_{ab}\underline{/30°-\varphi_{ab}}\\&\dot{I}_{B}=-\dot{I}_{AB}=-\frac{1}{k_{T}}I_{ab}\underline{/30°-\varphi_{ab}}\\&\dot{I}_{C}=0\end{aligned}\right\}$$

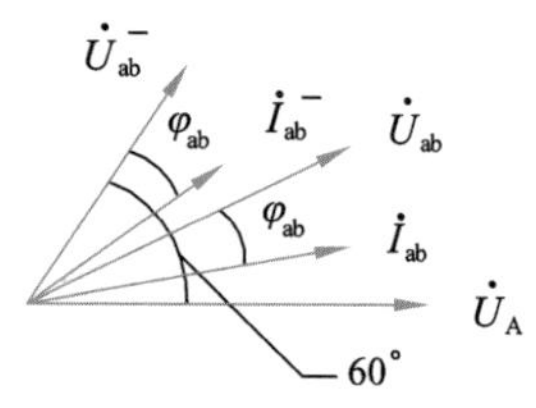

图 6.10 负荷为 $\dot{I}_{ab}$ 时的相关相量图

解出原边负序电流

$$\dot{I}_{ab}^{-}=\frac{1}{3}\begin{bmatrix}1 & a^{2} & a\end{bmatrix}\begin{bmatrix}1\\-1\\0\end{bmatrix}\cdot\frac{1}{k_{T}}\dot{I}_{ab}=\frac{I_{ab}}{\sqrt{3}k_{T}}\underline{/60°-\varphi_{ab}} \tag{6.28}$$

（2）当负荷为 $\dot{I}_{bc}$ 时，相关相量图如图 6.11 所示，$\dot{I}_{bc}=I_{bc}\underline{/-90°-\varphi_{bc}}$。

变换到原边三相电流为

$$\left.\begin{aligned}&\dot{I}_{A}=0\\&\dot{I}_{B}=\dot{I}_{BC}=\frac{1}{k_{T}}I_{bc}\underline{/-90°-\varphi_{bc}}\\&\dot{I}_{C}=-\dot{I}_{BC}=-\frac{1}{k_{T}}I_{bc}\underline{/-90°-\varphi_{bc}}\end{aligned}\right\}$$

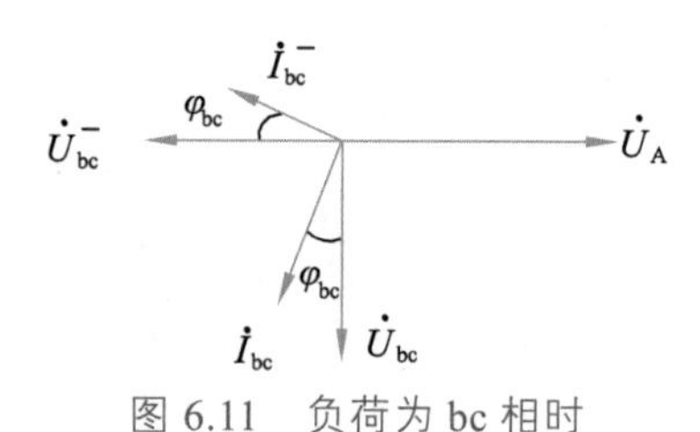

图 6.11 负荷为 bc 相时相关相量图

同理，分解出原边负序电流

$$\dot{I}_{bc}^{-}=\frac{1}{3}\begin{bmatrix}1 & a^{2} & a\end{bmatrix}\begin{bmatrix}0\\1\\-1\end{bmatrix}\cdot\frac{1}{k_{T}}\dot{I}_{bc}=\frac{I_{bc}}{\sqrt{3}k_{T}}\underline{/180°-\varphi_{bc}} \tag{6.29}$$

（3）当负荷为 $\dot{I}_{ca}$ 时，相关相量图如图 6.12 所示，$\dot{I}_{ca}=I_{ca}\underline{/150°-\varphi_{ca}}$。

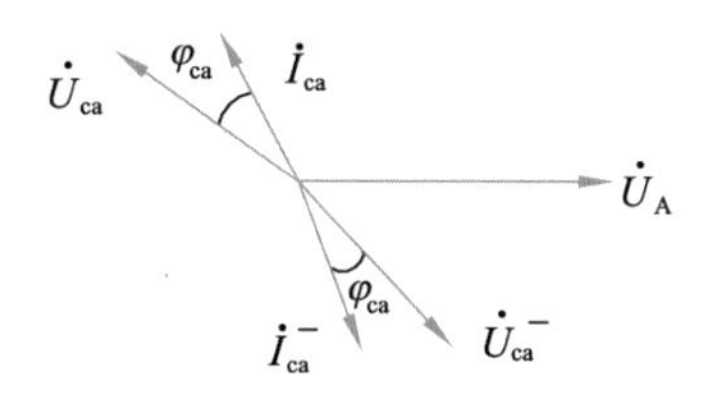

图 6.12　负荷为 $\dot{I}_{ca}$ 时的相关相量图

同理可求得原边负序电流

$$\dot{I}_{ca}^- = \frac{I_{ca}}{\sqrt{3}k_T}\angle -60° - \varphi_{ca} \tag{6.30}$$

由以上分析可得，对于单相接线牵引变压器，以 $\dot{U}_A$ 为基准相量，其负序电流相角如表 6.3 所示。

表 6.3　Vv 和 Ii 接线牵引变电所负序电流相角

相别 p	AB	BC	CA
负序分量相角 θ_p^-	$60° - \varphi_p$	$180° - \varphi_p$	$-60° - \varphi_p$

Ii 接线牵引变电所可为上述三种情形中任一种，Vv 接线牵引变电所则是其中任意两种的组合。

3. 平衡接线变压器负序电流

以 Scott 接线变压器为例，见图 3.13，由式（3.14）仍使用叠加定理。

（1）当 $\dot{I}_\alpha$ 单独作用时，以 $\dot{I}_\alpha^{(0)}$、$\dot{I}_\alpha^{(+)}$、$\dot{I}_\alpha^{(-)}$ 分别表示 $\dot{I}_\alpha$ 在一次侧 A 相产生的零序、正序、负序分量，则有

$$\begin{bmatrix}\dot{I}_\alpha^{(0)}\\ \dot{I}_\alpha^{(+)}\\ \dot{I}_\alpha^{(-)}\end{bmatrix} = \frac{1}{3}\times\frac{1}{\sqrt{3}k_T}\dot{I}_\alpha\begin{bmatrix}1 & 1 & 1\\ 1 & a & a^2\\ 1 & a^2 & a\end{bmatrix}\begin{bmatrix}-1\\ -1\\ 2\end{bmatrix} = \frac{1}{\sqrt{3}k_T}\dot{I}_\alpha\begin{bmatrix}0\\ a^2\\ a\end{bmatrix} = \frac{1}{\sqrt{3}k_T}I_\alpha\begin{bmatrix}0\\ 1\angle -\varphi_\alpha\\ 1\angle -120° - \varphi_\alpha\end{bmatrix} \tag{6.31}$$

从结果可知，由此产生的各序分量与三相接线变压器 $\dot{I}_c$ 单独作用时相同。

（2）当 $\dot{I}_\beta$ 单独作用时，以 $\dot{I}_\beta^{(0)}$，$\dot{I}_\beta^{(+)}$，$\dot{I}_\beta^{(-)}$ 表示 $\dot{I}_\beta$ 在一次侧 A 相产生的零序、正序、负序分量，则有

$$
\begin{aligned}
\begin{bmatrix} \dot{I}_{\beta}^{(0)} \\ \dot{I}_{\beta}^{(+)} \\ \dot{I}_{\beta}^{(-)} \end{bmatrix} &= \frac{1}{3}\times\frac{1}{\sqrt{3}k_{\mathrm{T}}}\dot{I}_{\beta}\begin{bmatrix} 1 & 1 & 1 \\ 1 & a & a^{2} \\ 1 & a^{2} & a \end{bmatrix}\begin{bmatrix} \sqrt{3} \\ -\sqrt{3} \\ 0 \end{bmatrix} \\
&= \frac{1}{\sqrt{3}k_{\mathrm{T}}}\dot{I}_{\beta}\begin{bmatrix} 0 \\ 1\angle -30^{\circ} \\ 1\angle 30^{\circ} \end{bmatrix} = \frac{1}{\sqrt{3}k_{\mathrm{T}}}I_{\beta}\begin{bmatrix} 0 \\ 1\angle -\varphi_{\beta} \\ 1\angle 60^{\circ}-\varphi_{\beta} \end{bmatrix}
\end{aligned}
\tag{6.32}
$$

从结果可知，由此产生的各序分量与单相变压器 $\dot{I}_{ab}$ 单独作用时相同。

综合以上分析，由表 6.2 和表 6.3 的结果，也可得到图 6.6 所示的实用全负序相量图。

6.2　负序对电力系统及其元件的不良影响

负序对电力系统的不良影响主要表现在对发电机、异步电动机、变压器、输电线、反映负序分量的继电保护装置以及通信系统等方面的影响和干扰[7, 35]。

1. 负序对发电机的影响

（1）使发电机转子产生附加损耗和过热现象。在发电机定子回路中有不平衡负荷时，将产生负序电流，负序电流经过定子绕组时，形成负序旋转磁场，以同步转速 ω_{H} 与转子的旋转方向相反旋转。从定子向转子看去，这个负序旋转磁场以 $2\omega_{H}$ 即 2 倍同步转速切割转子。

负序旋转磁场以 2 倍同步转速（旋转方向与转子旋转方向相反）切割转子的阻尼部件（如槽锲、齿部、阻尼绕组）及励磁绕组，并在其中产生两倍频率（$2f_{H}$）的电流，称附加电流。由于附加电流流过转子，在转子中产生附加的损耗并发热，可用 $I^{2}r$ 来计算，因此在槽锲和护环、槽锲和铁心以及护环和铁心等的接触面处电阻较高，感应涡流流过时会产生局部过热，破坏转子部件的机械强度，并因其温升过高影响励磁绕组的绝缘强度。

（2）使发电机组振动增加。负序旋转磁场产生 $2f_{H}$ 频率的附加交变磁场力矩，同时作用在转子转轴、定子铁心及支持它们的机座上，从而引起附加两倍工频振动。长时间的振动将会引起金属疲劳和机械损坏。

因此，同步发电机容许的负序电流主要取决于如下三个条件：

① 定子绕组的最大电流不得超过发电机的额定电流；

② 转子上任何一点的温度不得超过该点金属材料或绝缘材料的容许温度；

③ 机组的振动不得超过容许值。

2. 负序电压对电动机的危害

输入电网的基波负序电流在电力系统内形成的基波负序电压加到异步电动机端点时，将在电动机中产生基波负序电流。异步电动机正、负序基波阻抗随转差率 s 的变化曲线如图 6.13 所示，正常运行时 s 很小（0.02 ~ 0.05），正序阻抗 Z^+很大，而负序阻抗 Z^-很小。由图 6.13 可见，负序阻抗 Z^- 比电机不转时的起动阻抗 $Z^+_{s=1}$ 还小，故很小的负序电压就会在异步电动机中产生很大的负序电流。

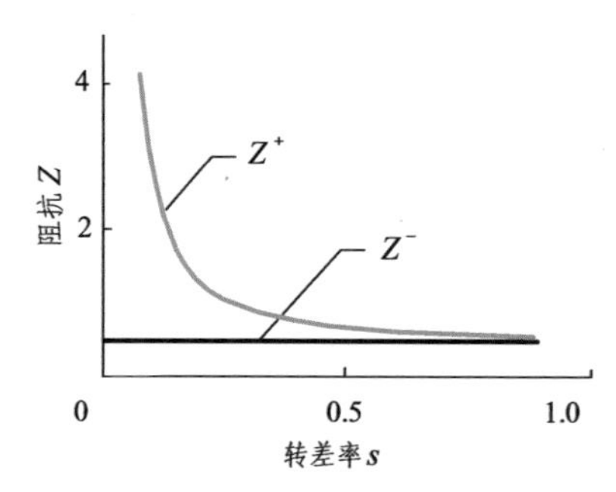

图 6.13　异步电动机正、负序基波阻抗随转差率 s 的变化曲线

一般异步电动机在额定电压 U_N 下的起动电流为 5 ~ 6 倍额定电流 I_N，设电动机外加负序电压 $U^- = (0.1 \sim 0.2)U_N$，则负序电流为 $I^- = (0.1 \sim 0.2)(5 \sim 6)I_N = (0.5 \sim 1.2)I_N \approx I_N$，即可达 I_N 的水平。与电动机额定负荷时的正序电流 $I^+ = I_N$ 叠加，在最严重的情况下与一相电流同相时可达 $2I_N$，另两相为 I_N；在最轻情况下与一相电流反相时为零，而另两相为 $\sqrt{3}I_N$，均要使定子和转子绕组局部过负荷，绕组铜损局部增大，引起局部过热而烧毁。

同时，负序电流在定子绕组中产生的反向旋转磁场，在转子铁心叠片中产生涡流，引起铁损增加，使转子发热，并产生反向制动转矩，降低电动机的出力和过负荷能力。

3. 负序分量对继电保护及自动装置的影响

以负序电流滤过器或负序电压滤过器为起动元件的继电保护和自动装置，如发电机的负序电流保护装置、变压器的复合电压起动过电流保护装置、线路的距离保护振荡闭锁装置、相差高频保护装置以及故障录波器等，当遭受到电气化铁路产生的大量负序分量侵入时，可能引起保护误动作，引起电网的供电故障。

4. 负序电流限制系统设备的出力

负序电流流入系统的发电机、变压器等三相设备，与其原有的正序电流合成，形成该设备的三相不平衡电流。设负序不对称度为 $\alpha = \dfrac{I^-}{I^+}$，A 相正、负序电流的相位差角为 $\theta_A = \theta_A^+ - \theta_A^-$，$\theta_A^+$ 和 θ_A^- 为 A 相正、负序电流的初相角，则 B，C 相分别为 $\theta_B = \theta_A + 120°$ 和 $\theta_C = \theta_A - 120°$，故三相电流分别为

$$\left.\begin{aligned} I_A &= I^+\sqrt{1+\alpha^2+2\alpha\cos\theta_A} \\ I_B &= I^+\sqrt{1+\alpha^2+2\alpha\cos(\theta_A+120°)} \\ I_C &= I^+\sqrt{1+\alpha^2+2\alpha\cos(\theta_A-120°)} \end{aligned}\right\} \tag{6.33}$$

统一表示为

$$I = I^+\sqrt{1+\alpha^2+2\alpha\cos\lambda} \tag{6.34}$$

式中　I—— 三相电流；

λ—— 对应相正、负序电流间的相位差角。

当α一定时，I的大小取决于 $\cos\lambda$。$\cos\lambda$ 随θ_A的变化曲线如图 6.14 所示。三相 $\cos\lambda$ 的最大值曲线为图中余弦波顶线（实线），在 0.5 ~ 1.0 之间按 A、C、B 三相周期变化。因此，三相中最大电流发生在 $-60°\leqslant\lambda\leqslant 60°$的范围内，其值在下列范围内变化

$$I^+\sqrt{1+\alpha^2+\alpha} \leqslant I_{max} \leqslant I^+(1+\alpha) \tag{6.35}$$

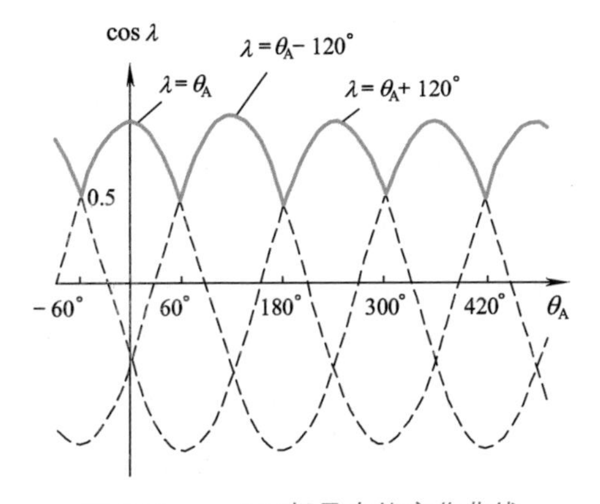

图 6.14　$\cos\lambda$ 三相最大值变化曲线

可见，有负序电流存在时，三相中的最大电流总是大于系统设备原有的正序电流，造成设备的过电流，迫使其减出力运行。即是说，电气化铁路输入系统的负序电流，占有了系统设备的容量，其大小计算如下。

系统设备长期运行时，任一相的总电流不得超过该设备的额定电流。设进入设备的负序电流 I^-与其额定电流 I_N之比为β，并用不对称度α表示为

$$\beta = \frac{I^-}{I_N} = \frac{\alpha I^+}{I_N} \tag{6.36}$$

当负序电流在设备的某一相中与正序电流同相时，该相$\lambda = 0$，则要受到该相额定电流的限制而降低设备的出力，负序电流占有设备的最大容量。由 $I^+ + \beta I_N = I_N$ 得设备输出允许的最大正序电流为 $I^+ = (1-\beta)I_N$，故额定电压下设备最大出力降低为

$$S=(1-\beta)S_{\mathrm{N}} \tag{6.37}$$

式中　S_{N} —— 设备的额定容量。负序电流占用设备的容量为

$$\Delta S=\beta S_{\mathrm{N}} \tag{6.38}$$

当负序电流在设备的某一相中与正序电流反相时，另两相的$\lambda=\pm 60°$，则要受到另两相额定电流的限制而降低设备的出力，负序电流占有设备的最小容量。由$\sqrt{I^{+^2}+\beta^2 I_{\mathrm{N}}^2+\beta I^+ I_{\mathrm{N}}}=I$ 解得允许最大正序电流 I^+，设备出力按 I^+的表达式降低为

$$S=\left(\sqrt{1-\frac{3\beta^2}{4}}-\frac{\beta}{2}\right)S_{\mathrm{N}}\approx\left(1-\frac{\beta}{2}-\frac{3\beta^2}{8}\right)S_{\mathrm{N}} \tag{6.39}$$

负序电流占有设备的容量为

$$\Delta S\approx\left(\frac{\beta}{2}+\frac{3\beta^2}{8}\right)S_{\mathrm{N}} \tag{6.40}$$

取上述两种情况的平均值，则负序电流使设备出力降低量及其百分数为

$$\left.\begin{aligned}&\overline{S}\approx\left(1-\frac{3\beta}{4}-\frac{3\beta^2}{16}\right)S_{\mathrm{N}}\approx\left(1-\frac{3\beta}{4}\right)S_{\mathrm{N}}\\&\overline{S}/S_{\mathrm{N}}=\left(1-\frac{3\beta}{4}\right)\times 100\%\end{aligned}\right\} \tag{6.41}$$

负序电流占有设备的平均容量及其百分数为

$$\left.\begin{aligned}&\overline{\Delta S}\approx\left(\frac{3\beta}{4}+\frac{3\beta^2}{16}\right)S_{\mathrm{N}}\approx\left(\frac{3\beta}{4}\right)S_{\mathrm{N}}\\&\overline{\Delta S}/S_{\mathrm{N}}\approx\left(\frac{3\beta}{4}\right)\times 100\%\end{aligned}\right\} \tag{6.42}$$

实测表明，电气化铁路负序电流占有向其供电的主变压器平均容量的 10%以上，对于系统内受其影响的大型发电机，负序电流为$\beta=3\%$时，占有其平均容量能达到 2.5%左右。

5. 负序电流增大电网损耗

输入系统的负序电流在线路、变压器等设备中形成的三相电流如式（6.33）所示，最大电流变化范围如式（6.35）所示，若设备的三相电阻为 R，则三相不平衡损耗ΔP 对于正序损耗ΔP^+的相对值为

$$\frac{\Delta P}{\Delta P^+}=\frac{(I_{\mathrm{A}}^2+I_{\mathrm{B}}^2+I_{\mathrm{C}}^2)R}{3(I^+)^2 R}=1+\alpha^2 \tag{6.43}$$

可见，电网各设备的负序电流不对称度α越大，负序电流引起的网损越大。

总之，电气化铁路牵引负荷的负序会对电力系统及其元件产生不良影响，在有些方面，甚至产生较严重的危险性影响，应认真对待。

6.3 负序的限值及在电力系统中的分布计算

6.3.1 对负序的限制值

负序对电力系统的危害，主要表现为对发电机的影响。负序电流在发电机转子中感应电流，造成发电机转子附加发热。因此，一般制造厂对出厂的发电机都规定有负序电流限制。

国家标准《旋转电机 定额和性能》（GB /T 755—2019）规定：连续运行情况，$I_{相\max} \leqslant I_N$，且 $I^- / I_N \leqslant 0.08$（可长期运行）；短时运行情况，$\left(\dfrac{I^-}{I_N}\right)^2 t \leqslant 20\,\text{s}$（运行时间受限制）。

国家标准《电能质量 三相电压不平衡》（GB/T 15543—2008）规定：① 电力系统公共连接点电压（PCC）不平衡度限值为：电网正常运行时负序电压平衡度不超过 2%，短时不得超过 4%；② 接于公共连接点的每个用户引起该点负序电压不平衡度允许值一般为 1.3%，短时不超过 2.6%。根据连接点的负荷状况以及邻近发电机、继电保护和自动装置安全运行要求，该允许值可作适当变动，但必须满足①的规定。

6.3.2 电力系统负序网络模型

在一般计算条件下，可认为电力系统是一个对称系统，正序网络和负序网络之间没有耦合，它们均可用单相电路模型表示。

1. 电力系统各电气元件的负序阻抗

发电机：正序阻抗和负序阻抗不相等，其值可查阅相关资料。在一般近似计算中，可取其次暂态电抗 X''_d，即 $X_{F2} = X''_d$。由于发电机发出的是对称三相电势，所以在负序网络中，发电机负序电势为零。

变压器：负序阻抗和正序阻抗相等，即 $X_{T2} = X_{T1}$。

线路：负序阻抗和正序阻抗相等，即 $X_{L2} = X_{L1}$。

2. 负序网络模型

三相电力系统在 A、B 两相发生短路，如果我们把单相负荷用阻抗 Z_f 表示，如图 6.15 所示，其半值 $Z_f/2$ 串入 A 相，另半值 $Z_f/2$ 串入 B 相；C 相电流为零，所以也假设串入 $Z_f/2$。那么，单相负荷电路便成为如图 6.15 所示的对称三相电路，只是在 A、B 两相短路。

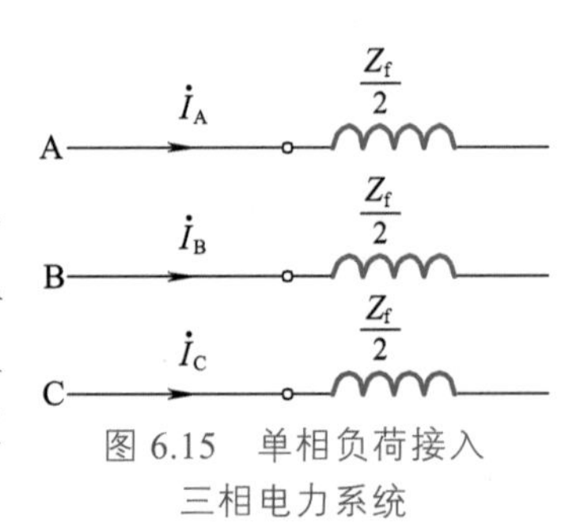

图 6.15 单相负荷接入三相电力系统

考虑一个具体的电力系统，如图 6.16（a）所示，正序电路和负序电路都是对称三相电路，所以它们都可以用一个相来代表所有三相，分别示于图 6.16（b）和图 6.16（c），称为正序网络和负序网络。图中 U_1 与 U_2 分别表示负荷点的正序和负序电压。单相负荷是稳态过程，所以在图 6.16（b）中发电机用恒压源 $\dot{E}$ 和正序阻抗的串联来表示。图 6.16（c）所示负序网络中，发电机则用发电机负序电抗 X_2 表示。由于发电机中产生的是对称的三相电势，所以在负序网络中发电机负序电势为零，电抗为 X_2。

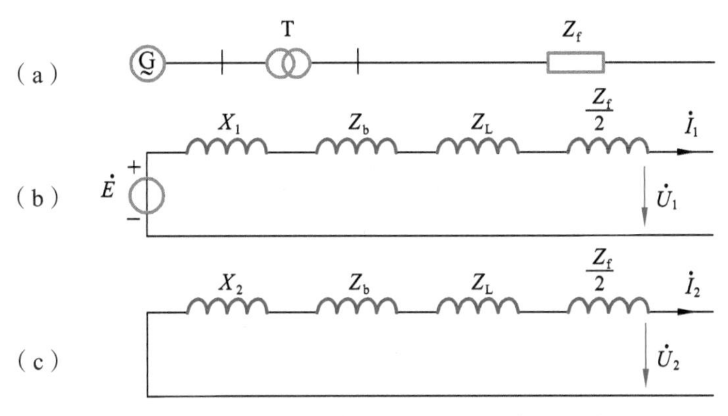

图 6.16　电力系统及其正、负序网络

如前所述，单相负荷造成正序电流与负序电流，模值上 $I_1 = I_2$，所以我们可有图 6.17 中的等值计算电路，称为复合序网。电路中 $\dot{E}$ 是唯一的电源，它送出电流 $\dot{I}_1$，经 X_1、Z_b、Z_L 和 $Z_f/2$，然后进入负序网络，经 X_2、Z_b、Z_L 和 $Z_f/2$ 流回。所以负序电流产生的电能损失也是由发电机提供。正序网络和负序网络中的电压分布分别表示于图 6.18（a）与（b）中。由于 X_2 中有电压损失，所以图 6.18（b）中电压的起点略低于零。由图可知，负荷点的正序电压 U_1 等于发电机电压减去正序电路中的正序电压损失，而负序电压 U_2 则等于负序电路中的负序电压损失（包括 X_2 中的损失）。负序电压在负荷点最大，越接近电源越小。

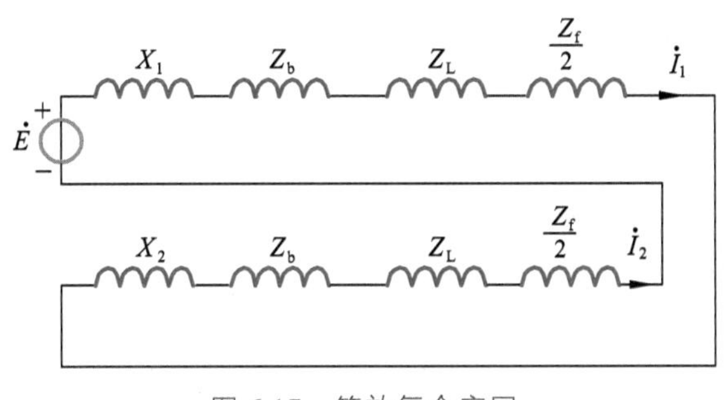

图 6.17　等效复合序网

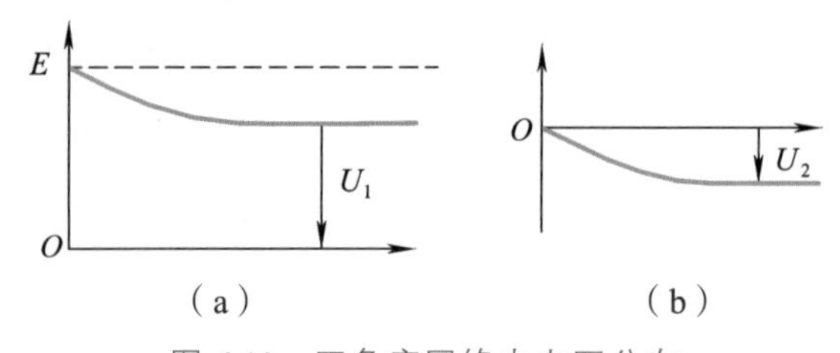

图 6.18　正负序网络中电压分布

以上复合序网中，$Z_f/2+Z_f/2=Z_f$ 即负荷阻抗。因此可以认为，正序电流通过单相负荷 Z_f 产生负序电流，在系统网络循环。所以从效果上可以把单个负荷看成一个负序电流源，其电流为 I_2，其端电压为 U_2，如图 6.17 和图 6.18 所示。负序电压在负荷点等于负序电流源端电压 U_2，然后沿输电线下降，到发电机转子中下降为零。这个概念同样可适用于其他不对称的负荷状态，对实际处理负序问题非常方便。

6.3.3　负序网络的负序分配系数

定义：任一支路的负序电流与负序电流源注入电力系统的负序电流之比称为该支路的负序电流分配系数。在图 6.19 中，ij 支路的负序电流分配系数为

$$C_{ij}=\frac{\dot{I}_{ij}^{-}}{\dot{I}_2}\times 100\% \tag{6.44}$$

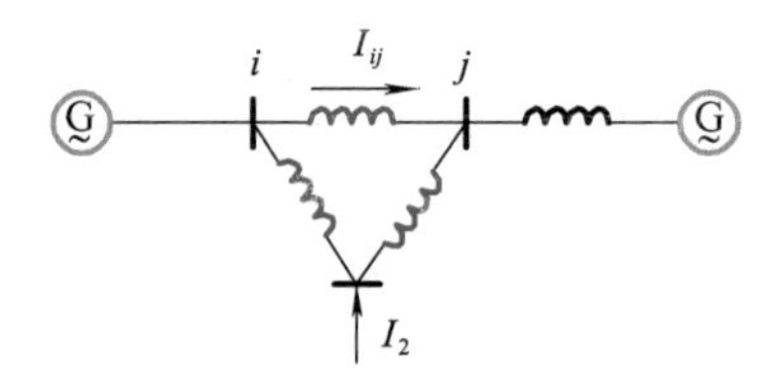

图 6.19　负序电流分配系数计算图

有了负序电流的分配系数，且负序电流源注入电力系统的负序电流 I_2 已知，则可求出支路负序电流。用节点阻抗矩阵法，可以方便地求出负序电流分配系数。

图 6.20 所示为 5 节点网络，各节点电压可用下列代数方程组表示：

$$\begin{bmatrix}\dot{U}_1\\ \dot{U}_2\\ \dot{U}_3\\ \dot{U}_4\\ \dot{U}_5\end{bmatrix}=\begin{bmatrix}Z_{11} & Z_{12} & Z_{13} & Z_{14} & Z_{15}\\ Z_{21} & Z_{22} & Z_{23} & Z_{24} & Z_{25}\\ Z_{31} & Z_{32} & Z_{33} & Z_{34} & Z_{35}\\ Z_{41} & Z_{42} & Z_{43} & Z_{44} & Z_{45}\\ Z_{51} & Z_{52} & Z_{53} & Z_{54} & Z_{55}\end{bmatrix}\begin{bmatrix}\dot{I}_1\\ \dot{I}_2\\ \dot{I}_3\\ \dot{I}_4\\ \dot{I}_5\end{bmatrix} \tag{6.45}$$

上式可简记为

$$\dot{\boldsymbol{U}}=\boldsymbol{Z}\dot{\boldsymbol{I}} \tag{6.46}$$

式中　$\dot{\boldsymbol{U}}$——节点电压列相量，在计算中通常为待求量；

$\dot{\boldsymbol{I}}$——节点注入负序电流列相量，在计算中通常为已知量；

$\boldsymbol{Z}$——节点阻抗矩阵。

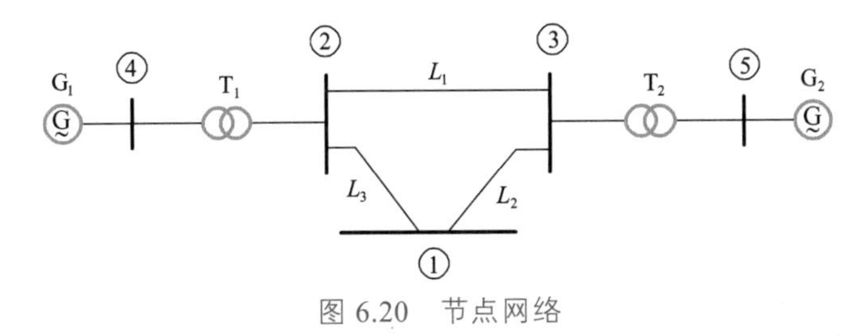

图 6.20　节点网络

若在节点①上注入单位电流，即 $\dot{I}_1=1$，其余节点电流为零，式（6.45）则为

$$\left.\begin{aligned}\dot{U}_1&=Z_{11}\\ \dot{U}_2&=Z_{12}=Z_{21}\\ \dot{U}_3&=Z_{13}=Z_{31}\\ \dot{U}_4&=Z_{14}=Z_{41}\\ \dot{U}_5&=Z_{15}=Z_{51}\end{aligned}\right\}\tag{6.47}$$

同理，可推出在 n 个节点的网络中，i 点注入单位电流（即 $\dot{I}_i=1$），其余节点的电流为零[即 $\dot{I}_j=0\ (j\neq i)$]时，各节点电压的一般表达式为

$$\left.\begin{aligned}\dot{U}_1&=Z_{1i}=Z_{i1}\\ \dot{U}_2&=Z_{2i}=Z_{i2}\\ \dot{U}_3&=Z_{3i}=Z_{i3}\\ &\vdots\\ \dot{U}_i&=Z_{ii}\\ &\vdots\\ \dot{U}_n&=Z_{ni}=Z_{in}\end{aligned}\right\}\tag{6.48}$$

n 个节点的矩阵式为

$$\begin{bmatrix}\dot{U}_1\\ \dot{U}_2\\ \vdots\\ \dot{U}_i\\ \vdots\\ \dot{U}_n\end{bmatrix}=\begin{bmatrix}Z_{11}&Z_{12}&\cdots&Z_{1i}&\cdots&Z_{1n}\\ Z_{21}&Z_{22}&\cdots&Z_{2i}&\cdots&Z_{2n}\\ \vdots&\vdots&&\vdots&&\vdots\\ Z_{i1}&Z_{i2}&\cdots&Z_{ii}&\cdots&Z_{in}\\ \vdots&\vdots&&\vdots&&\vdots\\ Z_{n1}&Z_{n2}&\cdots&Z_{ni}&\cdots&Z_{nn}\end{bmatrix}\begin{bmatrix}\dot{I}_1\\ \dot{I}_2\\ \vdots\\ \dot{I}_i\\ \vdots\\ \dot{I}_n\end{bmatrix}\tag{6.49}$$

可以看出，式（6.48）中的等号右端恰为式（6.49）中阻抗矩阵中的第 i 行或第 i 列的元素。其中，阻抗矩阵对角线元素 Z_{ii} 称为节点 i 的自阻抗，在数值上等于节点 i 注入单位电流、其他节点都在开路状态时，节点 i 的电压。因此，Z_{ii} 也可以看作当其他节

点都开路时，从节点 i 向整个网络看进去的等值阻抗。只要网络有接地支路且节点 i 与电力网络相连接，则 Z_{ii} 必为一非零的有限数值。

阻抗矩阵非对角线元素 Z_{ij}，即节点 i 与节点 j 之间的互阻抗，在数值上等于节点 i 注入单位电流、其他节点都在开路状态时，节点 j 的电压。由于在同一个电力网络中，各节点之间总是互相有电磁的联系，包括间接的联系，因此当节点 i 向网络注入单位电流、而其他节点开路时，所有节点的电压都不应为零（大地不作为电力网络的节点），也就是说互阻抗 Z_{ij} 都是非零元素，所以阻抗矩阵是一个满矩阵，即阻抗矩阵中没有零元素。

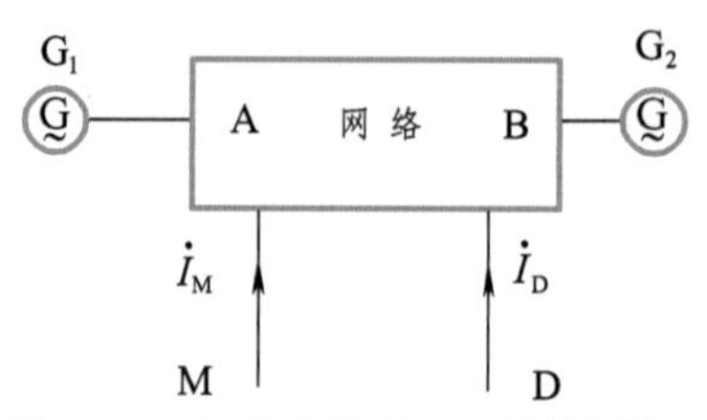

图 6.21　负序电流分配系数计算图

根据阻抗矩阵的特性，利用图 6.21 求取负序电流分配系数。

设电源 G_1 和 G_2 接入网络内 A、B 节点，两个牵引变电所分别接入网络内 M、D 节点。利用叠加定理，分别计算两个牵引变电所对电力系统的影响。

如前所述，牵引变电所 D 向电力系统注入单位负序电流（即 $\dot{I}_D=1$）时，支路上的负序电流即为该支路相对于牵引变电所 D 的负序电流分配系数。对负序网络内任意支路 ij，根据阻抗矩阵的物理意义，当变电所 D 向电力系统注入负序电流 $\dot{I}_D$ 时，在支路 ij 的两端即节点 i 和节点 j 产生的负序电压为

$$\left.\begin{aligned}\dot{U}_{Di}&=Z_{Di}\dot{I}_D^-\\ \dot{U}_{Dj}&=Z_{Dj}\dot{I}_D^-\end{aligned}\right\}\tag{6.50}$$

则支路 ij 的负序电流为

$$\dot{I}_{ij,D}^-=\frac{\dot{U}_{Di}-\dot{U}_{Dj}}{Z_{ij}^-}=\frac{Z_{Di}-Z_{Dj}}{Z_{ij}^-}\dot{I}_D^-\tag{6.51}$$

式中　Z_{ij}^- —— 负序网络中 ij 支路的阻抗。

则由牵引变电所 D 注入系统的负序电流，在 ij 支路上的分配系数为（计算时应取绝对值）

$$C_{ij,D}=\frac{I_{ij,D}^-}{I_D^-}\times100\%=\frac{Z_{Di}-Z_{Dj}}{Z_{ij}^-}\times100\%\tag{6.52}$$

同理，由牵引变电所 M 注入系统的负序电流，在 ij 支路上的分配系数为（计算时应取绝对值）

$$C_{ij,M}=\frac{I_{ij,M}^-}{I_M^-}\times100\%=\frac{Z_{Mi}-Z_{Mj}}{Z_{ij}^-}\times100\%\tag{6.53}$$

两个牵引变电所同时向系统注入负序电流，在 ij 支路上产生的合成负序电流为

$$\dot{I}_{ij}^{-}=\dot{I}_{ij,\mathrm{D}}^{-}+\dot{I}_{ij,\mathrm{M}}^{-}=C_{ij,\mathrm{D}}\dot{I}_{\mathrm{D}}^{-}+C_{ij,\mathrm{M}}\dot{I}_{\mathrm{M}}^{-} \tag{6.54}$$

若系统内有 n 个牵引变电所，且都向系统注入负序电流，则在任意支路 ij 上的合成负序电流可用叠加定理求得

$$\dot{I}_{ij}^{-}=\sum_{k=1}^{n}C_{ij,k}\dot{I}_{k}^{-} \tag{6.55}$$

在精确计算中，要考虑负序网中各支路的电阻成分，则 C_{ij} 通常为复数。

6.3.4　负序电流与负序电压的分布计算

1. 负序电流的分布计算

分别计算各牵引变电所对有关支路的负序分配系数，再计算出各牵引变电所注入系统的实际负序电流，利用叠加定理，就可得出各电流支路的负序电流。根据计算的主要目的，选择一些支路进行计算，而不必对全网络各支路负序电流进行计算。例如，对于校核系统内受影响的发电机承受负序电流的能力，首先应计算发电机支路的负序电流分配系数。其次，根据需要选择一些支路，进行负序电流分配系数的计算。

为进一步说明负序电流分配系数及支路负序电流的计算步骤和方法，现以图 6.22 所示的接有两个三相牵引变电所的电力系统为例。

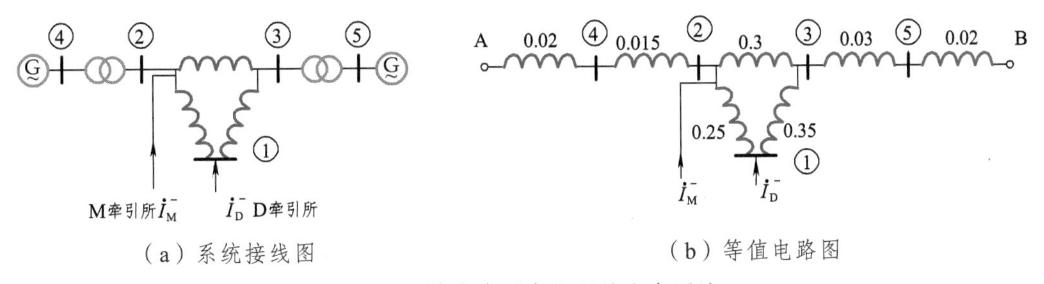

（a）系统接线图　　（b）等值电路图

图 6.22　接有牵引变电所的电力系统

（1）根据系统接线图，作出负序网络等值阻抗图，并给网络各节点编号。为简化计算，令各元件的电阻值均为零，线路及变压器的负序阻抗等于正序阻抗，发电机用其负序阻抗，阻抗图所标的数值均为基准容量为 100 MV · A 时的标幺值。在节点①及②上接有牵引变电所，分别向电力系统注入负序电流 I_{D}^{-} 和 I_{M}^{-}。

（2）已知牵引变电所 D 两供电臂电流分别为 $I_{\mathrm{a}}=150\ \mathrm{A}$ 和 $I_{\mathrm{b}}=135\ \mathrm{A}$，其功率因数角 $\varphi_{\mathrm{a}}=\varphi_{\mathrm{b}}=0$。牵引变电所 M 两供电臂电流分别为 $I_{\mathrm{a}}=110\ \mathrm{A}$ 和 $I_{\mathrm{c}}=130\ \mathrm{A}$，且 $\varphi_{\mathrm{a}}=\varphi_{\mathrm{c}}=0$。

利用式（6.24）~（6.27）可直接计算出变电所 D 和变电所 M 注入系统 A 相的负序电流。

变电所 D：$\dot{I}_{\mathrm{D}}^{-}=\frac{1}{4\sqrt{3}}\times 150\mathrm{e}^{-\mathrm{j}0^{\circ}}+\frac{1}{4\sqrt{3}}\times 135\mathrm{e}^{\mathrm{j}(120^{\circ}-0^{\circ})}=11.8+\mathrm{j}16.835$（A）

变电所 M：$\dot{I}_{\mathrm{M}}^{-}=6.48-\mathrm{j}16.211$（A）

（3）求阻抗矩阵。

$$
\boldsymbol{Z}=\begin{bmatrix}
0.166\,423 & 0.020\,468 & 0.020\,760 & 0.011\,696 & 0.008\,304\\
0.020\,468 & 0.030\,702 & 0.006\,140 & 0.017\,544 & 0.002\,456\\
0.020\,760 & 0.006\,140 & 0.041\,228 & 0.003\,509 & 0.016\,491\\
0.011\,696 & 0.017\,544 & 0.003\,509 & 0.018\,596 & 0.001\,404\\
0.008\,304 & 0.002\,456 & 0.016\,491 & 0.001\,404 & 0.018\,579
\end{bmatrix}
$$

（4）利用阻抗矩阵内各元素的数值，根据式（6.50）和式（6.51）即可求出负序电流的分配系数。首先计算两牵引变电所分别对电源 A 和 B 的负序电流分配系数。因 A 点和 B 点为参考点，故其电压为零。

牵引变电所 D 注入的负序电流对 A 电源的分配系数为 $C_{\mathrm{A,D}}$，则

$$
C_{\mathrm{A,D}}=\frac{U_{4}-U_{0}}{Z_{04}}=\frac{0.011\,696}{0.02}\times 100\%=58.48\%
$$

牵引变电所 D 注入的负序电流对 B 电源的分配系数为 $C_{\mathrm{B,D}}$，则

$$
C_{\mathrm{B,D}}=\frac{U_{5}-U_{0}}{Z_{05}}=\frac{0.008\,304}{0.02}\times 100\%=41.52\%
$$

牵引变电所 M 注入的负序电流对 A 电源的分配系数为 $C_{\mathrm{A,M}}$，则

$$
C_{\mathrm{A,M}}=\frac{U_{4}-U_{0}}{Z_{40}}=\frac{0.017\,544}{0.02}\times 100\%=87.72\%
$$

牵引变电所 M 注入的负序电流对 B 电源的分配系数为 $C_{\mathrm{B,M}}$，则

$$
C_{\mathrm{B,M}}=\frac{U_{5}-U_{0}}{Z_{50}}=\frac{0.002\,456}{0.02}\times 100\%=12.28\%
$$

（5）计算各电源所吸收的负序电流。

A 电源所吸收的负序电流为

$$
\begin{aligned}
\dot{I}_{\mathrm{A}}^{-}&=C_{\mathrm{A,D}}\dot{I}_{\mathrm{D}}^{-}+C_{\mathrm{A,M}}\dot{I}_{\mathrm{M}}^{-}\\
&=0.584\,8\times(11.8+\mathrm{j}16.835)+0.877\,2\times(6.48-\mathrm{j}16.211)\\
&=12.584\,9-\mathrm{j}4.375\quad(\mathrm{A})
\end{aligned}
$$

B 电源所吸收的负序电流为

$$
\begin{aligned}
\dot{I}_{\mathrm{B}}^{-} &= C_{\mathrm{B,D}}\dot{I}_{\mathrm{D}}^{-} + C_{\mathrm{B,M}}\dot{I}_{\mathrm{M}}^{-} \\
&= 0.415\,2\times(11.8+\mathrm{j}\,16.835)+0.122\,8\times(6.48-\mathrm{j}\,16.211) \\
&= 5.695\,1+\mathrm{j}\,4.998\,9 \quad (\mathrm{A})
\end{aligned}
$$

2. 节点负序电压的计算

根据计算负序电流分配系数的方法可知，负序电流的注入点处负序电压相对最高，离负序电流源电气距离越大的节点，负序电压越低，至发电机处（即所选的参考点）负序电压为零。

为计算节点负序电压，一般把发电机的接地点选为参考点，在求出各支路的负序电流后，从参考点开始，逐点把网络展开，利用欧姆定律即可求出各节点的负序电压值。

6.4　负序治理

上面已述及，负序在电力系统中会造成不良影响，如额外占用系统及其设备容量、造成附加网损、引起系统电压不对称、降低发电机和电动机出力等，因此为提高电能质量，使电力系统安全、经济运行，负序应该加以治理。

式（6.9）所示一般负序电流表达式

$$
\dot{i}^{-} = \frac{1}{\sqrt{3}}\sum_{p=1}^{n} K_p i_p \mathrm{e}^{-\mathrm{j}(2\psi_p+\varphi_p)}
$$

描述了多个端口的负序电流合成特性，由此或进一步结合图 6.6 的全负序相量图可以得出负序的治理措施：

（1）就单个异相供电牵引变电所而言，三相 YNd11 接线和 Vv 接线的两个端口牵引负荷的负序电流按照 120°合成，设功率因数角φ相同，显然，合成负序电流的幅值不会大于任何一个端口的负序电流幅值，就是说，三相 YNd11 接线和 Vv 接线的异相供电变电变电所有减轻负序的作用，而三相-两相平衡接线就更加特殊，两个端口牵引负荷的负序电流按照 180°合成，减轻负序更加有效，从治理负序的有效性上看，可称三相-两相平衡接线为特殊接线变压器。

（2）如果是两个及以上的异相供电牵引变电所，将各个牵引端口的相位进行轮换接入三相电网，合成负序自然就会减轻，称为换相连接。

（3）联系到图 6.1，在指定端口 p 增加并联无功补偿（PRC）装置，其功率因数角 $\varphi_p = \pm 90°$，即在式（6.9）中增加补偿项，使得牵引负荷的负序得以治理。

下面分别加以讨论。

需要说明的是，通常异相供电牵引变电所的两个牵引端口的负荷是相互独立的，如果一个端口的负荷可以根据另一个端口的负荷进行控制，此时可以将异相供电上升到同相供电，并可以使得合成负序减小，这时要用到有功型补偿装置，我们在第 7 章讨论。

6.4.1 特殊接线牵引变压器

在本章 6.1.3 中已经对 Scott 牵引变压器的负序特性进行了解析讨论，这里不再赘述。当然，利用全负序相量图同样可以获得此结果。其他三相-两相接线牵引变压器，如 Kübler 接线、Le-Blance 接线、Wood-Bridge 接线等，却很少用到，偶尔用到也可用图 6.6 所示的全负序相量图解之。由这 6 个端口接线角 ψ_p 可确定一组单位负序电压相量 $\dot{U}_{\bar{p}}$，追加各端口负荷功率因数角即可确定相应端口负荷产生的负序电流分量。但是，应该看到，以上分析是在牵引负荷处于牵引状态下进行的，假如牵引变电所两臂负荷分别处于牵引和再生制动情况下，这里设接线角为 ψ_1 的供电臂 1 为牵引状态，接线角为 ψ_2 的供电臂 2 为再生状态，则

$$\dot{I}^{-}=\frac{1}{\sqrt{3}}K[i_1 \mathrm{e}^{-\mathrm{j}(2\psi_1+\varphi_1)}+i_2 \mathrm{e}^{-\mathrm{j}(2\psi_2+180°+\varphi_2)}]$$

式中 φ_1 —— 牵引状态下的负荷功率因数角（滞后为正）；

φ_2 —— 再生制动状态下的负荷功率因数角（滞后为正）。

此时，$\psi_2=\psi_1\pm 90°$，两臂负序电流将互相叠加，采用三相-两相平衡接线的牵引变电所两臂负序的叠加将增大而非削弱。

6.4.2 牵引变电所换相连接

为整体减少进入电网的负序分量，电气化区段的各种接线的牵引变电所几乎无一例外地实行换相连接，即轮换接入电网的不同相。

1. 单相接线牵引变电所换相连接

单相接线牵引变电所的换相连接方式示于图 6.23。变电所Ⅰ、Ⅱ、Ⅲ分别接入电网的 CA、AB、BC 相，因此，接触网对地电压分别表示为 $\dot{U}_{ca}$、$\dot{U}_{ab}$、$\dot{U}_{bc}$。三个变电所形成一个循环，变电所Ⅳ又开始一个新的循环。若三个变电所的牵引负荷相等，则三相负荷平衡，负序电流将只在三个变电所之间的输电线形成的局部电路中环行而不进入电网。实际中，由于牵引负荷的随机变化使三个变电所的负荷电流不断变化，将随时在电网中产生负序电流，但其数值将由于换相连接而大大减小。

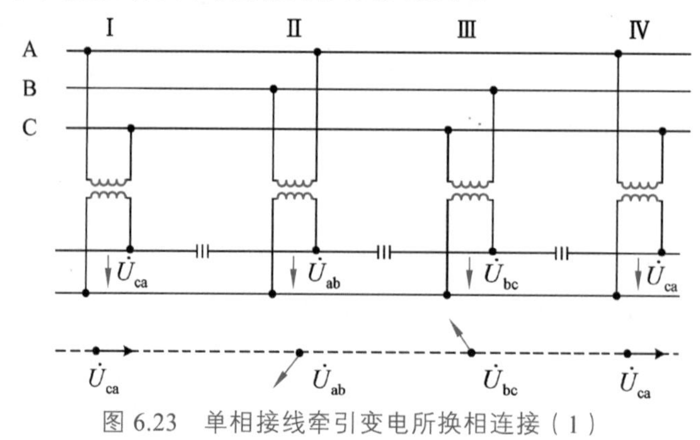

图 6.23 单相接线牵引变电所换相连接（1）

在牵引供电系统设计时，一般力求电气化区段牵引网三相供电分区牵引能耗大致相等，以尽可能减少负序电流进入电网。

图 6.23 所示电路有一个缺点，即两相邻供电分区之间接触网上的分相绝缘器将承受 $\sqrt{3}$ 倍牵引网电压。如对于变电所Ⅰ和Ⅱ之间的分相绝缘器，其承受的电压将是 $\dot{U}_{ca}$ 和 $\dot{U}_{ab}$ 的相量差，绝对值为 $\sqrt{3}U_{ab}$。所以若条件允许，在实际中常采用的是改变接法使牵引网电压每六个变电所形成一个相位循环，如图 6.24 所示，相邻两供电分区的电压相位差为 60°，接触网上两相供电分区的电压相量差为牵引网电压。但就电网的负序而言仍然是每三个变电所形成一组对称连接。

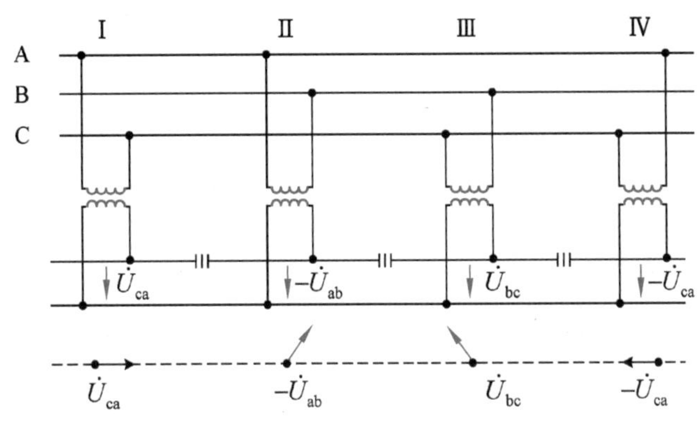

图 6.24　单相接线牵引变电所换相连接（2）

2. Vv 接线牵引变电所换相连接

Vv 接线变压器换相连接方法如图 6.25 所示。图中变电所Ⅱ两边供电分区，左边同图 6.25 中的变电所Ⅰ，右边同图 6.25 中的变电所Ⅲ。仍保证变电所两边供电分区的分相绝缘器所承受电压值等于牵引网电压。

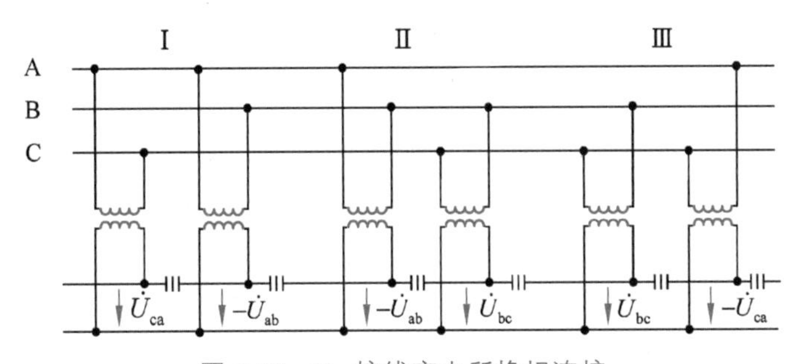

图 6.25　Vv 接线变电所换相连接

现行设计要求两相邻牵引变电所间的供电分区同相，所以图 6.25 变电所Ⅱ左边供电分区接触网对地电压也要求为 $-\dot{U}_{ab}$，为了三相对称，右边供电分区必须有电压 $\dot{U}_{bc}$。所以 Vv 接线的变电所由以下步骤完成换相：

（1）按对称要求规定供电分区电压顺序为$\dot{U}_{ca}$，$-\dot{U}_{ab}$，$\dot{U}_{bc}$，$-\dot{U}_{ca}$等，两相邻变电所间的供电分区的电压相同；

（2）所有变电所变压器副边以同名端接地；

（3）最后完成原边与电网的接线。

图 6.25 中三个变电所的接线就是按以上原则得到的。三个变电所共倒了三次相，所以同单相变电所一样，对于电网而言，是三个变电所形成一个完整的换相循环，但就负序而言，任意$\pm U_{ca}$、$\pm U_{ab}$、$\pm U_{bc}$的三个供电分区就可完成一组对称连接。换言之，三个 Vv 接线变电所换相后完成两组对称连接。

3. 三相牵引变电所换相连接

三相牵引变电所的换相连接一般是按负荷相别进行相序排列，如图 6.26 所示。牵引网电压在各供电分区的顺序如图排列为 c、－a、－a、b、b、－c。接线规则为：① 变压器副边的（c）端子接地；② （a）端子接“+”电压供电臂，（b）端子接“－”电压供电臂；③ 原边按照 YNd11 变压器接线展开图完成与电网接线。

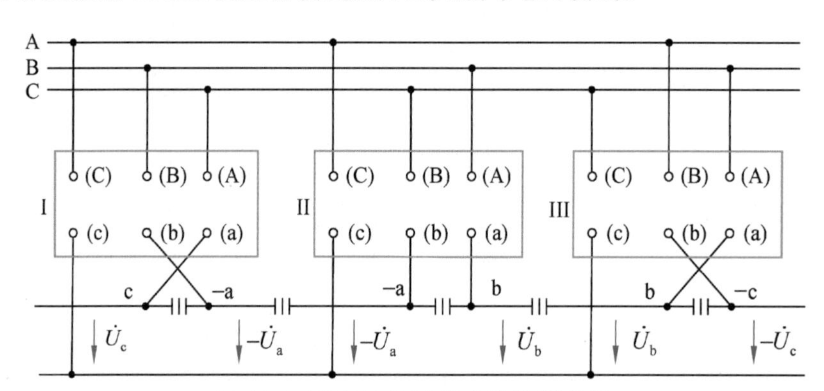

图 6.26　YNd11 牵引变电所换相连接

这里分析图 6.26 中变电所 I 的接线。已知两供电臂负荷相分别为 c、－a，根据以上接线规则可知变压器原边（A）端子接入电网 C 相，（B）端子接入电网 B 相，（C）端子接入电网 A 相。按此方法确定其余变电所接线，可得如图 6.26 所示的换相连接。也是三个牵引变电所形成一个完整循环，若各供电分区负荷相等，则电力系统的负荷三相对称，无负序电流注入电网。

实践证明，牵引变电所换相连接对减少电气化铁路对电网的负序影响是十分有效的，但也是有限的，并且运行状态是不可控的，同时，换相就需要在接触网中设置电分相，造成无电区，这又反过来制约牵引供电的连续性和可靠性。

6.4.3 并联无功补偿

交-直型电力机车的停产和交-直-交型电力机车、动车的发展使得牵引负荷无功功率大（功率因数低，约为 0.8）、谐波电流含量高引起的电网关注的电能质量问题得到了很好解决，随着交-直-交型电力机车和动车的单车功率加大以及行车密度提升，负序问题反而有所增加，需要重点关注。

并联无功补偿（PRC）是一种利用并联无功元件，如并联电容器、并联电抗器，来补偿无功（提高功率因数）以及补偿（治理）负序使其达标的方法[12, 13, 36]。

1. 牵引变电所无功功率、负序功率综合补偿的概念与要求

电气化铁路牵引负荷的功率因数已经很高，接近于 1，即无功功率问题已经得到解决，一般不用专门为此设置 PRC 装置。电气化铁路电能质量的主要问题是负序。但是，负序功率的补偿还要兼顾无功功率的补偿，不可顾此失彼，即是说，在补偿负序功率的同时不能又造成无功功率增加、功率因数恶化。下面通过一例来说明。

【例 6.3】 设 YNd11 接线牵引变电所两个牵引端口负荷相同，且功率因数 $\cos\varphi=1$。现于各端口设置 PRC，试用图 6.6 所示实用全负序相量图求解 PRC 使总的合成负序电流为零，即确定此时各端口 PRC 的分布方式、电流值及其性质（容性还是感性）。

【解】 假设两个牵引端口分别在（A）、（B）相，记其负荷分别为 $\dot{I}_{(A)}$、$\dot{I}_{(B)}$，对 YNd11 接线，只需用实用全负序相量图中三个负序相电压即可。若记 $\dot{I}_{\bar{L}}$、$\dot{I}_{\overline{PRC}}$ 分别为牵引负荷和 PRC 产生的合成负序电流，则能满足本题条件的共三种 PRC 分布方式，如图 6.27 所示，并总结于表 6.4。

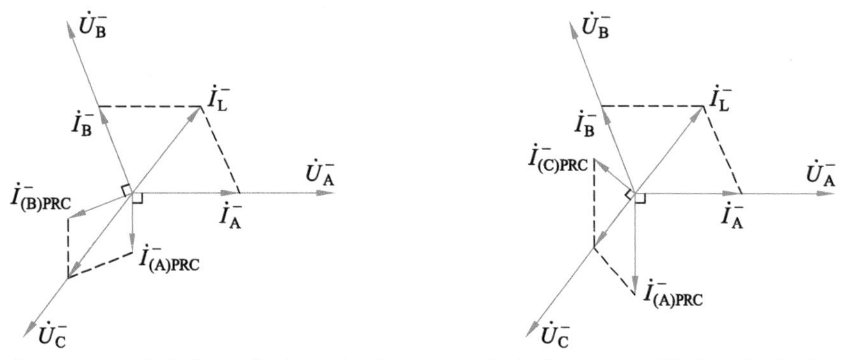

（a）方式一：PRC 设置在（A）、（B）相端口　（b）方式二：PRC 设置在（C）、（A）相端口

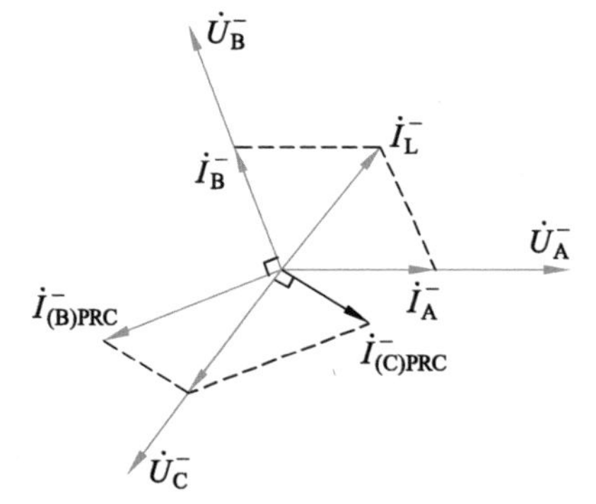

（c）方式三：PRC 设置在（B）、（C）相端口

图 6.27　负序补偿举例

虽然三种分布方式都能足 $\dot{I}_{\bar{L}}-\dot{I}_{\overline{PRC}}=0$，但图（a）所示的方式一明显优于另外两种，原因在于：一是其 PRC 设备容量最小，仅为另两种方式的 2/3，二是不使原有的功率因数恶化（读者可用全正序相量图作一分析）。故综合来看，应选用方式一。

表 6.4　三种 PRC 分布方式与结果

图　　别	图（a）	图（b）	图（c）
PRC 端口	（A）、（B）相	（C）、（A）相	（B）、（C）相
PRC 性质	（A）相并联电感 （B）相并联电容	（A）、（C）相均并联电感	（B）、（C）相均并联电容
PRC 电流	$I_{(A)PRC}=I_{(B)PRC}=\frac{1}{\sqrt{3}}I_{(A)}$	$I_{(A)PRC}=\frac{2}{\sqrt{3}}I_{(A)}$ $I_{(C)PRC}=\frac{1}{\sqrt{3}}I_{(A)}$	$I_{(B)PRC}=\frac{2}{\sqrt{3}}I_{(A)}$ $I_{(C)PRC}=\frac{1}{\sqrt{3}}I_{(A)}$
补偿后 $\cos\varphi$	$\cos\varphi=1$，纯阻性	$\cos\varphi=0.756$，感性	$\cos\varphi=0.756$，容性

从例 6.3 看出，即使在功率因数很高（达到 1）的情况下，负序补偿依然需要兼顾无功（功率因数）补偿，虽然可能并不需要通过补偿无功来提高功率因数，但是，单纯补偿负序可能会恶化无功、破坏（原来的）功率因数，如方式二、三；同理，补偿无功（功率因数）时也应兼顾负序补偿，不能在补偿无功、提高功率因数之同时又恶化负序。这种相互兼顾的补偿称之为无功、负序综合补偿。

另外可见，正、负序相量图有明快、直观的特点，往往对于定性分析和一些特例的定量分析有其独到之处，但解析法却有概括力强、通用性好、便于分析计算等不可或缺的优点，下面重点讨论。

前面已经看到，异相供电牵引变电所，或者通过三相-两相平衡接线这种特殊方式，或者通过换相接入电网，都可以减轻负序，但一经投入运行，减轻负序的程度是不可控的，特别是不能满足国家标准限值时，就需要考虑动态可调的 PRC 来进一步治理。

尽管国内外现行牵引变电所接线方式是多种多样的，但可撇开其具体接线，抓住这些接线方式共同的电气特征来研究 PRC 关于牵引负荷无功、负序的综合补偿通用模型。

借助图 6.1 和 6.1 节中的推导，先看式（6.11）给出的三相电网的负序功率（容量）表达式

$$\dot{s}^{-}=\sum_{p=1}^{n}s_p\mathrm{e}^{\mathrm{j}(2\psi_p+\varphi_p)}$$

式中　s_p——端口 p 的（视在）功率模值，$s_p=U_pi_p$，$p=1$，2，…，n。

为了对 PRC 补偿负序的效果进行控制或期望其达到一定（如达标）的要求，则应对其补偿作用规定个限值，需要定义负序补偿度，用 k_N 表示。为给出 k_N 的确切意义及表达式，我们先对上式进行必要的整理。考虑到异相供电的牵引变电所通常取用三相电中

的两相，为不失一般性，不妨设 n 个端口中前3个为牵引负荷端口（可根据具体情况选择其中2个端口，令第3端口负荷为0即可），其余为PRC端口，于是可重写式（6.11）为

$$\dot{s}^- = \sum_{p=1}^{3} s_p e^{j(2\psi_p+\varphi_p)} + \sum_{p=4}^{n} s_p e^{j(2\psi_p+\varphi_p)} \tag{6.56}$$

若记牵引负荷产生的负序功率为 $\dot{s}_0^-$，则

$$\dot{s}_0^- = \sum_{p=1}^{3} s_p e^{j(2\psi_p+\varphi_p)}$$

于是定义负序补偿度 k_N 为

$$k_N \triangleq \frac{\dot{s}_0^- - \dot{s}^-}{\dot{s}_0^-} = \frac{-\sum_{p=4}^{n} s_p e^{j(2\psi_p+\varphi_p)}}{\sum_{p=1}^{3} s_p e^{j(2\psi_p+\varphi_p)}} \tag{6.57}$$

即为设置PRC后负序补偿量（下降量）与原有负序功率的比值，或称之为PRC产生的反向负序功率合值（以削弱牵引负荷产生的负序功率合值）与牵引负荷产生的负荷功率合值的比值。为取得好的补偿效果，通常取 $k_N \in [0,1]$。其中 $k_N = 0$ 对应无PRC情形，$k_N = 1$ 时达到PRC的最好效果，即完全补偿负序。

由上可见：

结论 6.4 各端口负荷在三相电网造成的负序功率不仅与各端口负荷的功率因数（负荷性质）有关，还因端口不同而不同，自然与负荷在各端口上的分布方式及牵引变压器的接线方式（接线角）有关。

同时注意：负序电流 $\dot{i}^-$（或功率 $\dot{s}_p^-$）却与其端口电压的标向无关。

再看式（6.10）给出的三相电网的正序功率（容量）表达式

$$\dot{s}^+ = \sum_{p=1}^{n} s_p e^{j\varphi_p}$$

进一步将牵引负荷和PRC通过三相电网的正序功率 s^+ 分为有功功率 p^+ 和无功功率 q^+ 两部分，即 $\dot{s}^+ = p^+ + jq^+$，且

$$\left.\begin{aligned} p^+ &= \sum_{p=1}^{n} s_p \cos\varphi_p \\ q^+ &= \sum_{p=1}^{n} s_p \sin\varphi_p \end{aligned}\right\} \tag{6.58}$$

其中，有功功率 p^+ 与PRC无关，而无功功率 q^+ 可分为与牵引负荷相关和与PRC相关两部分。为了体现PRC对无功功率的补偿效果，可定义无功补偿度为

$$k_{\mathrm{C}} \triangleq \frac{\sum \text{PRC（容性）功率}}{\sum \text{牵引负荷(感性)无功功率}}$$

同样，设前 3 个端口为牵引负荷端口，后面的 $n-3$ 个端口为 PRC 端口，则

$$k_{\mathrm{C}} = \frac{-\sum_{p=4}^{n} s_p \sin\varphi_p}{\sum_{p=1}^{3} s_p \sin\varphi_p} \tag{6.59}$$

因为假设感性功率为正，在牵引负荷为感性情况下，各端口 PRC 无功功率总和应该为负，即表现为容性才能起到进一步提高功率因数的作用，或者保持原功率因数不变，但不应使之恶化。

由此可得：

结论 6.5（1）有功功率 p^+ 和无功功率 q^+ 的量值仅取决于端口负荷的性质（容性、感性等）及其大小的代数和，与牵引变压器的接线方式及所在端口的分布方式无关。

（2）对 PRC 端口，要么 $\varphi_p = -90°$，要么 $\varphi_p = 90°$，$p = 1, 2, \cdots, n$，那么 PRC 占有的系统正序容量仅表现为无功功率，不论它们在端口上如何分布，其中容性和感性的无功功率相互削弱。

综上可知：

（1）降低无功功率的方法仅在于设置一定容量的总和为容性的 PRC 装置；

（2）降低负序功率则应同时考虑牵引变压器的接线方式（由接线角表达）、端口引出方式及 PRC 装置的性质（容性或感性）、容量及在各端口上的分布方式。

实际应用中，无功补偿度 k_{C} 往往由原功率因数 $\cos\varphi_0$ 和补偿后提高到的（要求的）功率因数 $\cos\varphi_{\mathrm{C}}$ 确定，即

$$k_{\mathrm{C}} = 1 - \sqrt{\frac{\cos^{-2}\varphi_{\mathrm{C}} - 1}{\cos^{-2}\varphi_0 - 1}} \tag{6.60}$$

其中，$\cos\varphi_{\mathrm{C}}$ 是各端口牵引负荷功率因数的加权平均值，其权重是相应端口牵引负荷（平均值）占总牵引负荷（平均值）的比例，一般电力机车和动车的功率因数是非常接近的，可认为相同。

负序补偿度 k_{N} 根据国家标准限值来制定。联立式（6.56）和式（6.57）可得补偿后的剩余负序功率与牵引负荷负序功率的关系

$$\dot{s}^- = (1-k_{\mathrm{N}})\sum_{p=1}^{3} s_p \mathrm{e}^{\mathrm{j}(2\psi_p + \varphi_p)} = (1-k_{\mathrm{N}})\dot{s}_0^-$$

取其模值有

$$s^- = (1-k_{\mathrm{N}})s_0^- \tag{6.61}$$

若已知电网短路容量 s_d（MV・A）和负序电压不平衡度允许值 u_ε（%），则电网负序功率允许值 s_ε 为

$$s_\varepsilon = u_\varepsilon \times s_d / 100$$

那么，满足国家标准应有

$$s^- \leqslant s_\varepsilon$$

将式（6.61）代入上式，则负序补偿度应满足

$$k_N \geqslant 1 - \frac{s_\varepsilon}{s_0^-} \geqslant 0 \tag{6.62}$$

此时补偿后剩余负序就能满足国家标准要求。显然，在满足式（6.62）对应国家标准限值情况下，负序补偿度 k_N 越大，所需的 PRC 容量就越大，就越不经济，因此，只要满足式（6.63）即可。

$$k_N = 1 - \frac{s_\varepsilon}{s_0^-} \geqslant 0 \tag{6.63}$$

即是说，若牵引负荷负序功率 $s_0^- >$ 电网负序功率允许值 s_ε，则 $k_N>0$，才需要增设 PRC，对超标部分加以治理，否则 $k_N = 0$，就无需增设 PRC。

这里，可以定义负序允许度

$$k_S = \frac{s_\varepsilon}{s_0^-}$$

由式（6.63）可知，负序补偿度和负序允许度之和为 1，即 $k_N + k_S = 1$。

2. 异相供电牵引变电所综合补偿通用模型与分析

对给定异相供电牵引变压器接线方式，综合考虑 k_N、k_C 就能方便地导出 PRC 对负序和无功实现综合补偿的计算模型。

在牵引负荷及其功率因数已知时，接线方式的确定又使接线角 ψ_p（$p = 1, 2, \cdots, n$）成为已知，有效地利用 PRC 设备容量仍在于尽可能有效地补偿牵引负荷产生的负序功率，再兼补其无功功率，具体是：要求 PRC 产生的合成负序功率（或电流）与牵引负荷产生的合成负序共线反向，即 $k_N \in [0, 1]$为实数，再兼顾无功补偿。为此，整理式（6.57）和式（6.59）并联立，先设各端口 PRC 均为容性，即令 $\varphi_p = -90°$，$p = 4, 5, \cdots, n$，展开可得

$$\begin{bmatrix} 1 & 1 & \cdots & 1 \\ -\sin 2\psi_4 & -\sin 2\psi_5 & \cdots & -\sin 2\psi_n \\ \cos 2\psi_4 & \cos 2\psi_5 & \cdots & \cos 2\psi_n \end{bmatrix} \begin{bmatrix} s_4 \\ s_5 \\ \vdots \\ s_n \end{bmatrix}$$

$$= \begin{bmatrix} k_C \sin\varphi_1 & k_C \sin\varphi_2 & k_C \sin\varphi_3 \\ k_N \cos(2\psi_1 + \varphi_1) & k_N \cos(2\psi_2 + \varphi_2) & k_N \cos(2\psi_3 + \varphi_3) \\ k_N \sin(2\psi_1 + \varphi_1) & k_N \sin(2\psi_2 + \varphi_2) & k_N \sin(2\psi_3 + \varphi_3) \end{bmatrix} \begin{bmatrix} s_1 \\ s_2 \\ s_3 \end{bmatrix} \tag{6.64}$$

显然，式（6.64）中最多只能有三个端口的补偿变量是独立的，是可以唯一确定的，其余端口的补偿只能重复其功能而没有独立补偿作用。这里不妨选取 k、l、t 三个端口的补偿量 s_k、s_l、s_t（k，l，$t=4$，5，⋯，n；$k \neq l \neq t$），为求解方便，调整式（6.43）并作复数变换可得

$$\begin{bmatrix} 1 & 1 & 1 \\ e^{-j2\psi_k} & e^{-j2\psi_l} & e^{-j2\psi_t} \\ e^{j2\psi_k} & e^{j2\psi_l} & e^{j2\psi_t} \end{bmatrix} \begin{bmatrix} s_k \\ s_l \\ s_t \end{bmatrix}$$

$$= \begin{bmatrix} k_C \sin\varphi_1 & k_C \sin\varphi_2 & k_C \sin\varphi_3 \\ k_N e^{-j(2\psi_1+\varphi_1-90°)} & k_N e^{-j(2\psi_2+\varphi_2-90°)} & k_N e^{-j(2\psi_3+\varphi_3-90°)} \\ k_N e^{j(2\psi_1+\varphi_1-90°)} & k_N e^{j(2\psi_2+\varphi_2-90°)} & k_N e^{j(2\psi_3+\varphi_3-90°)} \end{bmatrix} \begin{bmatrix} s_1 \\ s_2 \\ s_3 \end{bmatrix} \tag{6.65}$$

这里假定给定牵引变压器接线方式所规定的 PRC 端口接线角能使补偿变量完备得解，即保证左边的接线系数阵行列式不为零。对此，显然要求 PRC 端口接线角满足 $\psi_k \neq \psi_l \neq \psi_t$。针对实际应用的异相供电牵引变压器，牵引侧有三个自然端口，两个牵引负荷端口和一个自由端口（通常称之为自由相），于是为方便起见，就把 PRC 设在这三个端口上，并安排 $\psi_1=\psi_4$，$\psi_2=\psi_5$，$\psi_3=\psi_6$。在一般情况下，往往其中一个端口的接线角由另外两个端口的接线角及其电压相量确定。

下面，我们对两类常规实用的变压器接线方式的 PRC 方法及其特性加以讨论。

（1）YNd11（或 Vv）接线方式。

安排 s_1、s_4 在（A）相，s_2、s_5 在（B）相，s_3、s_6 在（C）相，示于图 6.28，按第 3 章端口电压的规格化标向，取 $\psi_1=\psi_4=0°$，$\psi_2=\psi_5=120°$，即 $\dot{U}_B$ 滞后 $\dot{U}_A$（反向标向亦可）。

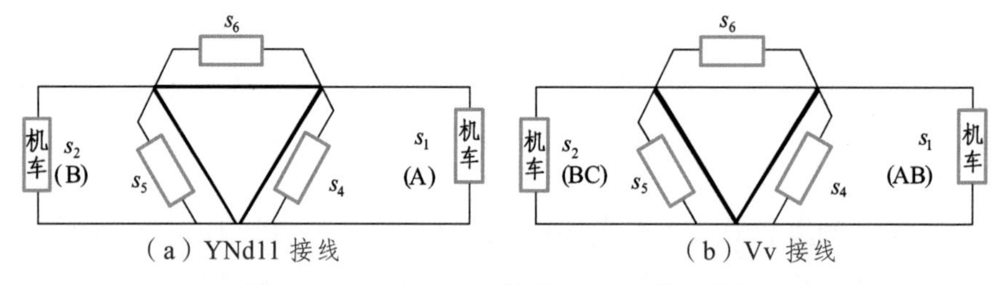

图 6.28　YNd11、Vv 接线 PRC 连接示意图

不失一般性，取（A）、（B）两相为牵引负荷相，其中（A）相为超前相，（B）相为滞后相，（C）相为自由相，$s_3=0$。代入相关参数，可从式（6.65）中解得

$$\begin{bmatrix} s_4 \\ s_5 \\ s_6 \end{bmatrix} = \frac{1}{3} \begin{bmatrix} (k_C+2k_N)\sin\varphi_1 & k_C\sin\varphi_2 + 2k_N\cos(\varphi_2+150°) \\ k_C\sin\varphi_1 + 2k_N\cos(\varphi_1+30°) & (k_C+2k_N)\sin\varphi_2 \\ k_C\sin\varphi_1 + 2k_N\cos(\varphi_1+150°) & k_C\sin\varphi_2 + 2k_N\cos(\varphi_2+30°) \end{bmatrix} \begin{bmatrix} s_1 \\ s_2 \end{bmatrix} \tag{6.66}$$

由式（6.66）可知：对于可调 PRC，只要各端口补偿装置随着牵引负荷的变化按式（6.66）调整，其无功出力则能同时使无功补偿（k_C）和负序补偿（k_N）达到要求，且 k_C、k_N 可独立地加以选择而互不影响。

为了更直观地了解 YNd11（或 Vv）接线牵引变电所 PRC 在三个端口的分布特性，作如下处理是方便的：以牵引负荷总容量 s_1+s_2 除式（6.66），定义臂负荷比 $\eta=s_2/s_1$，其中 s_2 为滞后相即时功率模值，s_1 为超前相即时功率模值，可得各端口 PRC 相对补偿容量表达式

$$\begin{bmatrix}\beta_4\\\beta_5\\\beta_6\end{bmatrix}=\frac{1}{3(1+\eta)}\begin{bmatrix}(k_\text{C}+2k_\text{N})\sin\varphi_1+\eta[k_\text{C}\sin\varphi_2+2k_\text{N}\cos(\varphi_2+150°)]\\k_\text{C}\sin\varphi_1+2k_\text{N}\cos(\varphi_1+30°)+\eta(k_\text{C}+2k_\text{N})\sin\varphi_2\\k_\text{C}\sin\varphi_1+2k_\text{N}\cos(\varphi_1+150°)+\eta[k_\text{C}\sin\varphi_2+2k_\text{N}\cos(\varphi_2+30°)]\end{bmatrix}\tag{6.67}$$

当两臂牵引负荷变化时，臂负荷比η可能在[0，∞]区间上取值。考虑到交-直-交型电力机车和动车牵引负荷功率因数极高，$\cos\varphi_1=\cos\varphi_2$，达到 0.98，远远大于 0.9 的要求，已经无需补偿，故可设$\cos\varphi_\text{C}=0.98$保持不变，或者进一步假设$\cos\varphi_1=\cos\varphi_2=1$，$\cos\varphi_\text{C}=1$（一者交-直-交型电力机车和动车可以做到，二者可以在牵引端口专门增设 SVG 使得补偿后功率因数为 1），由式（6.60）得无功补偿度$k_\text{C}=0$，式（6.67）可简化为

$$\begin{bmatrix}\beta_4\\\beta_5\\\beta_6\end{bmatrix}=\frac{k_\text{N}\sqrt{3}}{3(1+\eta)}\begin{bmatrix}-\eta\\1\\\eta-1\end{bmatrix}\tag{6.68}$$

如果最大限度地补偿负序，即令$k_\text{N}=1$，则由式（6.68）可绘出各端口 PRC 相对补偿容量的分布曲线，如图 6.29 所示。

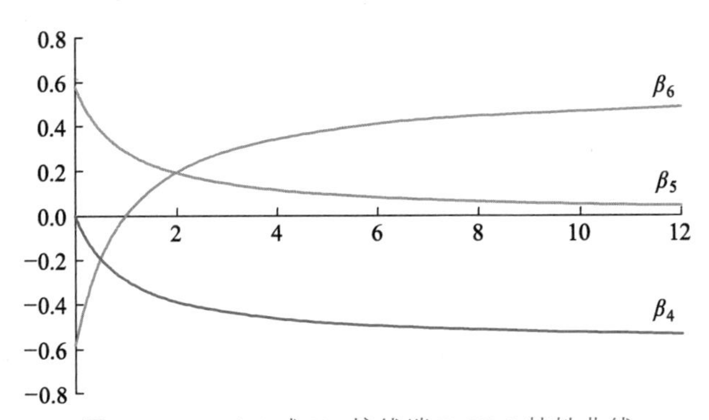

图 6.29　YNd11 或 Vv 接线端口 PRC 特性曲线

（2）三相-两相平衡接线方式。

端口的 PRC 连接示意图如图 6.30 所示。图中安排两个牵引端口分别对应三相电网得（A）和（BC）相。

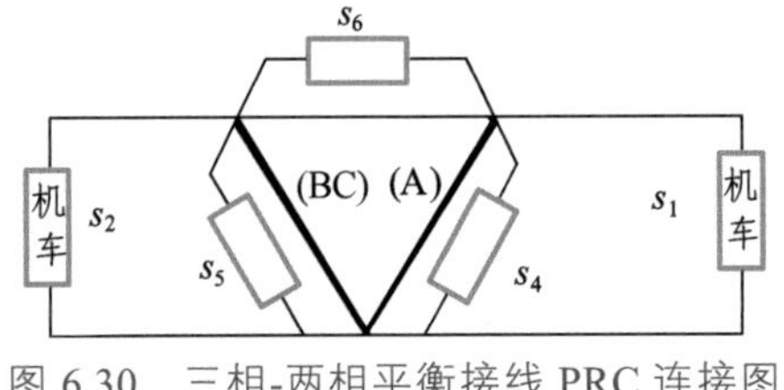

图 6.30　三相-两相平衡接线 PRC 连接图

为通用起见，参考电压 $\dot{U}_{(A)}$，令 $\psi_1=\psi_4=\theta$，$\psi_2=\psi_5=90°+\theta$（滞后），$\psi_3=\psi_6=-45°+\theta$，当然，按反向取 $\psi_p\pm180°$，$p=1$，2，…，6 亦可（读者可一试），并取端口 1、2 为负荷相，端口 3 无牵引负荷，即 $s_3=0$，代入式（6.65）可得

$$\begin{bmatrix}1 & 1 & 1\\1 & -1 & \mathrm{j}\\1 & -1 & -\mathrm{j}\end{bmatrix}\begin{bmatrix}s_4\\s_5\\s_6\end{bmatrix}=\begin{bmatrix}k_\mathrm{C}\sin\varphi_1 & k_\mathrm{C}\sin\varphi_2\\k_\mathrm{N}\mathrm{e}^{-\mathrm{j}(\varphi_1-90°)} & k_\mathrm{N}\mathrm{e}^{-\mathrm{j}(\varphi_2+90°)}\\k_\mathrm{N}\mathrm{e}^{\mathrm{j}(\varphi_1-90°)} & k_\mathrm{N}\mathrm{e}^{\mathrm{j}(\varphi_2+90°)}\end{bmatrix}\begin{bmatrix}s_1\\s_2\end{bmatrix}$$

求解得

$$\begin{bmatrix}s_4\\s_5\\s_6\end{bmatrix}=\frac{1}{2}\begin{bmatrix}k_\mathrm{C}\sin\varphi_1+k_\mathrm{N}(\sin\varphi_1-\cos\varphi_1) & k_\mathrm{C}\sin\varphi_2+k_\mathrm{N}(\cos\varphi_2-\sin\varphi_2)\\k_\mathrm{C}\sin\varphi_1-k_\mathrm{N}(\sin\varphi_1+\cos\varphi_1) & k_\mathrm{C}\sin\varphi_2+k_\mathrm{N}(\cos\varphi_2+\sin\varphi_2)\\2k_\mathrm{N}\cos\varphi_1 & -2k_\mathrm{N}\cos\varphi_2\end{bmatrix}\begin{bmatrix}s_1\\s_2\end{bmatrix}\tag{6.69}$$

该式与θ角无关，故如上分析适于任意三相-两相平衡接线变电所。同样，可给出三相-两相平衡接线方式中 PRC 在各端口的相对补偿值

$$\left.\begin{aligned}\beta_4&=\frac{1}{2(1+\eta)}\{k_\mathrm{C}\sin\varphi_1+k_\mathrm{N}(\sin\varphi_1-\cos\varphi_1)+\eta[k_\mathrm{C}\sin\varphi_2+k_\mathrm{N}(-\sin\varphi_2+\cos\varphi_2)]\}\\\beta_5&=\frac{1}{2(1+\eta)}\{k_\mathrm{C}\sin\varphi_1-k_\mathrm{N}(\sin\varphi_1+\cos\varphi_1)+\eta[k_\mathrm{C}\sin\varphi_2+k_\mathrm{N}(\sin\varphi_2+\cos\varphi_2)]\}\\\beta_6&=\frac{1}{(1+\eta)}k_\mathrm{N}(\cos\varphi_1-\eta\cos\varphi_2)\end{aligned}\right\}\tag{6.70}$$

如果假设 $\cos\varphi_1=\cos\varphi_2=1,\ \cos\varphi_C=1$，则由式（6.60）得无功补偿度 $k_\mathrm{C}=0$，式（6.70）可简化为

$$\left.\begin{aligned}\beta_4&=\frac{k_\mathrm{N}}{2(1+\eta)}(\eta-1)\\\beta_5&=\frac{k_\mathrm{N}}{2(1+\eta)}(\eta-1)\\\beta_6&=\frac{k_\mathrm{N}}{(1+\eta)}(1-\eta)\end{aligned}\right\}\tag{6.71}$$

同样地，如果最大限度地补偿负序，即令 $k_\mathrm{N}=1$，则由式（6.71）可绘出各端口 PRC 相对补偿容量的分布曲线，如图 6.31 所示。

从 YNd11（或 Vv）接线的式（6.68）、图 6.29 和三相-两相平衡接线的式（6.71）、图 6.30 均可看出，由于无功补偿度 $k_\mathrm{C}=0$，维持原来的功率因数不变，所以 PRC 总容性相对补偿容量（功率）$\sum_{p=4}^{6}\beta_p$ 恒为 0，而负序补偿度 $k_\mathrm{N}=1$，即负序得到完全补偿。这表明：综合补偿可以在不影响原有极高功率因数基础上，将异相供电变电所换相后剩余负序功率进一步治理到任意满意的程度。

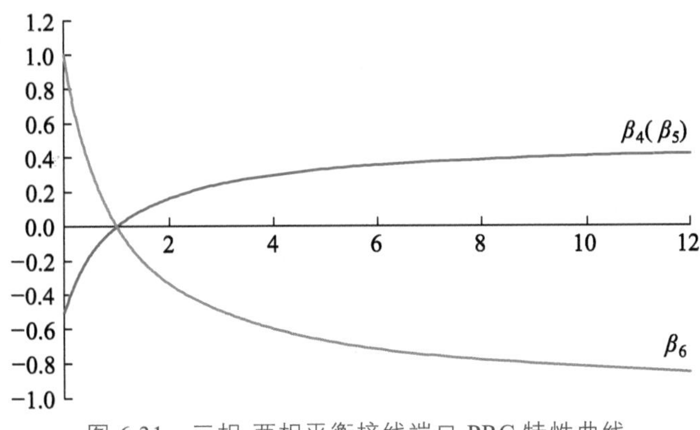

图 6.31　三相-两相平衡接线端口 PRC 特性曲线

对于 YNd11（或 Vv）接线方式，PRC 装置相对容量最大值发生在 $\eta=0$ 时，根据式（6.68）得 $\sum_{p=4}^{6}|\beta_p|=\frac{2k_{\rm N}}{\sqrt{3}}$，如果完全补偿负序，需 $k_{\rm N}=1$，则 $\sum_{p=4}^{6}|\beta_p|=\frac{2}{\sqrt{3}}=1.155$，即 PRC 装置容量最大值为牵引负荷容量的 1.155 倍；对于三相-两相平衡接线方式，PRC 装置相对容量最大值根据式（6.71）得 $\sum_{p=4}^{6}|\beta_p|=2k_{\rm N}$，如果完全补偿负序，需 $k_{\rm N}=1$，则 $\sum_{p=4}^{6}|\beta_p|=2$，即 PRC 装置容量最大值为牵引负荷容量的 2 倍。由此可得：

结论 6.6　完全补偿负序时，YNd11（或 Vv）接线 PRC 装置容量最大值为牵引负荷容量 $\frac{2}{\sqrt{3}}=1.155$ 倍，三相-两相平衡接线 PRC 装置容量最大值为牵引负荷容量的 2 倍，均大于牵引负荷容量。就最大值而言，三相-两相平衡接线付出的 PRC 容量代价高于 YNd11（或 Vv）接线，即是说，三相-两相平衡接线一旦失衡（$\eta=0$ 或∞），需要付出的 PRC 容量代价高于 YNd11（或 Vv）接线。

读者可以结合全负序相量图，设功率因数为 1，$\eta=0$，$k_{\rm N}=1$，对应式（6.66）和图 6.28 画出 YNd11（或 Vv）接线 PRC 的负序相量图，对应式（6.69）和图 6.30 画出三相-两相平衡接线 PRC 的负序图。

异相供电变电所在换相情况下，如果负序仍然不能达标而需要治理，就需要在 3 个端口安装 PRC，采取双重治理措施，总体看，这是一项复杂、昂贵的工程，并且变电所出口的电分相仍然存在，电分相仍然影响铁路运力和行车安全，铁路一方无法从中受益。

3. 单端口（单相）供电牵引变电所综合补偿模型

已经注意到，异相供电变电所出口需要设置电分相，影响铁路运输，进一步补充负序还要付出安装 PRC 装置的代价，这就需要探讨消除电分相的方案，这就是单端口（单相）供电变电所及其综合补偿。

根据结论 6.6 并从经济性考虑，只考虑 YNd11 接线的单相供电及其综合补偿，不再考虑三相-两相平衡接线。

不失一般性，设牵引负荷在（A）相端口，令式（6.66）中 $s_2=0$，便得

$$\begin{bmatrix} s_4 \\ s_5 \\ s_6 \end{bmatrix} = \frac{s_1}{3} \begin{bmatrix} (k_C + 2k_N)\sin\varphi_1 \\ k_C \sin\varphi_1 + 2k_N \cos(\varphi_1 + 30°) \\ k_C \sin\varphi_1 + 2k_N \cos(\varphi_1 + 150°) \end{bmatrix}$$

同样，假设 $\cos\varphi_1 = 1$, $\sin\varphi_1 = 0$, $\cos\varphi_C = 1$，即无功补偿度 $k_C = 0$，令 $k_N = 1$，上式可简化为

$$\left.\begin{aligned} s_4 &= 0 \\ s_5 &= \frac{s_1}{\sqrt{3}} \\ s_6 &= -\frac{s_1}{\sqrt{3}} \end{aligned}\right\} \tag{6.72}$$

在推导式（6.64）时已经假设 PRC 为容性，因此可知，在此情况下，YNd11 接线单相供电时，端口（A）无需 PRC，而端口（B）需要的容性 PRC 为 $\frac{s_1}{\sqrt{3}}$，端口（C）需要的感性 PRC 为 $\frac{s_1}{\sqrt{3}}$，综合补偿的连接示意图见图 6.32，负序相量图示于图 6.33。Vv 接线单相供电时，只要把端口（AB）、（BC）、（CA）与对应 YNd11 接线端口（A）、（B）、（C）即可，其他相同。

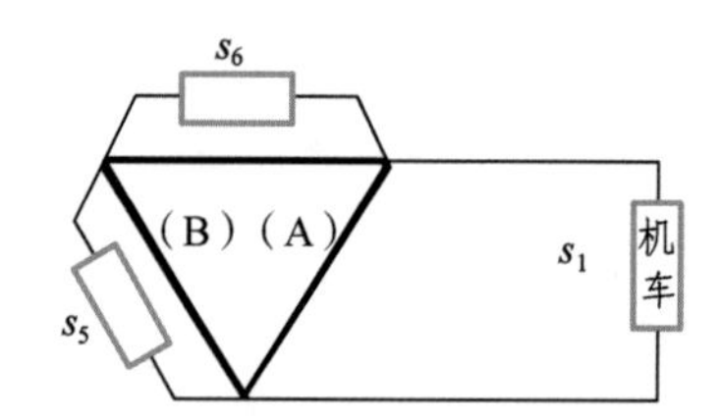

图 6.32　YNd11 接线单相供电的综合补偿连接端口示意图

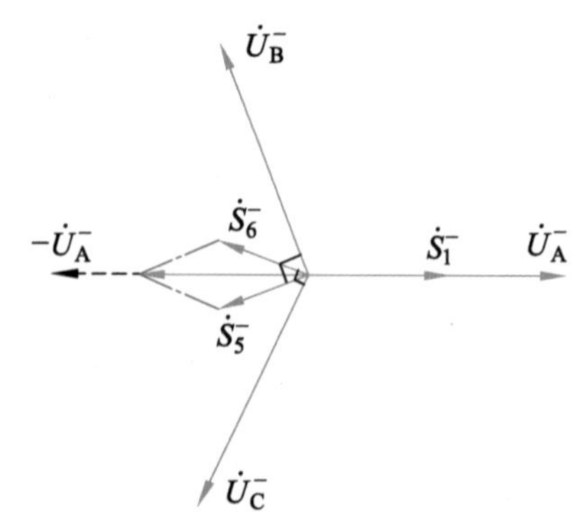

图 6.33　YNd11 接线单相供电的综合补偿相量图

由上可知，这里讨论的情形与结论 6.6 完全对应。从结论 6.6 已知：若维持原来的功率因数不变（$k_C=0$）而完全补偿负序（$k_N=1$）时，单相供电的三相-两相平衡接线 PRC 装置容量为牵引负荷容量的 2 倍，YNd11（或 Vv）接线 PRC 装置容量为牵引负荷容量的 $\frac{2}{\sqrt{3}}=1.155$ 倍。虽然单相供电的综合补偿方案可以有效治理负序、取消牵引变电所出口处的电分相，实现电网、铁路双赢，但是，从图 6.33 中已能看出，端口 5 的 PRC 的负序功率 $\dot{s}_5^-$ 和端口 6 的 PRC 的负序功率 $\dot{s}_6^-$ 合成后来抵消端口 1 的牵引负荷的负序功率 $\dot{s}_1^-$，显然，端口 5、6 的 PRC 容量之和 s_5+s_6 大于其合成值，即 s_5、s_6 并非 PRC 的最小补偿容量。那么，最小补偿容量是多少？

下面探讨单相供电最小 PRC 容量模型。

从结论 6.4、结论 6.5 可知，无功功率补偿只与 PRC 出力总和（代数和）有关，而与接线角（端口）无关，但负序补偿则不然，PRC 的出力及特性与接线角（端口）密切相关，这就是说：在对无功、负序功率的综合补偿中，为使 PRC 容量最小，应从取得对负序补偿的最佳利用入手，再兼顾无功补偿。

具体来说，就是展开式（6.57），要求每个端口的 PRC 装置产生的负序功率均与设置在端口 1 的单相牵引负荷产生的负序功率共线且反向，同时追加式（6.59）所示无功补偿度 k_C 的约束，即得

$$\left.\begin{aligned}&\begin{bmatrix}-\sin\varphi_4 & -\sin\varphi_5 & \cdots & -\sin\varphi_n\\ 1 & 1 & \cdots & 1\end{bmatrix}\begin{bmatrix}s_4\\ s_5\\ \vdots\\ s_n\end{bmatrix}=\begin{bmatrix}k_C s_1\sin\varphi_1\\ k_N s_1\end{bmatrix}\\ &2\psi_4+\varphi_4=2\psi_5+\varphi_5=\cdots=2\psi_n+\varphi_n=\pm180^\circ+\varphi_1\end{aligned}\right\}\tag{6.73}$$

对于式（6.73）而言，最多只能得到一个两维的、唯一确定的解，故只要选择任意两个端口设置 PRC 装置便可，例如选择端口 k 和端口 l，且 $k\neq l$，k，$l=4$，5，…，n，其余端口的 PRC 只能重复指定 k、l 端口 PRC 装置的功能，这样一来便有

$$\left.\begin{aligned}&\begin{bmatrix}-\sin\varphi_k & -\sin\varphi_l\\ 1 & 1\end{bmatrix}\begin{bmatrix}s_k\\ s_l\end{bmatrix}=\begin{bmatrix}k_C s_1\sin\varphi_1\\ k_N s_1\end{bmatrix}\\ &2\psi_k+\varphi_k=2\psi_l+\varphi_l=\pm180^\circ+\varphi_1\end{aligned}\right\}\tag{6.74}$$

为使 s_k 和 s_l 唯一确定，要求

$$\sin\varphi_k\neq\sin\varphi_l$$

PRC 或为纯容性负荷，相当于并联电容器（$\varphi_C=-90^\circ$），或为纯感性负荷，相当于并联电抗器（$\varphi_L=90^\circ$），故 φ_k、φ_l 只能交替选取 φ_C 和 φ_L。若选择 $\varphi_k=\varphi_C=-90^\circ$，$\varphi_l=\varphi_L=90^\circ$，则端口 k 的补偿容量（功率）s_C（$=s_k$）和端口 l 的补偿容量（功率）s_L（$=s_l$）及其端口接线角可由式（6.74）求得

$$\left.\begin{array}{c}\begin{bmatrix} s_C \\ s_L \end{bmatrix} = \dfrac{1}{2}\begin{bmatrix} 1 & 1 \\ -1 & 1 \end{bmatrix}\begin{bmatrix} k_C s_1 \sin\varphi_1 \\ k_N s_1 \end{bmatrix} \\ \begin{cases} \psi_C = 135^\circ + \dfrac{\varphi_1}{2} \\ \psi_L = 45^\circ + \dfrac{\varphi_1}{2} \end{cases} \text{或} \begin{cases} \psi_C = -45^\circ + \dfrac{\varphi_1}{2} \\ \psi_L = -135^\circ + \dfrac{\varphi_1}{2} \end{cases} \\ \psi_C - \psi_L = 90^\circ \end{array}\right\} \tag{6.75}$$

或者相反，选择 $\varphi_k = \varphi_L = 90^\circ$，$\varphi_l = \varphi_C = -90^\circ$，如上结果不变，请读者一试。

通常功率因数角变化不大，故 ψ_C、ψ_L 一经确定不必再调整，即变压器绕组的连接可固定不动，工程实现的难度仅在设计特殊的变压器和 PRC 及其控制上。这种特殊变压器有一个牵引负荷端口和两个接线角垂直的 PRC 端口，而后者的接线角须满足式（6.75）规定的与牵引负荷端口接线角的关系。在此基础上，令 $k_N = 1$，就能实现三相-单相负荷的完全对称补偿。

同样，假设 $\cos\varphi_1 = 1, \sin\varphi_1 = 0, \cos\varphi_C = 1$，即无功补偿度 $k_C = 0$，令 $k_N = 1$，由式（6.75）得

$$s_C = s_L = \frac{s_1}{2} \tag{6.76}$$

则 PRC 装置总容量为

$$s_C + s_L = s_1 \tag{6.77}$$

于是有：

结论 6.7 若维持原来的功率因数不变（$k_C = 0$）而完全补偿负序（$k_N = 1$）时，单相供电需要两个 PRC 容量相等的端口，此时所需 PRC 容量之和最小且等于牵引负荷容量。

下面介绍一种不等边 Scott 接线的试验系统。

1980 年，新井浩一在《铁道技术研究报告》1131 卷《不等边スェット变压器单相负荷 3 相平衡法》一文中提出了一种不等边 Scott 变压器单相负荷的三相平衡方法[37]。不等边 Scott 变压器因与两相-三相平衡接线 Scott 接线相比次边两直角绕组输出电压垂直但幅值不等而得名，并且其斜边端口用于牵引，直角绕组用于连接 PRC，接线原理如图 6.34（a）所示。图中端口 k（fo''）并入并联电容器（实际应用中还要串入适量电抗器），端压为 $\dot{U}_k$，电流为 $\dot{I}_k$；端口 l（eo''）并入并联电抗器，端压为 $\dot{U}_l$，电流为 $\dot{I}_l$；斜边端口 1（fe）供出牵引负荷 $\dot{I}_1$，端压为 $\dot{U}_1$；设原边底绕组匝数为 n，次边端口 1（虚拟）匝数为 m，即变比为 $K_1 = n/m$，绕组 fo'' 匝数为 $m\cos\theta$，绕组 eo'' 匝数为 $m\sin\theta$。根据图 6.34（a）可画出其端口电压相量图，见图 6.34（b）。

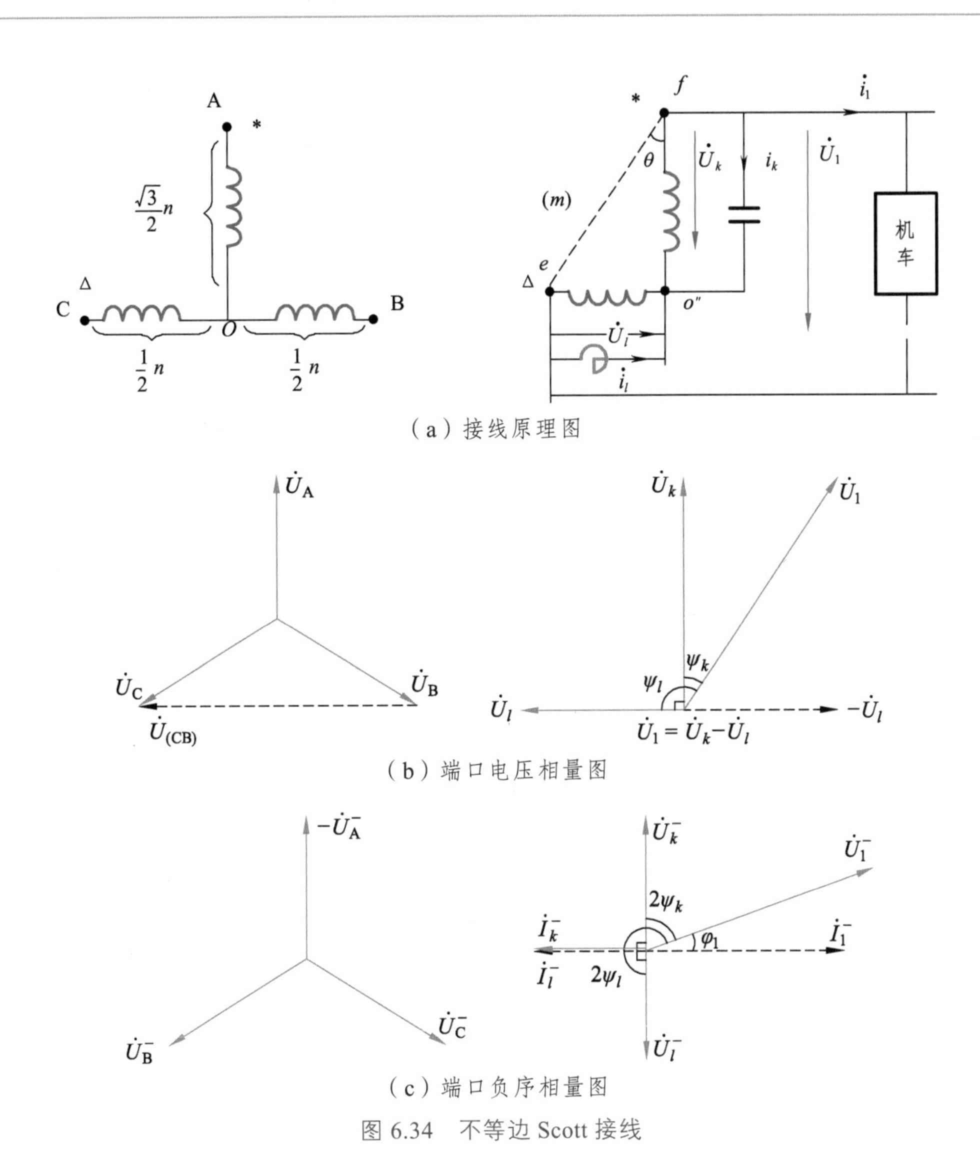

（a）接线原理图

（b）端口电压相量图

（c）端口负序相量图

图 6.34　不等边 Scott 接线

在日本，还对此做过现场试验和测试分析，当时采用传统无源器件，并且试验中做了简化，没有使用并联电抗器，所用并联电容器是分级调节的，结果表明是有效的，后来到了 2009 年以后，又进一步研发了 GTO 补偿变流器，建设了仙台、新潟、长野和川内等新干线车辆段以及少数供电容量较小的干线铁路的不等边 Scott 接线变电所。

如果图 6.34 所示接线按照式（6.75）设计，端口补偿容量可以最小化。参考 $\dot{U}_A$，即选择 $\psi_k = \psi_C = 0°$，$\psi_l = \psi_L = -90°$（超前并联电容端口 90°），牵引端口接线角 θ 为

$$\theta = \psi_1 = 45° - \frac{\varphi_1}{2} \tag{6.78}$$

这里，φ_1 为牵引负荷 $\dot{I}_1$ 的功率因数角，在日本，对于交-直型电力机车，选 $\varphi_1 = 30°$，则

$$\theta = \psi_1 = 30°$$

对于交-直-交型机车，选 $\varphi_1 = 0°$ ，则

$$\theta = \psi_1 = 45° \tag{6.79}$$

此时，两个直角绕组将相等，演变为等边 Scott，与常规 Scott 接线不同的是用斜边作为牵引端口。

结合图 6.34（a）和全负序相量图可以得到端口负序相量图，如图 6.34（c）所示，由此定性分析该系统的 PRC 负序补偿原理：与图 6.33 所示的 YNd11 接线端口的负序补偿分量需要 120°叠加不同，此处端口 k、l 的 PRC 均产生与牵引负荷共线反向的负序分量，补偿容量得以实现最小化。

当然，读者也可对图 6.34（b）的端口电压进行相反标向，试看负序相量图结果如何。

习题与思考题

6.1　说明从全负序相量图到实用全负序相量图的导出过程。

6.2　简述负序对电力系统及其元件的影响。在电气化铁路中，为降低负序可以采取哪些措施？说明其原理。

6.3　对 YNd11 接线牵引变压器，令 $\psi_\alpha = 120°$ ，$\psi_\beta = 240°$ ，试分别写出电流、电压变换阵及其逆阵。

6.4　对 Vv 接线牵引变压器，若令 $\psi_\alpha = 90°$ ，$\psi_\beta = 210°$ ，试分别写出电流、电压变换阵及其逆阵。

6.5　若已知 YNd11 牵引变电所两供电臂负荷功率因数相同，负荷幅值在变化，试推导注入电网总的负序电流幅值与一次侧自由相电流幅值的关系。

6.6　某电气化区段，设置 6 个纯单相牵引变电所，若采用如题图 2 所示的两种不同换相方式，试问当牵引网上无负荷时，牵引网电分相所承受的电压是多少？并示出两种方式下电分相 1 处所承受电压的电压相量图。

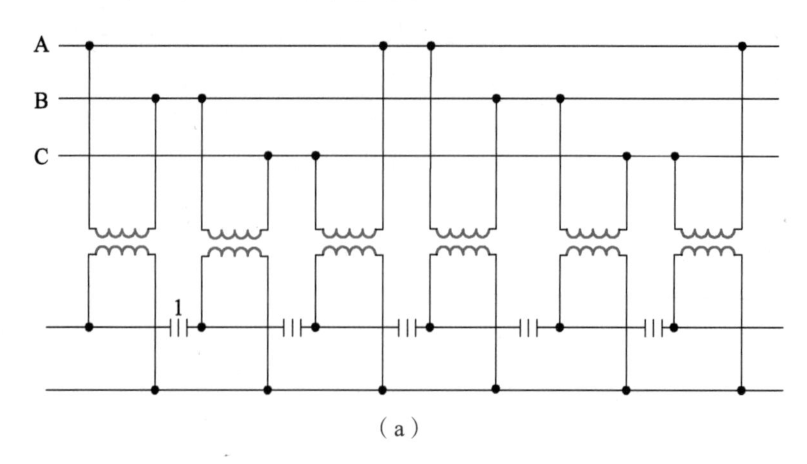

（a）

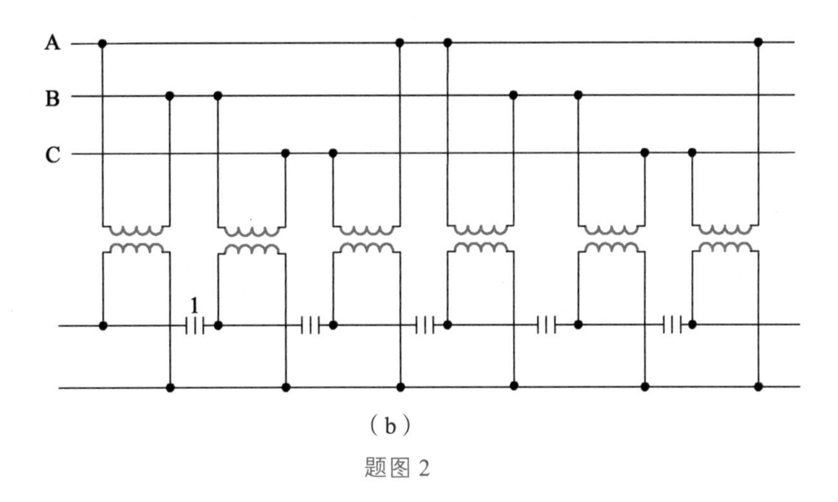

（b）

题图 2

6.7　如题图 3 所示，试完成如下牵引变电所 YNd11 牵引变压器与电网及牵引网的连接接线。

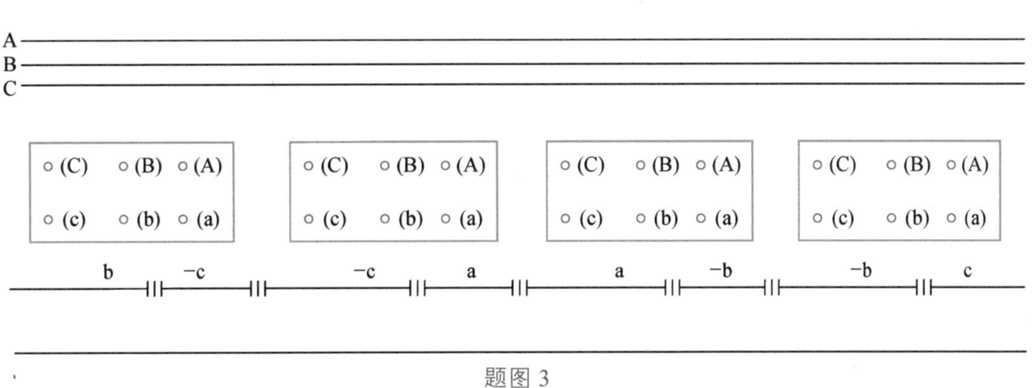

题图 3

6.8　根据式（6.62），推导负序补偿度 k_N 与负序电压不平衡度允许值 u_ε（%）的关系式。

6.9　对图 6.34（b）的端口电压进行相反标向，试画出负序相量图并与图 6.34 比较，再加以总结。

PART SEVEN

第7章 牵引变电所同相供电

由第6章可知，为了减轻对电网的负序影响，现行电气化铁路牵引变电所采用了换相接入三相电网的方式，牵引变电所出口的上、下行牵引馈线使用不同的两相（如A相、B相、C相或AB相、BC相、CA相中的两相及其组合）给上下行牵引网供电，因此，属于换相（异相）供电，其间设置电分相，同时，采用单边供电，分区所处也设置电分相。电分相的中性段形成无电区。

如果负序（三相电压不平衡）没有超标，或者超标后可以有效、动态地治理并使其达标，治理效果优于换相方式，就可以放弃换相，以取消电分相，消除电分相对列车和运输带来的不利影响和制约，同时实现铁路和电网的双赢，这就是牵引变电所同相供电。

同相供电也是针对现行单座牵引变电所广泛采用异相供电和一条线路上多个牵引变电所换相接入电网而言的。现行牵引变电所采用的三相YNd11接线变压器、Vv接线变压器以及Scott等平衡接线变压器等都属于异相供电；单相Ii接线牵引变电所属于同相供电，但是一条线路上多个单相Ii接线牵引变电所换相接入电网则属于异相供电。

《适于重载电力牵引的新型供电系统的研究》[11]于1988年提出全线贯通同相供电初步方案和研究思路：牵引变电所同相供电和分区所双边供电。

牵引变电所同相供电首先是指牵引变电所采用相同相位向牵引网提供电能的供电方式，亦指在同一电网内，全线牵引变电所均采用相同相位向牵引网提供电能的供电方式，可以取消变电所出口处的电分相，消除无电区，同时治理负序使其达标。

分区所双边供电是指分区所的纵联断路器合闸，取消分区所处的电分相、消除无电区，实现对供电区间列车的两边供电。

贯通同相供电亦称贯通式同相供电，简称贯通供电，是两个及以上牵引变电所同相供电和分区所双边供电的组合。显然，贯通供电须在同一电网供电范围内进行。贯通供电可以取消全线电分相和无电区，相比既有异相供电，贯通供电可称为新一代牵引供电[14]。

本章重点讨论牵引变电所同相供电，双边供电和贯通供电在下一章讨论。

当负序超标时，同相供电需借助补偿装置加以治理，使负序达标。补偿装置按所用补偿功率形式可分为无功型[7, 12, 13]和有功型[14]两种。第6章讨论的PRC就是无功型的。

下面讨论有功型和无功型同相补偿方法和方案以及有功型同相补偿的设计方法与步骤，并进一步讨论有功型和无功型同相补偿的特点与应用。

7.1　变电所同相供电与并联无功补偿

实现同相供电的并联无功补偿（PRC）需要兼顾牵引变电所的无功和负序进行综合补偿，当以负序补偿为主时，综合补偿就是对称补偿[38-40]。随着交-直型电力机车的停产和逐渐退出，交-直-交型机车和动车广泛运用，功率因数大大提高（接近 1），即已无需补偿无功，PRC 用于同相供电的方案也随之变化。

由第 6 章的单端口（单相）供电牵引变电所综合补偿模型已经看出 YNd11 接线和不等边 Scott 接线变压器都可以实现牵引变电所同相供电，但是，当功率因数极高（接近 1）和负序不超标时，则无需 PRC 来补偿负序，此时实现同相供电的 YNd11 接线变压器的容量利用率只有 75%，不等边 Scott 接线变压器的容量利用率只有 $1/\sqrt{2}=70.7\%$，同时，YNd11 接线变压器和不等边 Scott 接线变压器进行单相供电时不仅结构显得复杂，而且从结论 6.2 可知，它们产生的负序功率与正序功率之比均为 100%，显然，此时应采用结构最简单的和容量利用率最高的单相变压器。由此可知，当负序超标时，牵引变电所同相供电的实用方式应该是单相变压器和 PRC（及其补偿变压器）的结合。

7.1.1　并联无功补偿的实现：静止无功发生器

牵引负荷是随时变化的，通过牵引变电所在三相电网产生的负序功率和负序电流也是随时变化的，《电能质量　三相电压不平衡》（GB/T 15543—2008）规定考核不平衡度的最大值和 95%概率大值，这就要求 PRC 的无功出力大小也随着治理目标而随时跟踪进行动态补偿。

可调并联无功补偿（PRC）分为有源型和无源型两类。

静止无功补偿器 SVC（Static Var Compensation）是电力系统中应用最广的一种无源型的可调 PRC 装置，其基本器件是并联电容器和并联电抗器，通过晶闸管开关来快速调节无功出力，主要用于冶金、采矿等冲击性负荷的补偿上，随着电力电子技术和控制技术的发展，现在已经被有源型的静止无功发生器 SVG（Static Var Generation）取代。SVG 调节速度更快，对负荷的动态跟随性更好，动态补偿效果更好，例如，SVC 的响应时间为 20 ~ 40 ms，而 SVG 的响应时间不大于 5 ms，同时，SVG 不受外部电源阻抗的影响，可以避免与电力系统发生谐振。

SVG 利用 GTO（门极关断晶闸管）或 IGBT（绝缘栅双极晶体管）等电力电子器件构成桥型电路来动态控制和调节无功出力。单相和三相 SVG 的主电路拓扑分别示于图 7.1（a）和（b）。SVG 主要包括直流电容 C、逆变桥和并网电抗器 L，单相 SVG 的逆变桥由 T_1 ~ T_4 构成，三相 SVG 逆变桥由 T_1 ~ T_6 构成。

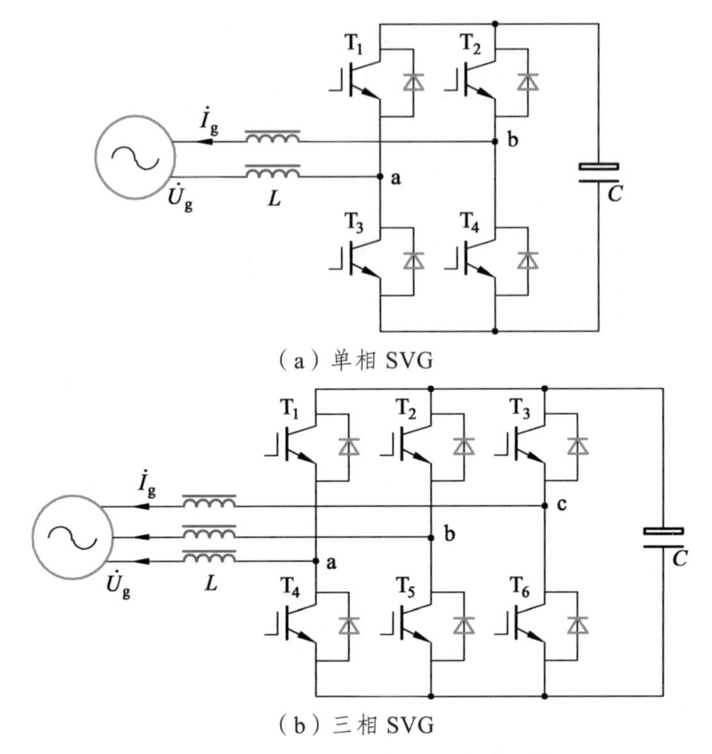

（a）单相 SVG

（b）三相 SVG

图 7.1　单相和三相 SVG 主电路拓扑

SVG 的工作原理：通过控制逆变桥交流侧电压 $\dot{U}_{\text{inv}}$ 的幅值和相位，来控制并网电抗器 L 两端电压差 $\dot{U}_1$ 的幅值和相位，则可在电抗器 L 上产生相对于电网电压 $\dot{U}_{\text{g}}$ 滞后或超前 90°的无功电流 $\dot{I}_{\text{g}}$，实现快速、动态调节无功出力的目的。单相 SVG 和三相 SVG 工作原理分别如图 7.2（a）、（b）所示，注意：并网电抗器 L 的电流总是滞后其两端电压 $\dot{U}_1$ 90°。

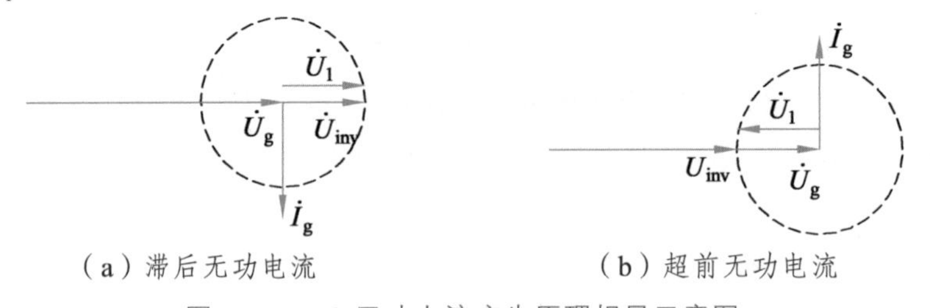
（a）滞后无功电流　　（b）超前无功电流

图 7.2　SVG 无功电流产生原理相量示意图

SVG 可用来治理负序，补偿无功和稳定网压。

7.1.2　组合式补偿方案

用于同相供电的 SVG 只改变负序潮流，不改变（正序）有功潮流。从第 6 章分析已知，为了完备补偿负序，需要两个端口设置 SVG 来联合产生与牵引负荷相位相反的负序潮流，使合成负序达标。

仍设牵引负荷功率因数为 1，按照国家标准，若已知电网短路容量 s_{d}（MV·A）和负序电压不平衡度允许值 u_{ε}（%），则负序功率允许值 s_{ε} 为

$$s_{\varepsilon}=u_{\varepsilon}\times s_{\mathrm{d}}/100 \tag{7.1}$$

对应的负荷功率最大值（或 95%概率大值）为 s，则负序补偿容量 s_{C}' 为

$$s_{\mathrm{C}}'=s-s_{\varepsilon} \tag{7.2}$$

其中 $s_{\mathrm{C}}'\leqslant 0$ 时表示无需补偿装置，即仅用单相牵引变压器便达标。

1. 最小补偿容量方案

对应第 6 章 6.4.3 节单相供电最小 PRC 容量模型，可以构造基于单相牵引变压器的同相供电最小补偿容量方案。

由 6.4.3 节分析可知，设牵引负荷功率因数为 1，则参考牵引负荷端口，选择容性补偿端口接线角滞后 135°，感性补偿端口滞后 45°，两补偿端口垂直即可，通常还选择两补偿端口电压相等。由此，可以构造出如图 7.3 所示的接线方案，可谓变形 Scott 接线：原边绕组 TX 的 X 端子与原边绕组 RS 中点连接，与原边绕组 RS 对应的次边绕组 rs 馈出牵引端口，同名端如图标识，这样原边绕组 RS 和次边绕组 rs 构成单相接线变压器，用于同相牵引供电；次边绕组 t′x′的 x′端子与次边绕组 r′s′中点连接，r′端子与 t′端子形成的补偿端口 1 连接 SVG1，s′端子与 t′端子形成的补偿端口 2 连接 SVG2；原边绕组 TX 的匝数 n 与原边绕组 RS 的匝数 m 的关系为：$n=m\sqrt{3}/2$，次边绕组 t′x′的匝数 n'与次边绕组 r′s′的匝数 m'的关系亦为：$n'=m'\sqrt{3}/2$，RST 和 r′s′t′均构成等边直角三角形，即当原边三个端子 R、S、T 接入三相电网时，次边端口 t′r′和 s′t′之间形成 90°夹角，次边端口 t′r′和 s′t′分别与次边绕组 rs（牵引端口）形成 45°夹角。此时，每一组 SVG 的计算容量 Q 达到最小，由式（7.2）得

$$Q=\frac{s-s_{\varepsilon}}{2} \tag{7.3}$$

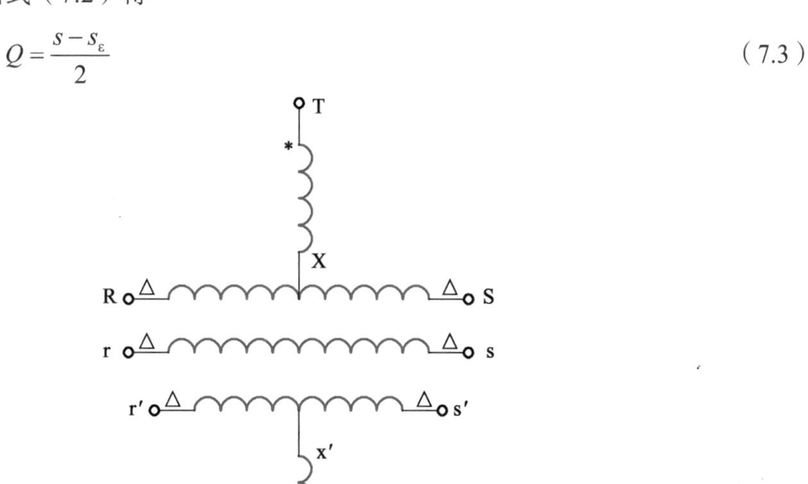

图 7.3　最小补偿容量接线变压器

或者等效地采用最小补偿容量的组合式方案，如图 7.4 所示：采用单相牵引变压器和双 T 接补偿变压器 MT 的组合，SVG1、SVG2 的容量仍然最小。

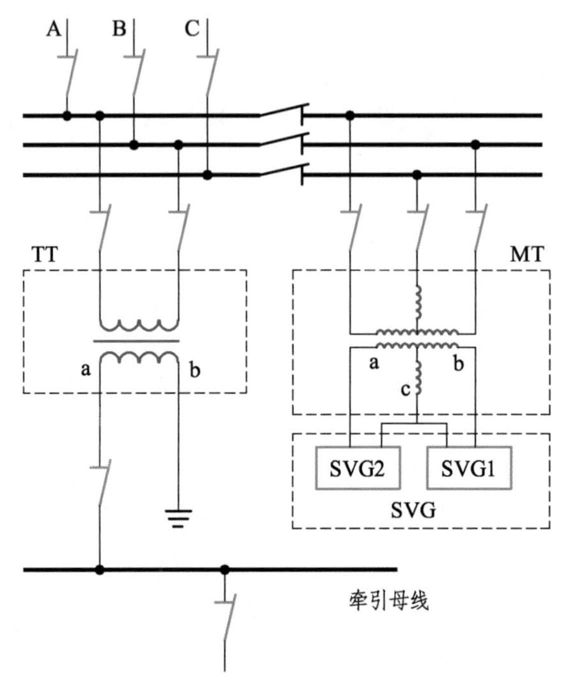

图 7.4　最小补偿容量组合式方案

2. 采用标准联结组的组合式补偿方案

若补偿变压器采用标准联结组的普通三相变压器与单相牵引变压器构成同相供电方案，其中补偿变压器分为两种：① 补偿变压器 MT 采用 YNd 联结组，如图 7.5 所示，设单相牵引变压器连接电网 AB 相，则 SVG1 交流端口连接补偿变压器 MT 次边 a 相端口，SVG2 交流端口连接补偿变压器 MT 次边 b 相端口；② 补偿变压器 MT 采用 Dd 联结组，同样，SVG1 交流端口连接补偿变压器 MT 次边 ca 端口，SVG2 交流端口连接补偿变压器 MT 次边 bc 端口，如图 7.6 所示。每一组 SVG 的计算容量 Q 为

$$Q=\frac{S-S_{\varepsilon}}{\sqrt{3}} \tag{7.4}$$

补偿变压器采用标准联结组的普通三相变压器的优点是通用化程度高、成本低，但比较式（7.3）与式（7.4）可知，所需 SVG 的容量将比最小容量大$\left(\frac{2}{\sqrt{3}}-1\right)\approx 15.5\%$，SVG 的单价远高于变压器单价，而图 7.3 的变压器和图 7.4 的补偿变压器都需要专门制造，成本高于普通变压器。实用中应根据需要综合比选，择优选取。

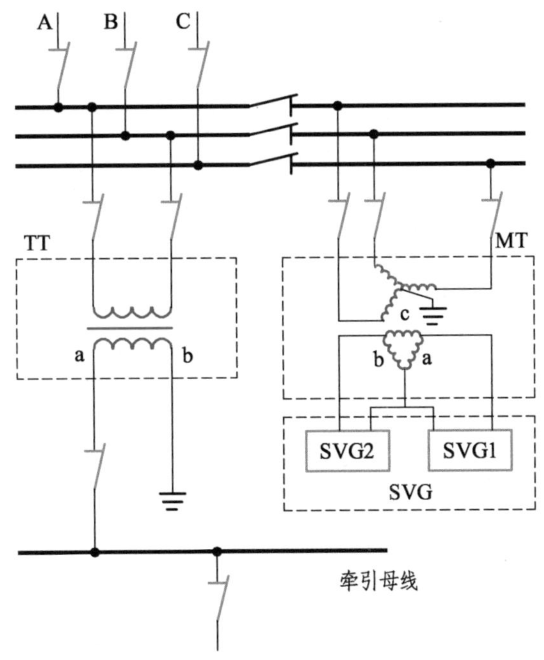

图 7.5　采用 YNd 联结组的同相供电补偿方案接线示意图

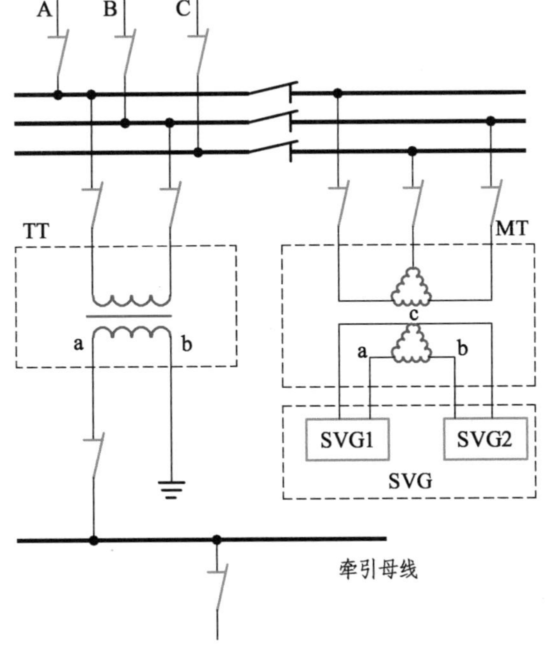

图 7.6　采用 Dd 联结组的同相供电补偿方案连接示意图

组合式方案比较灵活，只有负序超标时才需要增加补偿变压器和 SVG。注意，补偿变压器的容量是补偿负序而产生的，与正序潮流无关，因此可以作为专用电能质量治理装置，不计入正序那样的固定容量电费。

组合式方案还有一个优点是用于牵引变电所群的集中补偿[41]，进行 PCC 负序的集中治理，可以使得其他牵引变电所只设单相主变，其设备和结构大大简化，下一章详细讨论。

当然，既有线改造时，也可以利用既有牵引变压器，如 YNd11，增加两个端口的 SVG 进行同相供电，如图 6.32 所示。

7.2 同相供电与有功型补偿装置

除了 PRC 治理负序外，在全负序相量图中还能看出，异相供电变电所的两个端口接线角相差 120°时，只要均为牵引功率或均为再生功率，其合成负序不会比单个端口最大负序更大，而两个端口接线角相差 90°时，只要均为牵引功率或均为再生功率，其合成负序是两个端口的负序之差，此时两个端口的负序相互削弱最直接。因此，可以利用端口接线角相差 90°的最佳负序特性来构造另一种同相补偿方案，即有功型补偿方案：将一个（牵引）端口的有功功率的一部分转移到另一个（补偿）端口，实现牵引侧的负荷共担和三相侧的负序补偿。此时，接线角相差 90°的两个端口的负荷相互关联，而不像异相供电变电所那样两个端口的负荷相互独立。

7.2.1 有功型补偿原理

我们构想一个黑盒子：原边牵引端口和原边补偿端口的接线角之差为 90°，次边牵引端口和次边补偿端口并联进行同相供电，共同担负牵引馈线的牵引负荷，其中，原边补偿端口与次边补偿端口之间的功率为从牵引馈线分得的一部分功率，是可控的：一是方向可控，次边补偿端口的功率方向与牵引馈线和次边牵引端口的功率方向保持一致，牵引馈线功率为牵引工况时，次边补偿端口亦为牵引工况，牵引馈线功率为再生工况时，次边补偿端口亦为再生工况；二是大小可控，次边补偿端口的功率大小根据馈线功率的大小按比例分得。

实现有功型补偿的装置需要将次边补偿端口（与次边牵引端口同相）与原边补偿端口（与原边牵引端口垂直）连通，这就需要一个交流-直流-交流（AC-DC-AC）通道，即为单相交-直-交变流器，记为 ADA，来实现有功功率传递和补偿[14]。

设馈线牵引负荷功率为 s（MV·A），功率因数为 1，次边补偿端口分得的功率为 s_A（MV·A），次边牵引端口的功率为 s_T（MV·A），则

$$s = s_T + s_A \tag{7.5}$$

原边牵引端口功率等于次边牵引端口功率 s_T，原边补偿端口功率等于次边补偿端口功率 s_A，原边补偿端口构成 90°接线，s_A 产生与 s_T 方向相反的负序功率，合成负序值 s^- 为

$$s^- = s_T - s_A \tag{7.6}$$

若已知电网短路容量s_d（MV·A）和国家标准规定的负序电压不平衡度允许值u_ε（%），则由式（7.1）得负序功率允许值s_ε，合成负序值s^-不能超过负序功率允许值s_ε，取

$$s_\varepsilon = s^- = s_T - s_A \tag{7.7}$$

联立式（7.5）和式（7.7）解得牵引端口的功率s_T和补偿端口的功率s_A分别为

$$\begin{bmatrix} s_T \\ s_A \end{bmatrix} = \frac{1}{2}\begin{bmatrix} 1 & 1 \\ 1 & -1 \end{bmatrix}\begin{bmatrix} s \\ s_\varepsilon \end{bmatrix} \tag{7.8}$$

由此可得负序相量关系，如图7.7所示。显然，补偿端口的负序补偿量s_A^-为补偿前后负序功率之差，即

$$s_A^- = s - s^- \tag{7.9}$$

将式（7.5）和（7.6）代入得

$$s_A^- = 2s_A \tag{7.10}$$

或者说，补偿端口的负序补偿能力（负序补偿量）是其补偿容量的2倍。

从式（7.8）可见，当电网足够强大或者牵引负荷较小时，只要$s \leqslant s_\varepsilon$，则由式（7.8）计算的补偿端口的功率$s_A \leqslant 0$，说明此时便无需补偿，只用牵引端口，亦即使用单相牵引变压器便可满足国家标准（后简称为“国标”）关于负序电压不平衡度的要求。从这个意义上说，牵引变电所采用单相牵引变压器就是同相供电的最简方式，如图7.8所示。

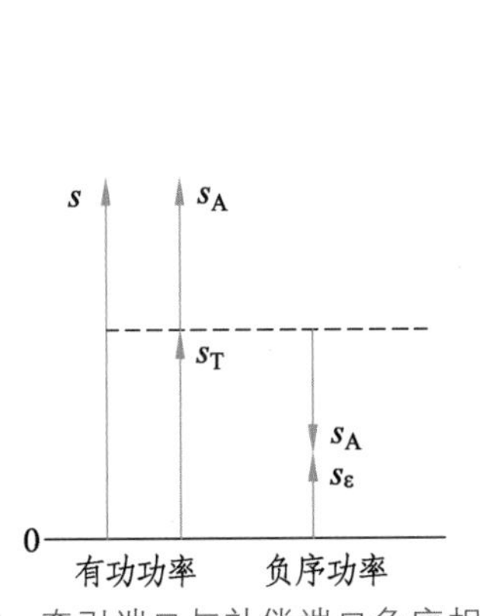

图7.7　牵引端口与补偿端口负序相量图

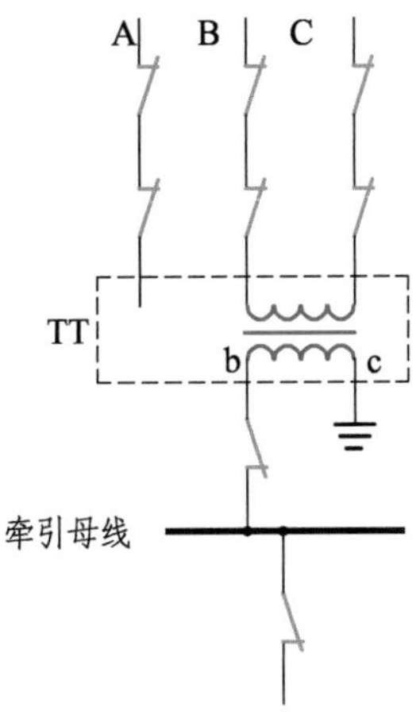

图7.8　单相牵引变压器实现的同相供电

当电网较弱或者牵引负荷较大时，会使得$s>s_\varepsilon$，则由式（7.9）计算的补偿端口的功率$s_A>0$，就需要进行有功型补偿。

有功型补偿使用单相交-直-交变流器，也称为补偿变流器，图7.9所示是其中一个功率单元的拓扑结构，它主要包含：两个单相H逆变桥$T_{M1} \sim T_{M4}$和$T_{T1} \sim T_{T4}$，两逆变桥之间的直流环节（公共直流电容）C，以及两逆变桥交流侧各自的并网电抗器L_M和L_T。

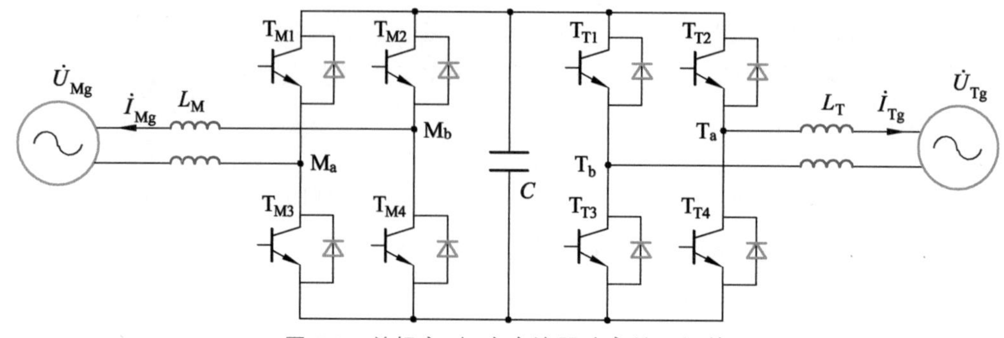

图 7.9　单相交-直-交变流器功率单元拓扑

交-直-交变流器的工作原理：以图 7.9 中左侧 H 逆变桥为例，通过控制逆变桥交流侧电压 $\dot{U}_{Ma\text{-}Mb}$ 与补偿端口电压 $\dot{U}_{Mg}$ 相对的幅值和相位，间接控制并网电抗 L_M 两端电压差 $\dot{U}_L$ 和通过并网电抗 L_M 的电流 $\dot{I}_{Mg}$，$\dot{I}_{Mg}$ 相位滞后 $\dot{U}_L$ 相位 90°，控制 $\dot{U}_L$ 的幅值和相位便可以使逆变桥交流侧产生与补偿端口电压 $\dot{U}_{Mg}$ 同相位或者反相位的有功电流 $\dot{I}_{Mg}$，如图 7.10 所示。当 $\dot{I}_{Mg}$ 与 $\dot{U}_{Mg}$ 同相位时，逆变桥向补偿端口输送有功功率；当 $\dot{I}_{Mg}$ 与 $\dot{U}_{Mg}$ 反相位时，逆变桥从补偿端口吸收有功功率。

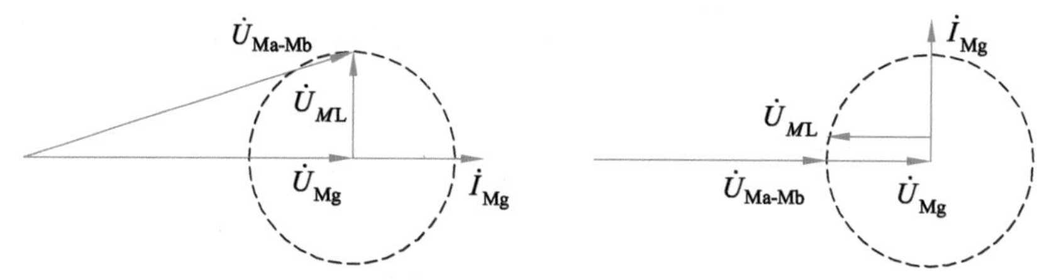

图 7.10　逆变桥有功电流控制相量示意图

控制逆变桥 $T_{M1}\sim T_{M4}$ 向补偿端口 $\dot{U}_{Mg}$ 输送有功功率时，同时控制逆变桥 $T_{T1}\sim T_{T4}$ 在补偿端口 $\dot{U}_{Tg}$ 吸收相同大小的有功功率，此时两端功率保持平衡，公共直流电容 C 电压保持稳定，于是，单相交-直-交变流器实现了使有功功率从补偿端口 $\dot{U}_{Tg}$ 流向补偿端口 $\dot{U}_{Mg}$ 的潮流控制。相反，也可以控制有功功率实现反方向的流动。

比较图 7.9 和图 7.1（a）可知，交-直-交变流器 ADA 是由两个背靠背的 SVG 组成的，自然 ADA 的交流端口一样可以发挥 SVG 的无功补偿功能以及较低次谐波的滤除功能。

7.2.2　有功型补偿方案

至此，根据黑盒子特征：原边牵引端口与原边补偿端口的接线角垂直、次边牵引端口与次边补偿端口来共同担负牵引馈线的牵引负荷，可以构造两种组合式有功型补偿变流器的同相供电方案。即以牵引变压器接线方式中最简捷、最经济的单相牵引变压器为基础，实现补偿容量配置最小化的最佳匹配，从而取消牵引变电所出口处电分相，消除无电区，并补偿负序以满足三相电压不平衡度（负序）限值的电能质量要求。

1. 单三相组合式同相供电方案

牵引变电所的单三相组合式同相供电方案示意如图 7.11 所示。单三相组合式的名称意指单相牵引变压器 TT 与三相高压匹配变压器 HMT 之组合。

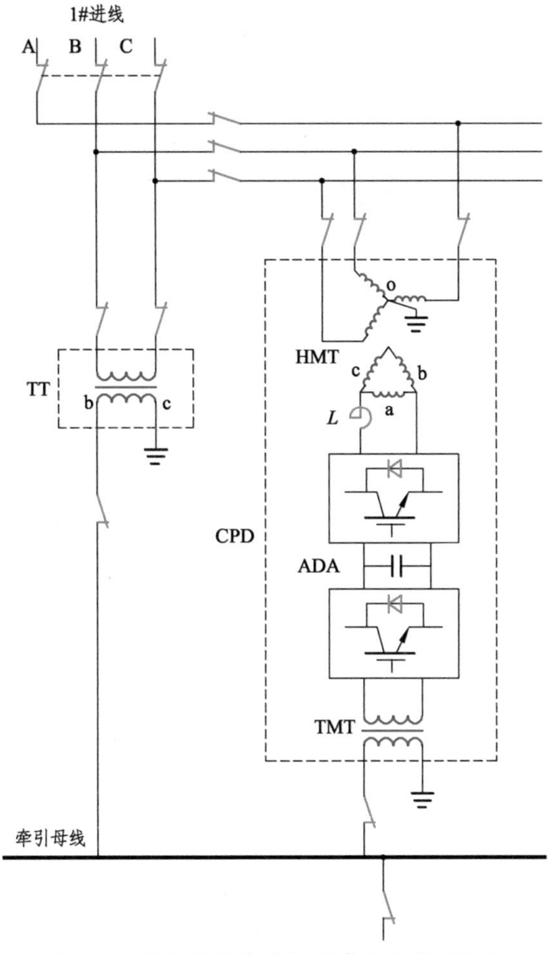

图 7.11　单三相组合式同相供电方案示意图

单三相组合式同相供电变电所包括单相牵引变压器 TT 和同相补偿装置 CPD。同相补偿装置 CPD 包括高压匹配变压器 HMT、并网电抗器 *L*、交-直-交变流器 ADA、牵引匹配变压器 TMT。其中，单相牵引变压器 TT 连接电网的线电压，如图 7.11 中次边为 bc 相，三相高压匹配变压器 HMT 连接补偿变流器 ADA 的绕组为电网的相电压，如图 7.11 中为 a 相，显然，bc 相与 a 相的相位相差 90°。三相高压匹配变压器 HMT 次边 a 相绕组连接交-直-交变流器 ADA 输入端；交-直-交变流器 ADA 输出端连接牵引匹配变压器 TMT 原边，产生与牵引变压器 TT 相同相位和相同频率的电压；牵引变压器 TT 次边绕组和牵引匹配变压器 TMT 次边绕组的电压幅值和相位相同且均与牵引母线相接。

国铁集团立项支持的首座单三相组合式同相供电变电所在瓦日线沙峪建成，并于 2014 年 12 月 28 日投入科研试验运行，现场全景图见图 7.12。

图 7.12　瓦日线沙峪牵引变电所全景图

2. 单相组合式同相供电方案

图 7.13 是牵引变电所采用单相组合式同相供电方案示意图。单相组合式的名称意指单相牵引变压器与单相高压匹配变压器之组合。

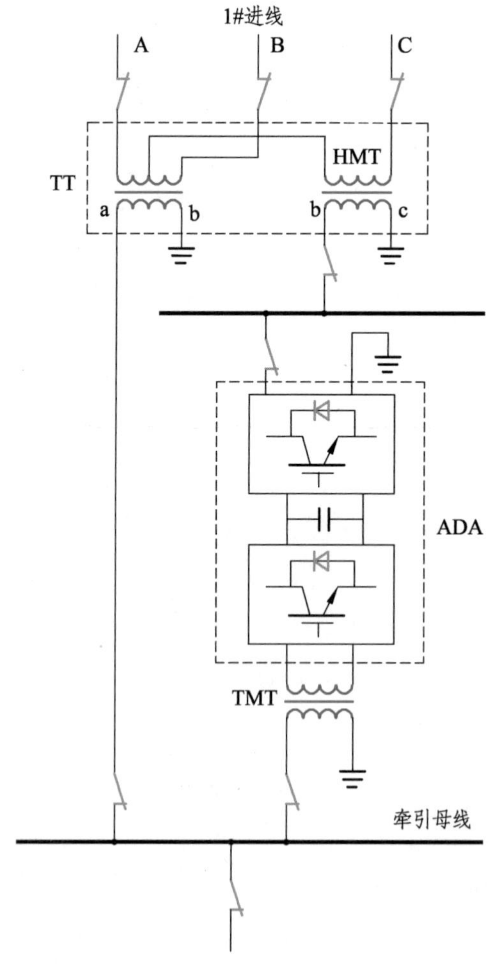

图 7.13　单相组合式同相供电方案示意图

单相组合式同相供电牵引变电所包括牵引变压器 TT 和同相补偿装置 CPD；同相补偿装置 CPD 由高压匹配变压器 HMT、交-直-交变流器 ADA 和牵引匹配变压器 TMT 构成；牵引变压器 TT 和同相补偿装置 CPD 均为单相结构；高压匹配变压器 HMT 原边绕组的一端与牵引变压器 TT 原边绕组中点相接；牵引变压器 TT 原边绕组连接电网高压进线的同一线电压，如图中为 AB 线电压（次边为 ab 线电压），即连接在三相中的 A、B 两相之间，高压匹配变压器 HMT 原边绕组的另一端 T1 连接三相中的另一相，如图中为 C 相（次边为 c 相），显然，ab 相与 c 相的相位相差 90°；高压匹配变压器 HMT 次边绕组连接交-直-交变流器 ADA 输入端；交-直-交变流器 ADA 输出端连接牵引匹配变压器 TMT 原边，产生与牵引变压器 TT 相同相位和频率的电压；牵引变压器 TT 次边绕组和牵引匹配变压器 TMT 次边绕组的电压幅值和相位相同且均与牵引母线相接。

由式（7.9）可知，只要电网的负序功率允许值 $s_\varepsilon > 0$，牵引端口的功率（对应牵引变压器的计算容量）总是大于补偿端口的功率（对应同相补偿装置的计算容量），因此牵引变压器 TT 与高压匹配变压器 HMT 将构成不等边 Scott 接线，牵引变压器 TT 为 M 座，高压匹配变压器 HMT 为 T 座，这样就构成一种 M 座和 T 座绕组容量不等的特殊的 Scott 接线变压器（不同于日本的不等边 Scott 接线[37]）。正常运行中，牵引变压器 TT（M 座）和同相补偿装置 CPD 一道给牵引馈线的牵引负荷供电，牵引变压器 TT（M 座）担负主要供电任务，同相补偿装置 CPD 担负辅助的供电任务，但主要担负负序治理任务，因此，同相补偿装置也称为同相供电装置。

通常，为了便于安装和节省用地，不等边 Scott 接线变压器 M 座、T 座共箱制造使用，此时，交-直-交变流器 ADA 和牵引匹配变压器 TMT 组成同相供电装置 CPD。

被国家发改委批准的“十二五”国家战略新兴产业示范工程、首批两座单相组合式同相供电变电所在温州市域铁路 S1 线建成，并于 2018 年 10 月 1 日开通运行，同相供电装置采用风冷，运行场景见图 7.14。温州市域铁路 S2 线也采用这种方式。

图 7.14　温州市域铁路 S1 线同相供电装置运行现场

粤港澳大湾区主干线—广州地铁 18/22 号线 4 座变电所均采用单相组合式同相供电，2021 年 9 月 28 日投运，见图 7.15，其中同相供电装置采用水冷模式、使用 3.3 kV 的 IGBT 元件。

图 7.15　广州地铁 18 号线和 22 号线现场图

同相供电装置中的交-直-交变流器要完成两侧交流电压 90°的相位转换。

两种组合式同相供电方案特点比较列于表 7.1。

表 7.1　两种组合式同相供电特点比较

指标	单三相组合式同相供电方案	单相组合式同相供电方案
适用场合	既有线改造、新线建设	新线建设
负序电流	可控，保证满足国家标准要求	可控，保证满足国家标准要求
优点	高压侧有中性点，可大电流接地；YNd11 接线可提供三相电源	容量利用率高；牵引变压器和高压匹配变压器构成不等边 Scott 接线，方便共箱布置，集成度高，占地少
缺点	YNd11 接线匹配变压器容量利用率稍低	高压侧无中性点，不可大电流接地

7.2.3　交-直-交变流器

已经看出，有功型同相供电装置的核心设备是交-直-交变流器 ADA，而交-直-交变流器单元的交流测端电压只有几百伏。为了从高压电网的 110 kV 或 220 kV 经高压匹配变压器 HMT 一级变压就能连接到交-直-交变流器，需要交-直-交变流器一侧提高电压，即各个交-直-交变流单元在高压侧采用串联结构，实用中选择 10 kV 和 6 kV 两种标准电压等级。因此，单三相组合式和单相组合式同相供电实用方案中，高压匹配变压器 HMT 将 110 kV 或 220 kV 降至 10 kV 或 6 kV，仅一级变压，而不用将 110 kV 或 220 kV 降至 27.5 kV 再降至 10 kV 或 6 kV 的二级降压。此时，不等边 Scott 接线的 M 座、T 座次边绕组不仅容量不相等，电压也是不相等的。

图 7.16 所示是单相组合式同相供电变电所的交-直-交变流器主电路拓扑图，采用 1 700 V IGBT 功率器件和 H 桥串并联结构：串联（级联）侧通过并网电抗器与 T 座次边绕组（高压匹配变压器 HMT 次边）连接，额定电压 10 kV，并联侧通过牵引匹配变压器 TMT 升压到 27.5 kV 与牵引母线连接。

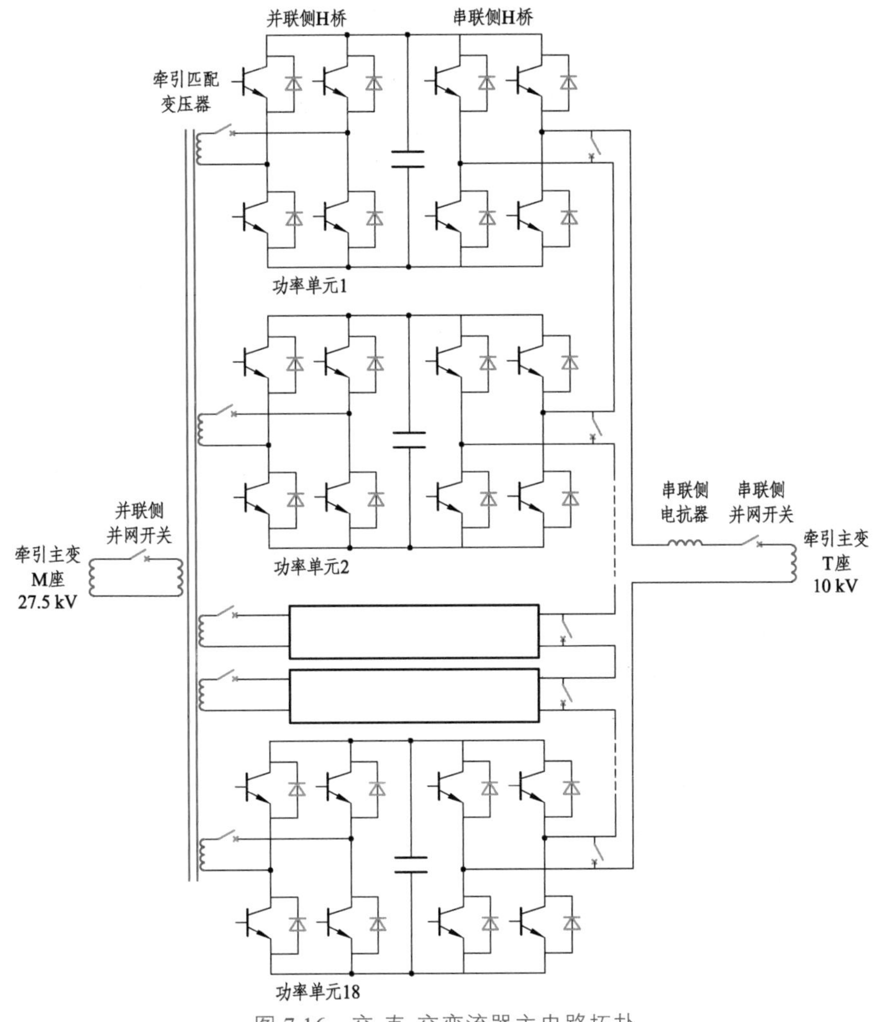

图 7.16　交-直-交变流器主电路拓扑

图 7.16 所示的主电路共有 18 个功率单元，单个功率单元的拓扑见图 7.17。为提高可靠性，每个功率单元的串联侧尚可配置旁路开关，并联侧配置分断开关。同相供电装置正常运行时，18 个功率单元全部投入，每个功率单元两端交流电压为 556 V。当一个功率单元出现故障时，其并联侧分断开关分闸，串联侧旁路开关合闸，故障单元退出且不影响同相供电装置继续运行。5 MW 同相供电装置运行时最多允许两个功率单元故障退出。当发生功率单元故障退出时，剩余功率单元的串联侧电压稍作调整，如剩余 17 级功率单元时，每个功率单元串联侧交流端口电压提升到 588 V，剩余 16 级功率单元时，每个功率单元串联侧交流端口电压提升到 625 V。

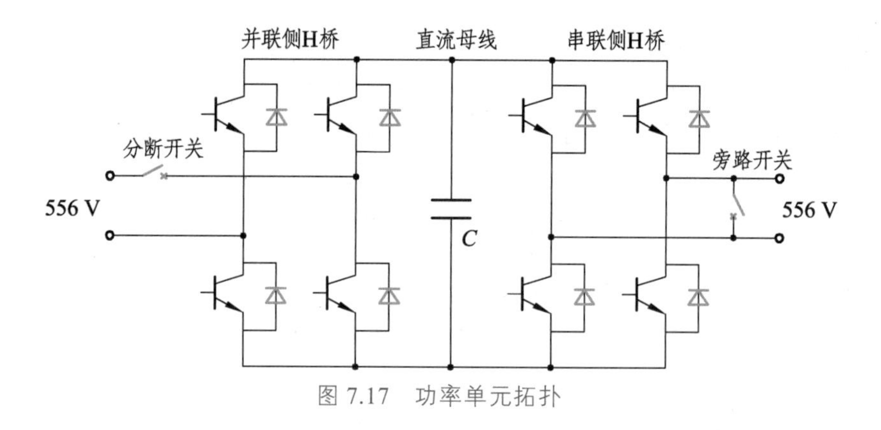

图 7.17　功率单元拓扑

7.2.4　设计方法与步骤

同相供电装置中的交-直-交变流器是最昂贵的，最大程度优化降低其容量可以取得显著的经济效益。式（7.8）可以得到补偿端口所需的交-直-交变流器容量的最小值 s_{A}，是最经济的。但由式（7.9）进一步可见，s_{A} 取决于负荷功率最大值（或95%概率大值）s 与负序功率允许值 s_{ε} 最大值（或95%概率大值）的差值，而式（7.7）表明，负序功率允许值 s_{ε} 与电网短路容量成正比，由此可知，在同样的牵引负荷条件下，电网越强大，交-直-交变流器的计算容量 s_{A} 就越小，投资就越小，应尽量选择短路容量较大的PCC来给牵引变电所供电。

组合式同相供电设计方法与步骤如下。

步骤1：由供电计算得牵引负荷过程 $s_{\text{L}}(t)$，提取与《电能质量　三相电压不平衡》（GB/T 15543—2008）规定值（最大值或95%概率大值）对应的负荷功率 $s=S$；根据国家标准规定的三相电压不平衡度限值 u_{ε}（%）和系统短路容量 s_{d}（MV·A）按式（7.7）计算负序功率允许值 s_{ε}。

步骤2：若 $s_{\varepsilon} \geqslant S$，则由式（7.10）知，通过同相供电装置的功率 $s_{\text{A}} \leqslant 0$，即不需要加装同相供电装置，只用单相牵引变压器即可，它产生的三相电压不平衡度满足国家标准要求，令 $s_{\text{A}}=0$，由式（7.5）得牵引变压器计算容量 $S_{\text{T}}'=s_{\text{T}}=S$，转至步骤5；若 $s_{\varepsilon}<S$，则通过同相供电装置的功率 $s_{\text{A}}>0$，即需要加装同相供电装置。

步骤3：将 $s=S$ 代入式（7.8）得牵引变压器计算容量 S_{T}' 和同相供电装置计算容量 S_{A}' 分别为

$$\begin{bmatrix} S_{\text{T}}' \\ S_{\text{A}}' \end{bmatrix}=\frac{1}{2}\begin{bmatrix} 1 & 1 \\ 1 & -1 \end{bmatrix}\begin{bmatrix} S \\ s_{\varepsilon} \end{bmatrix} \tag{7.11}$$

步骤4：同相供电装置中的核心元件是交-直-交变流器，按照其过负荷能力计算其安装容量 S_{A}。交-直-交变流器的过负荷能力通常较小，工程上可认为 $S_{\text{A}}=S_{\text{A}}'$，而同相供电装置中的匹配变压器的过负荷能力较强，其安装容量的计算可参考下一步的牵引变压器安装容量的计算方法进行。

步骤 5：根据牵引变压器的过负荷能力计算其安装容量 S_T。由第 3 章知，牵引变压器的过负荷能力较强，参见图 3.23 典型负荷曲线，精确的过负荷能力应由其负荷过程对应的温升过程与寿命损失来计算[32, 33]，为简单起见，一般可由过负荷倍数 k_T 表示，即由与国家标准规定值（最大值或 95%概率大值）对应的牵引变压器计算容量 S_T 与牵引变压器额定容量的比值表示。牵引变压器过负荷倍数 k_T 一般是给定的，如≥2，则安装容量 $S_T = S'_T / k_T$ 。

步骤 6：给出结果，结束。

7.2.5　组合式同相供电运行方式

当交-直-交变流器安装（额定）容量为 S_A 时，从式（7.10）知，同相供电装置的额定负序补偿能力为

$$s_A^- = 2S_A \tag{7.12}$$

也就是说，经过如上设计，同相供电装置应在额定负序补偿能力范围内运行来满足国家标准规定的负序功率允许值 s_ε，设时刻 t 的牵引负荷功率为 $s(t)$，则应控制同相供电装置的出力 $s_A(t)$ 满足

$$s_\varepsilon \geqslant s(t) - 2s_A(t) \geqslant 0 \tag{7.13}$$

由此并结合式（7.8）和图 7.8，可以得到同相供电装置（交-直-交变流器）两种基本运行方式。

方式Ⅰ：已知交-直-交变流器额定容量 S_A，当负荷功率 $s(t)$ 小于等于 S_A 的 2 倍，即

$$s(t) \leqslant 2S_A$$

时，控制同相供电装置的交-直-交变流器从牵引馈线分流，使其和牵引变压器分别供给负荷功率的 1/2，此时负序电流得以完全补偿，由此引起的三相电压不平衡度为零，自然满足国家标准要求；当负荷功率大于交-直-交变流器额定容量 S_A 的 2 倍时，同相供电装置按其交-直-交变流器额定容量 S_A 供给，其余部分由牵引变压器供给，此时将产生剩余负序功率，但低于负序功率允许值 s_ε，即对应的三相电压不平衡度满足国家标准要求。

方式Ⅱ：根据式（7.8）知

$$s_A(t) = \frac{1}{2}[s(t) - s_\varepsilon] \tag{7.14}$$

当

$$s(t) \leqslant s_\varepsilon$$

时，同相供电装置平时处于热备状态，通过功率为 0；当

$$s(t) > s_\varepsilon$$

时，控制同相供电装置的交-直-交变流器开始按照式（7.14）运行，即它和牵引变压器分别供给负荷功率 s 与负序功率允许值 s_ε 差值的 1/2，由此保证超额的负序功率得以补偿，三相电压不平衡度保持在国家标准规定值的范围内。

当然，同相供电装置可以在两种基本运行方式之间运行并进行优化[42~44]。

同相供电装置运行方式将直接影响它本身和牵引变压器的负荷过程及发热过程和效率，影响牵引变压器安装容量的选择，但在补偿负序达到国家标准要求的目标上是等值的。

在使用匹配变压器的同相供电装置基础上，可以进一步研究开发直挂型交-直-交变流器来实现全电力电子化[45]。

7.2.6 变电所同相供电的特殊情形

我们再讨论两种特殊情形。

一是半交-直-交变电所。如果要求补偿全部负序，可令负序功率允许值 $s_\varepsilon = 0$，则由式（7.8）得

$$s_{\mathrm{T}} = s_{\mathrm{A}} = \frac{s}{2} \tag{7.15}$$

即要求同相补偿装置和牵引变压器各担负一半的牵引负荷才能使负序为 0。此时，对应负荷功率最大值或 95%概率大值，可得同相补偿装置的交-直-交变流器计算容量 = 牵引变压器的计算容量，称为半交-直-交变电所，也称半功率变电所。

2007—2010 年，团队承担了“十一五”国家科技支撑计划重大专项，研制的世界首套电气化铁路同相供电装置就属于半交-直-交变电所方案，原理如图 7.18 所示，其中，两个背靠背的 SVG 构成交-直-交 ADA 电路。现场试验场景如图 7.19 所示。

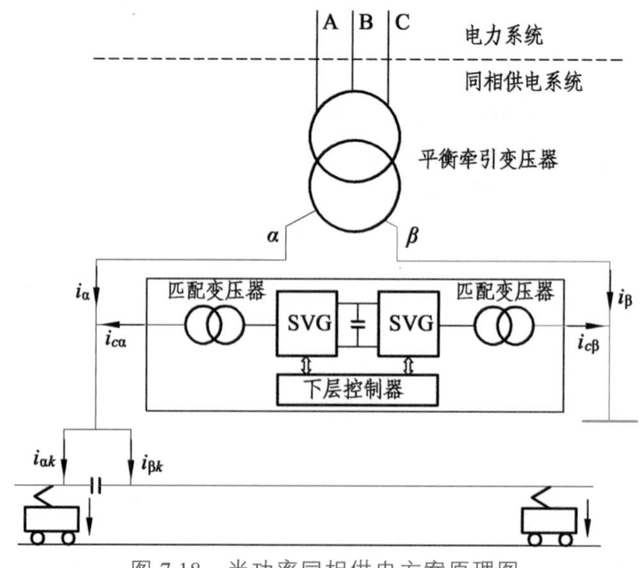

图 7.18 半功率同相供电方案原理图

图 7.19　同相供电眉山变电所试验现场

由此进一步可见，由于利用了国家标准规定的负序功率允许值，根据式（7.8）计算的组合式同相供电所需的同相供电装置的计算容量小于牵引负荷计算值（最大值或 95% 概率大值）的一半。实用中，由于电网容量较大，同相供电装置的安装容量只占牵引变压器安装容量（小于计算容量 2 倍及以上）1/4、1/5，甚至更低。因此，即使同相供电装置（包括备用的）因故退出，亦可利用牵引变压器继续给列车供电，或者说，组合式同相供电具有故障导向安全特性。不过此时应注意负序是否超标，如果超标，应适当减少行车量，待同相供电装置修复投入后再恢复正常运量。

还有一个更极端的特例需要加以说明，这就是全交-直-交变电所，其优点是：通过交直交变流器的直流缓冲，隔绝牵引网和电网之间的负序、无功、谐波的联系，从而消除对电网的电能质量影响，实现全线多个牵引变电所牵引网的贯通供电[16]，而问题在于它的复杂度和成本上。

上面讨论的组合式同相供电由牵引变压器与同相供电装置并联而成，与此相反，全交-直-交变电所的功率通道由牵引变压器（还应设置降压变压器）和交-直-交变流器以及升压变压器串联而成，如图 7.20 所示。因交-直-交变流器是其核心元件，故称之为全交-直-交变电所。其中交-直-交变流器要承担全部牵引负荷，故也称为全功率变电所。

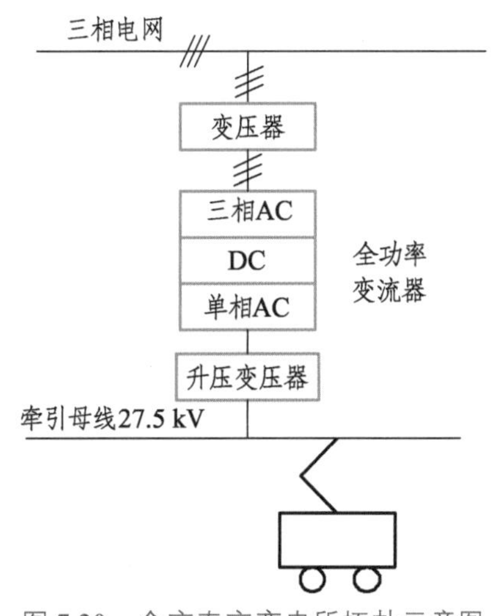

图 7.20　全交直交变电所拓扑示意图

实际上，全交直交变电所在牵引变压器为三相-两相平衡接线时，就是如图 7.18 所示的两个半交直交变电所的组合，即使用两套交直交变流器 ADA1、ADA2 分别串入牵引变压器的两个牵引端口，再在牵引母线实现同相供电，见图 7.21。

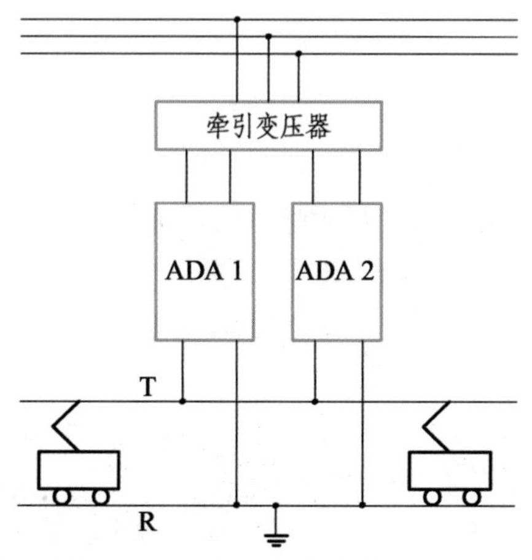

图 7.21　全交直交同相供电示例

全交-直-交变流器的计算容量 s 由式（7.8）将 $s_{\mathrm{T}}+s_{\mathrm{A}}$ 计算得到。前面已经述及，交-直-交变流器的过负荷能力较小，工程上可认为其安装容量等于计算容量，即计算容量应等于（不小于）最大牵引负荷 S，是半交-直-交变电所中交-直-交变流器计算容量的 2 倍，这就进一步拉高了建设成本，可能达到组合式同相供电交-直-交变流器成本的几倍，甚至十几倍以上，将大大限制其应用范围。

【例 7.1】 某电气化铁路牵引变电所短路容量为 1 773 MV · A，最大负荷 55.8 MV · A，试计算全交直交变电所变流器、半交直交变电所变流器和组合式同相供电变流器的计算容量。其中根据国家标准电压不平衡度最大值按 2.6%考虑。

解： 如果不考虑变流器的过负荷能力，则全交直交变电所的变流器应满足最大负荷需求，即其计算容量应为（不小于）55.8 MV · A，半交直交变电所的变流器容量应为（不小于）17.9 MV · A。

根据国家标准，电压不平衡度允许最大值取 2.6%，则由式（7.1）得负序功率允许值

$$s_{\varepsilon}=u_{\varepsilon}\times s_{\mathrm{d}}/100=46\ \mathrm{MV\cdot A}$$

代入式（7.8）得组合式同相供电装置变流器计算容量为 4.9 MV · A。

可知，三方案所需变流器容量分别为：全交直交变电所 55.8 MV · A，半交直交变电所 27.9 MV · A，组合式 4.9 MV · A。如果作为产品，取 5 MV · A 为一组，则组合式方案需要 1 组，半交直交方案需要 6 组，全交直交方案需要 11 组。如果进一步考虑备用，还要增加组数，更加复杂。解毕。

正是考虑成本和代价，全交-直-交变电所一般只适用于一些特殊场合。例如，德国

牵引供电系统采用低频（$16\frac{2}{3}$ Hz）单相 15 kV 交流制，除了专用单相发电厂和输电线，还有一部分全交-直-交变电所从公用电网取电，其优点是牵引网相对公用电网进行了交-直-交隔离，有其独立性，生成一种可以不同于公用电网电压相位和频率的铁路专用电压并将牵引网全部贯通，能彻底取消或避免电分相及其无电区的不良影响，也不会在公用电网产生负序，而缺点是单相发电厂和输电线不及三相发电厂和输电线普及率高、效率高，全交-直-交变电所更增加了成本。这种模式除德国及其周边个别国家采用外，世界其他国家均不采用。另外一种特殊场合是一条重要铁路由两个不同电网供电且要求牵引网贯通，不设电分相，则可以将分属于不同电网的两个牵引变电所群，一个群设置常规（如组合式同相供电）变电所、另一个群设置为全交-直-交变电所，其中全交-直-交变电所生成的母线电压应与常规变电所的母线电压同相位。

显然，半交-直-交变电所和全交-直-交变电所对负序进行了过度补偿，造成交-直-交变流器容量的浪费。

7.3　有功型与无功型同相供电的特点

我们比较图 7.1（a）和图 7.9 可知，有功型同相补偿装置核心元件是交-直-交变流器 ADA，无功型同相补偿装置的核心元件是 SVG，而一组 ADA 等同于两组背靠背的 SVG。在同相供电最小补偿容量条件下，由式（7.3）得两组无功型 SVG 的计算容量为

$$2Q = s - s_{\varepsilon}$$

当将负序补偿为 0 时，令 $s_{\varepsilon} = 0$ 得

$$2Q = s$$

由式（7.8）得有功型交-直-交变流器 ADA 的计算容量为

$$s_{A} = \frac{1}{2}(s - s_{\varepsilon})$$

当将负序补偿为 0 时，令 $s_{\varepsilon} = 0$ 得

$$s_{A} = \frac{1}{2}s$$

显然

$$s_{A} = Q$$

因此可得：

结论 7.1　当将负序补偿为 0 时，同相供电实现最小补偿容量条件下，需要一组有功型 ADA 或者两组无功型 SVG，两者的计算容量相等，且均为牵引负荷容量的一半，

因 ADA 等同于两组背靠背的 SVG，因此一组有功型 ADA 和两组无功型 SVG 付出的容量代价是相同的，补偿效果也相同。

在同相供电应用中，有功型补偿既改变（正序）有功潮流，又改变负序潮流，无功型补偿只改变负序潮流，不改变（正序）有功潮流。正序下，有功型补偿的 ADA 与牵引变压器（或 M 座牵引绕组）分担牵引负荷，无功型补偿的 SVG 不与牵引变压器分担牵引负荷。

因此，对于单座牵引变电所实施同相供电可以选择有功型补偿，也可以选择无功型补偿。在电网 PCC 以树形结构对多座牵引变电所进行供电时，若在有关牵引变电所进行分散补偿，则可以选择有功型或者无功型。多座牵引变电所实施贯通供电而在其中一座牵引变电所进行集中补偿时，由于该座牵引变电所的有功型补偿难以改变其他牵引变电所的有功潮流，而负序潮流可以独立产生，则宜选择无功型补偿形式，详见第 8 章。

注意到相比无功型补偿，有功型补偿还有一个优点，其交-直-交变流器 ADA 的一侧端口位于牵引端口，则在此端口可用作 SVG，来进行无功补偿，即产生或吸收感性或容性无功功率，还可作为有源电力滤波器（APF）滤除较低次的谐波。因此，当牵引负荷的功率因数较低时，ADA 在牵引侧的端口可以增加 SVG 功能，对牵引负荷无功加以补偿，也起到提高网压的作用。无功型补偿的 SVG 都不在牵引端口，就不能兼顾这些功能。

习题与思考题

7.1　试画出图 7.3 的端口相量图和负序相量图。

7.2　试画出图 7.5、7.6 的端口相量图和负序相量图。

7.3　简述 SVG 工作原理。

7.4　简述单相组合式同相供电工作原理。

7.5　已知电网 PCC 短路容量 2 500 MV · A，牵引负荷最大值为 74 MV · A，取国家标准三相电压不平衡度允许值为 2.6%，试计算单三相组合式同相供电牵引变压器和同相供电装置的计算容量。

7.6　简述交-直-交变流器工作原理。

7.7　根据 7.3 节的推导，说明以最小补偿容量实现牵引变电所同相供电时，所需有功型 ADA 和无功型 SVG 的计算容量相等，且均为牵引负荷容量的一半。

第 8 章　双边贯通与智能供电

在牵引变电所实现同相供电基础上，我们讨论两个变电所之间的双边供电和更大范围的贯通供电，以期消除分区所处的电分相和无电区以及全线的电分相和无电区，同时解决给电网带来的新问题，讨论提出牵引变电所的智能供电。

8.1　双边供电

本书 1.4 节中已经介绍，双边供电是指分区所纵向断路器合闸来将相邻两个牵引变电所贯通的供电方案。双边供电可以取消分区所处的电分相，或者保留电分相结构，按两个电分段运行，中性段带电，列车不断电通过。

俄罗斯、乌克兰、韩国等电气化铁路一直采用双边供电。

与单边供电时列车从单个牵引变电所取电不同，双边供电的列车从相邻的两个牵引变电所取电。双边供电的优点是列车的取流来自两个不同的电源，即由两侧的牵引网共同分担，牵引网电压损失和电能损失都会减少，网压水平也相应改善，并且双边供电还能减轻对沿线通信线路的电磁干扰[5]。

8.1.1　双边供电的合环

从本书 1.3 节已知，电网与牵引变电所的电气联结方式称为外部供电方式，它取决于电网结构以及其与牵引变电所的相对位置等因素，具体分为环形单回路、环形双回路、单电源双回路、树形（辐射式）等方式。为了双边供电通用化描述，我们假设实施双边供电的两个变电所 SS_1、SS_2 的一路电源来自电网的两个公共连接点 PCC_1 和 PCC_2，如图 8.1 所示，PCC_1、PCC_2 之间有输电线或等效环网相连，显然，变电所 SS_1 与 SS_2 之间分区所的纵向断路器 K 合闸就构成双边供电。

实现双边供电必须具备一些基本条件，例如：① 两相邻近牵引变电所需由同一电网供电，以确保有相同的频率；② 邻近两牵引变电所牵引端口的相位相同，即确保同相。

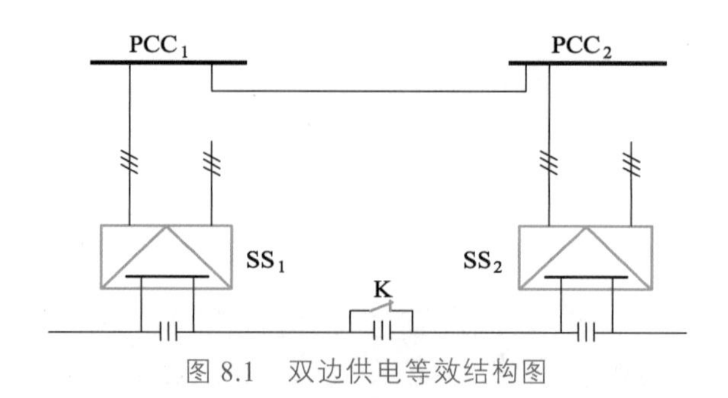

图 8.1　双边供电等效结构图

按照电网术语，纵向断路器 K 合闸称为电磁合环，但电气化铁路进行双边供电属于电网的一种特殊的电磁合环，一是电网电磁合环为三相合环，而双边供电是单相合环，二是电网电磁合环的开关是常开的，而双边供电的纵向开关是常闭的。尽管如此，由于双边供电和电网的电磁合环都将改变电网的拓扑结构和运行方式，因此，必须满足电网规定的合环条件才能合环。

列举两家电网公司规定的详细的电磁合环需要满足的条件：

（1）《青海省电力系统调度规程》规定了电网的解合环操作，其中合环操作："必须相位相同，电压差一般允许在 20%之内，相角差一般不超过 20°，以确保合环时不因环路电流过大引起潮流的变化而超过继电保护、系统稳定和设备容量等方面的限额。合环后应当及时通知有关调度及厂站。对于较复杂环网的操作，应当先进行模拟计算。"

（2）《中国南方电网电力调度管理规程》解合环操作规定：① 必须确保相序相位正确才能合环；② 解、合环操作必须确保解、合环后潮流不超过稳定极限、设备不过负荷、电压在正常范围内，不引起继电保护和安全自动装置误动；③ 具备条件时，合环操作应使用同期装置；④ 合环时电压差 500 kV 一般不应超过额定电压 10%，220 kV 不应超过额定电压 20%；500 kV 系统合环一般应检同期合环，有困难时应启用合环开关的同期装置检查相角差；合环时相角差 500 kV 一般不应超过 20°，220 kV 一般不应超过 25°。

显然，图 8.1 中 PCC1、PCC2 之间的电压差和相角差可以于 K 合闸之前在分区所测得，也可以在已知 PCC1 和 PCC2 之间的电气连接关系时通过潮流计算得到[1, 2]。

实际电网中，图 8.1 所示 PCC1 和 PCC2 之间的电气连接方式多种多样，作为举例，这里考虑一种 220 kV 输电线路对铁路两个相邻牵引变电所的专用线供电方式，则图 8.1 的等值电路可由图 8.2 描述。

我们来分析分区所纵向断路器 K 合闸之前 PCC1、PCC2 之间的电压差和相角差是否满足合环规定？

从 5.3 节我们知道，当一个电流 $\dot{I}$ 通过阻抗为 Z 的线路时，首端电压 $\dot{U}$ 与末端电压 $\dot{U}'$ 的电压差和相位差为

$$\Delta U = \left|\dot{U}\right| - \left|\dot{U}'\right| = \sqrt{(\dot{U}' + XI\sin\varphi + RI\cos\varphi)^2 + (XI\cos\varphi - RI\sin\varphi)^2} - U'$$

$$\theta = \arctan\frac{XI\cos\varphi - RI\sin\varphi}{U' + XI\sin\varphi + RI\cos\varphi} \tag{8.1}$$

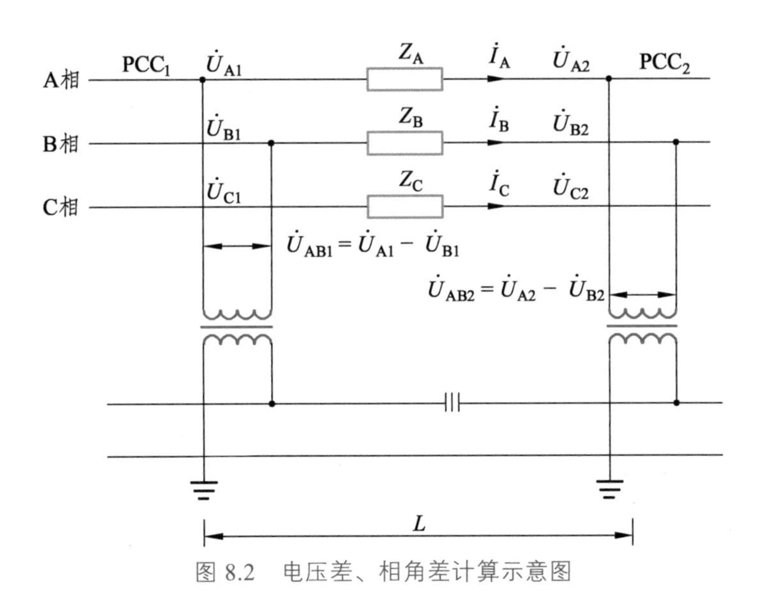

图 8.2　电压差、相角差计算示意图

相量关系见图 5.5，为阅读方便重绘于图 8.3，图中φ为末端负荷$\dot{I}$的功率因数角，以滞后为正；θ为线路首、末端电压相量夹角，即相角差。电压差的近似值为

$$\Delta U \approx XI\sin\varphi + RI\cos\varphi$$

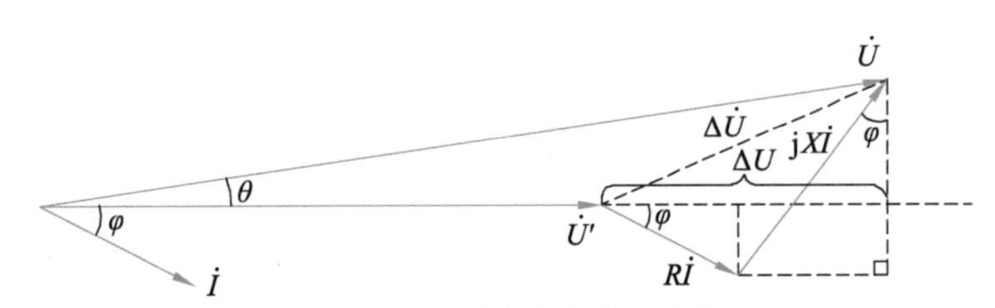

图 8.3　电压差与相角差示意图

220 kV 输电线路最大输送功率为 500 MV・A[1]。计算中，输电线采用 2 × LGJQ-500 二分裂导线，取单位长阻抗 z = 0.031 2 + j0.305 2 Ω/km，PCC2 处的输送功率分别取 200、300、500 MV・A。考虑相邻牵引变电所的间距 L 与输电线匹配，L 分别取 50、60、70、80 km，输送功率的功率因数分别取 0.95 和 0.9（滞后），计算结果分别列于表 8.1 和表 8.2。

表 8.1　功率因数为 0.95（滞后）

牵引所间距 L/km	传输功率 200 MV・A			传输功率 300 MV・A			传输功率 500 MV・A		
	电压差 /kV	电压差 /%	相角差 /（°）	电压差 /kV	电压差 /%	相角差 /（°）	电压差 /kV	电压差 /%	相角差 /（°）
50	3.49	2.74	3.23	5.38	4.23	4.78	9.44	7.43	7.74
60	4.23	3.33	3.85	6.56	5.16	5.69	11.60	9.13	9.16
70	4.99	3.93	4.47	7.77	6.12	6.58	13.85	10.90	10.53
80	5.77	4.54	5.08	9.02	7.10	7.45	16.17	12.73	11.85

表 8.2　功率因数为 0.9（滞后）

牵引所间距 L/km	传输功率 200 MV·A			传输功率 300 MV·A			传输功率 500 MV·A		
	电压差/kV	电压差/%	相角差/（°）	电压差/kV	电压差/%	相角差/（°）	电压差/kV	电压差/%	相角差/（°）
50	4.41	3.47	2.99	6.74	5.30	4.41	11.63	9.16	7.10
60	5.33	4.20	3.56	8.17	6.44	5.23	14.19	11.17	8.37
70	6.26	4.93	4.13	9.64	7.59	6.04	16.81	13.24	9.60
80	7.21	5.68	4.68	11.13	8.76	6.84	19.50	15.35	10.78

从图 8.3 和表 8.1、8.2 可见，输送（视在）功率的功率因数越高，电压差越小，但相角差越大。总的看：在牵引变电所间距不超过 80 km 下，双边供电时分区所的合环电压差不大于 16%，相角差不大于 12°，低于合环规定值，符合要求。

双边供电合环前应选择牵引网处于空载状态并检测分区所两侧的电压差和相角差，在允许的电压差和相角差范围内，令纵向断路器合闸。

双边供电一旦合环就可长期运行。

8.1.2　均衡电流和穿越功率

双边供电与单边供电之间的联系和区别可按正常状态和故障状态分别加以分析。因课时所限，本书只讨论系统的正常状态，对故障分析和继电保护有兴趣的读者可参阅文献[14，46]。

牵引供电系统的正常状态可分为牵引、再生和空载三种工况。

牵引工况下单边供电的列车取流示于图 8.4（a），变电所 SS_1 表现为用电状态，双边供电的取流示于图 8.4（b），可见，如果以列车受电弓为分流点，列车取流等效为左右两个单边供电取流的叠加，变电所 SS_1 和 SS_2 均表现为用电状态。

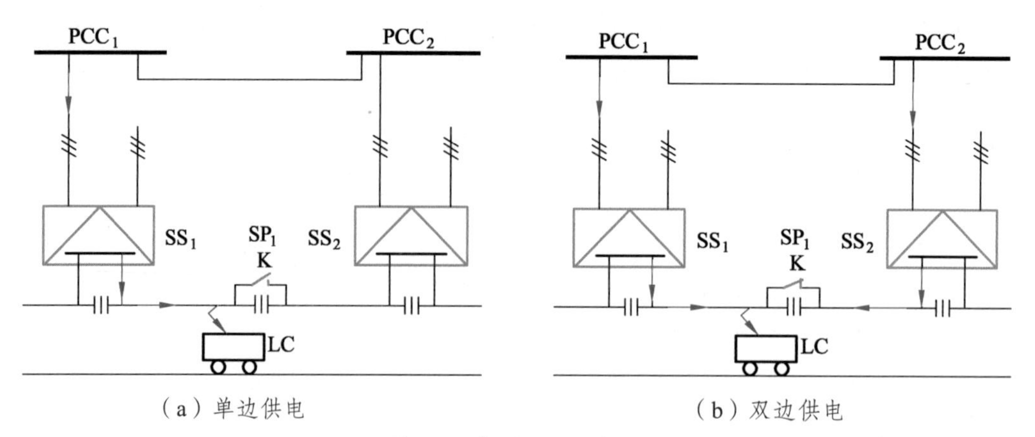

（a）单边供电　　（b）双边供电

图 8.4　牵引工况示意图

再生工况示于图 8.5（a)、(b)，从中可见双边供电列车的发电分向左右两个变电所 SS_1 和 SS_2，且两个变电所均表现为发电状态。

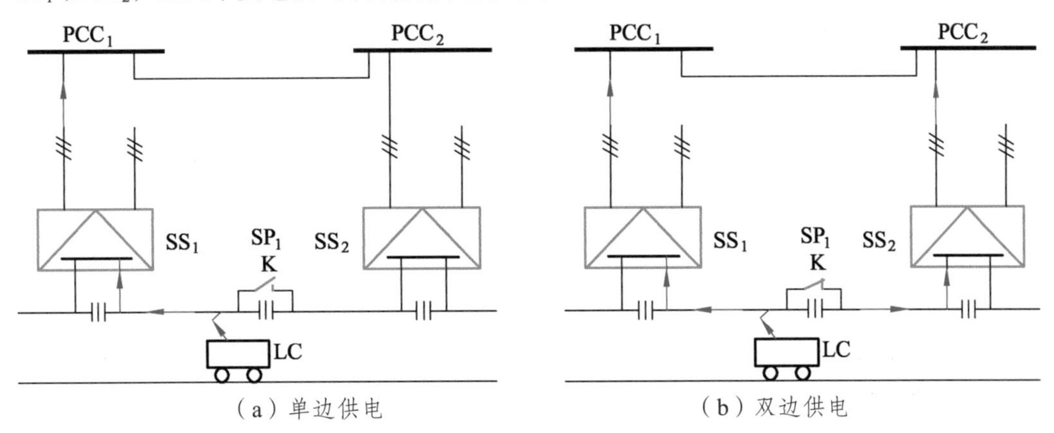

（a）单边供电　　（b）双边供电

图 8.5　再生工况示意图

空载工况下，双边供电与单边供电才有本质区别，见图 8.6，即双边供电的牵引变电所和牵引网串联后为电网的 PCC_1 和 PCC_2 提供了一条新的通路，这将增生一个电流分量，称为均衡电流，或者说增生了一个功率分量，称为穿越功率。

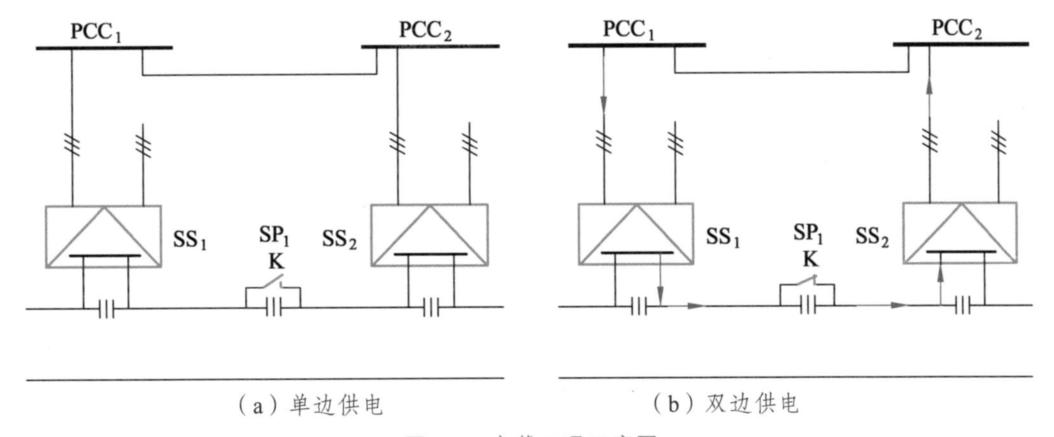

（a）单边供电　　（b）双边供电

图 8.6　空载工况示意图

可见，均衡电流是牵引网空载时双边供电牵引网中增生的电流分量；穿越功率则是牵引网空载时双边供电牵引网中增生的功率分量。

均衡电流或穿越功率是双边供电的牵引供电系统与电网（等效）输电线并联造成的。从图 8.6 可见，空载工况下，双边供电的穿越功率在一个变电所（如 SS_1）表现为用电状态，在另一个变电所（如 SS_2）则表现为发电状态。

1. 等效电路与均衡电流计算

最简单的双边供电是采用单相牵引变压器的牵引变电所构成的，以图 8.2 为例，牵引变电所 SS_1 用单相牵引变压器 TT_1，牵引变电所 SS_2 用单相牵引变压器 TT_2，分别在 PCC_1 和 PCC_2 处接入电网输电线。

对应图 8.2，归算到电网侧的三相等效电路如图 8.7 所示。图中，Z_d 为输电线 A、B、C 相的相阻抗，即 $Z_A = Z_B = Z_C = Z_d$，Z_{J1}、Z_{J2} 为进线相阻抗，Z'_{T1}、Z'_{T2} 为归算到电网侧的单相牵引变压器阻抗，Z'_q 为归算到电网侧的牵引网阻抗，LC 为电力机车。

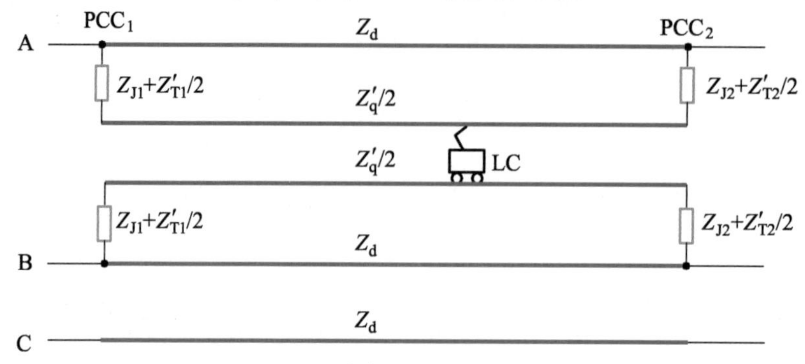

图 8.7　双边供电的三相等效电路

考虑牵引网空载工况，选择 A 相或 B 相可得计算均衡电流的单相等效电路，如图 8.8 所示。

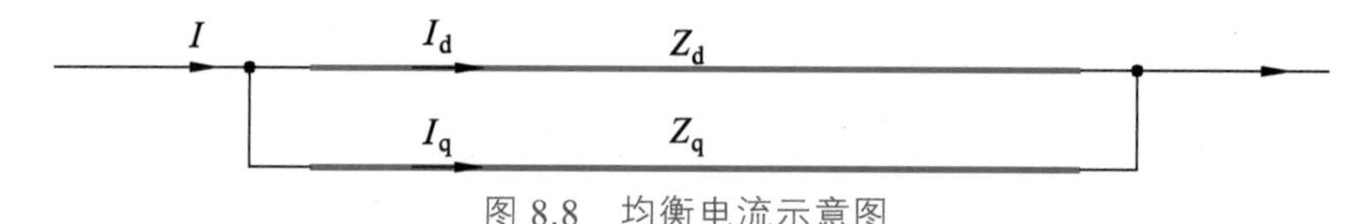

图 8.8　均衡电流示意图

图 8.8 中，Z_d、Z_q 分别表示电网输电线与牵引供电系统（包括进线相阻抗）的归算阻抗，设总电流为 I，通过电网输电线的电流为 I_d，通过牵引供电系统的电流为 I_q，则有支路电压方程为

$$I_q Z_q = Z_d I_d \tag{8.2}$$

求得均衡电流为

$$I_q = \frac{Z_d}{Z_q} I_d \tag{8.3}$$

式中

$$Z_q = 2Z_J + \left(Z_T + \frac{1}{2}Z'_q\right)k_T^2$$

其中，k_T 为牵引变压器变比，即电网进线的线电压/牵引母线的额定电压，并设 $Z_J = Z_{J1} = Z_{J2}$。可进一步定义分流比 η，即均衡电流与电网输电线中电流之比，即

$$\eta = \left|\frac{I_q}{I_d}\right| = \left|\frac{Z_d}{Z_q}\right| \tag{8.4}$$

展开有

$$\eta = \left|\frac{Z_d}{2Z_J + \left(Z_T + \frac{1}{2}Z'_q\right)k_T^2}\right| \tag{8.5}$$

精确计算需要掌握具体数据，例如假设电网 220 kV 输电线 PCC_1 和 PCC_2 之间的长度为 50 km，PCC_1（PCC_2）到牵引变电所 SS_1（SS_2）的进线长度为 10 km，单位长阻抗仍取 $z_0 = 0.031\,2 + j0.305\,2\ \Omega/km$，牵引变压器均为单相变压器，额定容量均为 31.5 MV·A，短路阻抗（漏抗）均为 10.5%，即归算到牵引侧的漏抗 $Z_T = 0.213\,4 + j2.52\ \Omega$，相邻牵引变电所间距为 50 km，直供方式牵引网空载电压为 27.5 kV，变比 $k_T = 8$，单线铁路、单链型悬挂牵引网单位长阻抗取 $z = 0.232 + j0.515\ \Omega/km$，代入式（9.22）可以得 $\eta = 1.44\%$。工程上，可以用

$$\eta \approx \frac{1}{k_T^2}$$

进行估算，计算得 $\eta = 1/64 \approx 1.56\%$，接近且略大于精确计算值。

2. 穿越功率计算

设电网输电线的额定电压为 U_N，由式（8.3）得穿越功率：

$$S_q = U_N I_q = \frac{Z_d}{Z_q} U_N I_d \tag{8.6}$$

或者已知电网输电线三相功率 S 时，由式（8.7）估算得牵引网（单相）穿越功率：

$$S_q \approx \frac{S}{\sqrt{3} k_T^2} \tag{8.7}$$

例如，一般 110 kV 输电线最大输送功率为 50 MV·A，则直供方式时变比 $k_T = 4$，由式（8.7）估算得双边供电最大穿越功率为 1.8 MV·A，占比 1.8/50 = 3.6%；220 kV 输电线最大输送功率为 500 MV·A，则直供方式时 $k_T = 8$，由式（8.7）估算得双边供电最大穿越功率为 4.6 MV·A，占比 1.8%。

至此，我们应该注意到，上面定义和讨论的均衡电流和穿越功率都是沿线路传输的，称为纵向分量。因此，如果穿越功率存在，则在牵引变电所进线、牵引馈线以及牵引网的任何方便的部位都能测量得到。还有一个像负荷一样的横向分量，这就是线路的容性无功功率，也叫充电功率。穿越功率取决于电网对牵引供电系统的供电方式和电网潮流，充电功率则沿输电线和牵引网分布，取决于其长度和电压等级。线路充电功率在分区所纵向断路器合闸前后的总量不变，但合闸后将在系统中重新分配，就像 5.6 节中介绍的，此时也存在一个分流点。当分流点与分区所不重合时，分区所会测到这个分量不是 0，而当分流点与分区所重合时，分区所的这个分量就是 0。因此，要判断分区所合环后是否存在穿越功率，则应在牵引网空载时，只要测量牵引网的有功分量就能准确反映穿越功率情况：若检测到的有功分量为 0，则穿越功率中的（纵向）无功分量亦为 0，穿越功率即为 0，而此时若检测到的无功分量不为 0，只能说明存在充电功率（横向分量），不是穿越功率。下面会看到，当电网对铁路变电所进行树形供电时，理论上穿越功率为 0。

3. 穿越功率解决方案

正常运行状态下，双边供电与单边供电在潮流分布上的唯一区别就是均衡电流和穿越功率问题。由上分析可知，穿越功率占比很小，不会对电网潮流造成大的影响，但毕竟还是一个特殊的存在，应该引起注意，加以解决，解决的目标是不产生穿越功率或者不向电网发电。

（1）树形供电。

电网的变电站用同一（分段）母线 PCC 给铁路的多个变电所供电，称为树形供电方式，如图 8.9 所示。

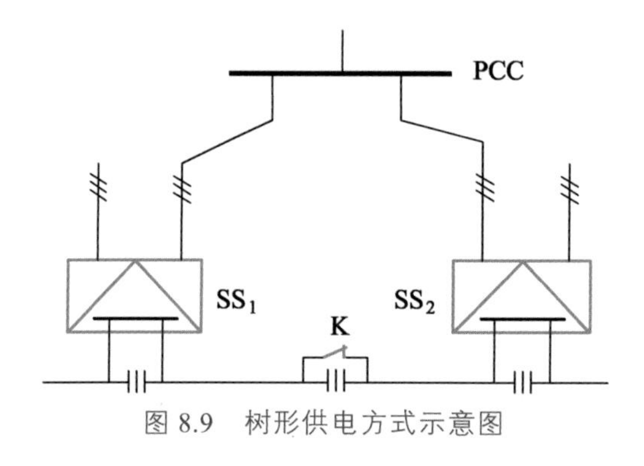

图 8.9　树形供电方式示意图

此时，对应图 8.1，可认为 PCC_1 与 PCC_2 合并，电网输电线长度为 0，即令式（8.5）中 $Z_d = 0$，得

$$\eta = 0$$

即均衡电流和穿越功率为 0。

我国西北地区地广人稀，电网对铁路牵引变电所多进行树形供电。由于理论上，树形供电方式下，铁路实施双边供电不会产生穿越功率，而负序等电能质量影响与铁路单边供电相同，因此，提供了较好的应用场景。

国铁集团于 2020 年在科技研究开发计划中立项开展《电气化铁路牵引变电所双边供电试验》研究，通过综合比选，考虑电网电源条件，试验选取在海拔约 3 000 m、线路坡度 16‰的格库铁路（青海段）东柴山至花土沟车站区段，试验段长度约 75 km。格库铁路为国铁 Ⅰ 级客货共线单线双向电气化铁路，设计速度 120 km/h，使用 HX_D1C 系列电力机车。2021 年 7 月试验取得了圆满成功，仿真和试验均表明，树形供电方式下，双边供电不产生穿越功率，具备投运条件。

（2）合建所。

合建所即将牵引变电所与电力（动照）变电所合建在一起，牵引变压器和电力（动照）变压器接入同一进线母线，如图 8.10 的 SS_2 所示。假设穿越功率由变电所 SS_1 流向 SS_2，此时，只要电力变压器的电力负荷大于穿越功率，则穿越功率就被“淹没”，合建所总体对电网表现为用电状态，不向电网发电。前面已述及，穿越功率较小，因此只要电力负荷大于该值，就可以解决穿越功率问题。

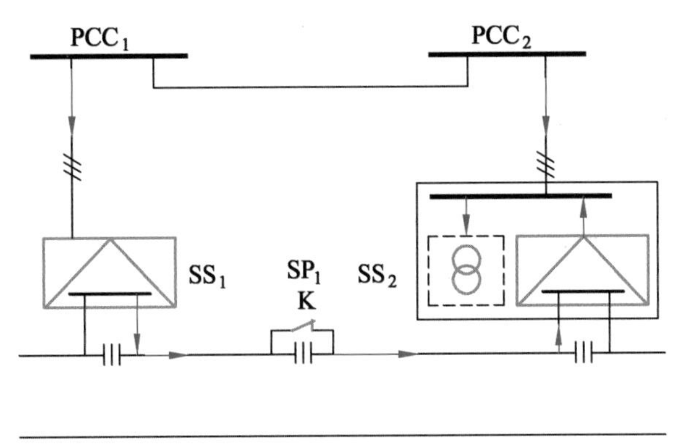

图 8.10　牵引电力合建所示意图

（3）穿越功率利用。

首先识别穿越功率，设流向牵引网为正，当该功率非 0 且两者之和为 0 时，则判定该功率为穿越功率，再在穿越功率末端的牵引变电所牵引母线上将穿越功率通过交-直-交（AC/DC/AC）装置转移到三相电力用电母线上，供电力负荷利用，或者通过交-直（AC/DC）装置与储能装置 ES 连接进行储能利用，为了更好地利用和控制储能装置容量，一般串接直-直（DC/DC）变换装置，如图 8.11 所示。

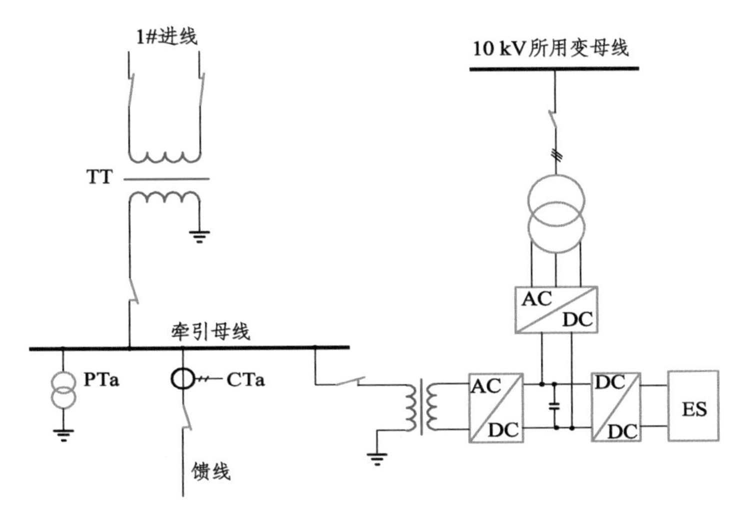

图 8.11　穿越功率利用示意图

8.1.3　双边供电电压损失

与 5.3 节单边供电一样，双边供电牵引供电系统的电压损失包括牵引变压器和牵引网的电压损失，实际设计中，还应考虑 PCC 和牵引变电所进线的电压损失，这几部分的电压损失可以累计得到总的电压损失。下面主要讨论牵引变压器和牵引网的电压损失计算方法。

1. 牵引变压器电压损失

由第 7 章知，无功型组合式同相供电的主变为单相变压器，有功型的单三相组合式同相供电的主变也是单相变压器，虽然单相组合式同相供电的主变是不等边 Scott 接线变压器，但其 M 座和 T 座绕组的牵引端口等效阻抗相互独立，互阻抗为 0，并且担当牵引供电主力的 M 座也是单相变压器，因此同相供电变电所的电压损失均可按单相变压器进行计算。

根据式（5.7）可得单相牵引变压器电压损失

$$\Delta U=(R_{\mathrm{T}}\cos\varphi+X_{\mathrm{T}}\sin\varphi)(I_1+I_2) \tag{8.8}$$

式中 I_1，I_2 —— 两臂负荷，A；

$\cos\varphi$ —— 两臂负荷（平均）功率因数；

R_{T}，X_{T} —— 单相变压器归算到次边的电阻和电抗值，　。

【例 8.1】 已知单相牵引变压器或不等边 Scott 变压器 M 座额定容量为 40 MV·A，同相供电两臂负荷之和为 700 A：① 设机车为交-直型，牵引电流功率因数 $\cos\varphi=0.8$（滞后），② 机车为交-直-交型，$\cos\varphi=0.98$（滞后），试分别计算牵引变压器的电压损失。

【解】 ① 电力机车为交-直型，牵引电流功率因数 $\cos\varphi=0.8$（滞后）。

计算单相牵引变压器或不等边 Scott 变压器 M 座阻抗为

$$R_{\mathrm{T}}=\frac{\Delta P_{\mathrm{C}}}{1\,000}\cdot\frac{U_{2\mathrm{N}}^2}{S_{\mathrm{N}}^2}=\frac{132}{1\,000}\cdot\frac{27.5^2}{40^2}=0.062\,4\ (\Omega)$$

$$X_{\mathrm{T}}=\frac{U_{\mathrm{d}}\%}{100}\cdot\frac{U_{2\mathrm{N}}^2}{S_{\mathrm{N}}}=\frac{10.5}{100}\cdot\frac{27.5^2}{40}=1.98\,5\ (\Omega)$$

计算牵引变压器的电压损失为

$$\begin{aligned}\Delta U&=(R_{\mathrm{T}}\cos\varphi+X_{\mathrm{T}}\sin\varphi)(I_1+I_2)\\&=(0.0624\times0.8+1.985\times0.6)\times700=868.64\ (\mathrm{V})\end{aligned}$$

② 电力机车为交-直-交型，牵引电流功率因数 $\cos\varphi=0.98$（滞后）。

计算牵引变压器的电压损失为

$$\begin{aligned}\Delta U&=(R_{\mathrm{T}}\cos\varphi+X_{\mathrm{T}}\sin\varphi)(I_1+I_2)\\&=(0.062\,4\times0.98+1.985\times0.20)\times700=320.71\ (\mathrm{V})\end{aligned}$$

对比①②计算结果可知：牵引负荷功率因数的提高，对于牵引变压器电压损失的降低具有十分显著的作用。

2. 牵引网电压损失

（1）电流分配规律。

在图 8.12 中，假设牵引变电所为理想电源，已知单线双边供电的相邻变电所 SS_1、

SS_2之间的供电臂长为 $2l$（km），牵引网单位长自阻抗 z（Ω/km），取流为 $\dot{I}$ 的列车距左边牵引变电所 SS1 的距离为 l_1（km），分流为 $\dot{I}_{\mathrm{I}}$，距右边牵引变电所 SS2 的距离为 $2l-l_1$（km），分流为 $\dot{I}_{\mathrm{II}}$。

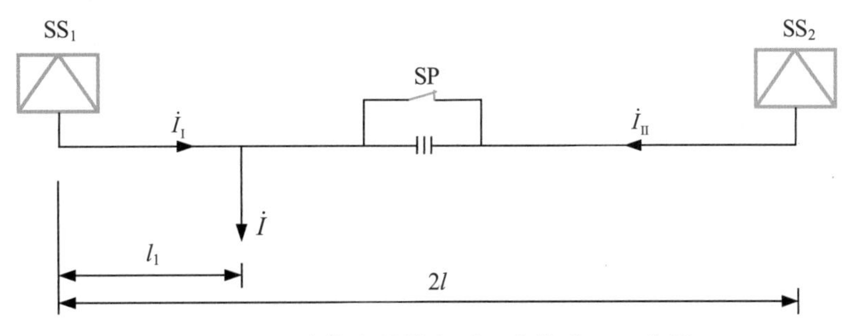

图 8.12　双边供电单线牵引网电流分配示意图

列车取流把牵引网分为左右两个支路，分别列写左右两支路牵引网电压降方程

$$\Delta\dot{U}=zl_1\dot{I}_{\mathrm{I}} \tag{8.9}$$

$$\Delta\dot{U}=z(2l-l_1)\dot{I}_{\mathrm{II}} \tag{8.10}$$

合并上两式并注意 $\dot{I}=\dot{I}_{\mathrm{I}}+\dot{I}_{\mathrm{II}}$ 可以解得

$$\left.\begin{aligned}\dot{I}_{\mathrm{I}}&=\frac{2l-l_1}{2l}\dot{I}\\ \dot{I}_{\mathrm{II}}&=\frac{l_1}{2l}\dot{I}\end{aligned}\right\} \tag{8.11}$$

由此可见，列车电流在双边供电牵引网中的分配规律与单边复线牵引网相同（见 5.6 节），即：支路中的电流大小同支路的长度成反比。

（2）计算条件。

同第 5 章。

（3）计算方法。

单线双边供电牵引网列车取流和位置如图 8.13 所示，设各列车负荷功率因数相同，设供电臂（支路）Ⅰ、Ⅱ的等效单位自阻抗 $z_{\mathrm{I}}'=z_{\mathrm{II}}'=z'$。我们来讨论单线双边供电牵引网中的电流分配规律和最大电压损失计算。

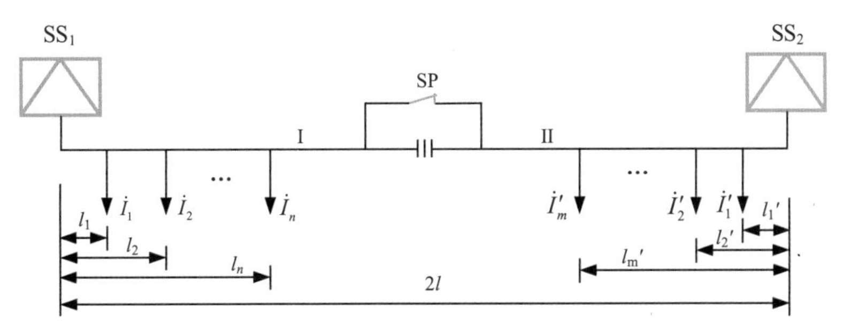

图 8.13　单线双边供电牵引网负荷分布示意图

对于支路Ⅰ上的任一列车 $\dot{I}_i$，$i=1$，2，…，n，流经Ⅰ支路的电流为 $\frac{2l-l_i}{2l}\dot{I}_i$，记为 $\dot{I}_{i\text{I}}$；流经Ⅱ支路的电流为 $\frac{l_i}{2l}\dot{I}_i$，记为 $\dot{I}_{i\text{II}}$。而对于支路Ⅱ上的任一列车 $\dot{I}'_j$，$j=1$，2，…，m，流经Ⅰ、Ⅱ支路的电流分别为 $\frac{l'_j}{2l}\dot{I}'_j$ 和 $\frac{2l-l'_j}{2l}\dot{I}'_j$，分别记为 $\dot{I}'_{j\text{I}}$ 和 $\dot{I}'_{j\text{II}}$。双边供电牵引网的最大电压损失也可以通过分流点得到。分流点的定义同 5.6.3 节。利用式（8.11）计算各列车在网上左右支路的分流，再计算支路各段的电流，找到分流点，自左侧（或右侧）变电所分段计算到分流点的电压损失，即为牵引网最大电压损失。

【例 8.2】已知某单线双边供电区段的牵引网单位长自阻抗 z 为 0.204+ j0.480 Ω/km，列车位置和取流大小均标于图 8.14 中。① 设机车为交-直型，牵引电流功率因数 $\cos\varphi=0.8$（滞后）；② 机车为交-直-交型，$\cos\varphi=0.98$（滞后），试分别计算牵引网最大电压损失。

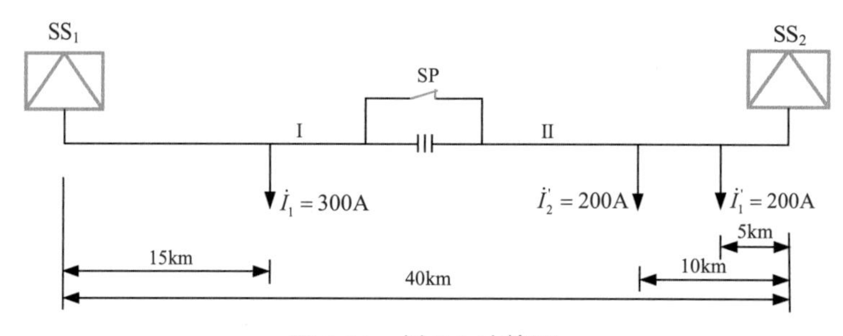

图 8.14　例 8.2 计算图

【解】 计算支路Ⅰ上机车电流 $\dot{I}_1$ 单独作用

$$\dot{I}_{1\text{I}}=\frac{2l-l_1}{2l}I_1=\frac{40-15}{40}\times300=187.5\ \text{(A)}$$

$$\dot{I}_{1\text{II}}=\frac{l_1}{2l}I_1=\frac{15}{40}\times300=112.5\ \text{(A)}$$

计算支路Ⅱ上机车电流 $\dot{I}'_1$ 单独作用

$$\dot{I}'_{1\text{I}}=\frac{l'_1}{2l}I'_1=\frac{5}{40}\times200=25\ \text{(A)}$$

$$\dot{I}'_{1\text{II}}=\frac{2l-l'_1}{2l}I'_1=\frac{40-5}{40}\times200=175\ \text{(A)}$$

计算支路Ⅱ上机车电流 $\dot{I}'_2$ 单独作用

$$\dot{I}'_{2\text{I}}=\frac{l'_2}{2l}I'_2=\frac{10}{40}\times200=50\ \text{(A)}$$

$$\dot{I}'_{2\text{II}}=\frac{2l-l'_2}{2l}I'_2=\frac{40-10}{40}\times200=150\ \text{(A)}$$

根据叠加原理，合成所有列车的网上各段分流，得到电流分布如图 8.15 所示，根据定义可知，机车 $\dot{I}_1$ 处即为分流点。

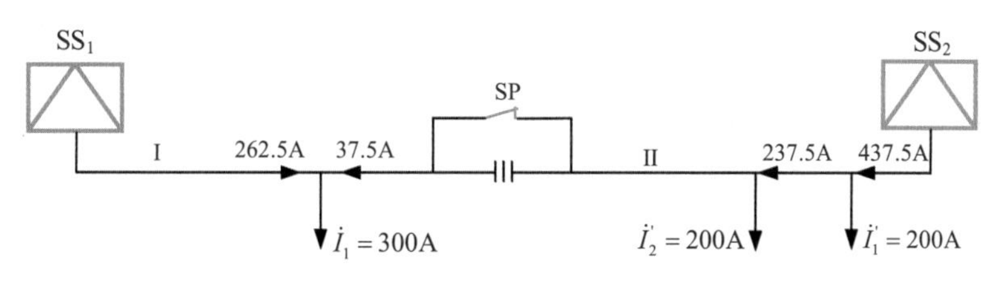

图 8.15　例 8.2 的电流分布图

① 电力机车为交-直型，牵引电流功率因数 $\cos\varphi = 0.8$（滞后），则功率因数角 $\varphi =$ 36.87°。牵引网等效单位自阻抗 z' 为 0.451 Ω/km。

计算机车 $\dot{I}_1$ 受电点的牵引网电压损失 ΔU_1 为

$$\Delta U_1 = 0.451 \times 15 \times 262.5 = 1\,775.8\ (\text{V})$$

即牵引网最大电压损失为 1 775.8 V。

② 电力机车为交-直-交型，牵引电流功率因数 $\cos\varphi = 0.98$（滞后），则功率因数角 $\varphi = 11.48°$。牵引网等效单位自阻抗 z' 为 0.296 Ω/km。

计算机车 $\dot{I}_1$ 受电点的牵引网电压损失 ΔU_1 为

$$\Delta U_1 = 0.296 \times 15 \times 262.5 = 1165.5\ (\text{V})$$

即牵引网最大电压损失为 1 165.5 V。

对比①和②结果可知：牵引负荷功率因数的提高，对于单线双边供电牵引网电压损失的降低具有十分显著的作用。

8.2　贯通供电

现代交-直-交列车的牵引和制动都需要牵引网不间断供电。

牵引供电研究的终极目标是实现牵引网对列车的不间断供电。

贯通供电符合这一理念。本章开篇已经述及，贯通供电是贯通式同相供电的简称，是两个及以上牵引变电所同相供电和分区所双边供电的组合：牵引变电所的同相供电可以取消其出口处的电分相，消除无电区，实现连续供电；双边供电可以取消分区所处的电分相，消除无电区，实现连续供电。一条线路的贯通供电是牵引供电的终极目标。

在同一电网供电范围内，可以实现一条线上多个变电所的贯通供电，如图 8.16 所示。贯通供电已无电分相可言，也不存在无电区，只需要电分段，全线列车不断电通过。但是，考虑到某些特殊用途，例如，前方接触网发生短路故障时，为了防止后方列车驶入故障区段，受电弓将后方带电接触网与前方短路接触网联通而造成二次短路，就需要保留电分相结构，但其中性段带电，形成一种双分段形式[46]。

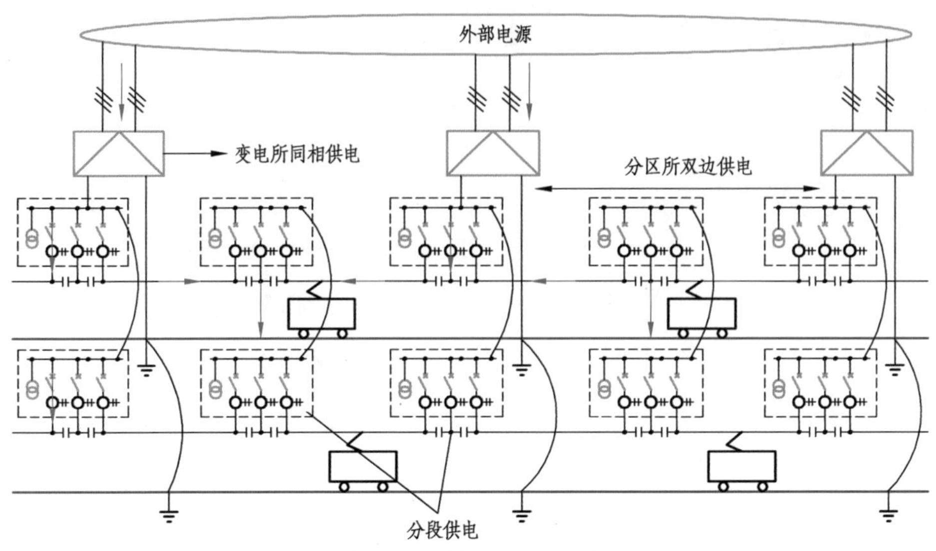

图 8.16　贯通供电示意图

虽然俄罗斯、乌克兰、韩国等电气化铁路一直采用双边供电，但其牵引变电所仍然采用异相供电，即换相接入电网，因此，不是这里定义的贯通供电。

图 8.17（a）、（b）分别示出单边供电和贯通供电负荷工况：列车牵引用电或再生发电情形，可见贯通供电的列车牵引用电功率和再生发电功率得以叠加，虽然列车的用电和发电总量没有变，但贯通供电后从电网用电或向电网发电的最大功率会减小，对应的负序最大值也会减小。

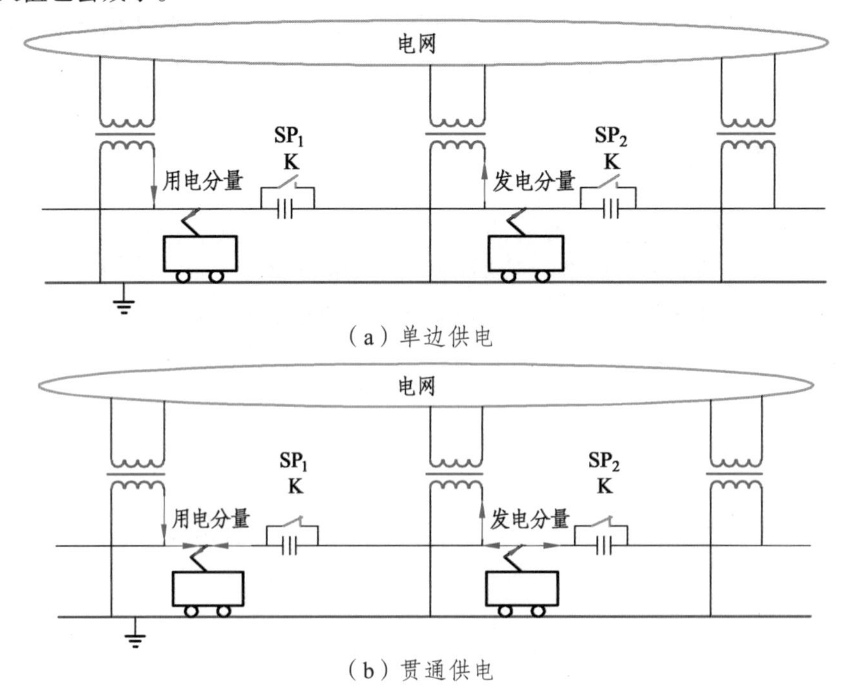

（a）单边供电

（b）贯通供电

图 8.17　单边供电和贯通供电负荷工况示意

单边供电和贯通供电空载工况分别见图 8.18（a）和（b），其区别类似单边供电与双边供电，即贯通供电可能产生穿越功率，而且穿越功率可能传得更远，而单边供电没有穿越功率。

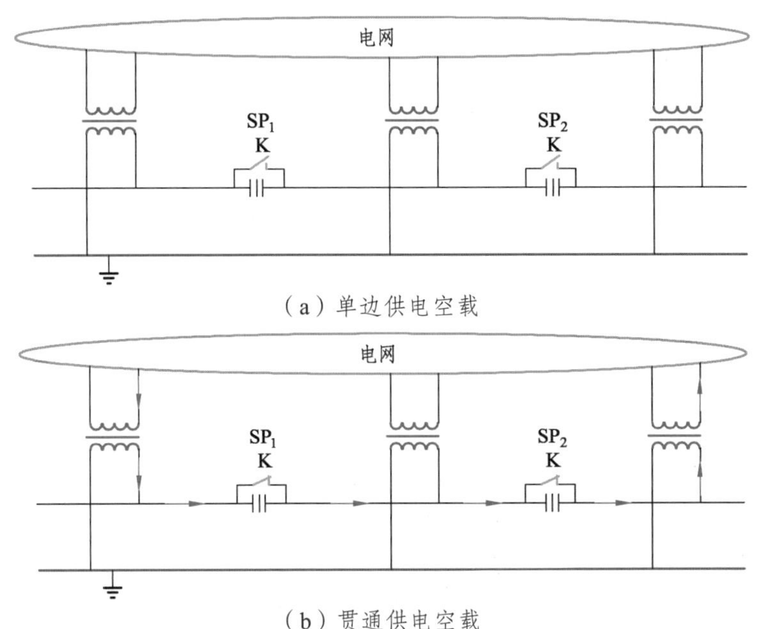

（a）单边供电空载

（b）贯通供电空载

图 8.18　单边供电和贯通供电空载示意

从上节已知，电网对铁路采用树形供电方式时，电网只有一处 PCC，贯通供电和单边供电一样都不产生穿越功率，只需治理超标负序即可。交通运输部国家“交通强国”试点——“巴准铁路贯通式同相供电工程化”项目便是一个贯通供电应用实例，如图 8.19 所示。巴准铁路位于内蒙古鄂尔多斯市，为国铁 I 级复线电气化重载运煤铁路，东起点岱沟站，向西经海勒斯壕南站与包神铁路在巴图塔站接轨，全长 128 km，原来设有 4 座牵引变电所，贯通供电改造后由电网的川掌变电站（PCC）向保留的四道柳和纳林川两个牵引变电所供电，牵引变电所均采用单相组合式同相供电方案，其原理如图 7.13 所示：主变更换为不等边 Scott 接线，其 M 座 ab 相额定容量为 40 MV · A，T 座 c 相同相供电装置采用 5 MV · A 运行+5 MV · A 备用方式。巴准铁路是世界上首条 128 km 全线取消全部电分相和无电区的贯通供电线路，于 2024 年 9 月 24 日投入运行。

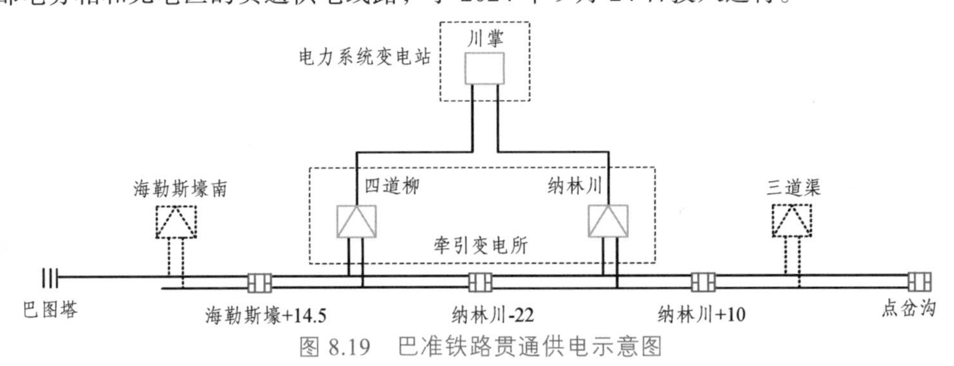

图 8.19　巴准铁路贯通供电示意图

巴准铁路贯通供电的同相供电装置属于有功型同相补偿装置，分别设置于四道柳和纳林川两个牵引变电所，属于分散式负序补偿，至此，结合 7.1 节，自然想到组合式无功型补偿方案，可以达到与组合式有功型补偿方案一样的效果，但应注意，无功型补偿方案产生的负序潮流与有功型不同，属于无功功率形成的负序潮流，它可以独立于牵引变电所牵引馈线负荷产生的负序潮流而存在，因此，如图 7.5 或 7.6 所示的无功型补偿方案除了适合于分散式负序补偿外，特别适合于在电网变电站（PCC）树形供电的牵引变电所群中选择一个牵引变电所进行负序集中补偿和考核，如图 8.20 所示，图中在 SS_2 中进行负序集中补偿，这样可以使得其他牵引变电所只设单相主变压器，其设备和结构大大简化。

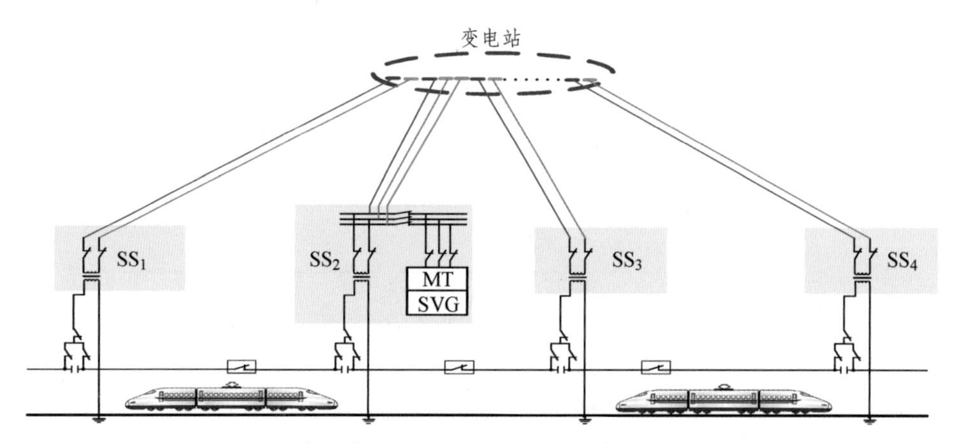

图 8.20　牵引变电所群的无功型集中补偿方案示意图

多数情况下，电网对铁路的供电方式是非树形的，这时就有穿越功率产生[47, 48]。例如，广州地铁 18、22 号线共设置陇枕、陈头岗、万顷沙、赤沙滘 4 个牵引变电所，如图 8.21 所示，在陇枕变电所和陈头岗变电所进行了贯通供电试验，试验测试显示：视在穿越功率最大为 2.2 MV · A。

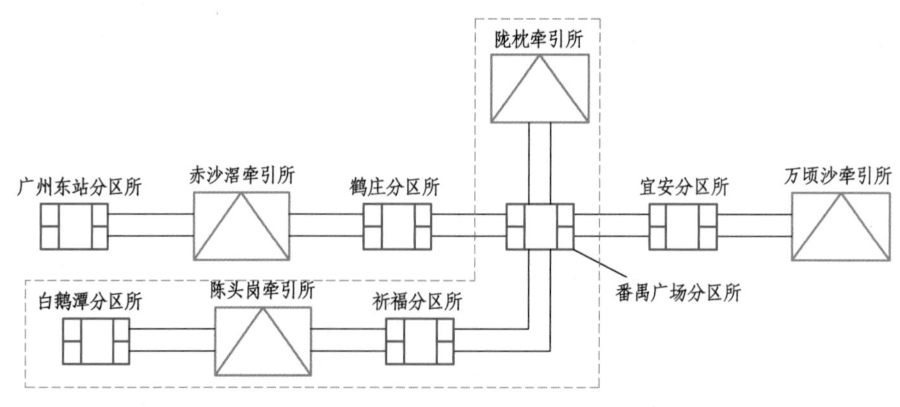

图 8.21　广州地铁 18/22 号线示意图

电网对铁路变电所进行非树形供电时，电网就有多个 PCC 进行供电和考核，此时只能进行分散式负序补偿。

贯通供电可以提高网压，提高供电能力和线路通过能力，同时由于供电臂的成倍延长，馈线负荷波动性降低，牵引变压器安装容量可以降低，进而节约供电资源和相关运行费用，并且同行列车之间再生电能的利用率也得以提高，更加节能环保。同相供电的牵引负荷最大值（或 95%概率值）小于原来两个供电臂牵引负荷最大值（或 95%概率值）之和，故同相补偿装置的安装容量及投资也可以降低。此外，取消电分相还可以消除因电分相引起的故障，提高系统可靠性。

贯通供电的某个牵引变电所（主变或进线）因故退出时，不需要越区供电那样的倒闸作业即可完成，再次投入运行的操作也更简单。

电气化铁路实施贯通供电的各项指标均优于传统方案，例如：再生电能和穿越功率得以利用，不向电网返送，不影响电网潮流调度；列车不间断供电，网压稳定，供电品质提升；电网 PCC 的电能质量可控、达标；等等。

同相供电和贯通供电也应因地制宜、量体裁衣。有时在一条线路的全线实施同相供电是必要的、理想的，如市域铁路、城市轨道等，由于站间距短、行车密度大，不宜设置电分相，同时每条线路里程不长又相对独立，一般设置一个牵引变电所（必要时可设置一个或两个备用变电所）完成全线同相供电，取消全部电分相，消除全部无电区，且不涉及双边供电和穿越功率问题。而干线铁路里程长，一般需设置多个牵引变电所，若能实施贯通供电则可取得整体效益，技术上是最佳的，此时有三种解决方案：一是牵引变电所群的贯通供电，其特点在于不产生穿越功率；二是解决和利用电网关注的穿越功率问题，来实现铁路的贯通供电；三是当电网供电方式产生技术上或经济上（穿越功率计量收费）不允许的穿越功率或其他因素限制时，则应在其长大坡道等最不宜设置电分相的区段优先实施同相供电，优先解决掐脖子难题，并预留发展条件，为未来贯通供电打下基础，或者采用其他措施来保证列车的不间断供电，如列车不断电地面自动过分相技术[17]等。

综上所述，可以总结如下：

（1）在负序（三相电压不平衡度）满足国家标准要求时，牵引变电所采用单相牵引变压器是同相供电的最简方式；在负序电压不平衡度不满足国家标准要求时，单三相组合式和单相组合式同相供电方案可以实现有功型同相补偿装置容量最小化。

（2）有功型补偿形式所需的补偿装置最小容量和无功型所需的补偿装置最小容量是相等的。

（3）电网 PCC 对多个牵引变电所形成树形供电时，铁路形成牵引变电所群贯通供电，若在各个牵引变电所进行分散式负序补偿，则可以选择有功型补偿形式，亦可选择无功型补偿形式，但集中于一座牵引变电所进行补偿时，则只能选择无功型补偿形式。

（4）组合式同相供电具有故障导向安全的特点：同相补偿装置（包括备用）故障退出时，仍可以保证列车的供电，特别是重要列车的供电。

（5）由于不再受到与电分相有关的故障的影响，贯通供电系统的可靠性高于异相供电系统。

8.3 智能供电

考虑到单边供电对电网产生负序功率和发电功率，贯通供电产生的负序功率和发电功率的最大值会减小，但还会存在，另外还可能产生穿越功率，又考虑到可将发电功率和穿越功率的发电分量在牵引变电所一并处理，于是，应该提出一种多功能的牵引变电所供电方案，如图 8.22 所示。它借助单相组合式同相供电方案，仍然以 M 座牵引绕组为供电主通道，通过共用直流母线，增加新的潮流调节通道而构成。最大程度复用变流器，减低变流器容量，增加性价比，使全寿命周期成本降至最低。由于这种多功能供电方案可以根据需要进行配置，具有智能性，故可称为智能牵引变电所。

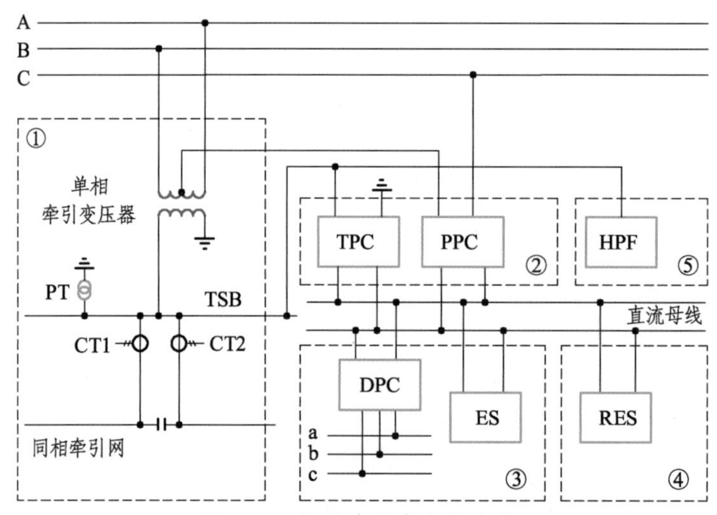

图 8.22　智能牵引变电所方案

图中：TSB 为牵引母线；TPC、PPC 为单相交-直变流器，二者构成同相供电装置；DPC 为三相交-直变流器构成的能量转换系统，与 TPC 配合向铁路三相用电系统送电；ES 为储能装置；RES 为新能源发电装置；HPF 为高通滤波器。

智能牵引变电所按照需要可以配置以下几个部分：① M 座牵引绕组构成单相牵引变压器，为供电主通道，简单、经济、可靠；② 同相供电装置，由 TPC、PPC 构成，按需配置，使负序达标；③ 发电功率及穿越功率发电分量利用通道，由 TPC 和 DPC 或 ES 构成，联通铁路三相用电或融入储能系统，能源高效融合利用，按需配置；④ 新能源发电通道，按需配置，接入地点可在变电所或车站，实现铁路沿线新能源消纳；⑤ 高通滤波通道，按需配置，消除高次谐波和谐振。

一般同相供电装置的容量仅占 M 座牵引绕组（主变）容量 1/4 甚至更小，穿越和再生功率利用通道容量也在 5 MV · A 及以下，可有效减少设备重复与投资。

智能牵引变电所具有故障导向安全特性，即使图 8.18 中的②—⑤通道退出运行也能够保持正常牵引供电。

当然，借助单相组合式同相供电方案，还可以构造共用交流牵引母线的智能牵引变电所方案。

智能牵引变电所具有多种功能：

① 可以补偿负序，使三相电压不平衡达标，不对电网造成影响；

② 可以补偿无功，提高功率因数，提高和稳定网压；

③ 可以消除高次谐波和谐振；

④ 可以调控系统潮流，将剩余再生发电功率和穿越功率发电分量转变为用电功率，不向电网发电，不影响电网发电潮流调度；

⑤ 可以促进铁路沿线新能源消纳，等等。

习题与思考题

8.1　编写程序计算出表 8.1 和表 8.2。

8.2　什么是穿越功率和均衡电流？

8.3　穿越功率的解决方案有哪些？

8.4　为什么说："电网 PCC 对多个牵引变电所形成树形供电时，铁路形成牵引变电所群贯通供电，若在各个牵引变电所进行分散式负序补偿，则可以选择有功型补偿形式，亦可选择无功型补偿形式，但集中于一座牵引变电所进行补偿时，则只能选择无功型补偿形式"？

8.5　简述智能供电的按需配置可以达到哪些功能。

PART NINE

第9章 AT供电

目前，我国电气化铁路牵引网广泛采用直供（+回流线）方式和AT供电方式，前者简称直供牵引网，多用于普速铁路，后者简称AT牵引网，多用于高速铁路和重载铁路。AT供电方式网压水平好，供电能力强，供电距离远，可以有效减少外电接口、节约外电投资，还能到达与BT方式接近的通信干扰防护效果，是一种优秀的供电方式，在世界各国获得广泛采用。

AT供电方式有55 kV模式和 2×27.5 kV 模式之分。55 kV模式于20世纪60年代在日本新干线率先得到应用并发展，故称为日本模式，我国在20世纪80年代修建的京秦线引进了这种模式。2×27.5 kV AT模式在法国和俄罗斯率先得到应用。我国高速铁路广泛采用 2×27.5 kV 模式。

AT供电方式的供电网络相对复杂，一般要经过复杂的推导方可得到等效电路，文献[4，5，49，50]都采用了直接推导法，并且需要作如下假设：

（1）忽略自耦变压器漏抗，即认为 $Z_{AT}=0$；

（2）假设钢轨和地形成导线—地回路；

（3）假设接触网、负馈线关于（等效）钢轨对称布置，即接触网、负馈线单位长自阻抗相等，其与钢轨的互阻抗相等，即 $Z_T=Z_F$，$Z_{TR}=Z_{FR}$。

为进一步分析AT牵引网，明确物理概念，采用两相对称分量法[28，51]是一个好的选择。本章采用两相对称分量法给出牵引网、自耦变压器AT、牵引变压器、牵引负荷和电源等网络元件的1序和0序模型及复合序网模型，再得到等效电路。本章还对供电容量利用率、牵引变压器容量利用率、牵引网阻抗、电压损失、轨道电位等进行讨论，并提出和研究新的同相AT供电方式。

9.1 异相AT供电等效电路

由于到目前为止，世界各国采用AT供电方式的牵引变电所都是异相（换相）供电的，并且所涉两个供电臂的牵引网构成相同，因此针对AT供电的分析集中于一个供电臂的牵引网即可。

日本的 AT 供电变电所多采用 Wood-Bridge 接线牵引变压器，如图 9.1（a）所示，我国学者也研究过二次侧中抽式 Scott 接线牵引变压器方式[54]，实际应用几乎都采用 Vx 接线牵引变压器，如图 9.1（b）所示，但从任一牵引端口来看，牵引变压器均可等效成单相变压器，如图 9.2（a）、（b）所示，即分别为等效的两种 AT 供电模式的原理展开图。图中，AT_i 为自耦变压器，i=0,1,2,⋯,n。AT 之间的线路称为 AT 段，一般间距为 10 ~ 12 km。T 为接触线（简称 T 线），F 为负馈线（简称 F 线），R 为钢轨。图 9.2（a）为 55 kV 模式，在牵引变电所内设置 AT，牵引变压器的牵引馈线分别馈出到 T 线和 F 线，即日本模式；图 9.22（b）为 2×27.5 kV 模式，牵引变电所内不设置 AT，牵引变压器的牵引馈线分别馈出到 T 线和 F 线，次边中点抽头连接钢轨（地）R，也称法国模式。

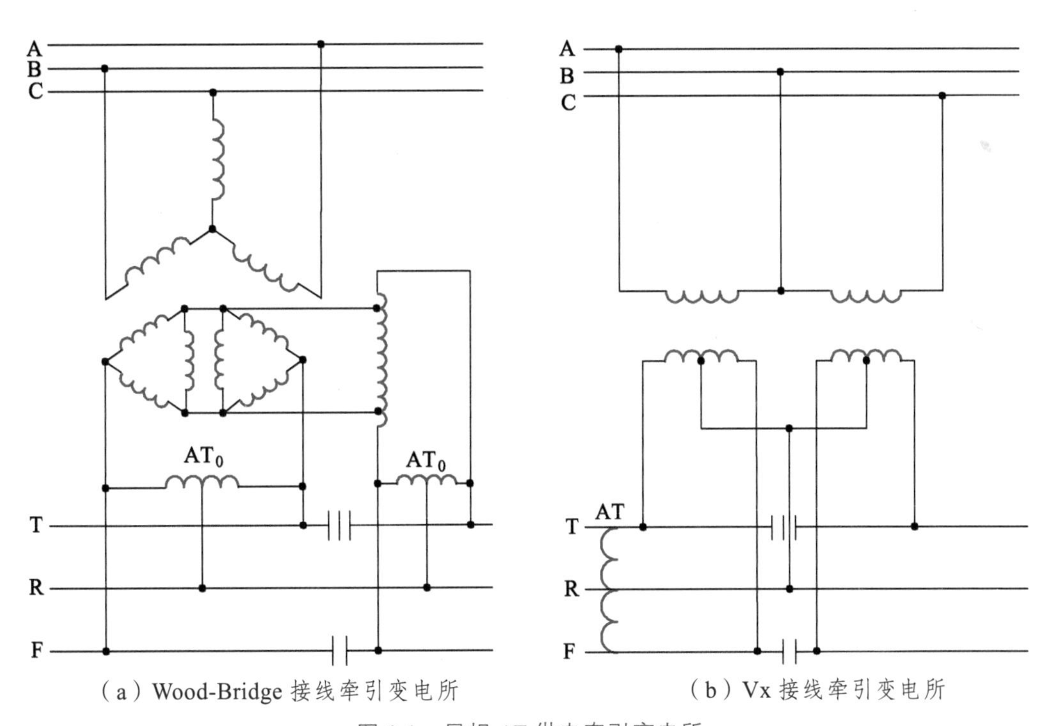

（a）Wood-Bridge 接线牵引变电所　　（b）Vx 接线牵引变电所

图 9.1　异相 AT 供电牵引变电所

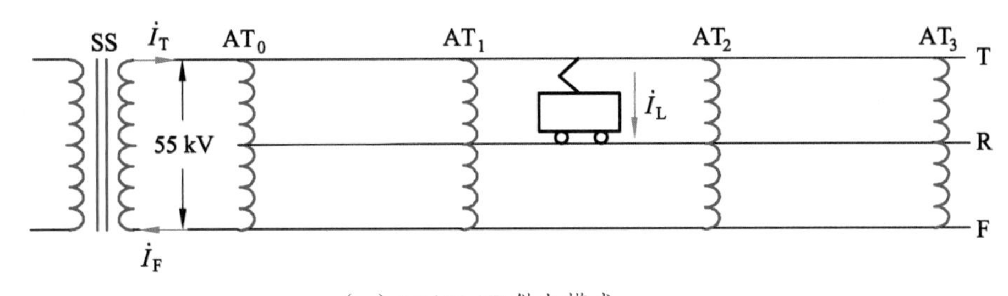

（a）55 kV AT 供电模式

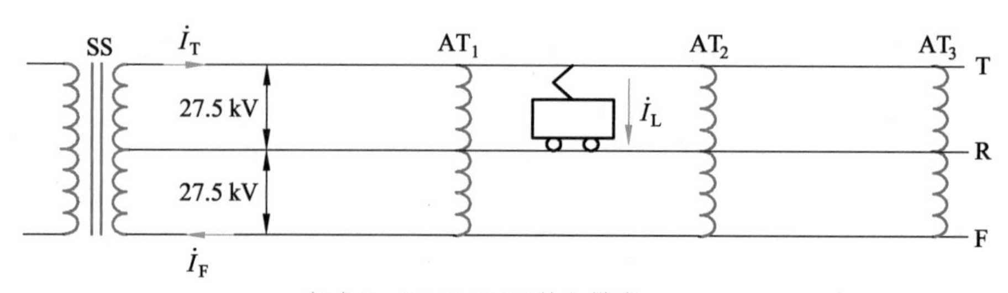

（b）2 × 27.5 kV AT 供电模式

图 9.2　AT 供电原理展开图

为简单明了，这里先以单线铁路、单边供电为例加以分析，复线铁路以及牵引网的不同联结方式都可以此为基础得到[4,21]。

AT 牵引网的 T 线、F 线关于钢轨（地）R（简称 R 线）对称，可以视为两相对称系统，从而采用两相对称分量分析是方便的。把 55 kV 或者 2×27.5 kV 电源电势看成为两个电势相等的电源 $2\dot{E}_q$ 的串联，55 kV 模式下其中点不与 R 线相连。其中，T 线电源电势 $\dot{E}_T=\dot{E}_q$，F 线电源电势 $\dot{E}_F=-\dot{E}_q$。这样，可以把图 9.2(a)、(b)分别表示成图 9.3(a)、(b)所示的等效两相电路的形式。

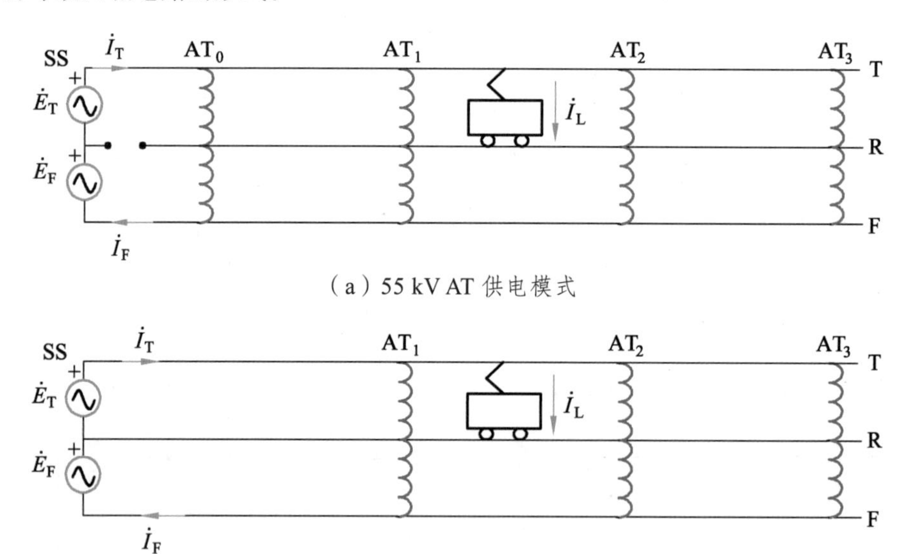

（a）55 kV AT 供电模式

（b）2×27.5 kV AT 供电模式

图 9.3　AT 牵引网等效电路展开图

在图 9.3 中，以 R 线为参考，因此按两相对称分量法得到电源电势 0 序和 1 序分量分别为

$$\begin{bmatrix}\dot{E}_0\\ \dot{E}_1\end{bmatrix}=\frac{1}{2}\begin{bmatrix}1 & 1\\ 1 & -1\end{bmatrix}\begin{bmatrix}\dot{E}_T\\ \dot{E}_F\end{bmatrix}=\frac{1}{2}\begin{bmatrix}1 & 1\\ 1 & -1\end{bmatrix}\begin{bmatrix}\dot{E}_q\\ -\dot{E}_q\end{bmatrix}=\begin{bmatrix}0\\ \dot{E}_q\end{bmatrix} \tag{9.1}$$

即是说，作用在 AT 牵引网的电源电势是 1 序电势，而 0 序电势为 0。

定义 AT 牵引网的 0 序、1 序电流分量分别为

$$\begin{bmatrix}\dot{I}_0\\ \dot{I}_1\end{bmatrix}=\frac{1}{2}\begin{bmatrix}1 & 1\\ 1 & -1\end{bmatrix}\begin{bmatrix}\dot{I}_\text{T}\\ \dot{I}_\text{F}\end{bmatrix} \tag{9.2}$$

并有

$$\begin{bmatrix}\dot{I}_\text{T}\\ \dot{I}_\text{F}\end{bmatrix}=\begin{bmatrix}1 & 1\\ 1 & -1\end{bmatrix}\begin{bmatrix}\dot{I}_0\\ \dot{I}_1\end{bmatrix}=\begin{bmatrix}\dot{I}_0+\dot{I}_1\\ \dot{I}_0-\dot{I}_1\end{bmatrix} \tag{9.2'}$$

即是说，在 AT 牵引网中，T 线、F 线中的 1 序电流大小相等、方向相反，0 序电流大小相等、方向相同。各序电流在牵引网 T 线 F 线和 AT 中的流动情形，如图 9.4 所示。

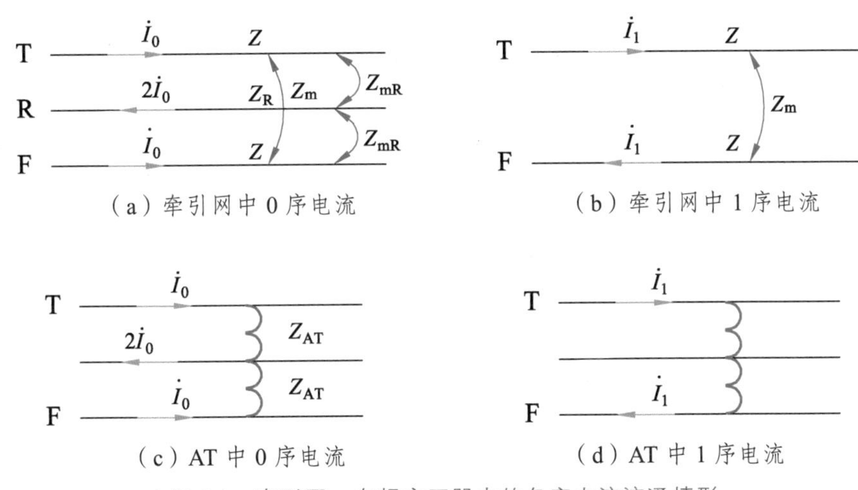

图 9.4　牵引网、自耦变压器中的各序电流流通情形

设 T 线-地回路、F 线-地回路单位长自阻抗（取其平均值）为 Z、互阻抗为 Z_TF，R 线-地回路单位长自阻抗为 Z_R，R 线-地回路与 T 线、F 线-地回路的单位长互阻抗分别 Z_TR 和 Z_FR，取平均值为 Z_mR，结合图 9.4（b）可知，其 1 序单位长阻抗分别为

T 线、F 线：$Z_\text{T1}=Z-Z_\text{TF}$

$$\text{R 线：}\ Z_\text{R1}=0 \tag{9.3}$$

式中，

$$Z=\left(Z_\text{T}+Z_\text{F}\right)/2$$

0 序单位长阻抗分别为

T 线、F 线：$Z_\text{T0}=Z+Z_\text{TF}$

$$\text{R 线：}\ Z_\text{R0}=2Z_\text{R}-4Z_\text{mR} \tag{9.4}$$

式中，

$$Z_{mR}=\left(Z_{\mathrm{TR}}+Z_{\mathrm{FR}}\right)/2$$

AT 中 1 序电流分量只起激磁作用，可认为激磁阻抗∞而开路，即 AT 的 1 序阻抗为∞；0 序电流分量通过时，各流过 AT 全绕组的一半（可等效为一个双绕组变压器），为简单起见，假设 AT 的 0 序阻抗为 0，则有

$$Z_{\mathrm{AT1}}=\infty \tag{9.5}$$

$$Z_{\mathrm{AT0}}=0 \tag{9.6}$$

再看各序电流通过牵引变压器时的情形。

先看 55 kV 模式各序电流通过牵引变压器时的情形。在图 9.3（a）中，0 序电流分量在牵引变压器二次绕组中无法流通，表现为开路，故牵引变压器 0 序阻抗 Z_{SS0} 为

$$Z_{\mathrm{SS0}}=\infty \tag{9.7}$$

1 序电流分量遇到的是牵引变压器的等值漏抗 Z_{SS}，对应图 9.3（a），牵引变压器的两相 1 序阻抗 Z_{SS1} 应取其一半，即

$$Z_{\mathrm{SS1}}=\frac{1}{2}Z_{\mathrm{SS}} \tag{9.8}$$

对于图 9.2（a）所示 AT 牵引网，进一步把负荷 $\dot{I}_{\mathrm{L}}$ 代入式（9.2）分解其 1 序、0 序分量

$$\begin{bmatrix}\dot{I}_{\mathrm{L0}}\\ \dot{I}_{\mathrm{L1}}\end{bmatrix}=\frac{1}{2}\begin{bmatrix}1 & 1\\ 1 & -1\end{bmatrix}\begin{bmatrix}\dot{I}_{\mathrm{L}}\\ 0\end{bmatrix} \tag{9.9}$$

可得 $\dot{I}_{\mathrm{L1}}=\dot{I}_{\mathrm{L0}}=\frac{1}{2}\dot{I}_{\mathrm{L}}$。

根据上述分析，可得 0 序网络和 1 序网络，分别如图 9.5（a）、（b）所示。其中，Z_1 为牵引网 1 序阻抗，Z_0 为牵引网 0 序阻抗。考虑到 0 序电流分量流通回路总阻抗不变，则牵引网 0 序阻抗 Z_0 为

$$Z_0=Z_{\mathrm{T0}}+Z_{\mathrm{R0}} \tag{9.10}$$

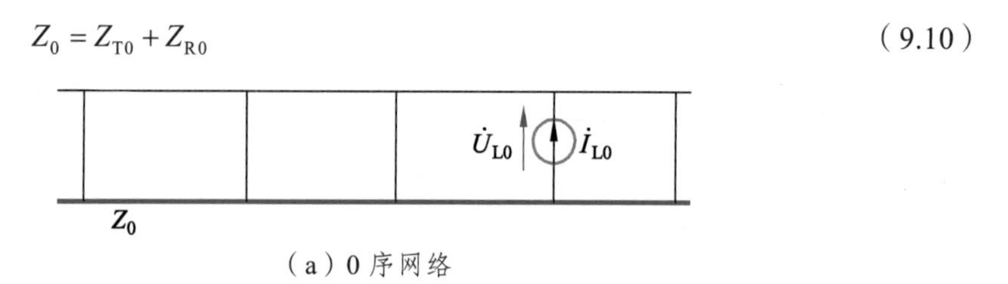

（a）0 序网络

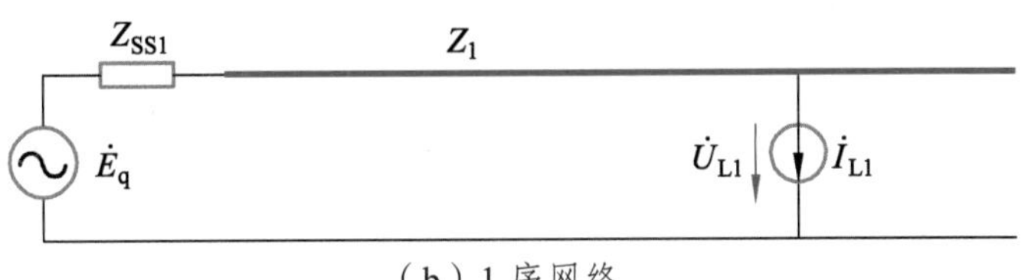

（b）1 序网络

图 9.5　0 序、1 序网络

设负荷 $\dot{I}_L$ 阻抗为 Z_L，则负荷点电压方程为

$$\dot{U}_L = \dot{U}_{L0} + \dot{U}_{L1} = Z_L \cdot \dot{I}_L \tag{9.11}$$

由此可将 0 序、1 序网络组合起来得到如图 9.6 所示的复合序网。

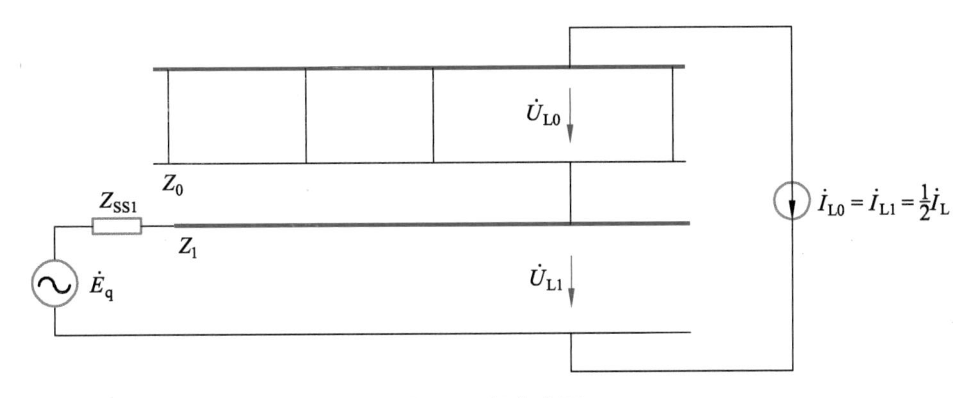

图 9.6　复合序网

进一步从电压降等效角度向负荷 $\dot{I}_L$ 归算，即将序网中的电流 $\dot{I}_{L0}=\dot{I}_{L1}=\dfrac{1}{2}\dot{I}_L$ 乘以 2、同时将序阻抗除以 2 进行等效变换，即回路中电压降 $Z\dfrac{1}{2}\dot{I}_L=\dfrac{1}{2}Z\dot{I}$ 不变，便得到图 9.7 所示 AT 供电等效电路，其中，Z_{AA} 为等值 1 序单位长阻抗，代入式（9.3）得

$$Z_{AA} = \frac{1}{2}Z_{T1} = \frac{1}{2}(Z - Z_{TF}) = \frac{1}{4}(Z_T + Z_F - 2Z_{TF}) \tag{9.12}$$

Z_{AA} 是 T 线和 F 线构成的传导回路从 55 kV 等级归算到 27.5 kV 等级的阻抗，只有 27.5 kV 等级下传导回路阻抗的 1/4，得到极大降低。Z_{BB} 为等值 0 序单位长阻抗，代入式（9.4）和式（9.10）得

$$\begin{aligned} Z_{BB} &= \frac{1}{2}Z_0 = \frac{1}{2}(Z_{T0} + Z_{R0}) = \frac{1}{2}(Z + Z_m + 2Z_R - 4Z_{mR}) \\ &\approx \frac{1}{2}\left[Z_T + Z_{TF} + 2Z_R - (3Z_{TR} + Z_{FR})\right] \end{aligned} \tag{9.13}$$

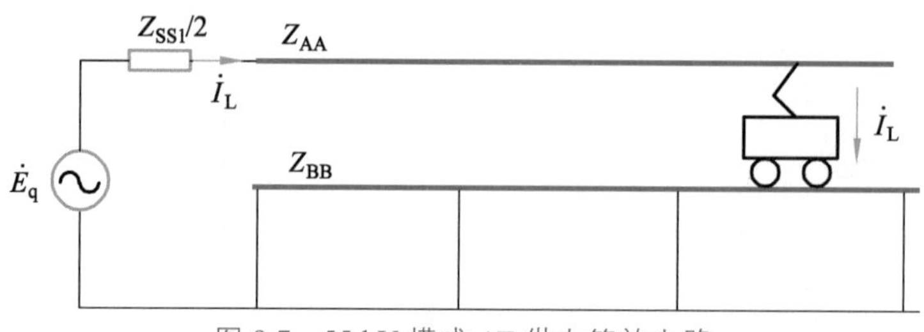

图 9.7　55 kV 模式 AT 供电等效电路

再看 2×27.5 kV 模式 AT 供电的等效电路。

比较图 9.2（a）和（b）可知，2×27.5 kV 模式与 55 kV 模式的区别仅在于其牵引变电所不设 AT 而由牵引变压器替代，且牵引变压器次边中点与 R 线相连，因此，只要研究各序电流通过牵引变压器时的情形来替代 55 kV 模式的牵引变压器和 AT0 即可。

参考图 9.3（b），2×27.5 kV 模式牵引变压器 0 序电流分量从 T 线、F 线流进，从中点流出，此时原边绕组相当于开路，根据磁势守恒，次边等效为两个 27.5 kV 绕组构成的双绕组变压器，与通过 AT 情形相同，为简单起见，也假设牵引变压器的 0 序阻抗 Z_{SS0} 为 0，即

$$Z_{SS0}=0 \tag{9.14}$$

1 序电流流通情况与 55 kV 模式相同。于是，图 9.7 同样可以描述 2×27.5 kV 模式下的 AT 供电等效电路。

为了分析方便，习惯上将列车所在的 AT 段称为短回路，与等值 0 序网络对应，而短回路除外的、到首端的回路称为长回路，对应等值 1 序网络，是传导模型。

从式（9.12）中已经可见：

【结论 9.1】　2×27.5 kV 模式或者 55 kV 模式的 AT 供电长回路等值单位长阻抗是 27.5 kV 方式下 T 线和 F 线（相等于直供回流线）回路单位长阻抗 $Z_T+Z_F-2Z_{TF}$ 的 1/4，可以视为 27.5 kV 供电系统到 55 kV 供电系统的变比=2 的阻抗归算。

引用式（9.8），可由图 9.7 进一步得到图 9.8 所示的 2×27.5 kV 和 55 kV 模式通用的 AT 供电等效电路.

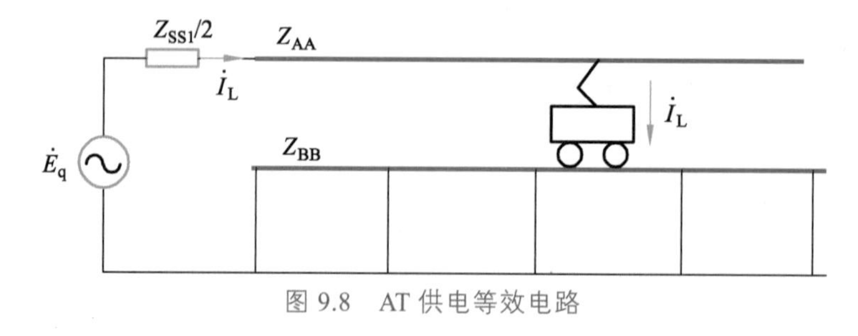

图 9.8　AT 供电等效电路

双边供电单线 AT 牵引网的等效电路可在单边供电基础上导出，如图 9.9 所示。显然，

双边供电牵引网两端的牵引变电所须从同一电网取得电源，并且引入牵引网的相位要相同。当两端电压的幅值和相位角不同时，会在牵引网中产生穿越功率或均衡电流。

如果考虑到上行 T 线、F 线和下行 T 线、F 线的对称布置，且假设上、下行 T 线、F 线之间的互阻抗的影响可以相互抵消，则分区所并联的复线 AT 牵引网的等效电路亦可在单边基础上导出，其展开图亦可由图 9.9 表示，此时，$\dot{E}_q = \dot{E}_q'$，分区所并联的复线 AT 牵引网中不会产生穿越功率。

双边供电复线 AT 牵引网的等效电路可在以上分析基础上得到，注意它们一般在牵引变电所母线和分区所进行并联，但有的还在 AT 所进行并联，称为全并联型 AT 供电。为了提高供电能力，我国多采用全并联型 AT 供电。

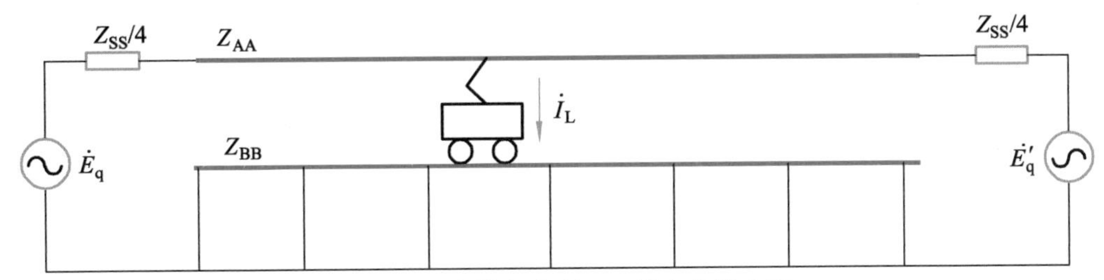

图 9.9　双边供电/复线 AT 供电等效电路

现在，讨论 AT 和 2 × 27.5 kV 模式牵引变压器的 0 序漏抗问题。

0 序电流分量 $\dot{I}_0$ 通过 AT 时，$\dot{I}_0$ 各流过 AT 全绕组的一半，等值为 27.5 kV 的双绕组变压器，设 27.5 kV 绕组的漏抗为 Z_{AT}，则其 0 序阻抗 $Z_{AT0} = Z_{AT}$。而 0 序电流分量 $\dot{I}_0$ 通过 2 × 27.5 kV 模式牵引变压器时，$\dot{I}_0$ 各流过一个 27.5 kV 绕组，原边绕组相当开路，显然，假设一个 27.5 kV 绕组的漏抗为 Z_{SS}'，则牵引变压器的 0 序阻抗 $Z_{SS0} = Z_{SS}'$。

由此可知，55 kV 和 2 × 27.5 kV 模式等效电路参数的区别仅仅在于牵引变压器和首端 AT，只要选择 2 × 27.5 kV 模式牵引变压器 1 序漏抗与 55 kV 模式牵引变压器的漏抗相等，而 2 × 27.5 kV 模式牵引变压器的 0 序漏抗与 55 kV 模式首端 AT 的 0 序漏抗相等即可[54]。

考虑 2 × 27.5 kV 模式牵引变压器的 0 序漏抗和 AT 的 0 序漏抗的单边 AT 供电等效电路和双边供电/复线 AT 供电等效电路分别在图 9.8 和图 9.9 基础上示于图 9.10 和图 9.11。

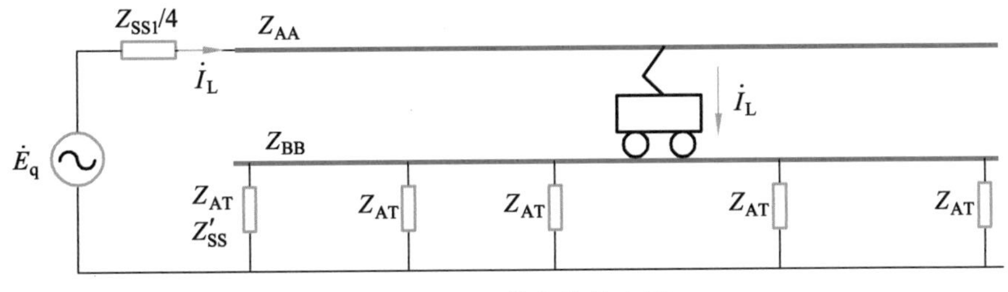

图 9.10　AT 供电等效电路

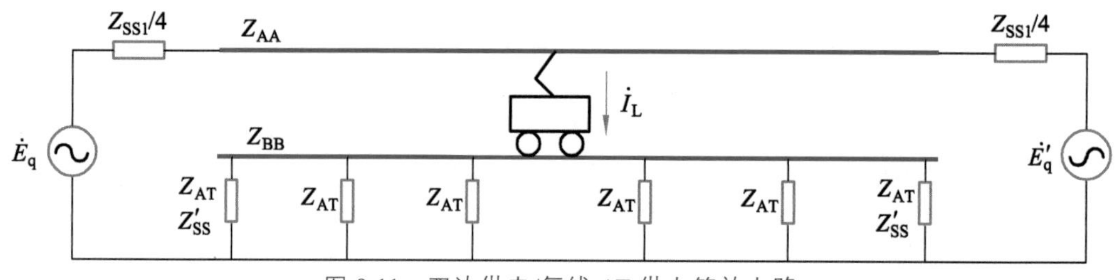

图 9.11　双边供电/复线 AT 供电等效电路

通常为了简单明了，在进行 AT 供电的短路阻抗、电压降、电压损失等计算时都采用图 9.8 和图 9.9 的简化方式。

9.2　电气分析

9.2.1　T 线、F 线供电容量利用率

单边供电方式下，列车在牵引网上排列，供电需求容量 W 自牵引网首端至末端由大到小分布，示于图 9.12。

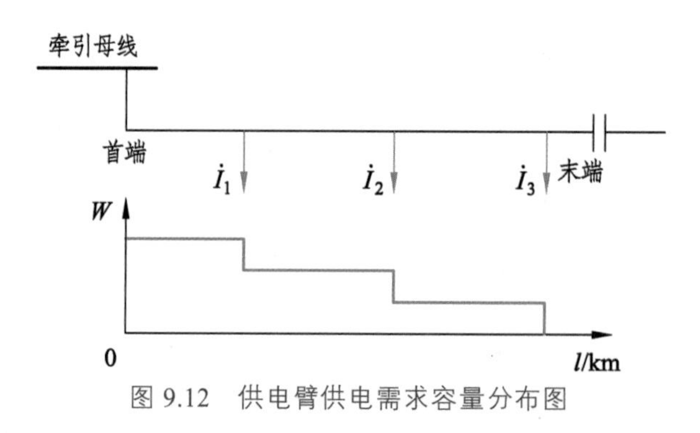

图 9.12　供电臂供电需求容量分布图

对直接供电方式，供电容量 S 为牵引网电压与接触网电流之积，即为接触网等供电导线的容量，单边供电的制约在于首端供电容量，设牵引母线电压为 U、馈线电流为 I_T，供电容量为

$$S = UI_T \tag{9.15}$$

对 AT 供电方式长回路的 T 线、F 线则为

$$S = U(I_T + I_F) \tag{9.16}$$

根据图 9.11 供电需求容量，牵引馈线的供电容量应最大，即

$$S_{max} = 2U \cdot \max\{I_T,\ I_F\} \tag{9.17}$$

因 $I_T \geqslant I_F$，故

$$S_{max} = 2UI_T \tag{9.18}$$

可见，AT 供电方式电压的提升是供电容量和能力的提升，从式（9.15）、式（9.18）看出，55 kV AT 方式的供电容量可达直供方式的 2 倍。

为此可进一步定义 AT 供电方式的供电容量利用率：

$$K=\frac{S}{S_{\max}}=\frac{U(I_{\mathrm{T}}+I_{\mathrm{F}})}{2U\cdot I_{\mathrm{T}}} \tag{9.19}$$

即

$$K=\frac{I_{\mathrm{T}}+I_{\mathrm{F}}}{2I_{\mathrm{T}}} \tag{9.20}$$

其中，T 线和 F 线电流可由式（9.2′）求得。

直供方式下，无论列车处于供电臂什么位置，列车负荷在牵引馈线产生的分量是不变的，因此供电容量利用率为 1。AT 供电方式下，对图 9.2（a）所示的 55 kV AT 模式，由于无论列车处于供电臂什么位置，在牵引馈线处，总有 $\dot{I}_0=0$，自然 $\dot{I}_{\mathrm{T}}=\dot{I}_{\mathrm{F}}$，因此供电容量利用率为 1，而对于图 9.2（b）的所示 2×27.5 kV AT 模式，列车处于供电臂的不同位置，列车负荷会在牵引馈线产生不同的分量，因此，供电容量利用率就会不同。我们先分析一下列车处于牵引网首端时的情况，此时，由式（9.9）得 $\dot{I}_{\mathrm{L1}}=\dot{I}_{\mathrm{L0}}=\frac{1}{2}\dot{I}_{\mathrm{L}}$，由式（9.2′）得牵引馈线处 $\dot{I}_{\mathrm{T}}=\dot{I}_{\mathrm{L}}$，$\dot{I}_{\mathrm{F}}=0$（F 线没有发挥作用），由式（9.20）得供电容量利用率为 0.5，即是说，此时供电能力与直供方式相当。再看一般情况，随着列车离开首端远去，先由式（9.9）计算列车所在位置电流的序分量，再通过图 9.4 所示的序网分别计算传输到首端的序分量，再由式（9.2′）计算 T 线、F 线电流，最后由式（9.20）得供电容量利用率，文献[52]以国内使用的 2 个 AT 段的供电臂为例进行了仿真，结果示于图 9.13。

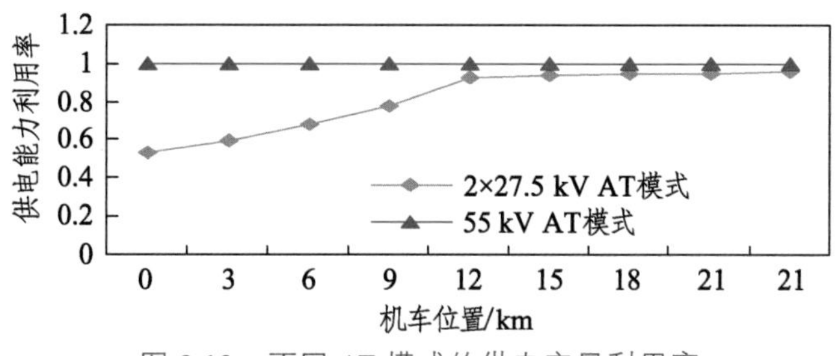

图 9.13　不同 AT 模式的供电容量利用率

由图 9.13 可知，在 2×27.5 kV AT 模式第 1 个 AT 段，在随着列车离开首端，F 线逐渐起作用，只有到了第 2 个 AT 段，由于 AT_1 的作用，使得长回路 $\dot{I}_{\mathrm{T}}=\dot{I}_{\mathrm{F}}$，供电容量利用率才达到 1，才能与 55 kV AT 模式匹敌。

2×27.5 kV AT 模式首端供电容量利用率低，正好与图 9.12 所示的牵引网供电需求容量 W 的分布相反，这不仅造成了不应有的 F 线资源浪费，还造成了首端供电能力的“堵塞”。为减轻 2×27.5 kV AT 模式首端供电能力的“堵塞”与影响，可尽量缩短第 1 个 AT 段的长度。

利用叠加原理可以得到多个机车作用的结果。

9.2.2 牵引变压器容量利用率

我国高铁流行采用 2×27.5 kV AT 模式，其牵引变压器为 Vx 接线，可等效为 2 台次边中点抽出的单相变压器，我们分析其中一台即可。设次边绕组额定电压为 $2U$，牵引馈线电流为 I_T，则绕组额定容量应为 $2UI_T$，按照第 3 章定义，牵引变压器容量利用率为牵引负荷容量 $U(I_T+I_F)$ 与牵引变压器容量之比，即

$$\text{牵引变压器容量利用率}=\frac{U(I_T+I_F)}{2UI_T} \tag{9.21}$$

这与式（9.20）所示供电容量利用率完全相同，因此，用同上的分析可知：

对于 2×27.5 kV AT 模式，参考图 9.2（b），牵引变压器容量利用率与图 9.13 所示的供电能力利用率一样，与列车所处于供电臂的位置有关，在第 1 个 AT 段，利用率从 $x=0$ 的 0.5（50%）开始，随着列车远离，利用率向 1（100%）逼近。

而对于 55 kV AT 模式，参考图 9.2（a），无论列车位于供电臂什么位置截面，在牵引馈线上 $\dot{I}_0=0$ 、$\dot{I}_T=\dot{I}_F$，牵引变压器容量利用率均为 100%。

9.2.3 AT 牵引网阻抗

先看单线、单边供电情形。设 AT 段长度为 D km，列车距变电所的距离为 l km，距所在 AT 段首端 AT 的距离为 x km，将图 9.8 重绘得图 9.14。

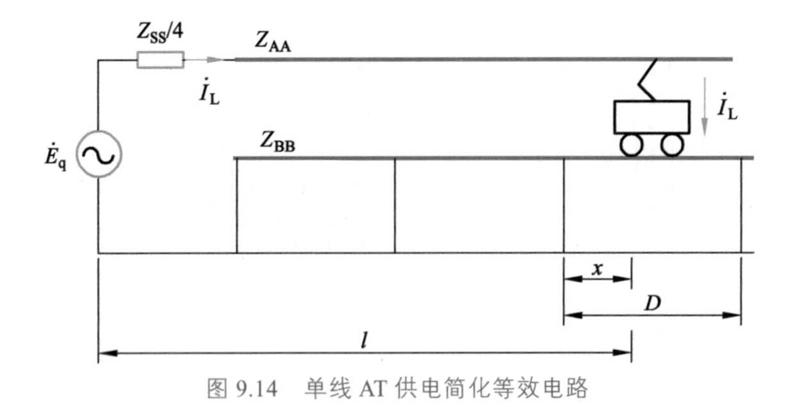

图 9.14　单线 AT 供电简化等效电路

图 9.14 中在列车处短接，易推导距离变电所 l km 处的牵引网总阻抗为

$$Z=Z_{AA}l+Z_{BB}\left(1-\frac{x}{D}\right)x \tag{9.22}$$

该阻抗绝对值或电抗部分的曲线如图 9.15 所示。若 L 为供电臂长度，则在 $0\leqslant l\leqslant L$ 的范

围内，单线 AT 牵引网阻抗 Z 随长度 l 的变化，在长回路呈线性增长，见式（9.23）第 1 项，斜率为 Z_{AA}，如图中虚线所示，在短回路则呈抛物线形状，见式（9.22）第 2 项，如图中实线所示。

由结论 9.1 已知，AT 供电长回路阻抗只有直供 T 线+回流线回路阻抗的 1/4，可以获得更长的供电距离。但短回路的阻抗将有所增加，在短回路中点增加最大。

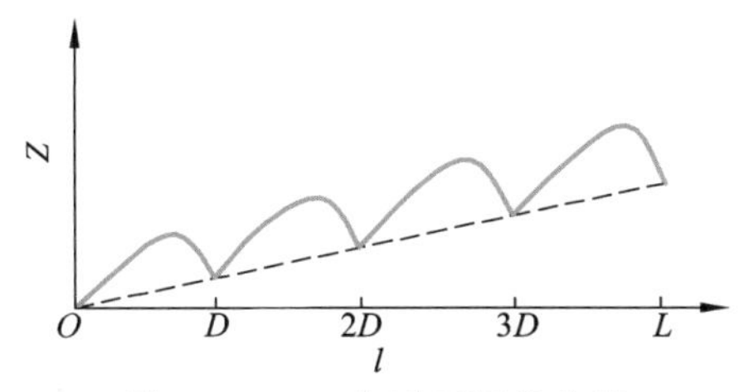

图 9.15　AT 牵引网阻抗曲线

再看复线情形。对于分区所并联的复线或双边供电的 AT 供电等效电路，可将图 9.9 重绘得图 9.16。

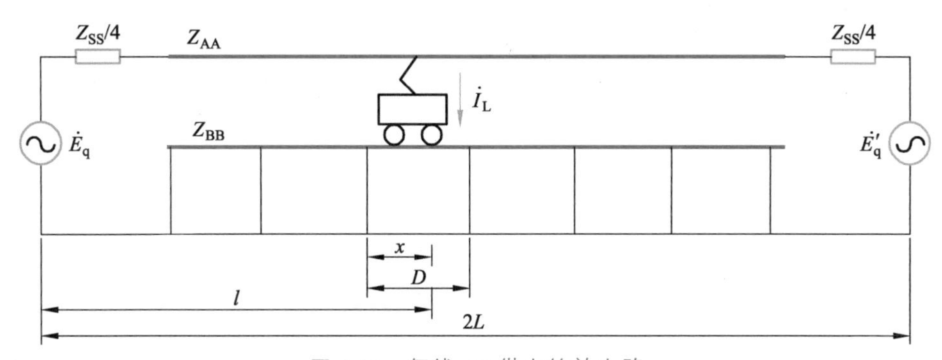

图 9.16　复线 AT 供电等效电路

由图 9.16 可得离开变电所 l km 处的牵引网总阻抗为

$$Z=\left(1-\frac{l}{2L}\right)Z_{AA}\cdot l+\left(1-\frac{x}{D}\right)Z_{BB}\cdot x \tag{9.23}$$

根据式（9.23）作出的复线 AT 供电牵引网阻抗绝对值或电抗部分曲线如图 9.17 所示。

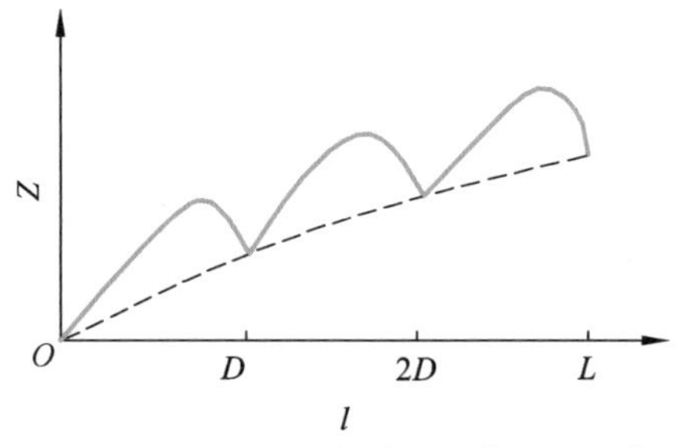

图 9.17　分区所并联的复线 AT 牵引网阻抗曲线

图 9.17 中，虚线部分对应式（9.23）中的第 1 项，代表 T 线—F 线构成的长回路阻抗，注意，由于上、下行牵引网并联或双边供电的原因，长回路阻抗不再是线性增加，而亦呈抛物线状，在 L（分区所）处达到最大。短回路部分的阻抗则与单线 AT 牵引网相同，见式（9.23）第 2 项。

9.2.4 电压降与电压损失

假设每一个 AT 段中最多只有一个列车存在，则单线 AT 供电中存在多个列车同时取流时，牵引网最大电压损失发生在最远端列车受电弓上，即图 9.18 中“▽”处。列写该处电压降方程有

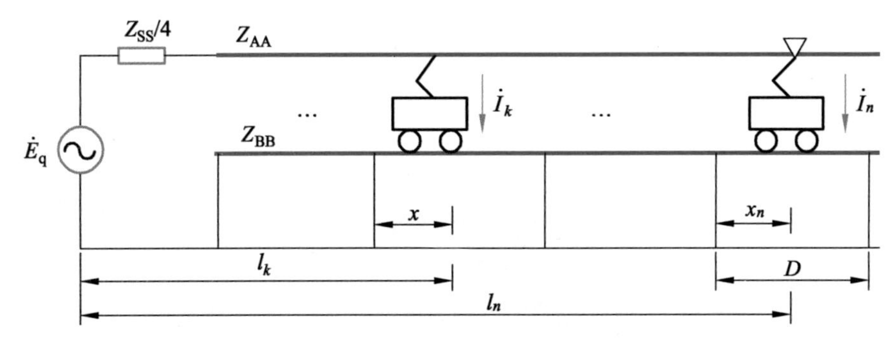

图 9.18 利用单线 AT 供电简化等效电路计算电压降及电压损失

$$
\begin{aligned}
\Delta\dot{U}_{\triangledown} &= Z_{\mathrm{AA}} l_n \dot{I}_n + Z_{\mathrm{BB}}\left(1-\frac{x_n}{D}\right) x_n \dot{I}_n + \sum_{k=1}^{n-1} Z_{\mathrm{AA}} l_k \dot{I}_k \\
&= Z_{\mathrm{AA}} \sum_{k=1}^{n} l_k \dot{I}_k + Z_{\mathrm{BB}}\left(1-\frac{x_n}{D}\right) x_n \dot{I}_n
\end{aligned}
\tag{9.24}
$$

式中 $\dot{I}_k$ —— 第 k 个列车电流，A；

l_k —— 第 k 个列车至变电所距离，km。

在计算电压损失时，只需在式（9.24）中代之以相应的等效单位阻抗和电流模值，即

$$
\Delta U_{\triangledown} = z'_{\mathrm{AA}} \sum_{k=1}^{n} l_k I_k + z'_{\mathrm{BB}}\left(1-\frac{x_n}{D}\right) x_n I_n \tag{9.25}
$$

与 AT 牵引网的阻抗特性相同，短回路的阻抗将使电压损失有所增加，在短回路中点增加最大。

对单线双边供电或分区所并联的单边复线情形，也假设每一个 AT 段中最多只有一个列车存在，则当牵引网上存在 n 个列车同时取流时，最大电压损失发生在分流点“▽”处，如图 9.19 所示。设分流点“▽”位于第 j 个机车受电弓处，则各机车电流 $\dot{I}_k$ 对“▽”点电压降的贡献为

$$\Delta\dot{U}_{\nabla k}=\begin{cases}\dfrac{l_k}{2L}\dot{I}_k Z_{\mathrm{AA}}(2L-l_j) & l_k<l_j\\ \left(1-\dfrac{l_k}{2L}\right)l_k Z_{\mathrm{AA}}\dot{I}_k+\left(1-\dfrac{x_k}{D}\right)x_k Z_{\mathrm{BB}}\dot{I}_k & l_k=l_j \qquad k,\ j=1,\ 2,\ \cdots,\ n\\ \dfrac{2L-l_k}{2L}\dot{I}_k Z_{\mathrm{AA}}l_j & l_k>l_j\end{cases}$$

式中　l_k—— 上、下行牵引网展开后各机车距离同一侧电源的距离，km，$0<l_k<2$。

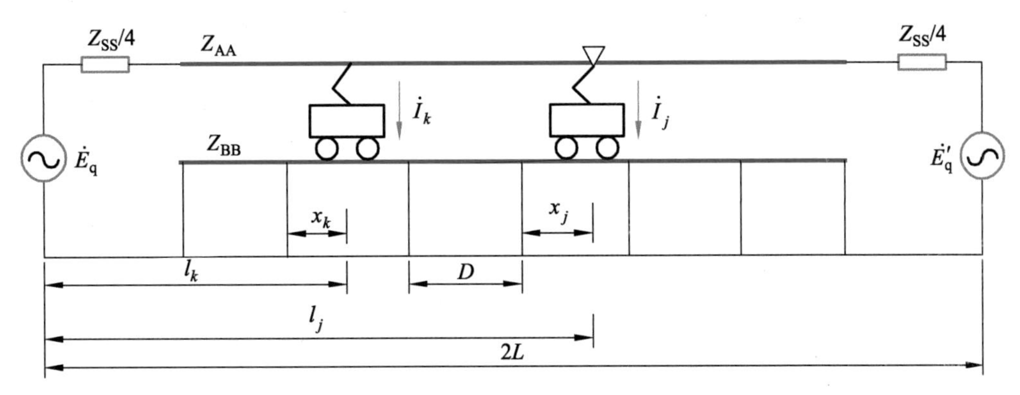

图 9.19　分区所并联的 AT 供电等效电路

用叠加原理可得“▽”处的电压降为

$$\Delta\dot{U}_{\nabla}=Z_{\mathrm{AA}}\sum_{k=1}^{n}\frac{2L-\max\{l_k,\ l_j\}}{2L}\cdot\min\{l_k,\ l_j\}\dot{I}_k+Z_{\mathrm{BB}}\left(1-\frac{x_j}{D}\right)x_j\dot{I}_j \tag{9.26}$$

代以相应的等效单位阻抗和电流模值即可计算“▽”处电压损失

$$\Delta U_{\nabla}=z'_{\mathrm{AA}}\sum_{k=1}^{n}\frac{2L-\max\{l_k,\ l_j\}}{2L}\cdot\min\{l_k,\ l_j\}I_k+z'_{\mathrm{BB}}\left(1-\frac{x_j}{D}\right)x_j I_j \tag{9.27}$$

9.3　同相 AT 供电

从前面已知，AT 供电方式长回路阻抗只有直供-回流线回路的 1/4，网压水平好，供电能力强，供电距离远，可以有效减少电分相，提高可靠性，有效减少和外电接口，节约外电投资，是一种优秀的供电方式，在世界各国获得广泛采用。为了克服 2 × 27.5 kV AT 模式对首端供电容量的制约，同时避免 55 kV AT 模式仅在牵引变电所内设置 AT 的限制，可以对二者取长补短，在保证首端供电容量不受制约的前提下，提出同相 AT 供电方案，取消牵引变电所出口电分相，消除无电区，其基本型如图 9.20 所示。

该方案中，牵引变电所 SS 的 T 母线 TB 和 F 母线 FB 通过正供线 TL、负供线 FL 向最近的一个 AT 所供电，再向 AT 牵引网供电。AT 牵引网由接触网 T、负馈线 F、钢轨和自耦变 AT_i 构成；牵引变电所母线 TB 和母线 FB 的电压为 55 kV。

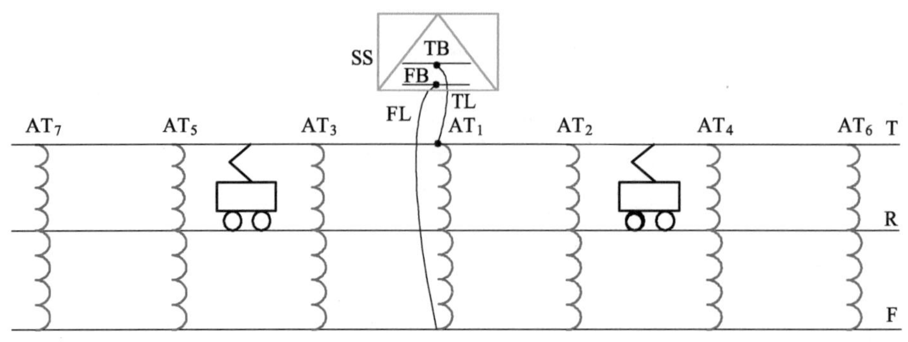

图 9.20　同相 AT 供电（基本型）示意图

进一步，牵引变电所 55 kV 的母线 TB、母线 FB 分别馈出正供线 TL 和负供线 FL，向最邻近的 2 个 AT 所供电，见图 9.21。

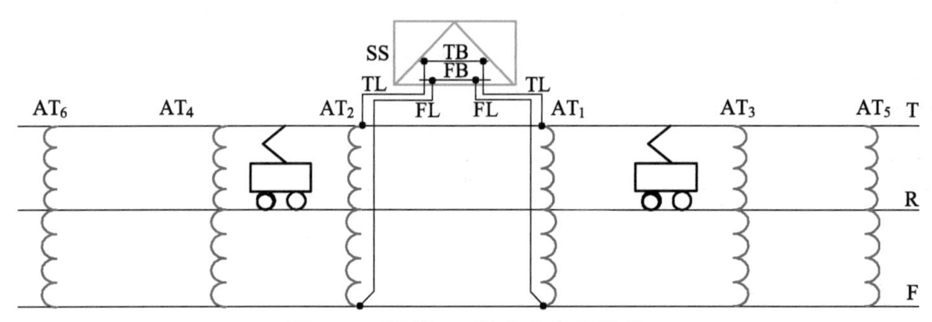

图 9.21　同相 AT 供电方案示意图

AT 所沿线路设置，一般 AT 段长为 10～12 km。AT 段长度的主要制约因素是轨道电位，当轨道电位允许时，AT 段可以适当延长。

为了消除 F 线对旅客观光的影响和铁路自身的美观，F 线可用电缆替代并于电缆沟敷设。

牵引变电所和 AT 所可以相对独立选择各自的位置。

显然，基本型的首端供电容量等同于 55 kV 模式，远高于 2×27.5 kV 模式。日本模式一个供电臂一般有 4、5 个 AT 段，在法国，2×27.5 kV 模式的供电臂一般有 3 个 AT 段。

采用分段保护测控技术可以将故障 AT 段的 T 线或 F 线及时切除，非故障 AT 段继续运行，把故障影响限制在最小范围，同时可以对上、下行不同 AT 段分别停电检修，操作灵活。

为了进一步增强供电能力，可通过延长正供线 TL 和负供线 FL 得到同相 AT 供电方案的加强型，如图 9.22 所示。在各个 AT 所中，正供线 TL 和负供线 FL 通过母线和各上网线分别与接触网 T 和负馈线 F 相并联。可细分两种方式：

（1）正供线 TL 和负供线 FL 采用架空线。

此时，除了牵引变电所出口的 AT 段，从供电能力等效的角度上，其余 AT 段的正供线 TL 可用双承力索替代，负供线 FL 可与负馈线合并。

牵引变电所 55 kV 母线馈出到最邻近的两个 AT 所的正供线 TL 和负供线 FL 可选用电缆。

（2）正供线 TL 和负供线 FL 采用电缆。

电缆的供电能力是同电压等级架空线的 7 倍[55]。因此，可以大大延长供电距离。

正供线 TL 和负供线 FL 的长度应根据供电能力要求等工程实际情况确定。

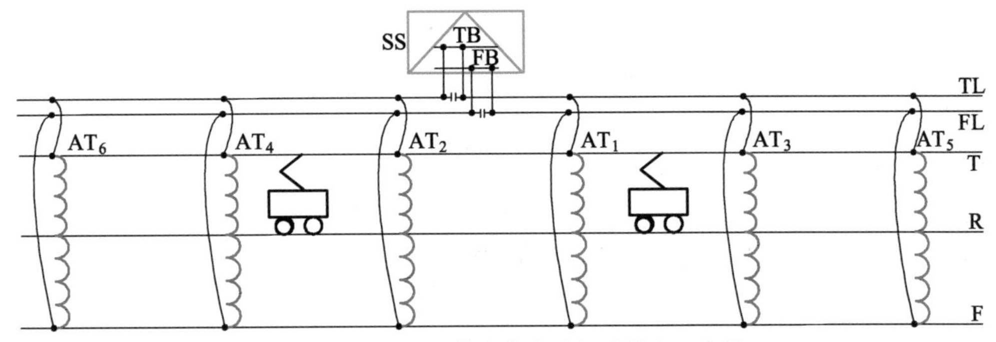

图 9.22　同相 AT 供电方案（加强型）示意图

复线 AT 所的主接线如图 9.23 所示。分别在 AT 所出口处上行和下行接触网的两个电分段之间引入过渡段 Ta 和 Tb，用于防止带电列车误入左右故障 AT 段而造成二次短路，见文献[46]。当行车调度可以控制列车避免误入故障 AT 段，或者行车密度较低不会发生误入故障 AT 段时，可以不设过渡段 Ta 和 Tb。图中，SW 为 AT 所上网线。需要时，正供线 TL 应经断路器引入 T 母线，负供线 FL 应经断路器引入 F 母线。

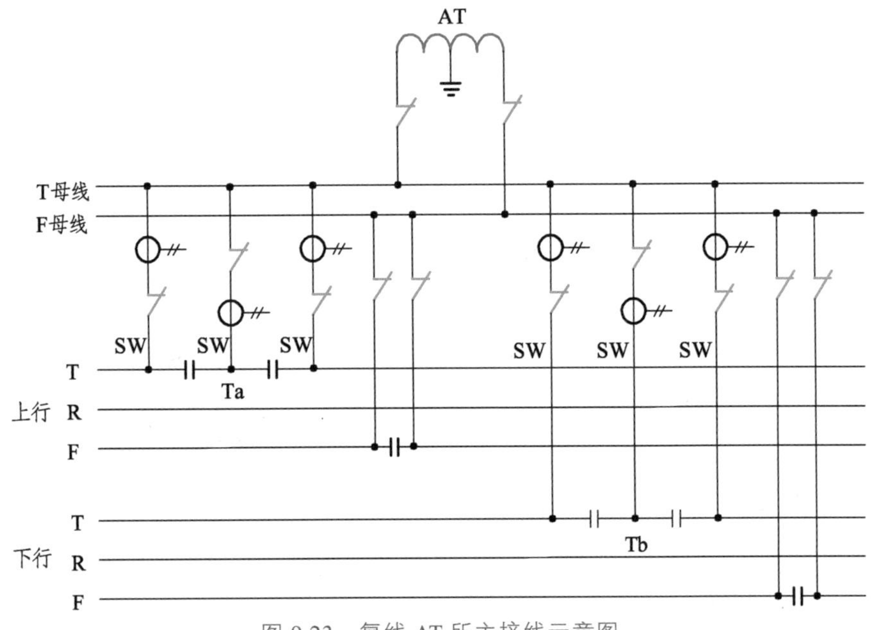

图 9.23　复线 AT 所主接线示意图

设计时，力求上网线 SW 越短越好。

当负序（三相电压不平衡度）满足国家标准要求时，牵引变电所可采用单相主变；当负序（三相电压不平衡度）不满足国家标准要求时，应在牵引变电所进行相关治理，如采用单相组合式同相供电方案，见图 9.24。

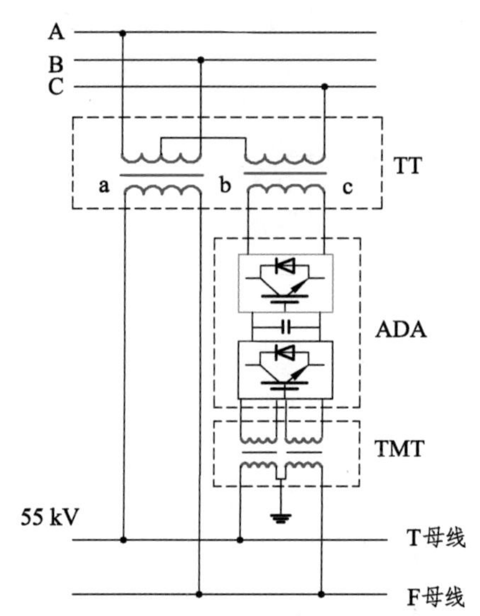

图 9.24　55 kV 单相组合式 AT 同相供电方案示意图

应注意，一者为了安全并防止 T 母线、F 母线电位漂移，同相供电装置牵引侧设置接地，二者为了避免 0 序电流分量流通，每套同相供电装置对应 T 母线和 F 母线应设置两个独立（铁心）的牵引匹配变压器 TMT。

根据同相 AT 供电原理图和简化规则，同相 AT 供电牵引网等效电路如图 9.25 所示。同前，Z_{SS} 为牵引变压器 M 座原边绕组与次边 55 kV 绕组的等值漏抗（也可以计入外电短路阻抗），归算到 27.5 kV 等效电路的阻抗则为 $Z_{SS}/4$。

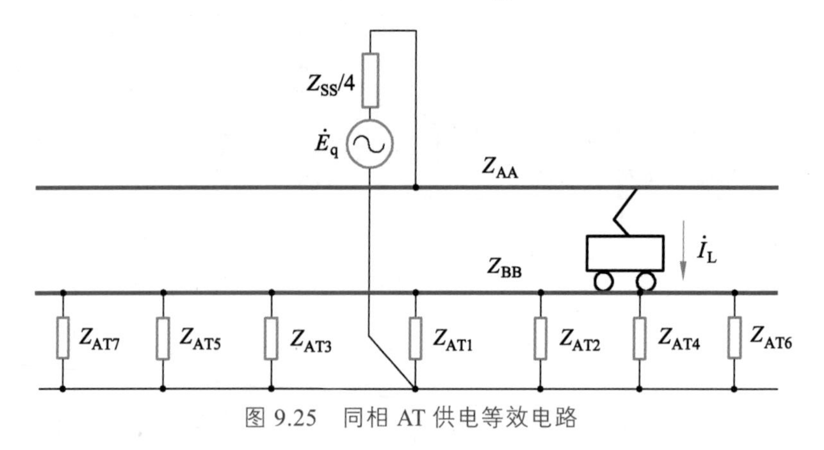

图 9.25　同相 AT 供电等效电路

可以看出，同相 AT 供电等效电路与异相 AT 供电不同之处在于牵引网向牵引变电所两侧延伸，不再设置电分相。

显然，同相 AT 供电的供电容量利用率为 100%，牵引变压器容量（M 座）利用率亦为 100%。

对单线、单边供电情形，设 AT 段长度为 D km，列车距同相 AT 变电所的距离为 l km，距所在 AT 段首端 AT 的距离为 x km，忽略 AT 漏抗，可得到同相 AT 供电简化电路如图 9.26 所示。

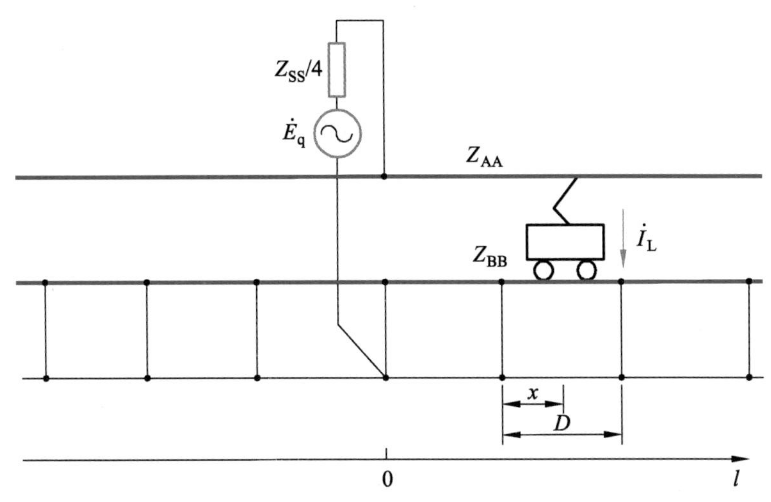

图 9.26　单线、单边供电情形的同相 AT 供电简化电路

距离变电所 l km 处的牵引网总阻抗与 55 kV 异相 AT 供电的阻抗相同，可参考式（9.22）。若 L 为供电臂长度，则在 $0 \leqslant l \leqslant L$ 的范围内，单线 AT 牵引网阻抗 Z 在长回路中随长度 l 的增加呈线性增加，斜率为 Z_{AA}，在短回路则呈抛物线形状。假设同相 AT 变电所左右 AT 对称分布，则单线、单边供电情形同相 AT 牵引网阻抗如图 9.27 所示。若 AT 非对称分布，则需根据 AT 距离对阻抗进行调整。

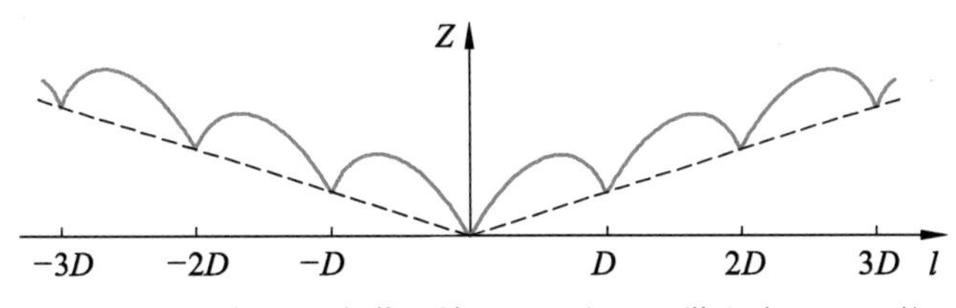

图 9.27　单线、单边供电情形的同相 AT 供电牵引网阻抗

对于分区所并联的复线或双边供电情形，同相 AT 供电等效电路如图 9.28 所示。离开变电所 l km 处的牵引网总阻抗可参考式（9.23），与图 9.27 类似，复线 AT 供电牵引网阻抗绝对值或电抗值如图 9.29 所示，呈轴对称。但是，此时长回路阻抗 Z_{AA} 呈抛物线变化。

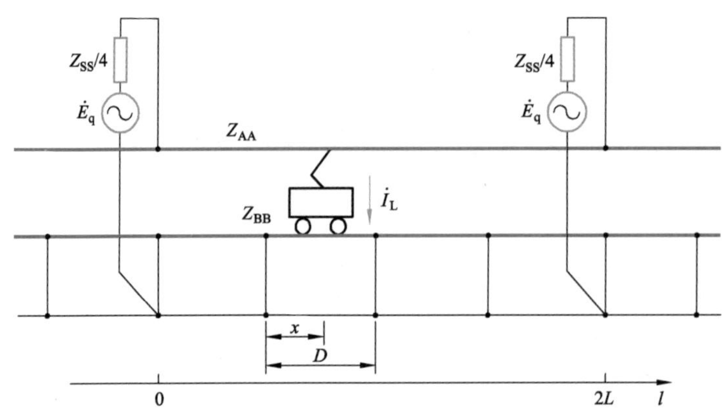

图 9.28　分区所并联的复线或双边供电情形的同相 AT 供电简化电路

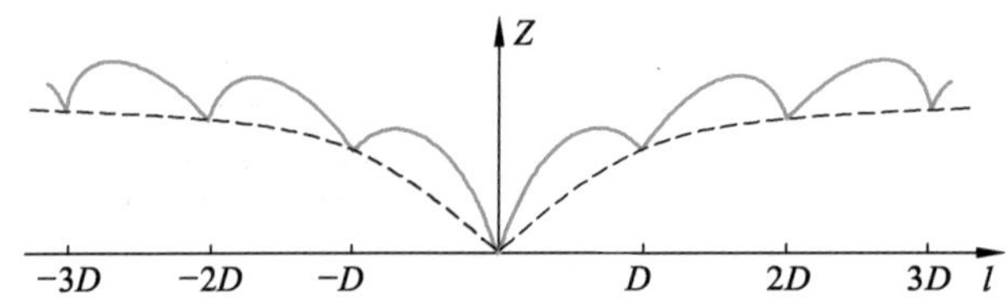

图 9.29　分区所并联的复线或双边供电情形的同相 AT 供电牵引网阻抗

9.4　AT 短回路钢轨电流与电位计算

从两相对称分量法和序网角度而言，对称情况下，AT 牵引网的轨、地电位与 1 序无关，只与 0 序有关，即钢轨电流全部由短回路两端自耦变压器的中点返回。像 4.4 节一样，对 0 序也可分两种极端情形讨论：一是轨地良好接触，此时可视为一个无源的轨—地回路，是为感应模型；二是轨地良好绝缘，此时可视轨为第三导线，是为传导模型。实际情况应介于这两种边际情形之间，可参见文献[4，21]。

AT 牵引网短回路示意图如图 9.30 所示。

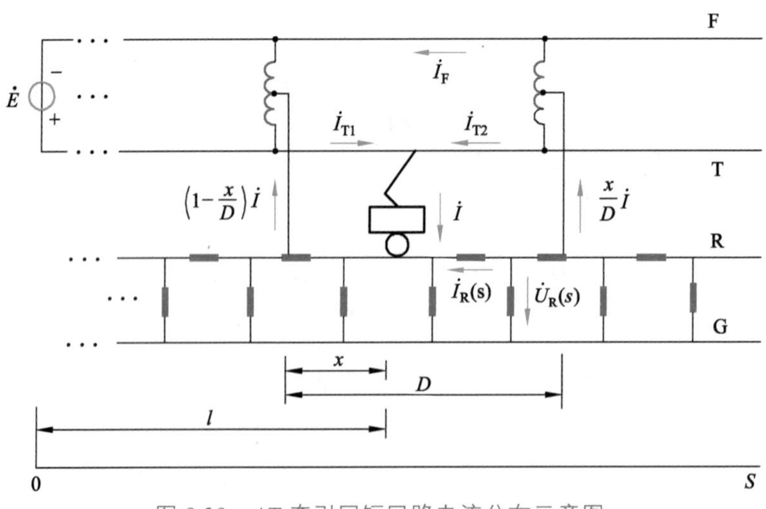

图 9.30　AT 牵引网短回路电流分布示意图

在短回路中，注入或流出钢轨的电流源有三个，即 $\dot{I}$ 、$\left(1-\dfrac{x}{D}\right)\dot{I}$ 和 $\dfrac{x}{D}\dot{I}$ 。下面逐一分析每个电流源在钢轨网中产生的电流及电位分布。当列车电流 $\dot{I}$ 单独作用时，根据第 4 章对轨道电流及轨道电位分布的分析，可得

$$\left.\begin{aligned} I_{\mathrm{R}}(s) &= nI + \frac{1}{2}(1-n)I\mathrm{e}^{-\gamma|l-s|} \\ U_{\mathrm{R}}(s) &= \frac{1}{2}(1-n)Z_0 I\mathrm{e}^{-\gamma|l-s|} \end{aligned}\right\} \tag{9.28}$$

式中　n —— 架空导线对钢轨的平均互感应电流系数，通常取为 0.5；

γ —— 钢轨网传播常数，1/km；

Z_0 —— 钢轨特性阻抗，Ω；

s —— 钢轨计算点的位置坐标，km。

γ、Z_0 的计算方法可参考 4.4 节。

根据以上讨论，在图 9.30 中 $\dot{I}_{\mathrm{R}}(s)$ 和 $\dot{U}_{\mathrm{R}}(s)$ 的参考方向下，利用叠加原理，可以求得三个电流源同时作用时短回路钢轨网中的电流和电位分布

① 当 $l-x \leqslant s \leqslant l$ 时，有

$$\left.\begin{aligned} \dot{I}_{\mathrm{R}}(s) &= n\left(1-\frac{x}{D}\right)\dot{I} + \frac{1}{2}(1-n)\dot{I}\left[\mathrm{e}^{-\gamma(l-s)} + \left(1-\frac{x}{D}\right)\mathrm{e}^{-\gamma(s-l+x)} - \frac{x}{D}\mathrm{e}^{-\gamma(l+D-x-s)}\right] \\ \dot{U}_{\mathrm{R}}(s) &= \frac{1}{2}(1-n)Z_0\dot{I}\left[\mathrm{e}^{-\gamma(l-s)} - \left(1-\frac{x}{D}\right)\mathrm{e}^{-\gamma(s-l+x)} - \frac{x}{D}\mathrm{e}^{-\gamma(l+D-x-s)}\right] \end{aligned}\right\} \tag{9.29}$$

② 当 $l \leqslant s \leqslant l+D-x$ 时，有

$$\left.\begin{aligned} \dot{I}_{\mathrm{R}}(s) &= -n\frac{x}{D}\dot{I} - \frac{1}{2}(1-n)\dot{I}\left[\mathrm{e}^{-\gamma(s-l)} - \left(1-\frac{x}{D}\right)\mathrm{e}^{-\gamma(s-l+x)} + \frac{x}{D}\mathrm{e}^{-\gamma(l+D-x-s)}\right] \\ \dot{U}_{\mathrm{R}}(s) &= \frac{1}{2}(1-n)Z_0\dot{I}\left[\mathrm{e}^{-\gamma(s-l)} - \left(1-\frac{x}{D}\right)\mathrm{e}^{-\gamma(s-l+x)} - \frac{x}{D}\mathrm{e}^{-\gamma(l+D-x-s)}\right] \end{aligned}\right\} \tag{9.30}$$

文献[52]对两个 AT 段的 AT 牵引网轨道电位做了仿真。其中取钢轨对地过渡电导为 1.0 S/km，牵引变电所接地电阻 0.5 Ω，第一 AT 段、第二 AT 段的长度均取 12 km，机车在 AT 段内的相对位置取 0 km、3 km、6 km、9 km 和 12 km。图 9.31 和图 9.32 中分别给出了 55 kV AT 模式在第一个 AT 段、第二个 AT 段内有机车时钢轨电位的仿真结果。就 0 序而言，55 kV AT 模式与 2×27.5 kV AT 模式的 0 序网络是相似的，轨道电位也相似。

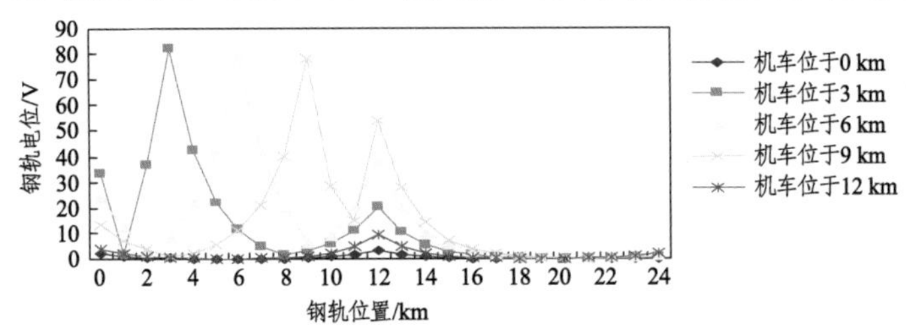

图 9.31　55 kV 模式第一个 AT 段内有机车时的钢轨电位分布

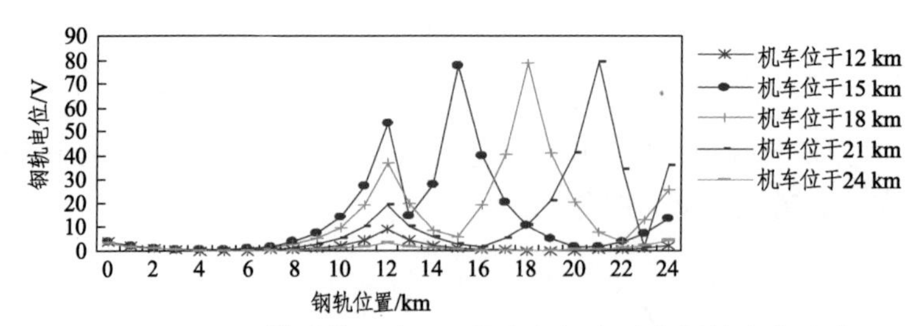

图 9.32　55 kV 模式第二个 AT 段内有机车时的钢轨电位分布

习题与思考题

9.1　简述 AT 供电系统供电原理。

9.2　按 AT 牵引网等效电路推导单线单边供电情况下多车运行的电压损失计算公式。

9.3　对于采用 Vx 接线牵引变压器的 AT 供电方式，简述 55 kV 模式和 2×27.5 kV AT 模式的区别。

9.4　复述同相 AT 供电与异相 AT 供电的区别以及同相 AT 供电是如何对异相 2×27.5 kV 和 55 kV AT 模式进行取长补短的。

PART TEN

第 10 章 谐波、谐振与抑制

本章介绍谐波描述，国内限制谐波的标准，讨论电气化铁路的谐波、谐振与抑制措施。

这里述及的谐波都是稳态的，不涉及暂态过程。

10.1　谐波描述

10.1.1　基本概念

在线性定长（时不变）系统中传送能量的正弦波具有唯一性，即正弦激励（输入）产生正弦响应（输出）。遗憾的是，在电力系统中，由于系统或用户的原因，实际电压或电流波形相对主频正弦波（基波）都存在周期性畸变，这些周期性畸变在傅里叶级数下就是谐波。

用周期为 T 的函数表示畸变电流或电压，即

$$f(t)=f(t+kT)\,,\ k=0,\ 1,\ 2,\ \cdots,\ n \tag{10.1}$$

用傅里叶级数表示

$$f(t)=a_0+\sum_{h=1}^{\infty}a_h\sin(h\omega_1 t+\varphi_h) \tag{10.2}$$

式中　a_0—— 直流分量，当波形 $f(t)$ 对于 t 轴上下半波对称时，$a_0=0$；

a_1—— 基波分量幅值；

φ_1—— 基波初相角；

a_h，φ_h—— h 次谐波分量的幅值和相角，$h>1$；

基波下，$h=1$，$T\omega_1=2\pi$。

交—直型电力牵引负荷是单相整流负荷，主要含有奇次谐波，即其电流为

$$i(t)=\sqrt{2}\sum_{h\geqslant 1}I_h\sin(h\omega_1 t+\varphi_h) \tag{10.3}$$

式中　I_h—— h 次谐波电流有效值，h 为奇数。

10.1.2 谐波的产生

电力系统中产生谐波的方式多种多样，但就谐波电流而言，主要有以下两种产生方式。

1. 非正弦电压作用于线性负荷或系统

直-交逆变器输出的交流电压就是典型的周期性非正弦电压，记为

$$u(t)=\sqrt{2}\sum_{h=1}^{\infty}U_h\sin(h\omega_1 t+\varphi_h) \tag{10.4}$$

当它作用于一线性定常系统时就产生谐波电流。如果这一线性定常系统用一个 R、L、C 并联电路等效，则 R、L、C 中的电流分别为

$$\left.\begin{aligned}
i_R(t)&=\sqrt{2}\sum_{h=1}^{\infty}\frac{U_h}{R}\sin(h\omega_1 t+\varphi_h)\\
i_L(t)&=\frac{\sqrt{2}}{\omega_1 L}\sum_{h=1}^{\infty}\frac{U_h}{h}\sin(h\omega_1 t+\varphi_h-90^\circ)\\
i_C(t)&=\sqrt{2}\omega_1 C\sum_{h=1}^{\infty}hU_h\sin(h\omega_1 t+\varphi_h+90^\circ)
\end{aligned}\right\} \tag{10.5}$$

2. 正弦电压作用于非线性系统

线性定常系统的电压—电流特性可由下面的函数描述

$$i[u(\varphi)]=gu(\varphi+\varphi_g) \tag{10.6}$$

式中 g —— 与时间 t 无关的实常数；

φ —— u 的初相角；

φ_g —— g 作用的相位移，且 $i[u(\varphi)]$ 为奇函数，即

$$i[-u(\varphi)]=-i[u(\varphi)] \tag{10.7}$$

非线性系统的电压—电流特性尽管仍具有奇函数性质，但无论如何选择 g 及其相位移 φ_g 都不能使

$$i_N[u(\varphi)]-gu(\varphi+\varphi_g)=0$$

成立，即

$$\delta i=i_N[u(\varphi)]-gu(\varphi+\varphi_g)\neq 0 \tag{10.8}$$

当 u 为正弦波时，奇函数 $i_N[u(\varphi)]$ 也是周期性的，写成傅里叶级数就是一系列奇次谐波电流的和。即若令

$$u(\varphi)=\sqrt{2}U\sin(\omega_1 t+\varphi)$$

则函数

$$i_N[\sqrt{2}U\sin(\omega_1 t+\varphi)]=\sqrt{2}\sum_{h\geqslant 1} i_h\sin(h\omega_1 t+\varphi_h) \tag{10.9}$$

使用式（10.8），并选择

$$\sqrt{2}i_1\sin(\omega_1 t+\varphi_1)=\sqrt{2}gU\sin(\omega_1 t+\varphi+\varphi_g)$$

则

$$\delta i=\sqrt{2}\sum_{h\geqslant 2} i_h\sin(h\omega_1 t+\varphi_h) \tag{10.10}$$

若认为 i_h 与 φ_h 相互独立，则以均方根值表示有

$$\delta I=\sqrt{\frac{1}{T}\int_0^T(\delta i)^2\,\mathrm{d}t}=\sqrt{\sum_{h\geqslant 2} i_h^2} \tag{10.11}$$

这样一来，δI 的大小可以表征 $i_N[u(\varphi)]$ 的非线性程度。δI 越大，$i_N[u(\varphi)]$ 的非线性程度越大，反之则小。

正弦电压作用于磁饱和铁心及整流系统等都是这类谐波产生的典型实例。从这一观点看，整流负荷又称之为非线性负荷。

在没有直流联络线的电力系统中，只存在非线性负荷产生的谐波电流，这些电流作用于系统产生谐波电压，而谐波电压又对非线性负荷作用产生新的谐波电流，这是谐波潮流要研究的主要内容。

从牵引网侧看去，电力机车和动车都可视为整流负荷。

10.1.3　畸变波形的数字特征

1. 畸变波形的方均根值

周期性电流和电压的瞬时值都随时间而变，在工程实际应用中常采用方均根值这个数字特征量来衡量电流和电压的大小。以周期电流 $i(t)$ 为例，它的方均根值定义为

$$I=\sqrt{\frac{1}{T}\int_0^T i^2(t)\,\mathrm{d}t} \tag{10.12}$$

方均根值通常也称为有效值。

2. 谐波含有率

工程上常要求给出电压或电流畸变波形所含某次谐波的含有率，以便监测和采取抑制措施。

电压畸变波形的第 h 次谐波电压含有率等于其第 h 次谐波电压方均根值 U_h 与其基波电压方均根值 U_1 的百分比，即

$$HRU_h = \frac{U_h}{U_1} \times 100\% \tag{10.13}$$

电流畸变波形的第 h 次谐波电流含有率等于其第 h 次谐波电流方均根值 I_h 与其基波电流方均根值 I_1 的百分比，即

$$HRI_h = \frac{I_h}{I_1} \times 100\% \tag{10.14}$$

实际工作中，谐波含有率常以频谱（幅频特性）来表示。

3. 总谐波畸变率

波形畸变的程度，常以其总谐波畸变率来表示，作为衡量电能质量的一个指标。各次谐波含有率的平方根值称为总谐波畸变率 THD（Total Harmonic Distortion），简称畸变率 DF（Distortion Factor）。

电压的总谐波畸变率定义为

$$THD_U = \sqrt{\sum_{h=2}^{50}\left(\frac{U_h}{U_1}\right)^2} \times 100\% \tag{10.15}$$

式中　U_1——基波电压的方均根值，但有的用额定相电压 U_N 代替 U_1。

许多国家规定低压供电电压的畸变率不得超过 5%，通常将符合这种标准的工业供电的电压波形近似认为是实际上的正弦波形。

电流的总谐波畸变率则为

$$THD_I = \sqrt{\sum_{h=2}^{50}\left(\frac{I_h}{I_1}\right)^2} \times 100\% \tag{10.16}$$

10.2　限制谐波的标准

为了限制电力系统中的谐波水平，很多国家相继制定并颁发了谐波标准，或者由有关权威机构制定限制谐波的规定或导则，以便采取措施把电力系统中的谐波控制在允许的范围之内[56]。

不同国家的谐波标准之间均存在一定的差别。几乎所有的国家标准都设有总谐波电压畸变限值。总谐波电压畸变限值是按照电网额定电压给出的，多数是将各个谐波电压限值合并在一起。合并的结果可以取百分比限值的形式，包括奇次和偶次谐波全部频率范围的限值；对每个谐波定出绝对限值或百分限值，或者是这些限值的组合。少数国家标准设置了谐波电流的限值，这些标准定出了一个用户可能吸取或产生的谐波电流水平。

1993 年，中国国家技术监督局批准颁布了国家标准《电能质量　公用电网谐波》（GB/T 14549—93）除了给出各级电网电压下电网公共连接点电压波形畸变率限值（如表 10.1 所示）外，还规定了注入 PCC 的谐波电流允许值（见表 10.2）。

表 10.1　中国公用电网谐波电压（相电压）限值

电网电压/kV	电网电压总谐波畸变率/%	各次谐波电压含有率/%	
		奇　次	偶　次
0.38	5	4	2
6、10	4	3.2	1.6
35、66	3	2.4	1.2
110	2	1.6	0.8

表 10.2　注入公共连接点的谐波电流允许值

标准电压/kV	基准短路容量/MV·A	谐波次数及谐波电流允许值/A																							
		2	3	4	5	6	7	8	9	10	11	12	13	14	15	16	17	18	19	20	21	22	23	24	25
0.38	10	78	62	39	62	26	44	19	21	16	28	13	24	11	12	9.7	18	8.6	16	7.8	8.9	7.1	14	6.5	12
6	100	43	34	21	34	14	24	11	11	8.5	16	7.1	13	6.1	6.8	5.3	10	4.7	9.0	4.3	4.9	3.9	7.4	3.6	6.8
10	100	26	20	13	20	8.5	15	6.4	6.8	5.1	9.3	4.3	7.9	3.7	4.1	3.2	6.0	2.8	5.4	2.6	2.9	2.3	4.5	2.1	4.1
35	250	15	12	7.7	12	5.1	8.8	3.8	4.1	3.1	5.6	2.6	4.7	2.2	2.5	1.9	3.6	1.7	3.2	1.5	1.8	1.4	2.7	1.3	2.5
66	500	16	13	8.1	13	5.4	9.3	4.1	4.3	3.3	5.9	2.7	5.0	2.3	2.6	2.0	3.8	1.8	3.4	1.6	1.9	1.5	2.8	1.4	2.6
110	750	12	9.6	6.0	9.6	4.0	6.8	3.0	3.2	2.4	4.3	2.0	3.7	1.7	1.9	1.5	2.8	1.3	2.5	1.2	1.4	1.1	2.1	1.0	1.9

注：220 kV 基准短路容量取 2 000 MV·A。

2000 年，颁布中华人民共和国国家标准化指导性技术文件《电磁兼容 限值 中、高压电力系统中畸变负荷 发射限值的评估》（GB/Z 17625.4—2000）等同采用 IEC 61000-3-6:1996[57]。

IEC61000-3-6 是由国际电工委员会（IEC，International Electrotechnical Commission）技术委员会 77（电磁兼容）的 77A 分技术委员会制定的。IEC61000-3-6 是 IEC61000 的第 3 部分第 6 分部分，按照 IEC 导则 107，它具有基础电磁兼容（EMC）出版物的地位。

IEC61000-3-6 提出了决定大型畸变负荷（产生谐波和/或间谐波）接入公用电网所依据的一些基本原则，其主要目的在于为工程实践提供指导，以保证对所有接入系统的用户都有合适的供电质量。

IEC61000-3-6 提出了谐波电压的兼容水平、规划水平和发射水平三个基本概念。兼容水平是用来协调供电网络设备或由供电网络供电的设备发射和抗扰度的参考值，以保证整个系统（包括网络及所连设备）的电磁兼容性。规划水平是在规划时评估所有用户负荷对供电系统的影响所用水平。供电公司为该系统所有电压等级规定了规划水平，并且规划水平可以认为是供电公司内部的质量指标。规划水平等于或小于兼容水平。由于随着网络结构和环境条件的不同而有不同的规划水平，所以只可能给出一些指标值。IEC61000-3-6 给出的谐波电压规划水平如表 10.3 所示。

表 10.3 规划水平

奇次谐波（非 3 倍数）				奇次谐波（3 倍数）				偶次谐波			
谐波次数 h	谐波电压/%			谐波次数 h	谐波电压/%			谐波次数 h	谐波电压/%		
	低压	中压	高压		低压	中压	高压		低压	中压	高压
5	6	5	2	3	5	4	2	2	2	1.6	1.5
7	5	4	2	9	1.5	1.2	1	4	1	1	1
11	3.5	3	1.5	15	0.3	0.3	0.3	6	0.5	0.5	0.5
13	3	2.5	1.5	21	0.2	0.2	0.2	8	0.5	0.4	0.4
17	2	1.6	1	>21	0.2	0.2	0.2	10	0.5	0.4	0.4
19	1.5	1.2	1					12	0.2	0.2	0.2
23	1.5	1.2	0.7					>12	0.2	0.2	0.2
25	1.5	1.2	0.7								
>25	0.2+1.3*（25/h）	0.2+0.5*（25/h）	0.2+0.5*（25/h）								

10.3 电气化铁路的谐波、谐振与抑制措施

电气化铁路的谐波有其特殊性，一直得到国内外学者的关注和持续研究[7，58~65]。电力机车和动车的牵引变流器属于换流（变流）装置，可视为谐波电流源。交-直型电力机车和交-直-交型电力机车、动车又有着不同的谐波特性，随着交-直型电力机车的停产和交-直-交型电力机车和动车的推广应用，电气化铁路的谐波问题将得到极大改善，但较高次谐波和谐振问题依然存在，发生谐振时需要加以抑制。

正是因为电气化铁路谐波的特殊性，有关限制谐波标准对其适应性也一直是学者关注的问题，有兴趣的读者可参阅文献[61-65]。

10.3.1 谐波与对策

已经停产的交-直型电力机车牵引电流中含有比较丰富的奇次谐波（特征谐波），以 SS_1 型电力机车为例，其谐波电流含量实测值列于表 10.4。随着谐波次数 n 增高，含量 a_n 逐步衰减[7]。

表 10.4 SS_1 交-直型电力机车谐波电流含量实测值

n	3	5	7	9	11	13	15
实测值 a_n/%	21.6	10.9	6.1	3.4	1.93	1.2	0.4

n	17	19	21	23	25	27
实测值 a_n/%	0.80	0.65	0.49	0.35	0.26	0.22

图 10.1（a）是现场 SS_4 交-直型电力机车实测波形，（b）是其频谱图形（谐波电流含量）。

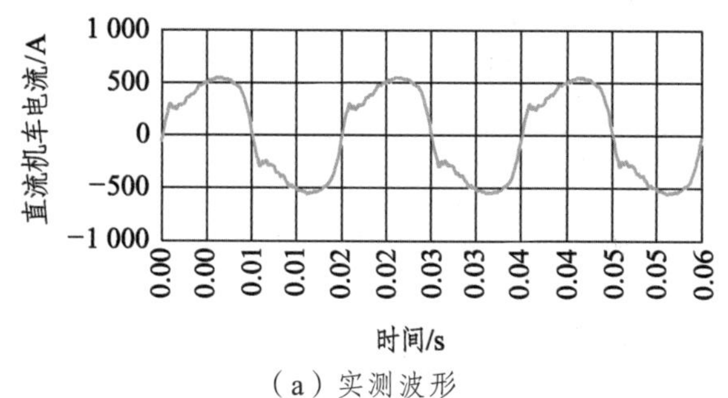

（a）实测波形

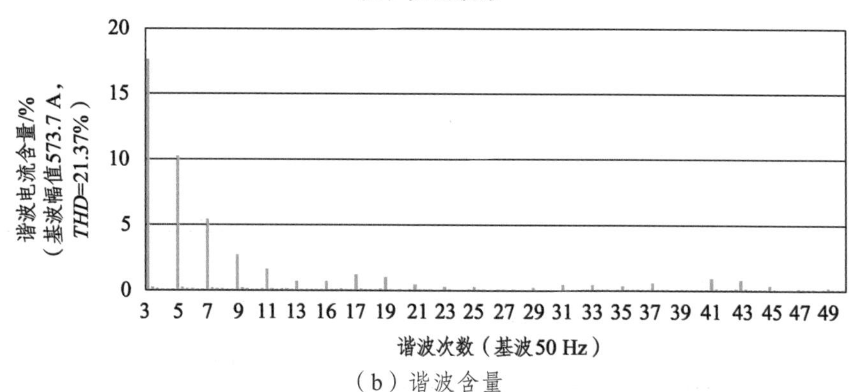

（b）谐波含量

图 10.1　交-直型电力机车实测牵引电流波形与频谱

为了净化电网、消除谐波及其危害，就要采取必要的技术措施。从减少非线性用户进入系统谐波的角度看，主要对策有两种，即设置滤波装置和改进换流装置。

1. 设置滤波装置[12]

其作用就是提供有效的谐波通路，不让谐波注入到电网进而影响电力系统的其他用户。

滤波装置从大的类型看，可分为无源型和有源型。无源型滤波装置技术难度底，容易实现，虽然无源型也有很多类型，如串联的、并联的，调谐的、高通的，但考虑到交-直型电力机车较低次谐波电流含量丰富，首选的就是针对某次较低次谐波的并联调谐滤波器。并联调谐滤波器常见的有单调谐和双调谐两种。单调谐滤波器针对某一次较低次谐波，如 3 次，其电路和相对阻抗-频率特性曲线如图 10.2 所示，其中，若忽略电阻 R，相对阻抗-频率关系为

$$\frac{|Z(f)|}{\sqrt{L/C}}=\left|\frac{f}{f_{\mathrm{r}}}-\frac{f_{\mathrm{r}}}{f}\right| \tag{10.17}$$

式中，f_{r} 为调谐支路的固有频率，$f_{\mathrm{r}}=\dfrac{1}{2\pi\sqrt{LC}}$，当 $f=f_{\mathrm{r}}$ 时发生串联谐振。

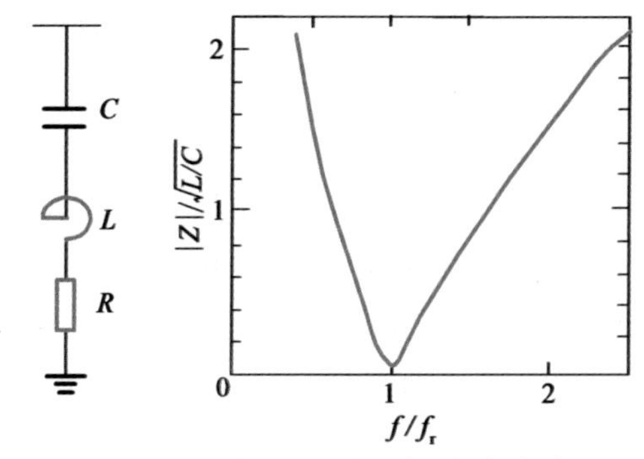

（a）电路图　　（b）相对阻抗-频率特性

图 10.2　单调谐滤波器

双调谐滤波器针对某两次较低次谐波，其电路和相对阻抗-频率特性曲线如图 10.3（a）、（b）所示，图 10.3（c）是其 $X(f)$-$R(f)$ 极坐标特性曲线，这里所示的双调谐滤波器在 5 次和 7 次谐波上发生串联谐振。在接近谐振频率时，双调谐滤波器可等效成两个并联的单调谐滤波器。

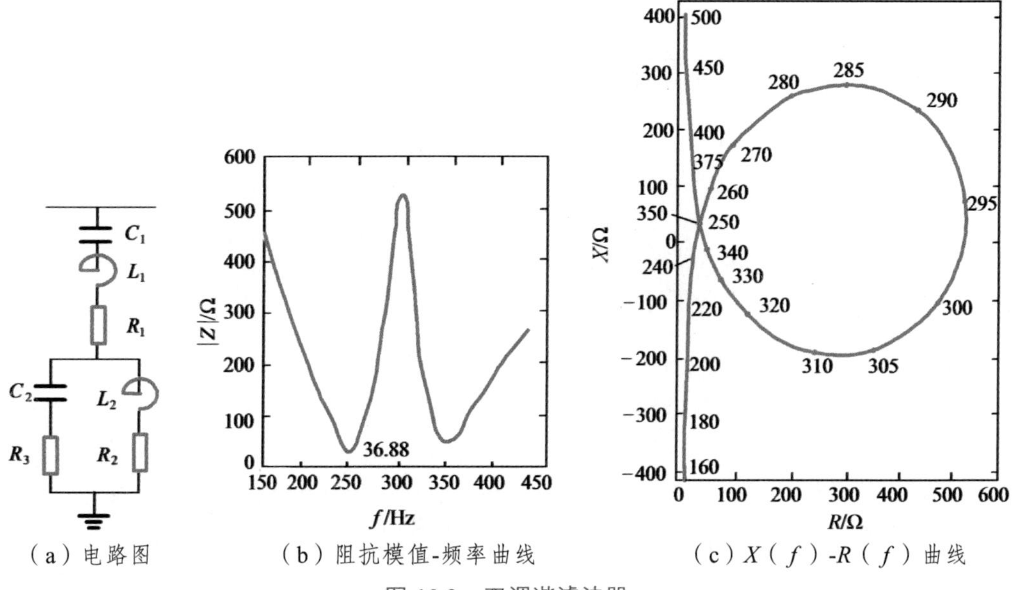

（a）电路图　　（b）阻抗模值-频率曲线　　（c）$X(f)$-$R(f)$ 曲线

图 10.3　双调谐滤波器

我们可以用一个简单的电路说明一下谐波电流的滤波问题。视非线性负荷为谐波电流源，其与系统和滤波器组成的网络如图 10.4 所示。其中，$\dot{i}_h$ 为 h 次谐波电流源，Z_{Fh} 为滤波器 h 次谐波阻抗，$\dot{i}_{Fh}$ 为滤波器中通过的 h 次谐波电流，Z_{Sh} 为系统 h 次谐波阻抗，$\dot{i}_{Sh}$ 为注入系统的 h 次谐波电流。分流关系为

$$\dot{i}_{Sh}=\frac{Z_{Fh}}{Z_{Sh}+Z_{Fh}}\dot{i}_h \tag{10.18}$$

系统谐波电压为

$$\dot{U}_{Sh} = \frac{Z_{Sh}Z_{Fh}}{Z_{Sh} + Z_{Fh}}\dot{i}_h \tag{10.19}$$

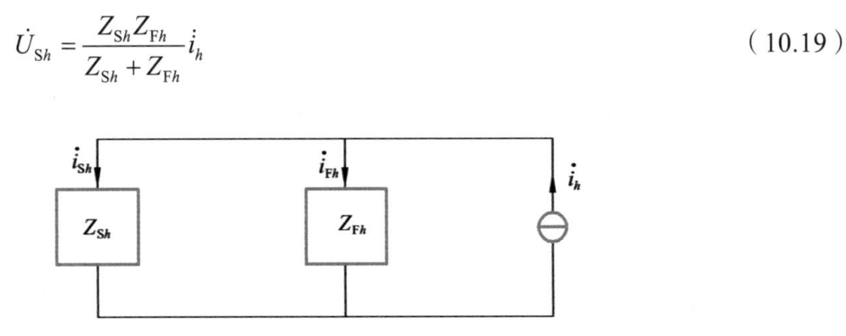

图 10.4　滤波网络模型

由式（10.19）可见，当滤波器为理想滤波器（即 $Z_{Fh}=0$）时，进入系统的 h 次谐波电流和对系统造成的谐波电压为 0。但实际上，即使是调谐滤波器也做不到理想调谐，并且对单调谐而言，通常 Z_{Fh} 对 h 次谐波表现为一定量的感性，故实际滤波效果取决于系统阻抗情况。

（1）若 h 次谐波下 Z_{Sh} 为感性，则能取得好的滤波效果。当 Z_{Sh} 为感性且较大时，滤除谐波电流的效果更好；反之，当 Z_{Sh} 为感性且较小时，效果就变差。减小 U_{Sh} 的效果则取决于系统阻抗与滤波器阻抗的并联效果。

（2）若 h 次谐波下 Z_{Sh} 为容性，则会造成 h 次谐波的放大，这时应取消 h 次及以上的调谐滤波，但是可以考虑采用阻尼高通滤波方式。

无源型滤波器一旦接入电网，就成为网络中的一个支路，与网络一起发挥作用。有源型电力滤波器（APF）是可控的，并且不受网络的影响而独自发挥既定作用。APF 单价较高，常常与无源滤波器混用以降低有源部分的滤波容量和投资。APF 仅能滤除较低次谐波，而较高次谐波尚需新的对策。

2. 改进换流装置

换流装置是谐波源，改进之可以从根本上解决谐波及其向系统的注入问题。交-直-交型电力机车和动车的研制和推广就是一个范例，从电能质量角度看，交-直-交型电力机车和动车主电路相当于交-直型电力机车主电路+静止无功发生器（SVG）+APF，因此是划时代的进步，并以中国名片方式步入世界最先进行列：SVG 使功率因数提高，接近和可以达到 1，有助于稳定网压水平，减少网损；APF 使低次谐波电流含量显著降低，达到最好水平，有助于消除对电网的谐波影响。交-直-交型电力机车和动车代表了当今世界电气化铁路的最高水平。

交-直-交型电力机车牵引电流实测波形与频谱[7]分析分别见图 10.5（a）和（b）。

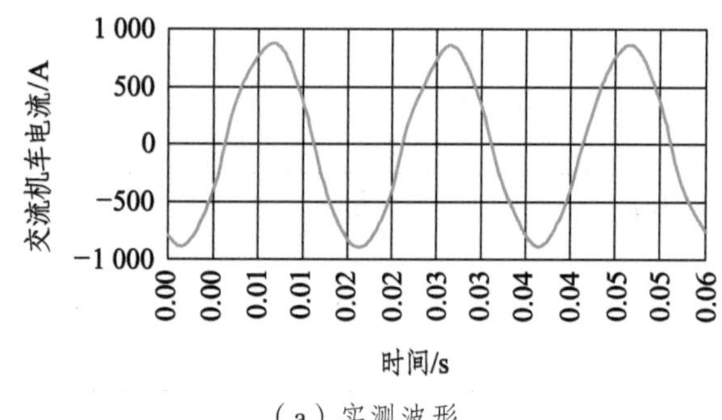

（a）实测波形

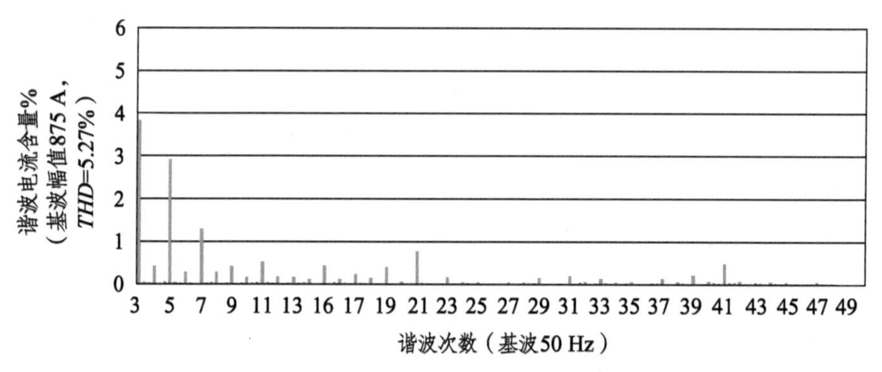

（b）谐波电流含量

图 10.5　交-直-交型电力机车实测牵引电流波形与频谱

比较图 10.1 交-直型电力机车和图 10.5 交-直-交型电力机车的电流波形与频谱可以看出，交-直-交型电力机车的电流波形和谐波含量得到极大改善。可以期待，中国电气化铁路在广泛推广交-直-交型电力机车和动车之后能够满足国家关于谐波标准的要求。

10.3.2 谐振与抑制

应当看到，在交-直-交型电力机车和动车大力发展及从根本上解决注入电网的谐波而达标之同时，谐振问题不能不给予关注。因为，交-直-交型电力机车相比交-直型电力机车已使较低次谐波含量得到根本改善，但更高次谐波依然存在，并且还有所增大，这就增加了激发牵引供电系统以及电力系统高次谐振的可能与风险。

先来看看电力系统的谐振情况。图 10.6 所示的是文献[66]给出的一个实际实验系统的 A 相谐波阻抗模值 $Z_A(f)$ 曲线和阻抗角 $\theta_A(f)$ 曲线。可以看出，该系统在 f= 218 Hz、271 Hz、840 Hz 和 974 Hz 处发生了并联谐振，而在 f= 240 Hz、507 Hz、926 Hz 和 1 164 Hz 处发生了串联谐振。图 10.7 是文献[67]给出的另一电力系统的 $X(f)$-$R(f)$ 极坐标曲线。

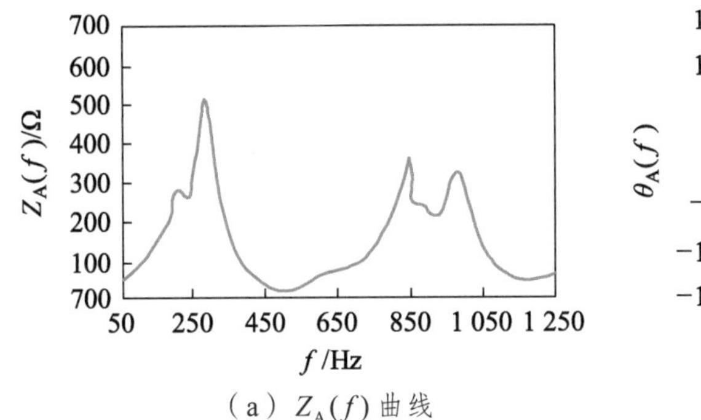

（a）$Z_A(f)$ 曲线

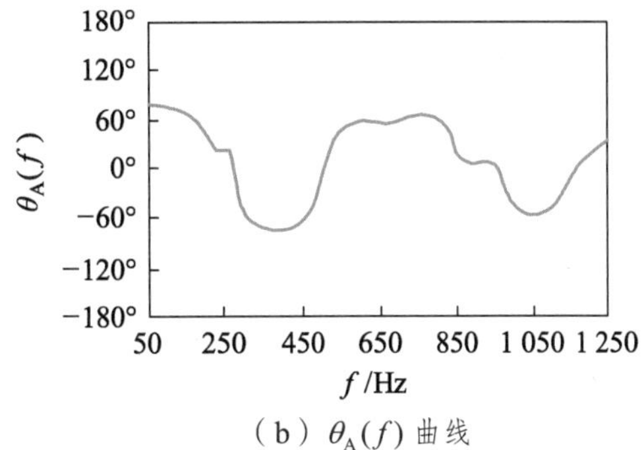

（b）$\theta_A(f)$ 曲线

图 10.6　某电力系统 A 相阻抗特性曲线

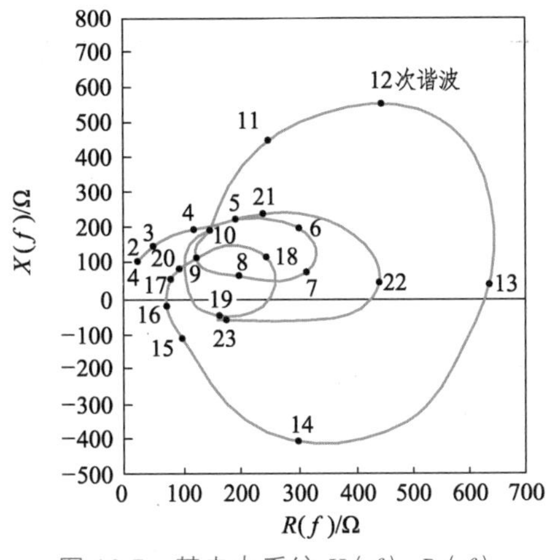

图 10.7　某电力系统 $X(f)$ -$R(f)$

通过图 10.6（a）和图 10.7 的实例不难总结出电力系统的谐波阻抗模值随频率变化的一般规律。从 50 Hz 开始，一般情况下当频率 f 增加时，首先因局部发生并联谐振使 $Z(f)$ 达到一个极大值，f 再增加时，会因局部发生串联谐振而使 $Z(f)$ 下降到一个极小值。f 进一步增加，局部并联、串联谐振接连发生，$Z(f)$ 不断出现极大值、极小值。换言之，局部并联、串联谐振接连发生，$Z(f)$ 的峰（极大值）、谷（极小值）也交替出现，通常，在一定的频率之后，并联谐振的强度（极大值）也随 f 增加而逐渐减小，其原因是用户和各元件的电阻分量的阻尼作用随 f 增加而增大。

并联谐振又称为电流谐振，造成谐波电流放大，此时对元件的主要威胁是产生过电流。串联谐振又称为电压谐振，造成谐波电压放大，此时对元件的主要威胁是产生过电压。有兴趣的读者可进步参考文献[12]，还可以重温《电路分析》关于谐振的表述。

当较高次谐波频率与电力系统或牵引供电系统的谐振频率发生重叠时，易引发系统高次谐振或放大，造成局部谐波过电压或过电流，影响系统元件安全。目前，交-直-交型电力机车、动车以及以 APF 为代表的电力电子技术受到 IGBT 元件开关频率和实时计算控制能力所限，尚无法滤除或避免更高次谐波，而滤除较高次谐波或抑制较高次谐波谐振的有效手段是使用高通滤波器。

高通滤波器最常见的是一阶、二阶阻尼滤波器。图 10.8 和图 10.9 分别是一阶、二阶阻尼滤波器的电路和阻抗模值-频率特性曲线。一阶阻尼滤波器结构最简，造价低，但基波功率损耗大，相比之下，二阶阻尼滤波器在串联 R 上并联了电抗器 L，一方面可减少 R 上的基波功率损失，另则与电容器 C 构成特定谐波下的单调谐通路。在更高次谐波下，一阶、二阶阻尼滤波器特性渐近，都属于高通滤波器。

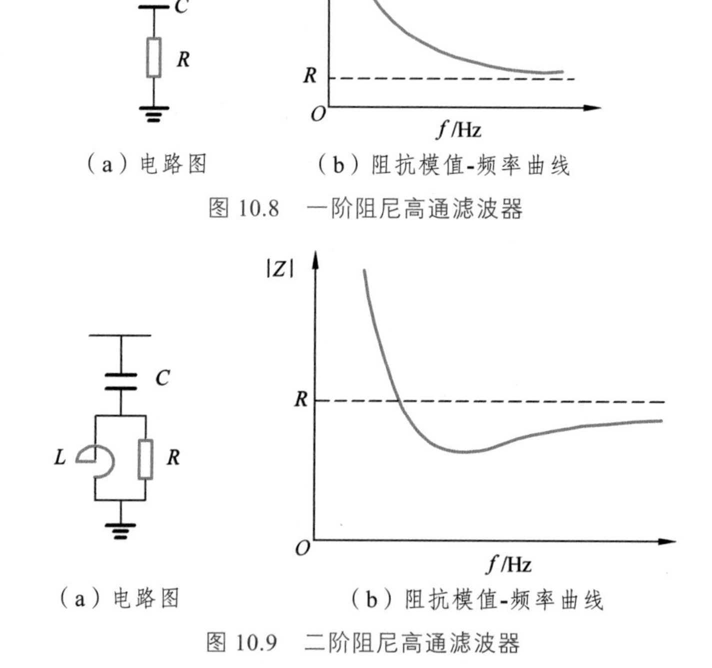

（a）电路图　（b）阻抗模值-频率曲线

图 10.8　一阶阻尼高通滤波器

（a）电路图　（b）阻抗模值-频率曲线

图 10.9　二阶阻尼高通滤波器

一阶阻尼高通滤波器结构简单，其阻抗频率特性为

$$Z(\omega)=R(\omega)+X_C(\omega)=R(\omega)+(1/\mathrm{j}\omega C) \tag{10.20}$$

式中，C 为电容器组电容值，R 为电阻器电阻值。

二阶阻尼高通滤波器是目前使用最为广泛的高通无源滤波器，日本新干线用此滤除高次谐波，其阻抗频率特性为

$$Z(\omega)=\frac{X_L(\omega)\cdot R(\omega)}{X_L(\omega)+R(\omega)}+X_C(\omega)=\frac{\omega^2L^2R+\mathrm{j}\omega R^2L}{R^2+\omega^2L^2}-\mathrm{j}\frac{1}{\omega C} \tag{10.21}$$

式中，L、C 分别为电抗器电感值、电容器组电容值，R 为阻尼电阻的电阻值，滤波器调谐于 ω_0，则 $\omega_0=1/\sqrt{LC}$。

上述的一阶、二阶高通阻尼滤波器通过合理的参数设计，可使其在高频下呈现低阻抗，滤除高次谐波，抑制谐振，但在工频下均要从系统吸收大量无功功率，显然，在广

泛使用交-直-交型电力机车和动车、功率因数接近于 1 的电气化铁路中安装这种滤波器将会降低系统的功率因数，造成无为的设备浪费和无为的罚款。对此，提出一种二阶阻波高通滤波器[68]，结构如图 10.10 所示。

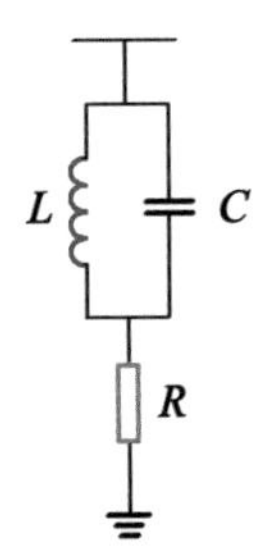

图 10.10 阻波高通滤波器结构图

阻波高通滤波器的阻抗频率特性为

$$\begin{aligned} Z_{\mathrm{F}}(\omega) &= \frac{X_L(\omega)\cdot X_C(\omega)}{X_L(\omega)+X_C(\omega)}+R(\omega) \\ &= \frac{\mathrm{j}\omega L}{1-\omega^2 LC}+R(\omega) \end{aligned} \tag{10.22}$$

由式（10.22）可以看出，当 $\omega_0=1/\sqrt{LC}$ 时，$1-\omega_0^2 LC=0$，$Z_{\mathrm{F}}(\omega_0)\to\infty$，电抗器与电容器组在该频率下发生并联谐振，对外呈现无穷大阻抗。

阻波高通滤波器可在指定频率（如工频）下电容、电感产生并联谐振，能有效避免无功功率的对外交流，并且因无该频率的电流通过电阻而不消耗相应的有功功率，在高次谐波下，却具有高通特性并对高次谐波起到滤除和对谐振起到阻尼作用，提高电能质量。

图 10.11 为电气化铁路直接供电方式下的阻波高通滤波器接入牵引变电所的方案，即阻波高通滤波器安装于牵引母线和轨、地之间。

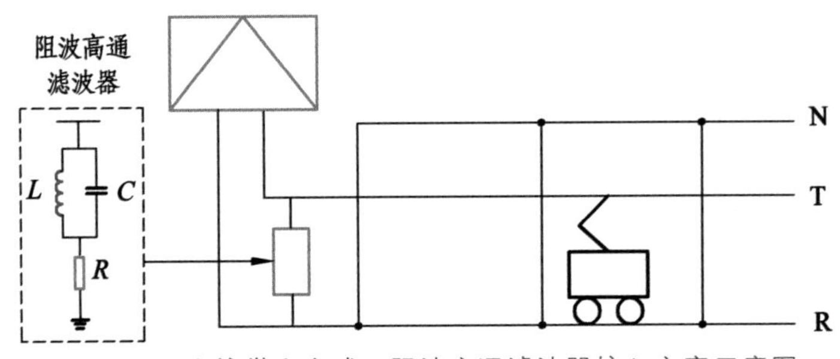

图 10.11 直接供电方式下阻波高通滤波器接入方案示意图

1. 阻波高通滤波器参数设计

（1）电容器组参数。按照牵引负荷 50 MV · A 额定负荷容量计算，电容器组容量选为 3 200 kvar，$X_{\mathrm{C}}=550\ \Omega$，$C=5.78\ \mu\mathrm{F}$。

（2）电抗器参数。根据 $\omega_0 = \dfrac{1}{\sqrt{LC}}$ 可得电感值为 $L = 1.755$ H，电抗器感抗为 $X_L = \omega L = 551\ \Omega$，基波下有 $|X_C| = |X_L|$。

（3）电阻参数。阻波高通滤波器中的电阻越小，其滤波效果越好，但电阻有利于起到谐波阻尼的作用，因此电阻值选为 10 Ω。

2. 阻波高通滤波器阻抗频率特性

根据阻波高通滤波器各元件参数，结合式（10.22）得阻抗-频率特性曲线，如图 10.12 所示。

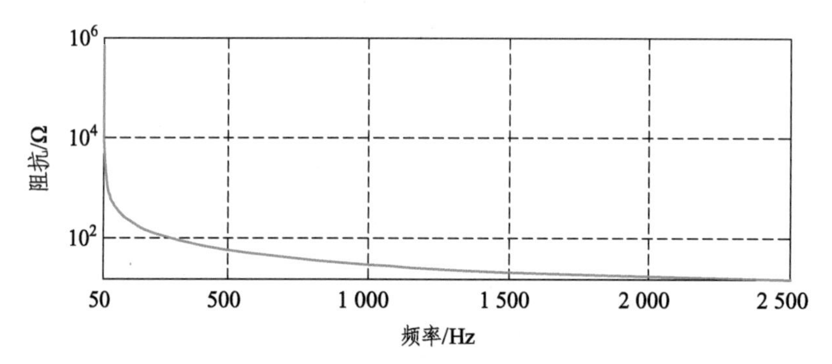

图 10.12　阻波高通滤波器阻抗-频率特性曲线图

由图 10.12 可以看出，阻波高通滤波器具有鲜明的特性：

阻波性。工频下，该滤波器阻抗趋向无穷大，可以阻止与系统交流基波功率，成为阻波性。因无基波电流通过电阻而不消耗相应的有功功率，图 10.13 进一步示出空载时的基波电流、电容器电流和电抗器电流波形，其中，阻波高通滤波器基波电流为 0 A，而电容器组与电抗器电流有效值均为 50 A，幅值相等、方向相反，进行磁能与电能的相互转换，不消耗无功功率，也不消耗有功功率。

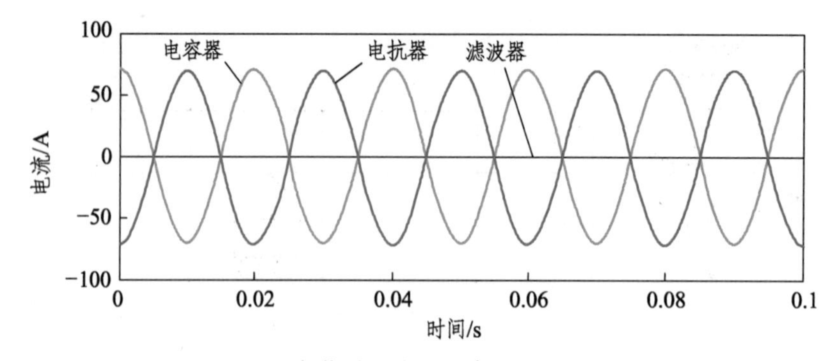

图 10.13　空载时阻波高通滤波器电流波形图

高通性。随着频率的增大，滤波器阻抗迅速减小，即在高频下呈现低阻抗，为高次谐波提供通路，具有高通性。

高通性包含高次谐波滤波特性和谐振抑制特性两个方面。

（1）滤波特性。为此搭建牵引供电系统模型，并在牵引网中注入机车谐波电流。图 10.14 为牵引变电所馈线电流波形图，（a）为滤波前波形图，电流总谐波畸变率为 5.06%；（b）为阻波高通滤波器投入后电流波形。

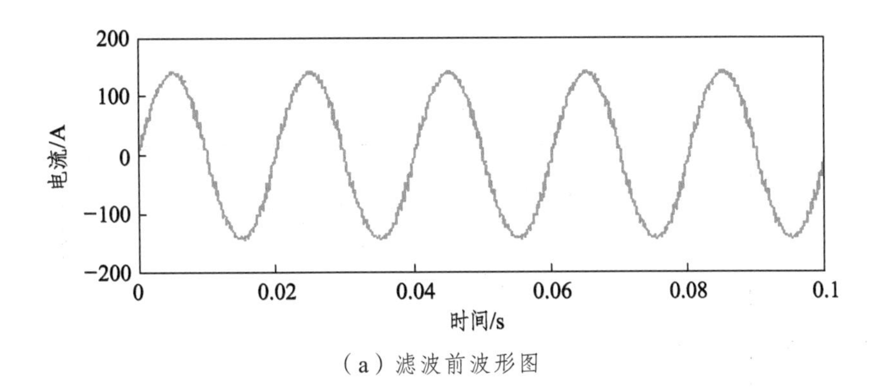

（a）滤波前波形图

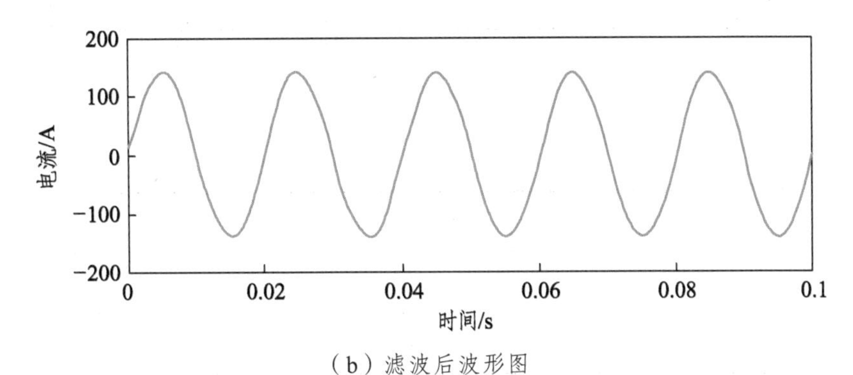

（b）滤波后波形图

图 10.14　牵引变电所馈线电流波形图

滤波器投入前后各次谐波电流含量对比示于图 10.15，滤波后电流总谐波畸变率由 5.06%降为 2.92%，高次谐波电流含量大幅度降低，高通滤波效果显著。

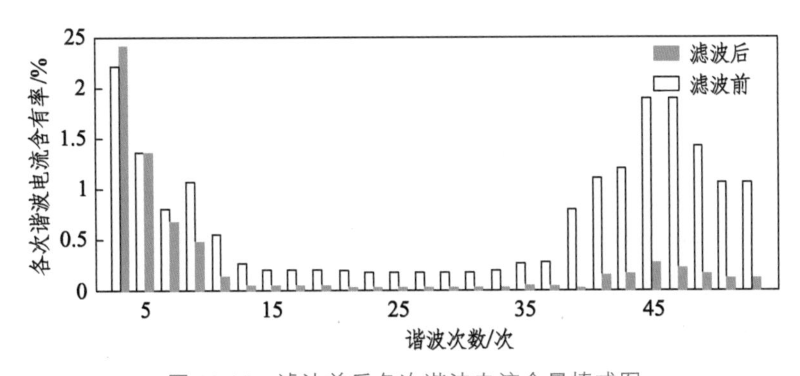

图 10.15　滤波前后各次谐波电流含量棒式图

（2）谐振抑制。高次谐波的注入可能引发牵引网发生谐振现象，图 10.16 为牵引网谐振时以及投入阻波高通滤波器后牵引变电所馈线的电流波形图，图 10.17 为阻波高通滤波器投入前（实线）后（虚线）牵引网阻抗-频率特性曲线。由此可见，阻波高通滤波器投入后谐波电流畸变率从谐振的 49.7%下降到 4.44%，抑制了谐波电流放大，投入后系统的自然频率向更高频率偏移，原来频段的牵引网谐振现象消失，系统阻抗最大值的频率高于机车谐波电流频率，避免了牵引网发生谐振。

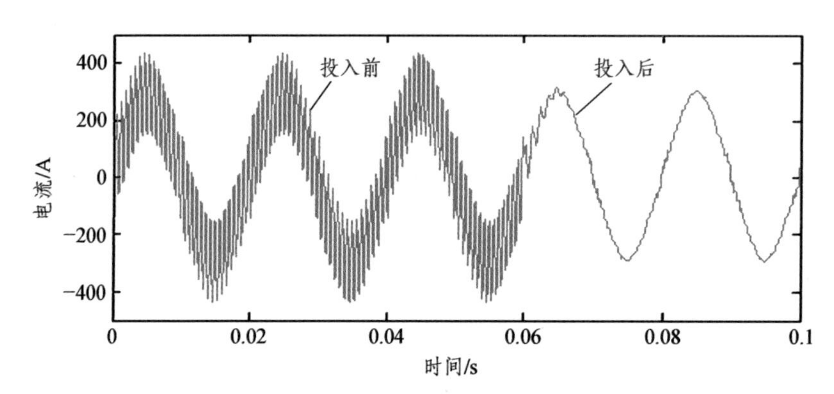

图 10.16　牵引变电所馈线电流波形图

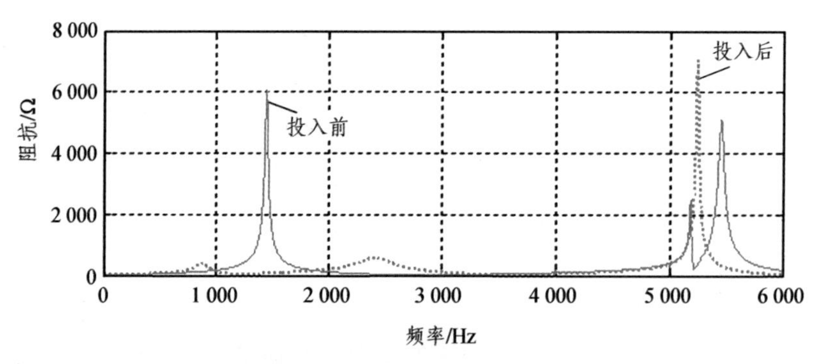

图 10.17　牵引网阻抗-频率曲线图

3. 对比分析

对一阶、二阶阻尼高通滤波器参数进行设计，为了便于对比，设滤波器的电容器组总容量相同。

一阶高通滤波器：电容器 $C = 5.8\ \mu F$，电阻器 $R = 50\ \Omega$；

二阶高通滤波器：调谐于 10.7 次谐波，电容器 $C = 5.8\ \mu F$，电抗器 $L = 15.3$ mH，品质因数 $Q = 1$，电阻器 $R = 100\ \Omega$。

（1）阻抗频率特性对比。根据所设计参数，得到一阶、二阶高通滤波器的阻抗-频率特性曲线，如图 10.18 所示。

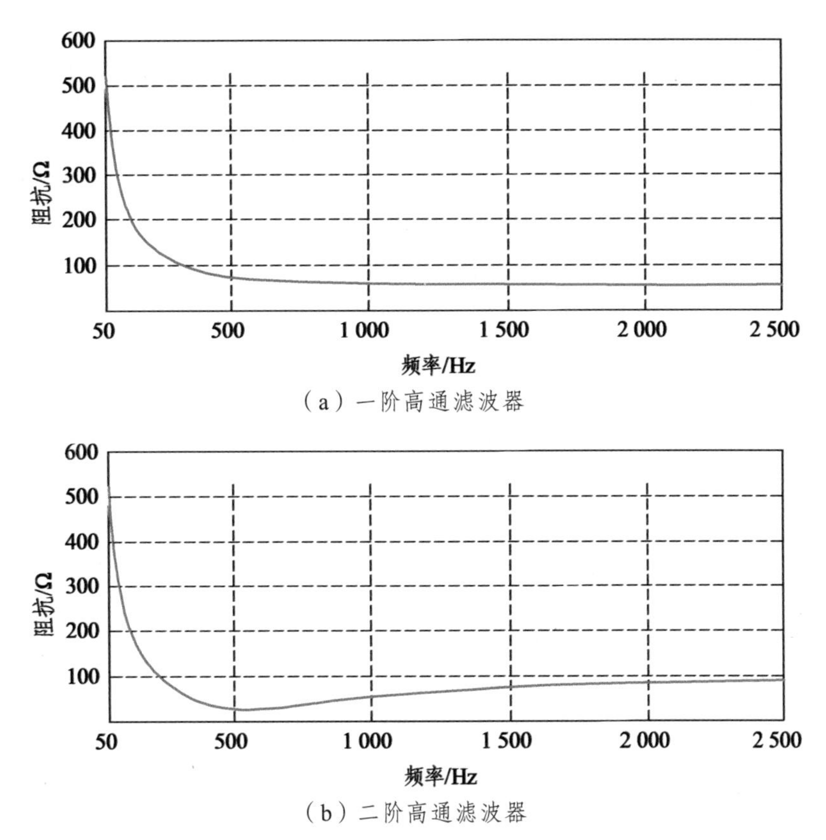

（a）一阶高通滤波器

（b）二阶高通滤波器

图 10.18　一阶、二阶高通滤波器阻抗-频率特性曲线

对比图 10.12 和图 10.18，可以看出 3 种高通滤波器在高频下均呈现低阻抗；但也可以看到一阶、二阶高通滤波器在工频下阻抗分别为 520 Ω和 514 Ω，均会有较大的基波电流流过高通滤波器，造成滤波器与系统的无功交换以及有功损耗，而阻波高通滤波器在工频下阻抗呈现无穷大，无电流流过滤波器，阻波性突出。

（2）滤波特性对比。滤波前电流总谐波畸变率为 5.06%，滤波后一阶、二阶、阻波高通滤波器的总谐波畸变率分别为 2.69%，2.95%，2.92%。可以看出 3 种滤波器滤波效果相差不大，均能有效的滤除高次谐波。

（3）功率特性对比。将一阶、二阶和阻波高通滤波器分别设置于牵引供电系统中，电压取 27.5 kV，空载。3 种滤波器的基波电流、有功损耗和容性无功功率列于表 10.5。

表 10.5　功率特性对比表

	基波电流/A	有功 P/W	容性无功 Q/kvar
一阶	50.34∠84.46°	247 000	1 390
二阶	50.35∠89.84°	1 100	1 409
阻波	0	0	0

通过表 10.5 可以看到，传统的高通滤波器在基波下均有较大的电流通过，造成有功功率和容性无功功率消耗。一阶高通滤波器有功损耗最大，二阶高通滤波器同样具有一定的有功损耗，而阻波高通滤波器有功损耗为零；一阶、二阶通滤波器在工频下均消耗容性无功功率，在功率因数接近于 1 的系统中，将因过补而降低系统的功率因数，造成无谓的设备浪费和功率因数罚款。

阻波高通滤波器由于其阻波性，工频下无电流流过滤波器而不会产生有功损耗，不与系统交流无功功率，也不会影响系统的功率因数，因此在滤波器效果相同时，其整体性能明显优于既有的高通滤波器。

实际应用中，还应考虑系统因素进行阻波高通滤波器参数的优化设计，以便取得滤波器元件容量和滤波效果的最优化[69]。

习题与思考题

10.1　举例说明正弦信号激励线性定常系统产生的响应仍保持正弦波形。

10.2　方波信号具有“峰值 = 有效值 = 瞬时绝对值”的特点，当它作用于线性定常系统时，能产生同样特点的响应吗？试举例说明。

10.3　结合式（10.18），当系统谐波电流（有效值）>谐波源电流时，称为谐波放大，试分析图 10.4 中发生并联谐振时的谐波放大现象。

10.4　简述阻波高通滤波器工作原理，说明其阻波性和高通性。

10.5　考虑 Vv 接线牵引变电所一个供电臂采用直接供电方式，具体参数可参考第 4 章、第 5 章，选择 10.3.2 提供的阻波高通滤波器元件参数，试进行仿真，验证阻波高通滤波器的特性。

附录 A：通信干扰及其防护

A.1 概 述

电气化铁路牵引网是单相高压交流电网，在运行过程中，对沿铁路线架设的通信线路形成电磁不平衡，通过静电感应和电磁感应，将在邻近通信线路上感应电压，产生杂音干扰，甚至产生危险电压，破坏设备绝缘，甚至危及人员安全。

电气化铁路对通信线路影响的范围大致有：

（1）对铁路系统内通信信号的影响，包括：

- 长途通信、地区通信、区段通信和站场通信；
- 铁路信号系统。

（2）对路外通信信号的影响，包括：

- 邮电系统：邮电部门所属一级通信干线，省属二级通信干线以及县、乡所属通信线路（三级线路）；
- 军事系统：包括军用通信干线和军工工厂用通信线路；
- 城市广播系统：包括城市有线广播和电视以及发射台；
- 大型工厂的通信线路。

随着路内外有线通信光纤化的普及，通信系统的抗干扰能力得到根本性改善，一般情况下电气化铁路对有线通信的干扰不再严重，但通信干扰的原理还需要弄清楚，而且个别情况下还需要核算，甚至需要采取措施，并且因电气化引起的危及人身安全的危险电压也必须加以考虑。

电气化铁路对通信线影响，按其产生的性质划分，有以下几类：

1. 接触网对通信线路的静电感应影响

牵引网是一个单相高压交流电网，接触网带电时，在其周围空间将产生一个工频高压电场，从而使通信线上的各点产生相应的静电感应电压。同接触网电压性质一样，静电感应电压也是一个工频交流电压，它由接触网导线、通信线位置以及接触网导线的电压决定，与接触网导线中是否存在负荷无关。

2. 牵引网对通信线路的电磁感应影响

牵引网由接触网、回流网构成，由于钢轨—地之间过渡导纳的存在，一部分负荷电流经大地返回牵引变电所，因此，对沿线通信线而言，牵引网是一个空间电磁不平衡的单相回路，接触网和回流网电流所产生的感应电势在通信线上不能抵消，所以在通信线上将产生电磁感应电势（如果近似地认为接触网、回流网与通信线的互感系数相同，那么，通信线的电磁感应电压可以被认为是由地中电流所造成的）。由于电力机车和动车都属于整流电路，牵引负荷中除了基波分量外，还含有一系列谐波分量，所以，通信线上的电磁感应电势中，也存在着基波及各次谐波分量，其中，基波分量主要产生危险影响，谐波分量主要产生杂音干扰影响。

3. 传导影响

由于一部分牵引电流经大地返回牵引变电所，使大地在不同地点表现出不同的电位。如果在铁路附近有以地为回路的单导线通信电路，则将由于通信线路两个接地点之间的电位差而出现干扰电流。

A.2　静电感应电压

接触网 T 和通信线 t 布置如图 A.1 所示。设接触网导线 T 上的电荷线密度为 $+\tau_{\mathrm{T}}$，在电场力的作用下，大地表层感应出负电荷，如果保持其对大地外部的影响不变，则大地表面分布的负电荷效果可以用一个具有负电荷线密度 $-\tau_{\mathrm{T}}$ 的导线 T′来代替。根据镜像法原理，T′和 T 关于大地表面对称分布。

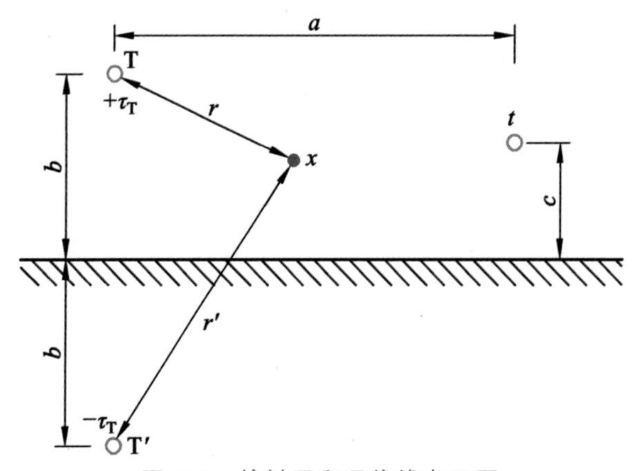

图 A.1　接触网和通信线布置图

设 x 为接触网导线周围空间的任何一点，x 点的电位 U_x 为

$$U_x = U_{T\to x} + U_{\mathrm{T}'\to x} \tag{A.1}$$

式中　$U_{\mathrm{T}\to x}$、$U_{\mathrm{T}'\to x}$ —— 导线 T 和 T′在 x 点造成的电位。

设接触网导线的半径为 R_{T}，长度为 l_{T}；通信线 t 与铁路的平行接近长度为 l_{t}，假设 $l_{\mathrm{T}} \geqslant l_{\mathrm{t}}$。根据电磁场理论，离开导线 T 在 n 点处的电场强度 E 为

$$E = \frac{\tau_{\mathrm{T}}}{2\pi\varepsilon n} \tag{A.2}$$

则

$$\begin{aligned}U_x &= U_{\mathrm{T}\to x} + U_{\mathrm{T}'\to x} \\ &= \int_{R_\mathrm{T}}^{r} -\frac{\tau_\mathrm{T}}{2\pi\varepsilon n}\mathrm{d}n + \int_{R_\mathrm{T}}^{r'} -\frac{(-\tau_\mathrm{T})}{2\pi\varepsilon n}\mathrm{d}n \\ &= \frac{\tau_\mathrm{T}}{2\pi\varepsilon}\ln\frac{r'}{r}\end{aligned} \tag{A.3}$$

式中　ε—— 空气介电系数。

下面对式（A.3）做一些讨论。

1. 当 x 位于接触网网导线 T 表面时

此时，$r = R_\mathrm{T}$，$r' = 2b$，则接触网导线表面电位 U_T 为

$$U_\mathrm{T} = \frac{\tau_\mathrm{T}}{2\pi\varepsilon}\ln\frac{2b}{R_\mathrm{T}} \tag{A.4}$$

2. 当 x 位于通信线 t 表面时

此时，$r = \sqrt{a^2 + (b-c)^2}$，$r' = \sqrt{a^2 + (b+c)^2}$，则通信线表面电位 U_t 为

$$\begin{aligned}U_\mathrm{t} &= \frac{\tau_\mathrm{T}}{2\pi\varepsilon}\ln\frac{\sqrt{a^2 + (b+c)^2}}{\sqrt{a^2 + (b-c)^2}} \\ &= \frac{\tau_\mathrm{T}}{2\pi\varepsilon}\cdot\frac{1}{2}\ln\frac{1 + \dfrac{2bc}{a^2 + b^2 + c^2}}{1 - \dfrac{2bc}{a^2 + b^2 + c^2}}\end{aligned} \tag{A.5}$$

由于 $\dfrac{2bc}{a^2 + b^2 + c^2} \leqslant 1$，所以对式（A.5）进行泰勒级数分解，并只取展开式的第一项，将式（A.5）简化成为以下形式：

$$U_\mathrm{t} = \frac{\tau_\mathrm{T}}{2\pi\varepsilon}\cdot\frac{2bc}{a^2 + b^2 + c^2} \tag{A.5$'$}$$

3. 当 x 位于地表面时

此时，$r = r'$，则大地表面电位 U_G 为

$$U_\mathrm{G} = \frac{\tau_\mathrm{T}}{2\pi\varepsilon}\ln 1 = 0 \tag{A.6}$$

由于大地表面对参考点的电位为 0，所以式（A.4）、（A.5′）所求得的接触网导线 T 和通信线 t 对参考点的电位 U_T、U_t 就等于其对地电压。从式（A.4）、（A.5′）中可以解得通信线上的静电感应电压 U_t 为

$$U_{\rm t}=\frac{2}{\ln\dfrac{2b}{R_{\rm T}}}\cdot\frac{bc}{a^2+b^2+c^2}U_{\rm T} =k\frac{bc}{a^2+b^2+c^2} \qquad (A.7)$$

对应图 A.1，式中 a —— T 线与 t 线平行距离，m；

b —— T 线距离地面高度，m；

c—— t 线距离地面高度，m；

$U_{\rm T}$ —— 牵引网电压，取 27.5 kV。

从式（A.7）中可以看到 $U_{\rm t}$ 具有以下性质：

① 若 $U_{\rm T}$ 为工频交流电压，则 $U_{\rm t}$ 和 $U_{\rm T}$ 同相；

② $U_{\rm t}$ 与牵引负荷无关；

③ 在同一平行接近段内，通信线上各点静电感应电压相同。

在通常的情况下，通信线路与接触网不是完全的平行接近，如图 A.2 所示，这时可以进行分段处理，即将其分成若干个斜接近段 l_i，$i=1$，2，…，n，分别计算后取代数和。若该接近段的接近距离有均匀地增加或减少，即接近距离的变化超过平均值的 5% 并且该分段两端与接触线的距离之比小于 3 时，称为斜接近。斜接近段中，“平均接近距离”取为 $a_i'=\sqrt{a_i a_{i+1}}$，“平行接近长”取为通信线在接触网上的投影长度 l_i。若两端与接触线的距离之比大于 3，则进一步分段，再进行计算求和。在实际计算中，如图 A.2 所示的复杂接近情况，静电感应影响的计算可采用以下公式：

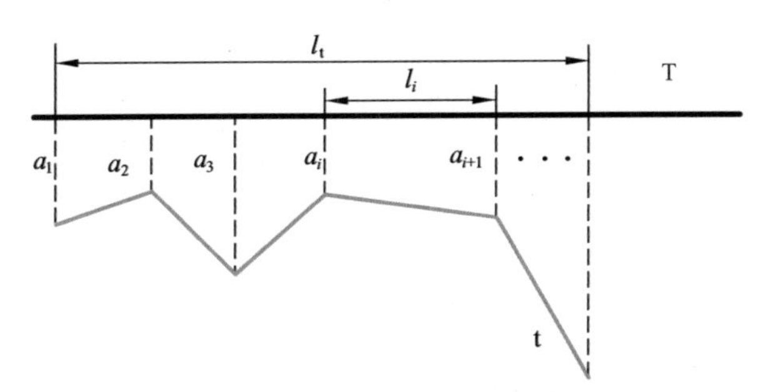

图 A.2 接触网 T 与通信网 t 复杂接近示意图

$$U_{\rm t}=\frac{2}{\ln\dfrac{2b}{R_{\rm C}}}U_{\rm T}pq\frac{\sum\limits_{i=1}^{n}\dfrac{bc}{a_i'^2+b^2+c^2}l_i}{l_{\rm t}}=kU_{\rm T}pq\frac{\sum\limits_{i=1}^{n}\dfrac{bc}{a_i'^2+b^2+c^2}l_i}{l_{\rm t}} \qquad (A.8)$$

式中 l_i —— 第 i 段接触网和通信线路的平行接近长度，m。

$l_{\rm t}$——与铁路平行的通信线总平行接近长度，且 $l_{\rm t}=\sum\limits_i l_i$，m。

a_i' —— 第 i 段接触网和通信线路的平均接近距离，且 $a_i'=\sqrt{a_i a_{i+1}}$，m。

k —— 常数，单线区段取 0.4，复线区段取 0.6。

b，c，a_i—— 导线 T、t 距地面高度及第 i 段首端导线 T 和 t 平行距离，m。

p，q —— 架空回流线和树木对静电影响的屏蔽系数。p 值参照电力部门架空线的避雷线对静电影响的屏蔽系数，一般取 0.75；q 值当距离通信线 3 m 内有连续树木时取 0.7。

例如，取 $U_T = 27.5$ kV，$b = 6$ m，$c = 5$ m，$k = 0.4$（单线）及 0.6（复线），计算并绘制的 U_t-a 曲线如图 A.3 所示。

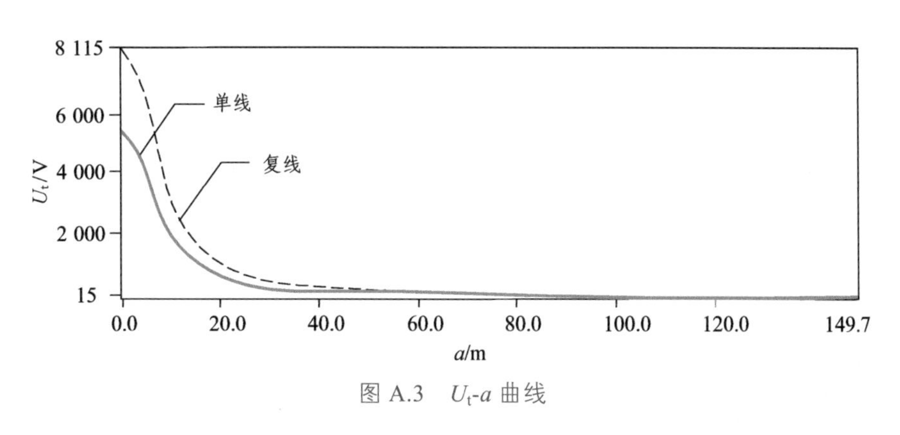

图 A.3　U_t-a 曲线

从图 A.3 中可以看出：当接近距离超过 100 m 时，单线和复线产生的静电感应影响可以忽略不计。

电气化铁路对邻近的其他电路的静电感应的计算与以上方法类似。另外，对处于电气化铁路 10 m 以内的未接地金属建筑物如桥梁、管道、金属支柱等，也会出现较大的静电感应电位，因此这些建筑都应有良好的接地措施。此外，铁路沿线电话、信号和电力线路也需要可靠接地，或者采取其他的措施以免在线路上发生危险。

A.3　电磁感应电势

牵引网中的牵引负荷在周围空间产生交变磁场，从而在邻近通信线路中产生电磁感应电势 $\dot{E}_c$。该电势取决于铁路和通信线路的平行长度、线路布置、大地电导率、牵引负荷的大小及频率等相关因素。由于 $\dot{E}_c$ 是通信线路平行长度的函数，方向由平行线路的一端指向另一端，所以它被称为纵向电势，并且由其造成通信线上各点对地电压不同。在严重的情况下，通信线上的工频感应电压可能对人与设备造成危险。

在计算电磁感应时，牵引网分为正常工作和短路两种状态，即计算牵引网对通信线路的长时间影响和短时间影响，它们的计算原理是相同的。计算中，设牵引网和通信线平行接近且长度相等，并忽略牵引网的对地分布电导和电容。

1. 电磁感应电势的基本计算方法

用图 A.4 所示的简单电路来描述电磁感应。

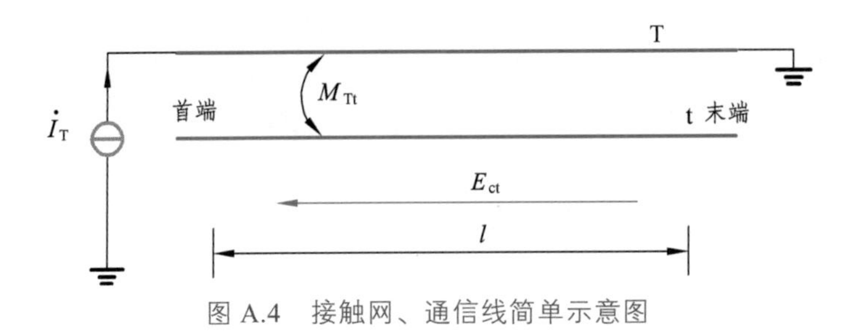

图 A.4　接触网、通信线简单示意图

由图 A.4 不难解得通信线 t 上的纵向感应电势

$$\dot{E}_{ct} = j\omega M_{Tt} l \dot{I}_T \tag{A.9}$$

式中　M_{Tt}—— 接触网与通信线的互感系数，H/km；

l—— 接触网与通信线的平行接近长度，km；

ω—— $\omega = 2\pi f$，f 为电流频率，Hz；

$\dot{I}_T$—— 接触网电流，A。

当通信线与接触网为复杂接近时，见图 A.2，必须分段计算，最后进行合成。纵向感应电势按式（A.9′）计算：

$$\dot{E}_{ct} = j\omega \sum_i M_{Tti} l_i \dot{I}_{Ti} \tag{A.9′}$$

式（A.9）、（A.9'）中，接触网与通信线的单位互感系数 M_{Tt} 是一个重要参数，在工程计算中，可以用 Carson 公式计算：

$$\begin{aligned} z_{Tt} &= j\omega M_{Tt} \\ &= \pi^2 f \times 10^{-4} + j\,0.002\,9 f \lg \frac{D_g}{d_{Tt}} \end{aligned} \tag{A.10}$$

式中　f—— 电流频率，Hz；

d_{Tt}—— 通信线与接触网的平行接近距离，m；

D_g—— 导线—地回路等值深度，计算参见第 4 章。

在实际的牵引网中，除了有接触网—地回路外，还有回流网—地回路，回流网电流 $\dot{I}_R$ 与接触网电流 $\dot{I}_T$ 反向。因此，$\dot{I}_R$ 在通信线中产生一个与 $\dot{I}_T$ 反向的感应电势，也就是说，回流网对通信线产生一种去磁作用，或称屏蔽效果。这种作用和效果可以用屏蔽系数来描述。另外，对于电缆通信线，由于电缆外皮对芯线、相邻芯线之间均要产生屏蔽效果。所以，综合以上屏蔽效果，式（A.9′）可以改写成

$$\dot{E}_{ct} = j2\pi f \sum_i M_{Tti} l_i \dot{I}_{Ti} \lambda_R \lambda_o \lambda' \tag{A.11}$$

式中　λ_R，λ_o，λ' —— 钢轨（回流网）、电缆外皮及相邻芯线的屏蔽系数。

2. 牵引网等效干扰电流计算

在一个供电臂长度范围内有多台机车运行时，如果通信线与接触网平行接近，则牵引电流在线路上呈阶梯状分布，如图 A.5 所示。此时式（A.11）可以写成

$$\dot{E}_{ct} = j2\pi f M_{Tt}\lambda_R\lambda_o\lambda'\sum_i l_i\dot{I}_{Ti} \quad (A.11')$$

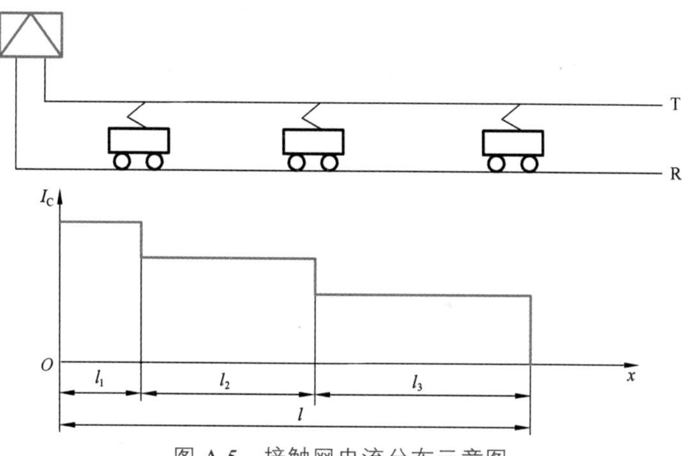

图 A.5　接触网电流分布示意图

在计算牵引网负荷对通信干扰影响时，通常采用供电臂的 95%概率最大安培千米 $(Il)_{max}$ 来取代式（A.11'）中的 $\sum_i l_i I_{Ti}$。这时，若只计算幅值，式（A.11'）就可改写为

$$E_{ct} = 2\pi f M_{Tt}\lambda_R\lambda_o\lambda'(Il)_{max} \quad (A.11'')$$

关于供电臂的 95%概率最大安培千米 $(Il)_{max}$ 的计算，可参考文献[18]的 65 ~ 67 页。$(Il)_{max}$ 与供电臂区间数 n，区间平均全天供电概率 p 及该供电臂上列车平均电流 I 的关系如图 A.6 所示。

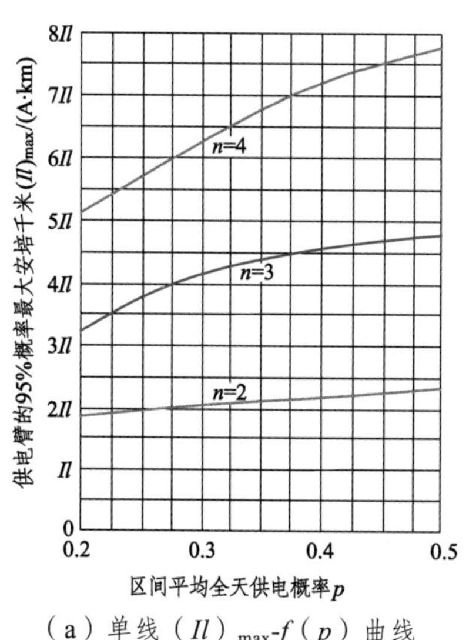

（a）单线（Il）$_{max}$-f（p）曲线

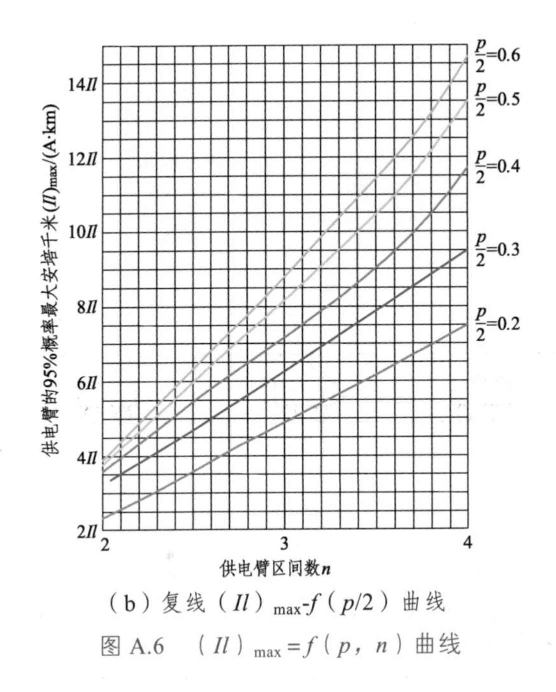

（b）复线（Il）$_{max}$-f（p/2）曲线

图 A.6　（Il）$_{max}$ = f（p，n）曲线

3. 屏蔽系数计算

在计算通信线上的电磁感应电势时，应考虑钢轨（回流网）、电缆外皮及相邻芯线所具有的屏蔽效果，即在计算式中乘上相应的屏蔽系数。

（1）钢轨屏蔽系数λ_R。

钢轨屏蔽系数λ_R 定义为考虑钢轨网屏蔽效果时与不考虑钢轨网屏蔽效果时通信线的电磁感应电势之比，即

$$\lambda_R = \frac{E_{ct}}{E'_{ct}} \tag{A.12}$$

式中　E_{ct}—— 考虑钢轨网屏蔽作用时的通信线电磁感应电势；

E'_{ct} —— 不考虑钢轨网屏蔽作用的通信线电磁感应电势。

钢轨对通信线的屏蔽作用示意图如图 A.7 所示。

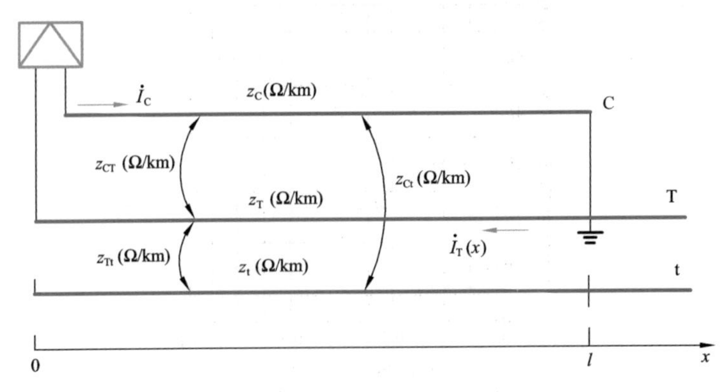

图 A.7　钢轨网屏蔽作用示意图

根据 4.7 节中对钢轨和地中电流的讨论，若假设变电所接地阻抗 Z_E 为∞，不难求得钢轨电流的分布

$$\left.\begin{aligned}
&\dot{I}_R(x)=\frac{z_{CT}}{z_T}\dot{I}_T+\frac{1}{2}\left(1-\frac{z_{TR}}{z_R}\right)\dot{I}_T[e^{-\gamma(l-x)}+e^{-\gamma x}], && 0\leqslant x\leqslant l\\
&\dot{I}_R(x)=\frac{1}{2}\left(1-\frac{z_{TR}}{z_R}\right)\dot{I}_T[-e^{-\gamma(x-l)}+e^{-\gamma x}], && x\geqslant l\\
&\dot{I}_R(x)=\frac{1}{2}\left(1-\frac{z_{TR}}{z_R}\right)\dot{I}_T[-e^{\gamma x}+e^{-\gamma(l-x)}], && x\leqslant 0
\end{aligned}\right\}\tag{A.13}$$

① 当通信线路与接触网平行并向两端无限延伸时，

$$E'_{ct}=z_{Tt}I_T l\tag{A.14}$$

$$\begin{aligned}
E_{ct}&=z_{Tt}I_T l-\int_{-\infty}^{\infty}z_{Tt}I_T(x)\,dx\\
&=z_{Tt}I_T l-\frac{z_{TR}}{z_R}z_{Tt}I_T l-\frac{1}{2}\left(1-\frac{z_{TR}}{z_R}\right)z_{Tt}I_T\cdot\\
&\left\{\int_{-\infty}^{0}(-e^{\gamma x}+e^{-\gamma(l-x)})\,dx+\int_{0}^{l}(e^{-\gamma x}+e^{-\gamma(l-x)})\,dx+\int_{l}^{\infty}(e^{-\gamma x}+e^{-\gamma(x-l)})dx\right\}\\
&=z_{Tt}I_T l-\frac{z_{TR}}{z_R}z_{Tt}I_T l
\end{aligned}\tag{A.14'}$$

所以

$$\lambda_R=\frac{E_{ct}}{E'_{ct}}=1-\frac{z_{TR}z_{Rt}}{z_R z_{Tt}}\tag{A.15}$$

② 当通信线路与接触网平行且长度与供电臂长度相等时

$$E'_{tc}=z_{Ct}I_C l\tag{A.16}$$

$$\begin{aligned}
E_{ct}&=z_{Tt}I_T l-\int_{0}^{l}z_{Rt}I_R(x)\,dx\\
&=z_{Tt}I_T l-\frac{z_{CT}}{z_T}z_{Rt}I_T l-\frac{1}{2}\left(1-\frac{z_{TR}}{z_R}\right)z_{Tt}I_T\int_{0}^{l}(e^{-\gamma x}+e^{-\gamma(l-x)})\,dx\\
&=z_{Tt}I_T l-\frac{z_{TR}}{z_R}z_{Rt}I_T l-\left(1-\frac{z_{TR}}{z_R}\right)z_{Rt}I_T\frac{1}{\gamma}(1-e^{-\gamma l})
\end{aligned}\tag{A.16'}$$

所以

$$\begin{aligned}
\lambda_R&=\frac{E_{ct}}{E'_{ct}}\\
&=1-\frac{z_{TR}z_{Rt}}{z_R z_{Tt}}-\frac{(z_R-z_{TR})z_{Rt}}{z_R z_{Tt}}\cdot\frac{1}{\gamma l}(1-e^{-\gamma l})\\
&=1-k[u-(1-u)\frac{1}{\gamma l}(1-e^{-\gamma l})]
\end{aligned}\tag{A.17}$$

式中：$k=\dfrac{z_{\mathrm{Rt}}}{z_{\mathrm{Tt}}}$，$u=\dfrac{z_{\mathrm{TR}}}{z_{\mathrm{R}}}$。

若通信线与接触网距离较远$(z_{\mathrm{Tt}}\approx z_{\mathrm{Rt}})$，则式（A.17）可以化简为

$$\begin{aligned}\lambda_{\mathrm{R}}&=1-\frac{z_{\mathrm{TR}}}{z_{\mathrm{R}}}-\left(1-\frac{z_{\mathrm{TR}}}{z_{\mathrm{R}}}\right)\frac{1}{\gamma l}(1-\mathrm{e}^{-\gamma l})\\&=\left(1-\frac{z_{\mathrm{TR}}}{z_{\mathrm{R}}}\right)\left[1-\frac{1}{\gamma l}(1-\mathrm{e}^{-\gamma l})\right]\end{aligned}\tag{A.17'}$$

在实用中，如果通信线与接触网平行接近长度较长，则可以忽略钢轨电流的变化。当通信线与接触网、钢轨距离相等时，钢轨的屏蔽系数为

$$\lambda_{\mathrm{R}}=1-\frac{z_{\mathrm{TR}}z_{\mathrm{Rt}}}{z_{\mathrm{R}}z_{\mathrm{Tt}}}\approx1-\frac{z_{\mathrm{TR}}}{z_{\mathrm{R}}}\tag{A.17''}$$

计算中，阻抗参数取模值。对于工频（50 Hz）牵引电流，单线可取$\lambda_{\mathrm{R}}=0.5$，复线可取$\lambda_{\mathrm{R}}=0.33$。但是，当电缆线埋设在钢轨附近，$z_{\mathrm{Tt}}$与$z_{\mathrm{Ct}}$差异很大时，$\lambda_{\mathrm{R}}$不能采用以上数值，而应用式（A.15）进行计算。

（2）电缆外皮屏蔽系数λ_{o}。

根据同样的道理，可以求得电缆外皮对芯线的屏蔽系数λ_{o}为

$$\lambda_{\mathrm{o}}=1-\frac{z_{\mathrm{To}}z_{\mathrm{ot}}}{z_{\mathrm{o}}z_{\mathrm{Tt}}}\tag{A.18}$$

由于接触网到电缆外皮及电缆芯线的距离相等，即$z_{\mathrm{Co}}=z_{\mathrm{Ct}}$，所以式（A.18）可以化简为

$$\lambda_{\mathrm{o}}=1-\frac{z_{\mathrm{ot}}}{z_{\mathrm{o}}}\tag{A.18'}$$

式中　z_{o}—— 电缆外皮自阻抗，Ω/km；

z_{ot}—— 电缆外皮与芯线互阻抗，Ω/km。

由于电缆外皮的自感系数L_{o}与外皮和芯线间的互感系数M_{ot}近似相等，所以式（A.18′）可进一步化简为

$$\lambda_{\mathrm{o}}=\frac{r_{\mathrm{o}}}{r_{\mathrm{o}}+\mathrm{j}2\pi fL_{\mathrm{o}}}\tag{A.18''}$$

式中　r_{o}—— 电缆外皮电阻，Ω/km；

L_{o}—— 电缆外皮自感，H/km。

由式（A.18″）可知，电缆外皮的屏蔽系数只取决于电缆本身的参数，而且主要取决于电缆外皮电阻和自电感。为了提高λ_{o}，常用的办法是用铝皮来替代铅皮以减小r_{o}，其外部采用高磁导率钢带作为铠甲以增大L_{o}，这种电缆外皮的屏蔽系数大约为1%，对于高次谐波，其屏蔽系数还要低些。

（3）电缆相邻芯线之间的屏蔽系数 λ'。

文献[18]对电缆相邻芯线之间的屏蔽系数 λ'，进行了分析计算，认为一般取 0.9 ~ 0.95。

A.4　电磁感应电压

A.3 讨论的是电磁感应电势，该电势被称为纵向电势。它的存在，造成了通信线上各点对地电压不同。在计算危险电压时，必须合成通信线的静电感应电压和电磁感应电压。所以本节讨论在电磁感应下，通信线上各点对地电压的分布规律。

考虑通信线对地分布参数，如图 A.8 所示。

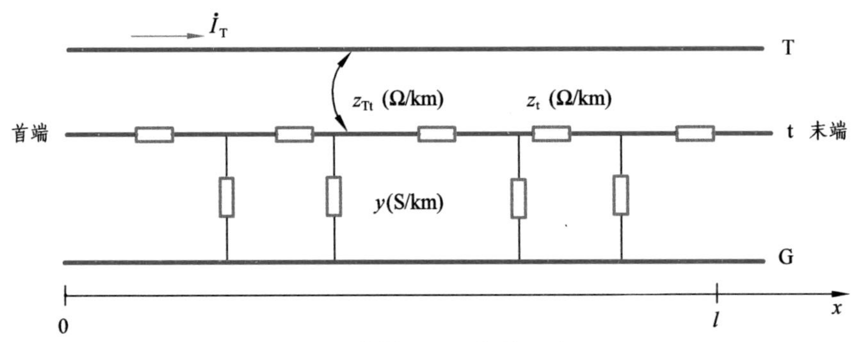

图 A.8　接触网、通信线示意图

在通信线上距首端 x 处因感应而产生的对地电磁感应电压为

$$\dot{U}_{\text{ct}}(x)=\dot{U}_{\text{t1}}\cosh(\gamma_{\text{t}}x)-Z_{0\text{t}}\left(\dot{I}_{\text{t1}}+\frac{z_{\text{Tt}}}{z_{\text{t}}}\dot{I}_{\text{T}}\right)\sinh(\gamma_{\text{t}}x) \tag{A.19}$$

式中　$\dot{U}_{\text{ct}}(x)$—— 距通信线首端 x 点处通信线的电磁感应电压（V），通信线首端定义为靠近牵引变电所的一端；

$\dot{U}_{\text{t1}}$，$\dot{I}_{\text{t1}}$—— 通信线首端的电压（V）和电流（A）；

z_{t}—— 通信线—地回路自阻抗，Ω/km；

z_{Tt}—— 接触网—地回路与通信线—地回路互阻抗，Ω/km；

$\dot{I}_{\text{T}}$—— 接触网牵引负载，A；

$Z_{0\text{t}}$，γ_{t}—— 通信线—地回路的特性阻抗（Ω）和传播常数（1/km），且满足 $Z_{0\text{t}}\cdot\gamma_{\text{t}}=z_{\text{t}}$；

$\cosh(\gamma_{\text{t}}x)$，$\sinh(\gamma_{\text{t}}x)$—— $\gamma_{\text{t}}x$ 的双曲余弦和双曲正弦函数。

1. 通信线两端对地绝缘

在这种情况下，$\dot{I}_{\text{t1}}=0$，令通信线中点 $(x=l/2)$ 电磁感应电压为 0，则式（A.19）为

$$0=\dot{U}_{\text{t1}}\cosh\left(\gamma_{\text{t}}\frac{l}{2}\right)-Z_{0\text{t}}\cdot\frac{z_{\text{Tt}}}{z_{\text{t}}}\dot{I}_{\text{T}}\sinh\left(\gamma_{\text{t}}\frac{l}{2}\right) \tag{A.20}$$

解得

$$\dot{U}_{t1} = \frac{Z_{0t}z_{Tt}}{z_t}\dot{I}_T \frac{\sinh\left(\gamma_t \frac{l}{2}\right)}{\cosh\left(\gamma_t \frac{l}{2}\right)} = \frac{z_{Tt}}{\gamma_t}\dot{I}_T \frac{\sinh\left(\gamma_t \frac{l}{2}\right)}{\cosh\left(\gamma_t \frac{l}{2}\right)} \tag{A.21}$$

将式（A.21）代入式（A.19），并取 $\dot{I}_{t1}=0$，得

$$\begin{aligned}\dot{U}_{tc}(x) &= \frac{Z_{0t}z_{Tt}}{z_t}\dot{I}_T\left[\frac{\sinh\left(\gamma_t \frac{l}{2}\right)\cosh(\gamma_t x)}{\cosh\left(\gamma_t \frac{l}{2}\right)} - \sinh(\gamma_t x)\right] \\ &= \frac{z_{Tt}}{\gamma_t}\dot{I}_T \frac{\sinh\left[\gamma_t\left(\frac{l}{2}-x\right)\right]}{\cosh\left(\gamma_t \frac{l}{2}\right)}\end{aligned} \tag{A.22}$$

当 $x=0$ 时

$$\dot{U}_{ct}(0) = \frac{z_{Tt}}{\gamma_t}\dot{I}_T \tanh\left(\gamma_t \frac{l}{2}\right) \approx \frac{z_{Tt}}{\gamma_t}\dot{I}_T\gamma_t \frac{l}{2} = \mathrm{j}2\pi f M_{Tt}\frac{l}{2}\dot{I}_T \tag{A.23}$$

同理，当 $x=l$ 时，可求得

$$\dot{U}_{ct}(l) = -\mathrm{j}2\pi f M_{Tt}\frac{l}{2}\dot{I}_T \tag{A.24}$$

参考图 A.4 电势 $\dot{E}_{ct}$ 定向，可得通信线上的纵向感应电势为

$$\dot{E}_{ct} = \dot{U}_{ct}(0) - \dot{U}_{ct}(l) = \mathrm{j}2\pi f M_{Tt} l \dot{I}_T \tag{A.25}$$

式（A.25）与式（A.9）是一致的。在实际计算中，以上公式中还应考虑钢轨、电缆线外皮等的屏蔽效果。

2. 通信线一端接地，另一端对地绝缘

设通信线首端对地绝缘，末端接地。边界条件为 $\dot{I}_{t1}=0$，$\dot{U}_{ct}(l)=0$，根据式（A.19），不难求得

$$\dot{U}_{ct}(x) = \frac{z_{Tt}}{\gamma_t}\dot{I}_T \frac{\sinh[\gamma_t(l-x)]}{\cosh(\gamma_t l)} \tag{A.26}$$

最大感应电压发生在首端 $(x=0)$，为

$$\dot{U}_{ct}(0) = \frac{z_{Tt}}{\gamma_t}\dot{I}_T \tanh(\gamma_t l) \approx \mathrm{j}2\pi f M_{Tt}\dot{I}_T l \tag{A.27}$$

反过来，当首端接地、末端对地绝缘时，通信线上感应电压分布$\dot{U}_{ct}(x)$为

$$\dot{U}_{ct}(x)=\frac{z_{Tt}}{\gamma_t}\dot{I}_T\frac{\sinh(-\gamma_t l)}{\cosh(\gamma_t l)} \tag{A.28}$$

末端感应电压相应为

$$\dot{U}_{ct}(l)=-j2\pi fM_{Tt}\dot{I}_T l \tag{A.29}$$

3. 通信线两端接地

当通信线首尾两端接地时，边界条件为$\dot{U}_{t1}=0$，$\dot{U}_{tl}=0$，代入式（A.19），不难知通信线上任意一点对地感应电压都为 0。

A.5　危险电压的校验

在工频下，牵引网的高压电场和交变磁场在通信线和其他设备上产生工频的静电感应电压和电磁感应电压，它们及其合成可能对人身安全和设备安全构成威胁，所以这类影响称为危险影响。在设计中必须校验电气化铁路对通信线的危险影响，当同时存在静电感应电压$\dot{U}_t$和电磁感应电压$\dot{U}_{tc}$时，总的危险电压$\dot{U}_d$为$\dot{U}_t$和$\dot{U}_{ct}$的相量和。

1. 通信线两端对地绝缘

通信线两端均对地绝缘，如图 A.9 所示。

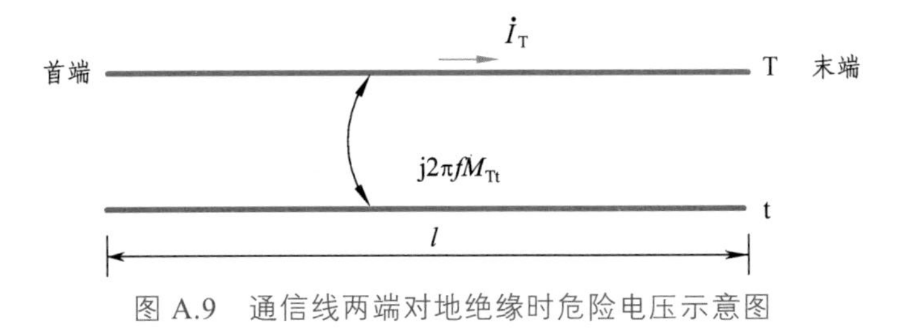

图 A.9　通信线两端对地绝缘时危险电压示意图

在这种情况下，通信线首、末端危险电压$\dot{U}'_d$，$\dot{U}''_d$分别为

$$\left.\begin{aligned}\dot{U}'_d&=\frac{\dfrac{2bc}{a^2+b^2+c^2}}{\ln\dfrac{2b}{R_C}}\dot{U}_C+j\frac{1}{2}\cdot 2\pi fM_{Ct}\lambda_T\lambda_c l\dot{I}_C=\dot{U}'_t+\dot{U}'_{tc}\\ \dot{U}''_d&=\frac{\dfrac{2bc}{a^2+b^2+c^2}}{\ln\dfrac{2b}{R_C}}\dot{U}_C-j\frac{1}{2}\cdot 2\pi fM_{Ct}\lambda_T\lambda_c l\dot{I}_C=\dot{U}''_t+\dot{U}''_{tc}\end{aligned}\right\} \tag{A.30}$$

式（A.30）中各参数意义见式（A.8）、（A.9）、（A.11）。$\dot{U}'_d$，$\dot{U}''_d$相量如图 A.10 所示。

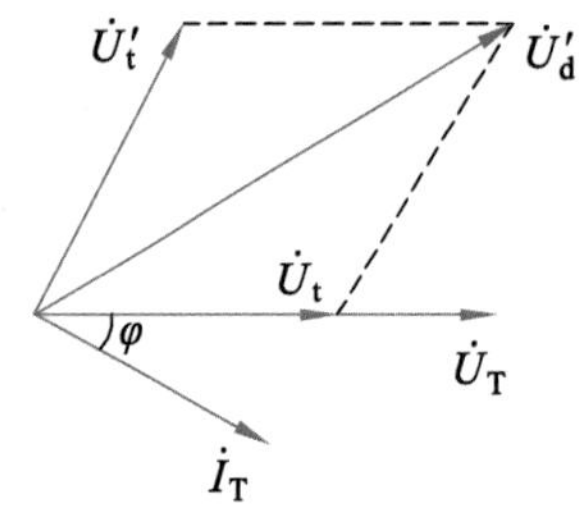

（a）首端合成危险电压相量图

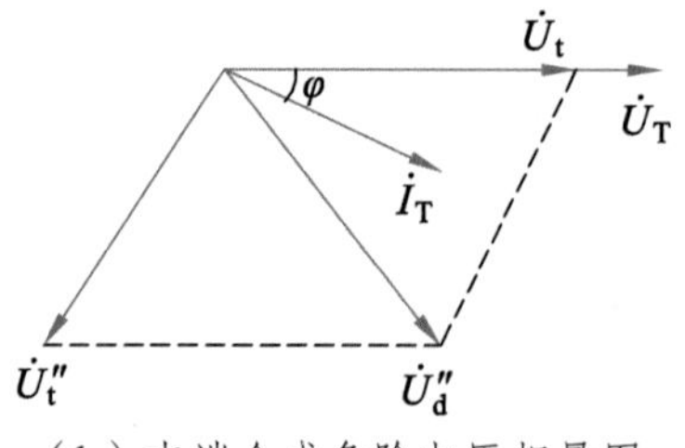

（b）末端合成危险电压相量图

图 A.10　通信线两端对地绝缘时，$\dot{U}'_{d}$，$\dot{U}''_{d}$ 相量图

从图 A.10 中，不难求得

$$\left.\begin{aligned} U'_{d} &= \sqrt{(U'_{t})^{2}+(U'_{ct})^{2}+2U'_{t}U'_{ct}\sin\varphi} \\ U''_{d} &= \sqrt{(U''_{t})^{2}+(U''_{ct})^{2}-2U''_{t}U''_{ct}\sin\varphi} \end{aligned}\right\} \tag{A.31}$$

式中，φ 在正常运行状态时取牵引电流功率因数角，在短路状态时取牵引网阻抗角。

2. 通信线一端接地

当通信线末端接地时，首端危险电压 $\dot{U}'_{d}$ 为

$$\left.\begin{aligned} \dot{U}'_{d} &= \dot{U}'_{t}+\dot{U}'_{ct} = \frac{\dfrac{2bc}{a^{2}+b^{2}+c^{2}}}{\ln\dfrac{2b}{R_{T}}}\dot{U}_{T}+\mathrm{j}2\pi fM_{Tt}\lambda_{T}\lambda' l\dot{I}_{T} \\ U'_{d} &= \sqrt{(U'_{t})^{2}+(U'_{ct})^{2}+2U'_{t}U'_{ct}\sin\varphi} \end{aligned}\right\} \tag{A.32}$$

当通信线首端接地时，末端危险电压 $\dot{U}''_{d}$ 为

$$\left.\begin{aligned} \dot{U}''_{d} &= \dot{U}''_{t}+\dot{U}''_{ct} = \frac{\dfrac{2bc}{a^{2}+b^{2}+c^{2}}}{\ln\dfrac{2b}{R_{T}}}\dot{U}_{T}-\mathrm{j}2\pi fM_{Tt}\lambda_{T}\lambda' l\dot{I}_{T} \\ U''_{d} &= \sqrt{(U''_{t})^{2}+(U''_{ct})^{2}-2U''_{t}U''_{ct}\sin\varphi} \end{aligned}\right\} \tag{A.33}$$

A.6　杂音干扰影响计算

由于牵引负荷中除基波分量外，还有一系列高次谐波分量，所以牵引网中的各次谐波电流将在通信线中产生一系列谐波感应电压，其主要成分都处于音频带，所以谐波感应电压在通信线路中造成的杂音对于通信特别不利。

人们的听觉对不同的频率反应不同，其中听觉对 800～1 200 Hz 频率最为敏感。所以通常把通信线中的各次谐波感应电压归算成等效 800 Hz 电压，即归算成杂音电压。

在计算杂音干扰电压时，只考虑接触网的正常运行状态。通信线中，由于牵引负荷干扰而产生的综合杂音电压为

$$U_{\mathrm{m}}=\sqrt{\sum_{i>1}(\zeta_i U_i)^2} \tag{A.34}$$

式中 U_{m}——通信线上的综合杂音电压，V。

ζ_i——第 i 次谐波的听觉系数，如图 A.11 所示。

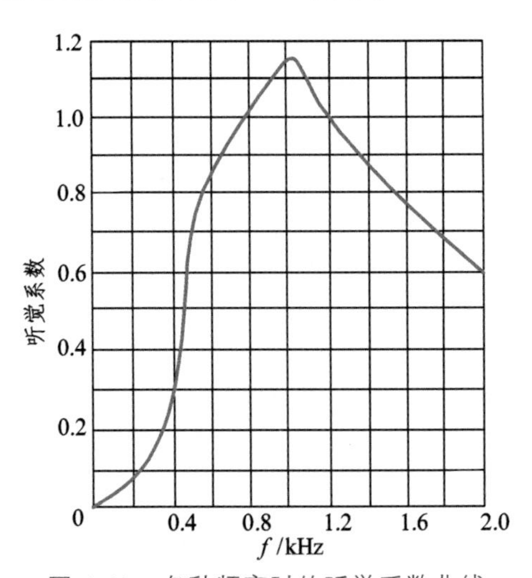

图 A.11 各种频率时的听觉系数曲线

U_i——通信线上第 i 次谐波感应电压，单位为 V，且有

$$U_i=2\pi f_i M_{\mathrm{T}ti} l \lambda_{\mathrm{T}i} \lambda_i' k_i I_{\mathrm{T}} \tag{A.35}$$

其中 f_i—— 第 i 次谐波频率，Hz；

$M_{\mathrm{T}ti}$—— 频率为 f_i 时的通信线与接触网的单位互感系数，H/km；

$\lambda_{\mathrm{T}i}$，λ_i' —— 频率为 f_i 时，钢轨和相邻芯线的屏蔽系数；

l—— 通信线与铁路的平行长度，km；

k_i—— 牵引负荷各次谐波含有率，%；

I_{T}—— 牵引负荷，A。

A.7 减少对通信线路影响的措施

关于电磁干扰的防护措施，可以从电气化铁路和通信线路两个方面进行考虑。

电气化铁路是电磁干扰之源。就电磁感应而言，接触网和回流网电流在空间形成不平衡电磁场，所产生的感应电势在通信线上不能抵消，而在通信线上产生剩余电磁感应电势。前面已经看到，回流网（钢轨—地）具有对电磁感应的去磁作用，即起到屏蔽作用，电缆外皮和芯线也有屏蔽效果。为了进一步消除干扰，人们想到了新的供电方式来

尽可能保持接触网和回流网电流在空间形成平衡电磁场，使其所产生的感应电势在通信线上得以抵消，力争达到照明线路那样的效果，其中最著名和成功的是 BT 供电方式和 AT 供电方式。

BT 供电方式是利用变比 1∶1 的吸流变压器将轨地电流吸上到回流线中，使得回流线的电流与接触网的电流大小相等、方向相反，并且回流线与接触网接近布置，对外形成平衡电磁场。BT 供电方式虽然可以取得消除电磁干扰方面的优势，但供电性能欠佳，已经退出运用。BT 供电详情可参阅文献[4，21]。

AT 供电方式，参见第 9 章，其牵引网的长回路中的 T 线和 F 线构成 1 序回路，使得 T 线的电流与 F 线的电流大小相等、方向相反，并且 T 线、F 线接近布置，对外形成平衡电磁场。AT 供电方式不仅取得了与 BT 供相同的消除电磁干扰的效果，还有优良的供电性能，因此得到大力发展和运用。

在通信线路防护上，主要和显著的进步是有线通信光纤化。尽管光纤介质传输信号受电磁干扰的影响相较金属缆线甚微，但光缆护套依然采取金属等材料，仍然要考虑护套的电磁影响。

总之，电气化铁路对弱电系统的电磁影响和干扰不应被忽视，特别涉及人身安全方面时。

习题与思考题

A.1　电气化铁路对通信线的干扰按性质可分为几类？分别是什么？

A.2　简述静电感应电压产生原理。

A.3　什么是屏蔽系数？分析其影响因素。

A.4　什么是危险电压？怎样计算与校验？

A.5　说明 AT 供电方式的长回路的电磁干扰防护原理。

参考文献

[1] 韩祯祥. 电力系统分析[M]. 杭州：浙江大学出版社，2013.

[2] 南京工学院. 电力系统[M]. 北京：电力工业出版社，1980.

[3] [美]安德逊（P.M.Anderson）. 电力系统故障分析[M]. 王际强，等译. 北京：电力工业出版社，1980.

[4] 曹建猷. 电气化铁道供电系统[M]. 北京：中国铁道出版社，1983.

[5] [苏]康・古・马克瓦尔特. 电气化铁路供电[M]. 袁则富，何其光，译. 成都：西南交通大学出版社，1989.

[6] 张进思. 电牵引负荷负序分量在电力系统中的动态分布[J]. 西南交通大学学报，1988，23（3）：30-40.

[7] 李群湛，贺建闽，解绍锋. 电气化铁路电能质量分析与控制[M]. 成都：西南交通大学出版社，2011.

[8] 于万聚. 高速电气化铁路接触网[M]. 成都：西南交通大学出版社，2003.

[9] 连级三. 电力牵引控制系统[M]. 北京：中国铁道出版社，1994.

[10] 贺威俊，简可良. 电气化铁道供变电工程[M]. 北京：中国铁道出版社，1992.

[11] 李群湛，张进思，贺威俊. 适于重载电力牵引的新型供电系统的研究[J]. 铁道学报，1988（4）：23-31.

[12] 李群湛. 电气化铁道并联综合补偿及其应用[M]. 北京：中国铁道出版社，1993.

[13] 李群湛. 牵引变电所电气分析及综合补偿技术[M]. 北京：中国铁道出版社，2006.

[14] 李群湛. 论新一代牵引供电系统及其关键技术[J]. 西南交通大学学报，2014，49（4）：559-568.

[15] 吴积钦. 受电弓与接触网系统[M]. 成都：西南交通大学出版社，2010：111-114.

[16] 李群湛. 我国高速铁路牵引供电发展的若干关键技术问题[J]. 铁道学报，2010，32（4）：119-124.

[17] 赵元哲. 电气化铁路车网耦合系统异常电气过程与治理方案研究[D]. 成都：西南交通大学，2016.

[18] 铁道部电气化工程局电气化勘察设计院. 电气化铁道设计手册：牵引供电系统[M]. 北京：中国铁道出版社，1988.

[19] 丁荣军，黄济荣. 现代变流技术与电气传动[M]. 北京：科学出版社，2009.

[20] 冯晓云. 电力牵引交流传动及其控制系统[M]. 北京：高等教育出版社，2009.

[21] 李群湛，贺建闽. 牵引供电系统分析[M]. 成都：西南交通大学出版社，2012

[22] 张进思. 电气化铁道负荷过程及负荷行为的计算机仿真[J]. 西南交通大学学报，1986，21（4）：27-29.

[23] 李曙辉，张进思，李群湛. SS3 型电力机车牵引运行仿真[J]. 铁道学报，1993，15（2）：76-79.

[24] 李曙辉，张进思. 电力机车牵引运行动态过程仿真及其分析[J]. 铁道学报，1994，16（2）：121-124.

[25] 马林，张进思，李群湛. 电牵引列车操纵优化策略及其仿真研究[J]. 铁道学报，1991，13（S1）：201-204.

[26] 刘炜. 城市轨道交通列车运行过程优化及牵引供电系统动态仿真[D]. 成都：西南交通大学，2009.

[27] 许伶俐，刘炜，廖钧，等. 城市轨道交通列车牵引和制动能耗实测分析[J]. 铁道科学与工程学报，2016，13（9）：106-110.

[28] 王凤华. 广义对称分量法及其应用[J]. 西南交通大学学报，1981（4）：1-11.

[29] 李群湛，贺建闽. 牵引变电所基波和谐波通用模型[J]. 铁道学报，1992，14（3）：28-31.

[30] 李群湛. 牵引负载的三相等效模型[J]. 电力系统自动化，1994，18（12）：73-76.

[31] 李群湛. 牵引变电所电气量的通用变换方法及其应用[J]. 铁道学报，1994，16（1）：47-50.

[32] 解绍锋，李群湛，贺建闽.牵引变压器温升与寿命损失研究[J].机车电传动，2003，（4）：15-17.

[33] 解绍锋，李群湛，王杰文，等. 基于统计的牵引变压器典型负荷曲线分析 [J]. 机车电传动，2004（06）：17-19.

[34] 李群湛，汪永宁. 直接供电方式及其回流网的技术指标分析[J]. 铁道学报，1991，13（3）：78-80.

[35] 李群湛. 电气化铁道的负序影响与限制问题的研究[J]. 铁道学报，1994，16（4）：23-25.

[36] 李群湛. 牵引供电系统并联补偿方法的研究[J]. 西南交通大学学报，1986，21（2）：31-34.

[37] [日]新井浩一. Balancing circuit for single phase load with scalene scott connection transformer[J]. Research information of railway technology，1980，37（6）：212-214.

[38] 李群湛. 同相供电系统的对称补偿[J]. 铁道学报，1991，13（S1）：31-33.

[39] 李群湛，贺建闽. 电气化铁路的同相供电系统与对称补偿技术[J]. 电力系统自动化，1996，20（4）：49-50.

[40] 贺建闽，李群湛. 用于同相供电系统的对称补偿技术[J]. 铁道学报，1998，20（6）：71-73.

[41] 李群湛，王辉，黄文勋，等.电气化铁路牵引变电所群贯通供电系统及其关键技术[J]. 电工技术学报，2021，36（05）：1064-1074.

[42] 周福林. 同相供电系统结构与控制策略研究[D]. 成都：西南交通大学，2012.

[43] 夏焰坤. 同相供电系统潮流检测与控制技术研究[D]. 成都：西南交通大学，2014.

[44] 陈民武. 牵引供电系统优化设计与决策评估研究[D]. 成都：西南交通大学，2009.

[45] 黄小红. 同相供电牵引变电所直挂变流器拓扑结构与控制策略研究[D]. 成都：西南交通大学，2016.

[46] 王帅. 电气化铁路贯通式同相供电牵引网保护与测距技术研究[D]. 成都：西南交通大学，2024.

[47] 王辉. 电气化铁路新型贯通式同相供电方案及其供电能力研究[D]. 成都：西南交通大学，2022.

[48] 李群湛，彭友，黄小红，等.电气化铁路贯通供电系统穿越功率的治理措施[J/OL]. 西南交通大学学报：1-10[2024-07-11]. http://kns.cnki.net/kcms/detail/51.1277.U.20230505.1742.018.html.

[49] 辛成山. AT 供电系统等值电路推导方法[J]. 电气化铁道，1999（1）：17-20.

[50] 缪耀珊. AT 牵引变电所接线方式的技术经济分析[J]. 铁道学报，1986，8（4）：17-26.

[51] 王凤华. 不对称坐标变换和 AT 供电方式牵引网[J]. 西南交通大学学报，1982（2）：79-88.

[52] 李群湛，郭锴，周福林. 交流电气化铁路 AT 供电牵引网电气分析[J]. 西南交通大学学报，2012，47（1）：81-83.

[53] 马庆安. 高速铁路 AT 供电若干问题的研究[D]. 成都：西南交通大学，2013.

[54] 吴命利，黄足平，楚振宇，等. 适用于 AT 供电系统的二次侧中点抽出式 Scott 接线牵引变压器[J]. 电工技术学报，2011，26（2）：94-100.

[55] 邱关源. 电路[M]. 北京：高等教育出版社，1978.

[56] 赵乾钊，李群湛. 世界各国电气化铁路谐波限值标准述评[J]. 电气化铁道，1999，10（4）.

[57] Electromagnetic compatibility-part 3：limits-section 6：assessment of emission limits，for distorting load in MV and HV power systems：IEC 61000-3-6：1996 [S].[S.l.：s.n.]，1996.

[58] MORRISON R E，CLARK A D. Probability representation of harmonic currents in AC traction systems[J].IEE Proceedings. Part B: electric power applications，1984，131（13）：5.

[59] KELLY D O. Probability characteristics of fundamental and harmonic sequence components of randomly varying loads[J].IEE Proceedings. Part C: generation, transmission and distribution，1982，129（c）：2.

[60] HOWROYD D C.Supply system harmonics-is prediction possible[C]. Proceedings of 4th International Conference on Harmonics in Power Systems，Hungary：Budapest，1990，8-12.

[61] 李群湛. 谐波影响分析与算法研究[J]. 铁道学报，1991，13（S1）17-19.

[62] 解绍锋. 电气化铁道谐波过程分析与推荐限值制定思路研究[D]. 成都：西南交通大学，2004.

[63] 解绍锋，李群湛，赵丽平. 电气化铁道牵引负载谐波分布特征与概率模型研究[J]. 中国电机工程学报，2005，25（16）：71-73.

[64] 李群湛. 试论公用电网谐波（国家标准）的限值[J]. 铁道学报，1995，17（S1）：27-29.

[65] 张丽艳. 新建电气化铁路对电网电能质量影响的预测与对策分析研究[D]. 成都：西南交通大学，2012.

[66] MEDINA A，ARRILLAGA J. WATSON N R. Derivation of multi-harmonic equivalent models of power networks[C]. Proceedings of 4th International Conference on Harmonics in Power Systems，Hungary：Budapest，1990：290-297.

[67] KIMBARK E W. Direct current transmission[C]. Wiley Interscience，USA：New York，1971.

[68] 李子晗，赵元哲，周福林，等. 高速电气化铁路新型阻波高通滤波器的研究[J]. 电气化铁道，2014（1）：31-33.

[69] 李丹丹，周福林，刘浅，等. 考虑滤波器的牵引供电系统谐波模型及应用[J]. 电力系统保护与控制，2016，44（1）：23.